中国海洋发展报告

China's Ocean Development Report

(2017)

国家海洋局海洋发展战略研究所课题组

海洋出版社

2017年 · 北京

图书在版编目（CIP）数据

中国海洋发展报告．2017/国家海洋局海洋发展战略研究所课题组编著．—北京：海洋出版社，2017.8

ISBN 978-7-5027-9889-5

Ⅰ.①中…　Ⅱ.①国…　Ⅲ.①海洋战略-研究报告-中国-2017　Ⅳ.①P74

中国版本图书馆 CIP 数据核字（2017）第 195164 号

责任编辑：高朝君　常青青
责任印制：赵麟苏
海洋出版社　**出版发行**
http：//www.oceanpress.com.cn
北京市海淀区大慧寺路 8 号　邮编：100081
北京画中画印刷有限公司印刷
2017 年 9 月第 1 版　2017 年 9 月北京第 1 次印刷
开本：787mm×1092mm　1/16　印张：22
字数：430 千字　定价：200.00 元
发行部：62132549　邮购部：68038093
总编室：62114335　编辑室：62100038

《中国海洋发展报告（2017）》编辑委员会

编写说明

2006年以来，国家海洋局海洋发展战略研究所组织编写了关于中国海洋发展的系列年度报告。报告立足全面论述中国海洋事业发展的周边环境、海洋战略与政策、法律与权益、经济与科技、资源与环境等方面的理论与实践问题，客观评介海洋在全面建成小康社会、实施可持续发展战略中的作用，系统报道国内外海洋事务的发展现状和趋势，提出关于中国海洋事业发展的对策和建议，为社会公众普及海洋知识、提高海洋意识提供阅读和参考读本。

各版《中国海洋发展报告》的框架和结构大体不变。在《中国海洋发展报告（2017）》年度报告中，我们在既往篇章的基础上进行了适度调整，围绕建设海洋强国的战略部署，结合2016年海洋事业的发展和海洋领域的重大事件，包括“一带一路”合作发展的理念和倡议，从中国海洋发展的宏观环境、加强海洋综合管理、发展海洋经济、提高海洋资源开发能力、保护海洋生态环境、维护国家海洋权益和建设21世纪海上丝绸之路七个部分展开论述。《中国海洋发展报告（2017）》还对社会和公众关注的一些海洋热点问题进行了评述。

海洋发展战略研究所的科研人员承担了《中国海洋发展报告（2017）》的研究和撰写工作，2017年年度报告中增加了各部分内容摘要，由相关章节的执笔人撰写，各章执笔人如下。

第一部分	中国海洋发展的宏观环境	
第一章	国际海洋事务的发展	付玉
第二章	中国海洋发展的周边环境	疏震娅
第二部分	加强海洋综合管理	
第三章	中国的海洋政策	王芳
第四章	中国的海上执法	赵骞
第三部分	发展海洋经济	
第五章	中国海洋经济发展	姜祖岩
第六章	中国海洋产业发展	刘堃
第七章	区域海洋经济发展	张平

第四部分　提高海洋资源开发能力
　第八章　中国海洋资源开发利用　　朱璇
　第九章　中国海洋科技发展　　刘明
第五部分　保护海洋生态环境
　第十章　中国海洋生态环境保护　　郑苗壮
　第十一章　中国海洋防灾减灾　　裘婉飞
第六部分　维护国家海洋权益
　第十二章　中国的海洋法律　　张颖
　第十三章　中国的海洋权益　　密晨曦
　第十四章　中国的海洋安全　　张丹
　第十五章　菲律宾南海仲裁案　　张小奕
第七部分　建设海上丝绸之路
　第十六章　推进21世纪海上丝绸之路建设　　李明杰
附　件　　密晨曦　吴继陆

中国海洋发展系列报告的研究和编写工作得到了国家海洋局的大力支持。我们对国家海洋局各级领导的指导和关心，对全体编撰人员的辛勤劳动和贡献表示最诚挚的谢意。

此外，本书第六部分“维护国家海洋权益”、第七部分“建设21世纪海上丝绸之路”的编写受到国家社会科学基金重点项目“21世纪海上丝绸之路战略研究”（14AZD055）和国家社会科学基金重大项目“维护海洋权益与建设海洋强国战略研究”（13&ZD051）的资助。

我们希望把《中国海洋发展报告》做成一部面向广大社会公众和国家决策层的具有科学性、权威性的海洋国情咨文，做成全面记载、客观反映和专业评述中国海洋事业发展进程和成就的系列报告。

本年度海洋发展报告中的述评仅是课题组的认识，不代表任何政府部门和单位的观点。作为学术研究成果，难免有不足之处，敬请读者批评指正。

《中国海洋发展报告（2017）》编辑委员会

2017年7月

内容摘要（中英文）

中国海洋发展的宏观环境

国际海洋事务发展。分析评估国际海洋法、海洋生物资源开发与养护、国际海事、海洋科技、国际极地事务、海洋与气候变化和海洋酸化等领域国际海洋事务的新发展。

内容简介：国际社会对海洋问题的关注度不断提升。第一次全球海洋综合评估为进一步加强国际海洋治理提供了科学基础。落实联合国《2030 年可持续发展议程》提出的养护全球海洋及其资源目标成为近期国际海洋事务的一大主题。联合国秘书长在《海洋和海洋法报告》（A/71/74/Add. 1）中强调经济增长、社会发展和环境保护作为可持续发展的三大支柱需要实现一体化。中国在《落实 2030 年可持续发展议程国别方案》中确立以协调推进经济、社会、环境三大领域发展为原则，实现人与社会、人与自然和谐相处。

应对海洋环境退化和海洋生物资源衰竭是国际海洋事务的重要议题。联合国多次呼吁立即采取果断行动，应对海洋塑料污染物对环境和社会经济造成的负面影响。海洋保护区作为划区管理工具继续受到高度重视，公海生物资源养护规制不断加强，深海底层渔业对深海脆弱海洋生态系统的危害受到持续关注。

国际海洋法不断发展变革，《联合国海洋法公约》关于海洋环境保护、海洋生物资源开发与养护和海事安全等多个领域的有关规定不断细化完善。联合国大会正在推动在《联合国海洋法公约》框架下开展国家管辖范围以外海域生物多样性养护和可持续利用法律文书拟订工作，以加强公海保护。

中国海洋发展的周边环境。分析中国周边海洋形势，介绍中国在以“一带一路”打造命运共同体、以“低敏感”合作促“双轨思路”等方面的理念及实践。

内容简介：中国周边海洋事务应坚持与各方加强合作，共同应对挑战，维护海上和平稳定。中国倡议“21 世纪海上丝绸之路”建设，推动建立更加平等均衡的新型区域发展伙伴关系，充分发挥沿线国家和地区的积极性，携手构筑海上命运共同体。对于海上争端，中国主张管控分歧，切实维护地区的和平与稳定，以直接当事国通过谈判协商妥善解决争议和中国与东盟共同维护南海和平稳定的“双轨思路”为出发点，稳步推进低敏感领域的海上合作，通过合作积累共识。中国正积极推进深度参与全球海洋治理，塑造长期健康稳定的新型大国海洋关系，培育和构建平等、合作、互利、互助与开放的亚太区域合作发展的新格局。

海洋法律、政策与海洋管理

中国海洋法律。概述中国海洋法律制度的发展历程，“十三五”海洋法律制度的发展方向，国家层面与地方政府层面在依法行政、海洋生态保护立法和海洋渔业立法等方面的发展情况。

内容简介：中国的海洋法进程深受国内经济社会发展需求和国际海洋法发展两方面的影响。经过发展，中国的海洋法律制度已经初步确立，涉海法律法规内容丰富，为有序开发海洋和依法管理用海活动提供了充分依据，对推动海洋经济发展，保护海洋生态环境健康发挥着不可或缺的保障作用。

2016年中央和地方立法机关积极推进建设海洋生态文明、加强依法行政、保障海洋公共服务、维护海上安全等重点领域法律法规的制定和完善，为建设海洋强国、实施“一带一路”提供法律基础。未来几年内，维护国家海洋权益、保护海洋生态环境空间、推进海洋依法行政、加强海洋督察工作仍是涉海立法的重要任务。中国仍需加快配套立法的制定，注重与国际法的紧密衔接，提高海洋立法的质量和实施效果，切实提高海洋综合执法水平。

中国海洋政策。包括海洋空间规划、海域海岛有偿使用、海洋经济发展示范区、现代海洋渔业、海洋生态红线制度、海洋生态环境损害的责任追究和海洋防灾减灾、科技与公益服务等政策与制度。

内容简介：2016年中国政府以逐步完善的政策手段促进海洋经济发展、以依法治国理念推动法治海洋建设，以规范制度建设提升海洋综合管理能力，积极推进海洋领域供给侧结构性改革和海洋生态文明建设。今后一段时期，中国将在《生态文明体制改革总体方案》整体框架下，着力提升经略海洋顶层设计能力、海洋经济转型发展能力、海洋科技创新引领能力、海洋生态综合保护能力、海洋国际合作交流能力，将海洋生态文明建设贯穿于海洋事业发展的全过程和各方面。推进海洋管理体制创新，统筹海洋国土开发新格局，构建海洋生态环境保护关键制度和政策，促进海洋经济转型升级，坚持海洋科技创新驱动发展，深度参与全球海洋治理，促进海洋事业的全面协调与可持续发展。

中国海洋管理制度与实践。概述国家与地方政府海洋管理体制变革、海洋管理工作优化，以及海洋经济、海域海岛管理、海洋生态文明建设、科技创新以及防灾减灾等方面的管理实践。

内容简介：2016 年中国海洋综合管控能力进一步提高，坚持海陆统筹的思路，完善海洋经济管理措施，加强海域使用管理和海岛开发保护管理，推进海洋生态文明建设与海洋科技创新。中国发布生态岛礁“十三五”规划，促进海岛经济的可持续化发展；发布全国海洋标准化，加强海洋标准和海洋科技的创新融合。规范海岛标准名称的使用和管理；开展海岛统计调查，规范海岛开发利用秩序；通过《无居民海岛开发利用审批办法》，发展集约节约的生态海岛开发利用模式。继续加强资源环境生态管控，建立生态红线管控目标分解落实机制，完善与红线管控相适应的准入制度。继续完善海洋生态保护补偿制度，推进科技兴海。

中国海上执法。概述中国海警、中国海事等海上执法队伍，海上执法的法律依据以及海上执法力量的能力和海上维权执法、综合执法、合作执法开展情况。

内容简介：2016 年中国推进完善海上督察制度，严格依法行政，落实法定责任，保障海上开发活动有序进行。开展“海盾”专项检查、海域使用常规检查、违法用海检查，加强海岸线巡查，打击非法采砂活动，维护海域开发利用秩序；开展“碧海”专项检查，严格管理海洋倾废、海洋工程建设，加强海洋自然保护区环境保护力度，切实保护海洋生态环境。开展海岛专项执法工作，保护海岛生态环境，维护海岛开发利用秩序。开展伏季休渔执法，严厉打击非法捕鱼活动，维护渔业生产秩序；开展海上治安专项整治活动，查办刑事违法案件，保护海上开发活动，维护海上治安秩序；开展缉私行动，打击不法走私行为，维护沿海经济秩序和治安稳定；巡视海上通航状况，维护良好的通航环境和通航秩序，推进海上搜救和水上交通安全制度化，为海上丝绸之路和海洋强国建设提供可靠的海上应急保障。加强海上双边联合检查，构建交流合作机制，提升执法合作水平。

发展海洋经济

中国海洋经济形势。近年来，中国海洋经济发展总体平稳。中国海洋经济的发展已进入“总量稳步增长，增速缓中趋稳，结构持续优化”的深度调整期，从规模速度型向质量效益型转变的关键时期。

内容简介：近年来，海洋经济已逐渐成为中国国民经济新的增长点。2016 年中国海洋生产总值突破 7 万亿元。但同时也存在海洋经济增长依赖大量资源和劳动投入，发展模式给海洋环境带来较大压力；海洋三次产业结构有待继续优化，重化工趋海布局加剧资源环境压力和安全隐患；传统行业的产品产量和全球市场份额接近极限，高新技术产品研发设计和创新能力较弱，新兴技术产业存在转化率较低等问题。

中国海洋经济进入提质增效的关键阶段，要坚持“创新、协调、绿色、开放、共享”发展理念，主动适应经济发展新常态，积极构建海洋经济宏观调控体系，拓展蓝色经济空间。未来一段时期应继续推进海洋领域供给侧结构性改革，改善资源供给结构、引导海洋领域资源有效开发利用、补齐生态短板，提高资源有效供给能力，推动海洋资源供给从生产要素向消费要素转变；加强对海洋战略性新兴产业的培育，加快海洋产业技术创新平台建设，提升海洋产业创新驱动能力；加大金融对海洋经济的支持力度，大力发展海洋服务业等。

中国海洋产业的发展。概述海洋渔业、海洋船舶工业、海洋油气等传统产业，海洋工程装备制造、海洋医药和生物制品等新兴产业和海洋旅游、海洋文化、涉海金融服务等海洋服务业的发展。

内容简介：中国海洋传统产业绿色转型加速，部分产业产能周期性过剩问题正在稳步化解；海洋战略性新兴产业已成为海洋经济发展的生力军，增长速度和规模日新月异；海洋服务业形态更趋丰富多元，拉动就业和支撑经济增长的能力不断增强。新时期，要着眼于打造结构合理、开放兼容、自主可控、具有国际竞争力的海洋产业新体系，把握好海洋产业发展的协同性、平衡点。在“21 世纪海上丝绸之路”战略框架下，聚焦全球海洋产业价值链分工体系，加强国际产能和装备制造合作，鼓励海洋产业“走出去”，为海上丝绸之路沿线国家提供更多、更优质的海洋产品和公共服务。

区域海洋经济的发展。概述北部海洋经济区、东部海洋经济区和南部海洋经济区在经济总量、生产效率和产业结构方面的差异，以及省域海洋经济规模、产出效益、产业优势和科技投入等方面的比较分析。

内容简介：中国区域海洋经济发展态势相对均衡，省域海洋经济发展差异逐渐显著。区域海洋经济产业结构持续优化，空间布局不断调整。北部经济区继续保持在港口物流、海洋制造领域的优势，重点发展临港工业，重化工业，海洋第二产业比重持续提升。东部海洋经济区的传统优势产业如海洋运输、船舶修造受到一定的冲击，但海洋新兴产业、现代服务业规模初具，海洋产业转型成果显著。南部海洋经济区继续发挥涉海贸易投资交流窗口和平台的优势，探索海洋资源、交通、科技、人才领域的互联互通，加快发展跨区域的海洋旅游、水产品养殖与加工、海洋功能制品、海洋物流等产业，推动现代海洋产业集聚。

提高海洋资源开发能力

中国海洋资源开发利用。概述中国海洋生物资源、海洋矿产资源、海水资源、可再生能源、空间资源的基础与开发利用情况，总结存在问题并提出实现海洋资源可持续利用的建议。

内容简介：海洋蕴藏着丰富的海洋生物资源、海洋矿产资源、海洋空间资源、海水资源和海洋可再生能源。随着经济社会发展，海洋资源在保障粮食安全、支撑经济增长、减少贫困、促进就业等方面发挥的作用更为突出，对促进沿海地区经济社会发展、加快国民经济发展方式转变、提高经济发展的质量和效益具有重要意义。近年来，中国的海洋资源开发利用取得显著进展，海洋渔业持续稳定发展，海洋油气勘探开发水平大幅提高，海洋可再生能源应用示范稳步推进，港口空间利用继续优化，海水利用取得较大进展，海洋资源对海洋经济发展的支撑作用明显增强。

为推进资源可持续利用，进一步扩展海洋资源开发空间，中国应当加强海洋资源开发对外合作，健全海洋资源开发利用产业体系，加强深水勘探开发能力，切实提高海洋资源开发利用的质量和效益。

中国海洋科技的发展。概述中国海洋科技政策与规划、海洋科研能力发展状况、极地大洋科学考察、海洋观测和监测技术、深海探测与水下作业技术发展。

内容简介：在国家创新驱动战略和科技兴海战略指引下，中国海洋科技在深水、绿色、安全的海洋高技术领域取得了多项突破。浅水油气装备基本实现自主设计建造，部分海洋工程船舶已形成品牌，部分深海装备国际领先。“海斗”号无人潜水器、“海角”号和“天涯”号深渊着陆器、“原位实验”号深渊升降器、海底地震仪等在海域探测中取得多项突破性成果。第 32 次南极科学考察和第 7 次北极科学考察及大洋科学考察获得了大量的地质、生物、深海水体样品和高清海底视频资料。海水淡化国产化反渗透膜技术已达到国际先进水平。“海洋石油 982”成功下水，初步形成中国深水钻井高端装备规模化、全系列作业能力。海洋科技领域创新促进了中国蓝色经济空间实现从近岸海域向海岛、深远海及两极区域有效拓展，也促进了中国蓝色经济更深更广地融入全球海洋产业价值链体系，提升了中国海洋经济和海洋科技的国际竞争力。

保护海洋生态环境

中国的海洋生态文明建设。概述中国海洋生态文明理念的形成与发展，分析中国海洋生态文明建设面临的体制机制不完善问题，研究建设海洋生态文明的制度体系、空间开发布局、科技兴海战略、海洋生态文明体制改革等实施路径方案。

内容简介：中国政府将生态文明建设纳入中国特色社会主义事业“五位一体”的总体布局。习近平总书记提出“要把海洋生态文明建设纳入海洋开发总布局之中，坚持开发和保护并重、污染防治和生态修复并举，科学合理开发利用海洋资源，维护海洋自然再生产能力”。在新的时期，中国坚持节约优先、保护优先、自然恢复为主的方针，着力推进海洋经济的绿色发展、循环发展、低碳发展，在海洋开发中形成节约资源和保护环境的空间格局、产业结构、生产方式、生活方式，从源头上扭转海洋生态环境恶化趋势，让人民享受到碧海蓝天，吃上放心安全的海产品；深化海洋生态文明建设的体制机制改革，确保将海洋生态文明建设全面融入沿海地区的经济、政治、文化和社会建设的全过程；继续探索海洋生态环境保护新道路，用新举措推动新实践，用制度保护海洋生态环境，不断推进海洋生态文明建设进程。

中国海洋生态环境保护。概述中国周边海洋环境质量及其变化情况、海洋生物多样性、典型生态系统健康、海洋保护区生态、主要海洋功能区生态健康状况和海洋生态环境保护与管理对策建议。

内容简介：近年来，中国管辖海域海水环境质量总体良好。南海和黄海近岸海域海水污染程度相对较轻，而东海近岸海域的海水污染程度相对较重。国家海洋局新批准建立了16个国家级海洋公园。中国已建立国家级海洋保护区81个，全国各级各类海洋自然/特别保护区（海洋公园）250余处，中国近岸海域的海洋保护区网络不断完善。

中国推进“蓝色海湾”“南红北柳”和“生态岛礁”工程，实施全国海洋生态红线“一张图”管理。严格海洋工程建设项目环评审批，建立实施海洋工程区域限批制度。加强倾废管理，制定海洋生态补偿办法，重点建立海洋工程建设项目和海洋保护区生态补偿制度。

中国海洋防灾减灾。概述中国面临的主要海洋灾害，如赤潮绿潮、风暴潮与海浪、海冰、海平面上升、海岸侵蚀、海水入侵与土壤盐渍化情况，分析今后一段时间海洋防灾减灾形势并提出相关对策。

内容简介：经过多年的探索和实践，中国正在向建立综合、全面的海洋防灾减灾体系迈进，在中央政府和地方政府各个层面上，海洋防灾减灾的政策体系进一步完善，灾前防御、应急反应、灾中统计、灾后恢复等各项制度已经初步形成。科学技术对海洋防灾减灾的支撑作用加强，海洋观测、灾害评估、预警预报等方面的技术水平得到了显著的提升。在新的时期，要继续加强政策和科学对于防灾减灾工作的引领和指导作用；同时要积极推进业务领域和社会各界对海洋防灾减灾工作的观念和意识上的转变，使海洋防灾减灾体系成为建设海洋强国的坚实保障。

建设海上丝绸之路

推进21世纪海上丝绸之路建设。介绍中国政府研究部署21世纪海上丝绸之路建设的高层决策，地方政府推进21世纪海上丝绸之路建设的具体实践，重点合作领域，如中巴经济走廊、中缅石油管道、沿线国家双边海洋合作的主要进展。

内容简介：2016 年“一带一路”建设进入了实施阶段，中国政府多次召开高层会议予以推进。沿海地方政府纷纷出台了本地区的“一带一路”建设实施方案，各地区结合本地的特点和优势，强化现有的合作机制和合作项目，规划和拓展新的合作领域和合作项目。

2016 年是 21 世纪海上丝绸之路建设的重要推进年，中巴经济走廊、中缅油气管道建设取得了重要进展，其对于未来推进“一带一路”相关领域及重点规划项目起到了良好的示范作用。在海洋领域合作方面，以务实的海洋领域合作和区域的海洋安全合作推进 21 世纪海上丝绸之路的建设。

The Overall Environment of China's Ocean Development

Development of International Marine Affairs. It analyzes and introduces recent developments of international marine affairs, including international law of the sea, utilization and conservation of marine biological resources, shipping activities, maritime safety and security, marine science and technology, international polar affairs, ocean and climate change, ocean acidification and etc.

Brief introduction: The international society increasingly enhances attention on marine issues. The first global marine comprehensive assessment provides a scientific basis for further strengthening international ocean governance. A major theme of international marine affairs is to implement the goals and targets on conserving and sustainably using the oceans, seas and marine resources globally as proposed by the United Nations 2030 Agenda for Sustainable Development. In the Report on the Oceans and the Law of the Sea (A/71/74/Add.1), the UN Secretary-General emphasizes that economic growth, social development and environmental protection as the three pillars of sustainable development need to be integrated. In order to achieve the harmony of people and society, human and nature, China reiterates the principle of coordinated development of economy, society and environment in China's National Plan on Implementation of the 2030 Agenda for Sustainable Development.

It is an important topic of international marine affairs to address degradation of marine environment and exhaustion of marine biological resources. The United Nations has called for immediate and decisive actions to address the problems of negative effects caused by marine plastic debris on the environment and social economy. Marine protected area (MPA) as an areabased tool has continuously attracted much attention. The regime on conservation and management of biological resources in the high seas has been enhanced, and the impacts of bottom fishing on vulnerable deep-sea marine ecosystems has gained consistent attention.

The international law of the sea is in the process of developing and transforming. Regulations of marine environmental protection, utilization and conservation of marine biological resources and maritime safety and security provided in UN Convention on the Law of the Sea (UNCLOS) are constantly refined and improved. To strengthening protection of the high seas, the United Nations is organizing the drafting of text of an international legally binding instrument under UNCLOS on the conservation and sustainable use of marine biodiversity of areas beyond national jurisdiction (BBNJ).

Surrounding Environment of China's Ocean Development. It analyzes the political environments in China's surrounding seas, and introduces the notion of building community of common destiny through the construction of "The Belt and Road" and promoting "Dual-track Approach" by "Low Sensitivity Cooperation".

Brief introduction: China adheres to strength the cooperation with all parties to jointly cope with challenges and to maintain peace and stability in the sea. The construction of "21st century Maritime Silk Road" proposed by China fully arouses the enthusiasm of neighboring countries and regions to build a marine community of common destiny hand in hand and to play an important role in order to establish more equal and balanced new type of regional development partnership. With regard to disputes occurred on the sea, China proposes to manage and control these disagreements to practically maintain regional peace and stability before the settlement of disputes. China takes "Dual-track Approach", a method that not only prefers proper solution of disputes after negotiations between directly related countries but also asks peace and stability of South China Sea derived from Sino-ASEAN co-protection, as a starting point to stably promote the marine cooperation in the low sensitive field and accumulate consensus by cooperation. China is actively promoting deep participate in global ocean governance to build consistent, healthy and stable international marine relationships. Additionally, China is also making efforts to create an order of Asia-Pacific cooperative development with equality, cooperation, mutual benefit, mutual help and openness.

Sea laws, Policy and Marine Management

China's Sea Laws. It is a brief introduction of the development process of China's marine legal system, the future direction of the marine legal system during the 13th five-year period, national and local development of law-based administration, legislation on marine ecological protection and marine fisheries law and etc.

Brief introduction: The process of China's marine legislation is greatly influenced by needs of social economic development and development of law of the sea. China's marine legal regime has been primarily built after series of development with abundant marine laws and regulations, which, as an essential part of marine biological environment protection, provides enough basis for proper ocean exploration and legal management and contributes a lot to the marine economic development.

In 2006, the central and local legislatures try hard to make and improve laws and regulations of important fields, including the establishment of marine ecological civilization, promotion of the law-based government, guarantee of marine public service and insurances of maritime safety, which is of great importance of providing legal basis to build a marine leading power and to implement "the Belt and Road" initiative.

In the following years, China's core task of marine legislation is to safeguard national marine rights and interests, to protect marine ecological environment, to promote marine administration and to strengthen marine supervision. China still needs to refine relevant legislation, focusing on the close connection with international laws, improving the quality and effect of marine legislation and raising the quality of integrated marine law enforcement.

China's Marine Policy. It summarizes the leading role of marine policies in marine economy development, protection of marine ecology and environment, promotion of marine science and technology innovation, enhancement of marine integrated management ability, marine disaster prevention and mitigation and public service.

Brief introduction: In 2016, Chinese government promoted the development of marine economy with gradually improved domestic marine policy, promoted the construction of law and regulation system for marine issues, enhanced the ability of marine integrated management by regulations and institutions, actively promoted the structural reform of the supply side of the marine field and marine ecological civilization. For some time to come, under the framework of The Overall Plan of Ecological Civilization System Reform, the construction of marine ecological civilization will be rooted in the whole process and all aspects of marine undertakings in China. China will endeavor to enhance abilities of top-level design, transformation of marine economy, marine science and technology innovation, protection of marine ecology and international cooperation on marine affairs. For the purpose of achieving the comprehensive coordination and sustainable development of marine issues, China will make efforts to promote the reform of marine management regime, to coordinate development patterns of seas and oceans, to establish key regime and policy for marine ecology protection, to promote the transformation and upgrading of marine economy, to adhere to innovation of marine science and technology, and to deeply involve in global ocean governance.

China's Marine Management Practice. It is the overall introduction of China Coast Guard formation of national and local government, improvement of marine management, marine economy, marine areas and islands management, marine ecological civilization construction, scientific and technological innovation as well as disaster prevention and mitigation.

Brief introduction: In 2016, China has further promoted the comprehensive ability of marine management and control, to insist on land-sea integration, to improve marine economic management measures, to strengthen sea area use management and island development protection, to promote marine ecological civilization construction and marine science, technology and innovation. "The 13th Five-year Plan" of Ecological Reef is released to promote the sustainable development of island economy; the release of international marine standardization is to strengthen the marine standard and marine science and technology innovation, and to regulate the use and management of island names; carry out island statistical survey and regulate island exploration and utilization; The intensive and saving model of ecological island development and utilization is developed by Measures for Examination and Approval of the Development and Utilization of the Uninhabited Island. The ecological control of resource and environment is continuously strengthened with the establishment of the red line control objective determination, mechanism decomposition and implementation, the improvement of access system corresponding to red line control. To continue to perfect the compensation system of marine ecological protection and to boost the marine development with science and technology.

China's Marine Law Enforcement. Briefly introduce the general condition of law enforcement groups such as Chinese coast guard, Chinese maritime authority, basis of marine law enforcement, marine law enforcement power and ability and etc.

Brief introduction: In 2016, China's has improved its marine supervision system to strictly carry out law-based administration, to implement legal responsibility and to ensure the order of marine exploration activities. China also implements the "Heyden" special inspection, inspection of marine areas use and illegal use, and strengthens coast patrol to combat illegal sand mining activities and to maintain the order of marine areas exploration and utilization; development of "Blue Sea" special inspection strictly manages the ocean dumping, strengthens ocean engineering construction, intensifies the environment protection effort of marine natural reserves and practically protects marine ecological environment. China also carries out specialized enforcement practices on island protection, to conserve island ecological environment and to safeguard the order of island development and utilization. Enhancement of law enforcement of summer fishing moratorium strictly combats the illegal fishing activities and safeguards the order of fishery production; implementation of special rectification activities of marine public security investigates and handles criminal illegality to protect marine development activities and to safeguard marine security order; implementation of anti-smuggling action combats the illegal smuggling action and safeguards the coastal economic order and stability of public order; patrol of marine navigation condition safeguards a good navigation environment and navigation order, promotes the security systematism of maritime search and rescue and water traffic in order to provide a reliable marine emergency security for Maritime Silk Road and marine power construction. Cross - Strait and bilateral law enforcement has obtained new achievements to strengthen the marine joint inspection, to build an exchange cooperation mechanism and to enhance law enforcement cooperation level.

Development of Marine Economy

Trend of China's Marine Economy. In recent years, China has maintained a stable development of marine economy which has entered into the adjustment phase of "increasing in total sum with a slow but stable rate and a consistent perfection of structure", generally speaking, it is in the key stage of transferring to an economy with good quality and benefit from an economy with increasing scale and rate.

Brief introduction: For the past few years, marine economy has gradually become the new growth point of Chinese national economy. In 2016, China's gross ocean production has exceeded RMB 7 trillion. Besides these great achievements, there are also some problems like, firstly, the rise of marine economy relies on abundant input of labor and resource which brings strong pressure to marine environment. Secondly, the "three-industrial structure" of marine economy needs to be continuously optimized whereas the layout of heavy and chemical industries constantly towards the sea intensifies the resource-environmental pressure and potential safety hazard. Thirdly, the product output and global market share of traditional industries are close to their limit, the design and innovation ability of high-tech product is comparatively weak, and there is also low conversion rate problem in emerging technology industries.

At present, China's marine economy has entered a critical stage of improving quality and benefit. We must adhere to the development concept of "innovation, coordination, green, openness and mutual sharing", adapt to the new normal of economic development initiatively, build the macro-regulatory system of marine economy actively, and expand the blue economic space. For a period of time in the future, we should continue to promote the structural reform of supply side of the marine field, improve the resource supply structure, guide the effective development and utilization of resources in the marine field, supplement the ecological deficiencies, improve the effective supply ability of resources, and promote the transformation of ocean resource supply from production factors to consumption factors, strengthen the cultivation of marine strategic emerging industries, accelerate the technology innovation platform construction of marine industries, and enhance the innovation-driven capability of marine industries. Increase financial support for the marine economy, boost marine service industries and so on.

The Development of China's Marine Industries. It includes traditional industries like marine fishery, marine shipbuilding industry; marine emerging industries like marine engineering equipment manufacturing, marine medicine and biological products, marine tourism, marine culture, sea-related financial services and so on.

Brief introduction: China's traditional marine industry had accelerated the green transformation, and the cyclical overcapacity problem of some industries has steadily being resolved. The marine strategic emerging industry has become a vital force in the development of marine economy, and its growth rate and scale has been changing with each passing day. The form of marine service industry has becoming more diversified, and its ability to stimulate employment and support economic growth has been enhancing. In the new epoch, we should focus on building a new system of marine industry, which shall have reasonable structure, open compatibility, autonomous control and international competitiveness, and properly control the synergy and balance of marine industry development. Under the strategy framework of "21st Century Maritime Silk Road", we should, under the strategy framework of "21st Century Maritime Silk Road", focus on the value chain division system of global marine industry, and strengthen the cooperation between the international production and equipment manufacturing, encourage the marine industry "to go abroad", to provide more highly qualified marine products and public services for countries along the Maritime Silk Road and so on.

Development of regional marine economy. This briefly depicts how the northern marine economy zone, eastern marine economy zone and southern marine economy zone differ with each other in economic sum, productive efficiency and business structure. Additionally, it also provides a comparative analysis among aspects like provincial marine economic scale, output benefit, business edge and scientific and technological input.

Brief introduction: China's regional marine economic development is relatively balanced, but the development difference in the provincial marine economy has becoming more and more obvious. The industrial structure has been continuously optimized, and the spatial layout has been continuously adjusted. The northern economic zone continues to maintain its advantages in port logistics and marine manufacturing, and this region focuses on the development of harbor industry and heavy chemical industry. The proportion of marine secondary industry in this region continues to be improved. The traditional competitive industries in the eastern marine economic zone such as marine transportation and shipbuilding have being affected to some extent. While the marine emerging industries and modern service industries have begun to take shape. The southern marine economic zone has been continuously serving as exchanging windows and platforms for ocean-related trade and investment. This economic zone shall dedicate to exploring the interconnection among ocean resource, transportation, science & technology, and talent fields, and accelerating the development of such industries like cross - regional marine tourism, aquaculture and processing, marine functional products, marine logistics and other, to promote the modern marine industry cluster.

Enhance the Development Capacities of Ocean Resource

China's Marine Resources. It introduces China's marine resources including stock information and utilization statistic, analyzes challenges in China's sustainable marine resources management and proposes solutions. It covers main resources categories of marine biological resources, marine mineral resources, seawater resources, renewable energy and space resources.

Brief introduction: China has abundant marine biological resources, marine mineral resources, marine space resources, sea water resources and marine renewable energy. With the development of China's marine industry, marine resource has been playing prominent role in sustaining China's economic and social development by ensuring food security, supporting economic growth, reducing poverty and promoting employment. The marine resources are of great significance in accelerating national economic development transformation and improving quality and efficiency of economy development. In recent decades, China's marine resource utilization has made remarkable progress with advanced technology, wider use of environmental friendly methods and improved supply chain. Emerging industries such as marine aquaculture, marine renewable energy utilization and marine bio-pharmacy are in rapid developing.

In order to raise the effect and efficiency of marine resource utilization, China should dedicate further efforts in strengthening international cooperation in marine resource research and development, perfecting the relevant industry system and enhancing the deep - water technology, as to assure the sustainability and modernization of marine resource utilization.

The Development of China's Marine Science and Technology. It includes the policy and plan of China's marine science & technology and the development state of marine scientific research capacity, marine observation and monitoring technology, technology development of deep sea exploration and underwater operation.

Brief introduction: Under the guidance of national innovation-driven strategy and the strategy of science &technology, China's marine science & technology has achieved a number of breakthroughs in deep-water, green and safe marine high-tech fields, and made important progress in the core technology and key common technology. At present, China has been basically capable of independently designing and fabricating oil& gas equipment that could operate in the shallow water, and some marine engineering ships have created their own brands. The deep-sea equipment manufacturing has made a certain breakthrough and some equipment has already been in the international lead. "Haidou" unmanned submersible, self-developed "Haidou" and "Tianya" abyss lander, "In Situ Experiment" abyss lifter, seabed seismograph and so on have achieved a number of breakthrough results in the exploration of the deep sea area at home and abroad. The 32nd Antarctic scientific expedition and the 7th Arctic scientific expedition and oceanic scientific study have obtained plentiful samples of geology, biology, and deep-water in the polar oceanic waters, as well as high-definition submarine video data. The homemade reverse osmosis membrane technology for desalination has reached the international advanced level. "Offshore Oil 982" has successfully launched and it marked that China's deep-water drilling high-end equipment has a large-scale and full series operational capacity. All the above achievements have enhanced the international competitiveness of China's marine economy and marine science & technology.

Protection of the Marine Ecological Environment

China's Marine Ecological Civilization Construction. It is the overall introduction of the formation and development of China's marine ecological civilization concept as well as the analysis on such issues with which China's marine ecological civilization is confronting: the implementation strategy and proposal on the construction of marine ecological civilization system, space development layout, sea boosting with science and technology strategy and the systematical reformation of marine ecological civilization and so on.

Brief introduction: The Chinese government has put the construction of ecological civilization into the overall layout of the "five-in-one" of the cause of socialism with Chinese characteristics. President Xi Jinping put forward that "we should integrate the construction of marine ecological civilization into the overall layout of marine development, attach equal importance to the development and protection, and pay equal attention to the pollution prevention and ecological restoration; scientifically and rationally develop and utilize ocean resource, to maintain the reproductive capacity of marine natural resources." In the new period, China must adhere to the policies and guidelines of giving priority to save resources and protect environment while focusing on natural recovery, and devote itself to boost the green development, circular development and low-carbon development of marine economy, to form the spatial pattern, industrial structure, production mode and lifestyle of saving resources and protecting the environment. Turn around the deterioration trend of the marine ecological environment from the source so as to enable Chinese people to enjoy the blue sea and sky as well as secured and safe seafood. We must deepen the institutional mechanism reform of marine ecological civilization construction and ensure the full integration of marine ecological civilization construction into the overall process of economic, political, cultural and social construction in the coastal areas; we need to continuously explore new ways of marine eco-environmental protection, promote new practice with new initiatives, and protect the marine ecological environment with the institution, and constantly promote the construction process of marine ecological civilization.

China's Marine Eco-environmental Protection. It is the overall introduction of the quality and changing status of China's surrounding marine environment, and the marine biodiversity in the monitoring area, the typical ecosystem health, the ecology within the marine conservation areas. In addition, it also includes the ecological and health status as well as the countermeasures and proposal on the marine eco- environmental protection and management.

Brief introduction: Recently, the seawater environment within the sea area under China's jurisdiction is of good quality in general. There is relatively less pollution in the offshore area of the South China Sea and the Yellow Sea, while there is more pollution in the water of offshore area of the East China Sea. The State Oceanic Administration has newly approved the establishment of 16 national level ocean parks. In China, there are 81 national level marine conservation areas that have been established and more than 250 various marine nature reserves or special conservation areas (marine parks) of different levels. The network of marine conservation areas in China's offshore areas is under continuous improvement.

China has advanced the "Blue Bay" project, the "South Mangrove, North Tamarisk" wetland restoration project, and the "Ecological Island" project, and has implemented the "One Map" management on the red line of national marine ecology. Be strict in EIA approval of marine construction projects, establish and implement the restricted approval system for oceaneering regions. Strengthen management on wastes dumping, formulate marine ecology compensatory approach; and establish oceaneering construction projects and compensatory system of marine conservation areas ecology.

Marine Disaster Prevention and Mitigation in China. It reviews main marine disasters China faces (such as red tide, green tide, storm surge, sea wave, sea ice, sea level rise, beach erosion, saline intrusion and soil salinization) and offers future prospect of China's ocean disaster prevention and mitigation.

Brief introduction: Through the exploration and practice for many years, China is striding forward an integrated and comprehensive ocean disaster prevention & mitigation system. From the levels of central government and local government, the policy system of ocean disaster prevention & mitigation has been further improved, and various systems of pre-disaster defense, emergency reaction, statistics during disaster and post-disaster recovery have been formed initially. The supporting effects of science and technology on ocean disaster prevention & mitigation has been strengthened; and the technological levels in terms of marine observation, disaster evaluating, warning and forecasting have been improved significantly. In the new period, the guiding function of policy and science towards disaster prevention & mitigation should be strengthened continuously. Meanwhile, the changes on concepts and awareness in all sectors of society and in business scope towards ocean disaster prevention & mitigation should be positively advanced to make the ocean disaster prevention & mitigation system become the strong guarantee for building marine powers.

Construction of 21st Century Maritime Silk Road

Advancing the Establishment of the 21st Century Maritime Silk Road. This section includes the high-level decision-making on establishing the 21st Century Maritime Silk Road, concrete practices of advancing the 21st Century Maritime Silk Road by local government, and the main process of key cooperation fields such as China–Pakistan Economic Corridor, China–Myanmar Oil–gas Pipelines, and bilateral maritime cooperation among countries along the line.

Brief introduction: In 2016, "The Belt and Road" initiative has come into the implementation phase. The Chinese government has held several high–level summits to advance implementation of this initiative. Coastal local governments have issued plans on participation into the "The Belt and Road" initiative by expanding new cooperation fields and projects on the basis of existing cooperation mechanism and projects and according to local features and advantages

Year 2016 is crucial for the construction of the 21st Century Maritime Silk Road. The constructions of China–Pakistan Economic Corridor and China–Myanmar Oil–gas Pipelines have gained important achievements, which plays a good demonstration role in improving related fields and key planned projects of "The Belt and Road" initiative. It advances the construction of 21st Century Maritime Silk Road by pragmatic cooperation in the marine field and regional ocean safety cooperation in terms of cooperation in marine fields.

目 录

第一部分 中国海洋发展的宏观环境

第二部分 加强海洋综合管理

第三部分 发展海洋经济

第四部分 提高海洋资源开发能力

第五部分　保护海洋生态环境

第六部分　维护国家海洋权益

第七部分　建设海上丝绸之路

附　件

第一部分
中国海洋发展的宏观环境

第一章　国际海洋事务的发展

海洋是地球生态系统的重要有机组成部分，对于地球生态系统的维系发挥重要作用，国际社会对海洋问题的关注度不断提升。联合国《变革我们的世界：2030 年可持续发展议程》将养护全球海洋及其资源确定为独立的可持续发展目标第 14 项，落实此项目标成为国际海洋事务的主题之一。2016 年，国际社会在养护与可持续利用海洋方面开展了大量活动，取得了重大进展。联合国大会正在推动在《联合国海洋法公约》（以下简称《公约》）框架下开展国家管辖范围以外海域生物多样性养护和可持续利用法律文书谈判工作。

一、国际海洋法的发展

1982 年《公约》是当代国际海洋法律制度的主体，在维护和加强海洋和平、安全、合作以及可持续发展等方面发挥关键作用。[①]《公约》及其执行协定缔约方数量继续增加，普遍适用性不断增强。截至 2016 年 12 月 31 日，《公约》缔约方达到 168 个，1994 年《关于执行 1982 年 12 月 10 日〈联合国海洋法公约〉第十一部分的协定》缔约方为 150 个，1995 年《执行 1982 年 12 月 10 日〈联合国海洋法公约〉有关养护和管理跨界鱼类种群和高度洄游鱼类种群的规定的协定》缔约国为 84 个。[②]

《公约》生效以来，国际海洋法律制度适用性不断加强，为各国所普遍接受并实施。随着各国相互联系日趋密切以及人类对海洋的认识和利用程度不断提高，为应对海洋法领域出现的新问题和新趋势，国际海洋规制正处于快速发展变革期。联合国大会及其下设各个工作组、《公约》缔约国会议、国际海底管理局、国际海洋法法庭和大陆架界限委员会等机构和机制所开展的活动，反映了各国在海洋和海洋法问题上的立场和动向，是推动海洋法渐进发展的重要平台。

---

① 联合国秘书长：《海洋和海洋法报告》，A/70/74/Add. 1，2015 年 9 月 1 日，第 4 段，第 3 页。

② Division for Ocean Affairs and the Law of the Sea，"Chronological lists of ratifications of，accessions and successions to the Convention and the related Agreements"，http：//www. un. org/Depts/los/reference_ files/chronological_ lists_ of_ ratifications. htm#The United Nations Convention on the Law of the Sea，2017-03-29.

（一）《公约》所设机构及其工作进展

1. 国际海底管理局[①]

根据《公约》建立的国际海底区域（以下简称“区域”）制度，国家管辖范围以外的海床和底土及其资源为人类共同继承的财产。成立于1994年的国际海底管理局(International Seabed Authority，ISA。以下简称“管理局”）是代表全人类管理“区域”及其资源的专门机构，总部位于牙买加的金斯敦。根据《公约》的授权，管理局负责安排和控制“区域”内活动、管理“区域”内资源，还负责收缴沿海国开发200海里外大陆架的费用和实物，并根据公平分享的标准将其分配给《公约》缔约国，以及制定适当的规则、规章和程序，防止、减少和控制“区域”内活动对海洋环境的污染等。

“区域”资源勘探与开发和环境保护是国际海底区域事务的两条主线。管理局成立以来一直采用渐进式发展路径，将工作重点放在制定区域内活动管理措施和监管勘探合同等领域，尤其重视与海洋环境保护有关的管理措施。管理局的目标为建立一套完整的资源勘探开发和保护区域环境的监管制度，并以一部《采矿守则》完整体现这一制度，涵盖管理局为监管“区域”内海洋矿物的探查、勘探和开采而颁布的一整套规则、规章和程序的全部内容。

《采矿守则》目前包括：多金属结核探矿和勘探规章、多金属硫化物探矿和勘探规章及富钴铁锰结壳探矿和勘探规章三套规章。这些规章除了具体规定申请和批准合同的过程以外，还规定了适用于与管理局签订合同的所有实体的标准条款和条件，使《公约》规定的有关“区域”的原则和制度进一步具体化。[②] 在矿产资源勘探法律体系建立之后，管理局的工作重心转向制定“区域”内资源开发和环境保护方面的规章。

管理局与包括中国大洋矿产资源研究开发协会在内的多个承包者和国家签订了矿产勘探合同。截至2017年3月，管理局已签订26份有效勘探合同，其中多金属结核合同16份，多金属硫化物合同6份，富钴铁锰结壳合同4份。[③] 管理局批准了中国大洋矿产资源研究开发协会等六家承包者延长勘探合同的申请，批准这六份多金属结核勘探工作计划延期五年。2016年，管理局定期审查了与瑙鲁海洋资源公司及德国联邦地

---

① 本部分主要参考国际海底管理局秘书长根据《联合国海洋法公约》第一六六条第4款提交的报告（ISBA/22/A/2）及“区域”内勘探合同的现状（ISBA/22/C/5）等。

② International Seabed Authority's Contribution to the United Nations Secretary—General's Report pursuant to the United Nations General Assembly's Resolution A/RES/69/245, 11 February 2015, para. 7.

③ Deep Seabed Minerals Contractors, website of International Seabed Authority, https：//www. isa. org. jm/deep-seabed-minerals-contractors? qt-contractors_ tabs_ alt=2#qt-contractors_ tabs_ alt, 2017-04-03.

球科学和自然资源研究所签订的两项多金属结核勘探合同，以及与中国大洋矿产资源研究开发协会签订的多金属硫化物勘探合同。

表 1-1　“区域”内矿区勘探合同

序号	承包者	担保国	勘探区域大致地点	生效日期	终止日期	延期情况
多金属结核勘探合同						
1	国际海洋金属联合组织	保加利亚、古巴、捷克共和国、波兰、俄罗斯联邦和斯洛伐克	克拉里昂－克利珀顿断裂区	2001 年 3 月 29 日	2016 年 3 月 28 日	延至 2021 年 3 月 28 日
2	海洋地质作业南方生产协会	俄罗斯联邦	克拉里昂－克利珀顿断裂区	2001 年 3 月 29 日	2016 年 3 月 28 日	延至 2021 年 3 月 28 日
3	大韩民国政府	—	克拉里昂－克利珀顿断裂区	2001 年 4 月 27 日	2016 年 4 月 26 日	延至 2021 年 4 月 26 日
4	中国大洋矿产资源研究开发协会	中国	克拉里昂－克利珀顿断裂区	2001 年 5 月 22 日	2016 年 5 月 21 日	延至 2021 年 5 月 21 日
5	深海资源开发有限公司	日本	克拉里昂－克利珀顿断裂区	2001 年 6 月 20 日	2016 年 6 月 19 日	延至 2021 年 6 月 19 日
6	法国海洋开发研究所	法国	克拉里昂－克利珀顿断裂区	2001 年 6 月 20 日	2016 年 6 月 19 日	延至 2021 年 6 月 19 日
7	印度政府	—	中印度洋海盆	2002 年 3 月 25 日	2017 年 3 月 24 日	—
8	德国联邦地球科学及自然资源研究所	德国	克拉里昂－克利珀顿断裂区	2006 年 7 月 19 日	2021 年 7 月 18 日	—
9	瑙鲁海洋资源公司	瑙鲁	克拉里昂－克利珀顿断裂区（保留区）	2011 年 7 月 22 日	2026 年 7 月 21 日	—
10	汤加近海开采有限公司	汤加	克拉里昂－克利珀顿断裂区（保留区）	2012 年 1 月 11 日	2027 年 1 月 10 日	—

续表

序号	承包者	担保国	勘探区域大致地点	生效日期	终止日期	延期情况
11	全球海洋矿物资源公司	比利时	克拉里昂–克利珀顿断裂区	2013 年 1 月 14 日	2028 年 1 月 13 日	—
12	英国海底资源有限公司	大不列颠及北爱尔兰联合王国	克拉里昂–克利珀顿断裂区	2013 年 2 月 8 日	2028 年 2 月 7 日	—
13	马拉瓦研究与勘探有限公司	基里巴斯	克拉里昂–克利珀顿断裂区（保留区）	2015 年 1 月 19 日	2030 年 1 月 18 日	—
14	新加坡大洋矿产有限公司	新加坡	克拉里昂–克利珀顿断裂区（保留区）	2015 年 1 月 15 日在金斯敦、2015 年 1 月 22 日在新加坡签署	2030 年 1 月 21 日	—
15	英国海底资源有限公司	大不列颠及北爱尔兰联合王国	克拉里昂–克利珀顿断裂区	2016 年 3 月 29 日	2031 年 3 月 28 日	—
16	库克群岛投资公司	库克群岛	克拉里昂–克利珀顿断裂区（保留区）	2016 年 7 月 15 日	2031 年 7 月 14 日	—
17	中国五矿集团公司	中国	克拉里昂–克利珀顿断裂区（保留区）	待签	—	—
多金属硫化物勘探合同						
1	中国大洋矿产资源研究开发协会	中国	西南印度洋洋脊	2011 年 11 月 18 日	2026 年 11 月 17 日	—
2	俄罗斯联邦政府	—	中大西洋洋脊	2012 年 10 月 29 日	2027 年 10 月 28 日	—
3	大韩民国政府	韩国	中印度洋	2014 年 6 月 24 日	2029 年 6 月 23 日	—
4	法国海洋开发研究所	法国	中大西洋洋脊	2014 年 11 月 18 日	2029 年 11 月 17 日	—

续表

序号	承包者	担保国	勘探区域大致地点	生效日期	终止日期	延期情况
5	德国联邦地球科学及自然资源研究所	德国	中印度洋洋脊和东南印度洋洋脊	2015年5月6日	2030年5月5日	—
6	印度政府	印度	中印度洋洋脊	2016年9月26日	2013年9月25日	—
富钴铁锰结壳勘探合同						
1	日本国家石油天然气金属公司	日本	西太平洋	2014年1月27日	2029年1月26日	—
2	中国大洋矿产资源研究开发协会	中国	西太平洋	2014年4月29日	2029年4月28日	—
3	俄罗斯联邦自然资源和环境部	俄罗斯	太平洋麦哲伦山	2015年3月10日	2030年3月9日	—
4	巴西矿产资源研究公司	巴西	南大西洋雷欧格兰地海隆	2015年11月9日	2030年11月8日	—

资料来源：国际海底管理局，“已批准的勘探合同现状”，ISBA/22/C/5，2016年5月10日；国际海底管理局网站发布的信息。

2. 国际海洋法法庭

国际海洋法法庭（International Tribunal for the Law of the Sea，ITLOS。以下简称“法庭”）是根据《公约》设立的独立司法机构，对有关《公约》解释和适用的争端具有管辖权。法庭除对《公约》缔约方开放外，还对符合规定的其他国家、组织和实体开放。

法庭设海底争端分庭、简易程序分庭、特别分庭和专案分庭。常设特别分庭包括渔业争端分庭、海洋环境争端分庭和海洋划界争端分庭。专案分庭是法庭经当事各方请求为处理特定争端而设立的。法庭由《公约》缔约国选举产生的21名法官组成。自法庭法官于1996年10月在德国汉堡正式就职至2017年3月，共有25个案件提交法庭审理。2016年9月，法庭就巴拿马诉意大利的M/V“Norstar”号案举行了听证会；11

月，法庭作出管辖权裁决，拒绝了意大利的反对请求，裁决法庭对该案具有管辖权，继续审理案件。① 加纳和科特迪瓦在大西洋的海洋划界争端案正由法庭的一个特别分庭审理。

表 1-2 国际海洋法法庭受理案件

序号	当事国/机构	案件	案由	受理时间
1	圣文森特和格林那丁斯诉几内亚	“塞加号”案	迅速释放	1997 年
2	圣文森特和格林那丁斯诉几内亚	“塞加号”案（2）	临时措施 实质问题	1998 年
3	新西兰诉日本	南方蓝鳍金枪鱼案	临时措施	1999 年
4	澳大利亚诉日本	南方蓝鳍金枪鱼案	临时措施	1999 年
5	巴拿马诉法国	“卡莫科号”案	迅速释放	2000 年
6	塞舌尔诉法国	“蒙特·卡夫卡号”案	迅速释放	2000 年
7	智利/欧盟	养护和可持续开发东南太平洋剑旗鱼种群案	实质问题	2000 年
8	伯利兹诉法国	“大王子号”案	迅速释放	2001 年
9	巴拿马诉也门	“契斯雷·雷夫 2 号”案	迅速释放	2001 年
10	爱尔兰诉英国	MOX 工厂案	临时措施	2001 年
11	俄罗斯诉澳大利亚	“奥尔加号”案	迅速释放	2002 年
12	马来西亚诉新加坡	新加坡在柔佛海峡围海造地案	临时措施	2003 年
13	圣文森特和格林那丁斯诉几内亚比绍	“朱诺商人号”案	迅速释放	2004 年
14	日本诉俄罗斯	“丰进丸”案	迅速释放	2007 年
15	日本诉俄罗斯	“富丸”案	迅速释放	2007 年

① International Tribunal for the Law of the Sea, Press Release The M/V “Norstar” Case (Panama V. Italy), Itlos/Press 254-04. 11. 16, https://www.itlos.org/fileadmin/itlos/documents/press_releases_english/PR_254_EN.pdf, 4 November 2016.

续表

序号	当事国/机构	案件	案由	受理时间
16	孟加拉/缅甸	孟加拉与缅甸孟加拉湾海洋边界划界争端案	海域划界	2009年
17	国际海底管理局	个人和实体的担保国对“区域”内活动的责任和义务	请求海底争端分庭提供咨询意见	2010年
18	圣文森特和格林纳丁斯诉西班牙	M/V“Louisa”号案	迅速释放 临时措施	2010年
19	巴拿马/几内亚比绍	M/V“Virginia G”号案	实质问题	2011年
20	阿根廷诉加纳	“ARA Libertad”号案	临时措施 实质问题	2012年
21	次区域渔业委员会	相关渔业问题	咨询意见	2013年
22	荷兰诉俄罗斯	“北极日出号”案	临时措施	2013年
23	加纳诉科特迪瓦	在大西洋的海洋划界争端案	海域划界	2014年
24	意大利诉印度	“Enrica Lexie”号海轮事件案	临时措施	2015年
25	巴拿马诉意大利	M/V“Norstar”号案		2015年

资料来源：国际海洋法法庭网站，https://www.itlos.org/cases/list-of-cases/，2017-03-24。

3. 大陆架界限委员会

根据《公约》的规定，沿海国的大陆架自然延伸自领海基线量起超过200海里的，可以主张200海里以外大陆架。若划定200海里以外大陆架的外部界限，沿海国必须将确定外部界限的相关数据资料（以下简称“划界案”）提交大陆架界限委员会（Commission on the Limits of the Continental Shelf，CLCS。以下简称“委员会”）审议。

委员会于1997年6月开始工作，由21名委员组成。根据《公约》的规定，委员会的主要职能包括两项：第一，审议沿海国提出的200海里以外大陆架划界案，并提出建议；第二，经沿海国请求，为沿海国准备外大陆架划界案提供科学和技术咨询意见。截至2016年12月，委员会已举行42届会议①，收到81项划界案（包括4项订正划界案）②、47项初步信息，共提出了26项划界案建议。③

2016年没有收到新的或订正划界案，划界案的积压首次开始减少。目前的划界案大部分是在2009年提交的，划界案提交与建立审议划界案的小组委员会之间的时间继续增加，已超过7年，给提交国带来维持所需数据、软件和专门知识等方面的挑战。

（二）争端解决

《联合国宪章》和《公约》规定了和平解决与海洋法有关争端的机制，国际法院和国际海洋法法庭是国际海洋领域的主要司法机构。国际法院是联合国主要司法机构，在和平解决海洋争端方面发挥重要作用。2016年4月20日，国际法院隆重纪念开庭七十周年。国际法院正在审理的涉海案件包括：尼加拉瓜海岸200海里以外尼加拉瓜与哥伦比亚大陆架划界问题（尼加拉瓜诉哥伦比亚）、加勒比海主权权利和海洋空间受侵犯的指控（尼加拉瓜诉哥伦比亚）、加勒比海和太平洋海洋划界（哥斯达黎加诉尼加拉瓜）、印度洋海洋划界（索马里诉肯尼亚）等。

二、海洋环境保护

第一次全球海洋综合评估指出，当今不断增加的人口数量和工农业生产使流入海洋的有害物质增加，营养物过剩。该报告认为由于降解缓慢的塑料使用增加，更多的塑料进入海洋，对社会经济等方面造成众多不利影响。④ 国际社会对海洋中的塑料垃圾关注度持续增加。

（一）海洋废弃物

第一次全球海洋综合评估估计，塑料在所有海洋废弃物中所占的比例达到60%～

---

① 大陆架界限委员会：《大陆架界限委员会的工作》，https：//documents-dds-ny. un. org/doc/UNDOC/GEN/N16/456/63/PDF/N1645663. pdf? OpenElement，2016年12月21日登录。

② 联合国秘书长：《海洋和海洋法报告》，A/71/74/Add. 1，2016年9月6日，第5页，注释6。

③ Submissions, through the Secretary-General of the United Nations, to the Commission on the Limits of the Continental Shelf, pursuant to article 76, paragraph 8, of the United Nations Convention on the Law of the Sea of 10 December 1982, http：//www. un. org/Depts/los/clcs_new/commission_submissions. htm, visited on 2017-03-24; Preliminary information indicative of the outer limits of the continental shelf beyond 200 nautical miles, http：//www. un. org/Depts/los/clcs_new/commission_preliminary. htm, visited on 2017-03-24.

④ 见《第一次全球海洋综合评估报告》，www. un. org/Depts/los/global_reporting/WOA_RPROC/Summary. pdf，2017年3月24日登录。

80%，而且由于塑料具有耐久性，以及全球塑料生产持续增长，海洋环境中此类塑料废弃物还将进一步增加[①]，引起了国际组织、区域性组织和各国的空前重视。

以联合国为主的国际机构是应对海洋废弃物（包括塑料和塑料微粒）问题的主导者。2015 年，联合国大会在关于海洋、海洋法和可持续渔业的年度决议中呼吁开展多项行动，处理海洋废弃物问题。联合国大会在 2015 年 9 月 25 日《变革我们的世界：2030 年可持续发展议程》的第 70/1 号决议中承诺，将根据新的可持续发展目标第 14 项，在 2025 年前采取行动。2016 年 5 月举行的联合国环境大会第二次会议和同年 6 月举行的联合国海洋和海洋法问题不限成员名额非正式协商进程第十七次会议均也重点讨论了海洋塑料废弃物和塑料微粒问题。

在全球层面，为应对海洋塑料污染物对环境和社会经济造成的负面影响，联合国在多份文件中呼吁立即采取果断行动。联合国环境大会通过一些关于海洋废弃物的决定和决议，并在《生物多样性公约》和《移栖物种养护公约》范围内也通过一些此类决定和决议。海洋废弃物也是环境署 2010 年发起的全球废物管理伙伴关系的一个重点领域。[②]

在国家层面，为减少和消除海洋废弃物（包括塑料和塑料微粒），联合国报告呼吁各国采取综合办法管理陆地和海洋上的活动，提高公众对塑料污染及其负面影响的认识，提出了非常具体的应对措施，例如减少和停止使用一次性塑料袋，进一步禁止不可生物降解的塑料包装，不再提供除可生物降解类型之外的一次性塑料盘和杯具，呼吁生产行业减少对塑料的使用等。一些国家已采取实际行动予以响应，例如摩纳哥从 2016 年起开始禁止使用一次性塑料袋，并将从 2020 年开始禁止使用一次性厨具。澳大利亚政府还支持在全国范围内逐步淘汰轻体塑料袋，一些主要超市已承诺从 2017 年起在其产品中停止使用塑料珠粒。

（二）划区管理工具

为保护海洋环境，联合国大会除倡导按照《公约》改善全球各级合作、加强协调以外，还支持海洋综合管理，倡导采取生态系统方法，支持利用环境影响评价、综合管理方法和海洋保护区等多种手段养护和管理海洋生物多样性和生态系统。

海洋保护区作为一项划区管理工具继续受到高度重视。《保护东北大西洋海洋环境公约》和《南极海洋生物资源养护公约》继续推动建立海洋保护区。2016 年 10 月，南极海洋生物资源养护委员会通过了建立南极罗斯海海洋保护区的提案。罗斯海海洋

---

① 联合国秘书长：《海洋和海洋法报告》，A/71/74，2016 年 3 月 22 日，第 3 段，第 3 页。

② 联合国秘书长：《海洋和海洋法报告》，A/71/74，2016 年 3 月 22 日。

保护区覆盖面积达155万平方千米，为目前世界最大的海洋保护区，将于2017年12月1日正式生效。

包括《生物多样性公约》和联合国教科文组织政府间海洋学委员会在内的各种机制和组织目前正在推动海洋空间规划方面的工作，协助在区域一级执行海洋空间规划。《生物多样性公约》秘书处正在通过可持续海洋倡议，将海洋空间规划作为其能力建设活动的一项关键专题内容。

三、海洋生物资源开发与养护

养护与可持续利用海洋生物资源和生物多样性是国际海洋事务的重点领域之一，是《变革我们的世界：2030年可持续发展议程》可持续发展目标第14项的核心内容。联合国大会每年都通过关于可持续渔业的各项决议，联合国粮农组织和各相关区域性渔业组织在国际和区域层面推动合作，倡导加强管理与养护。在生物多样性养护方面，联合国大会正就国家管辖范围以外区域海洋生物多样性的养护和可持续利用问题拟订一份具有法律约束力的国际文书开展相关工作。

（一）海洋渔业资源养护和管理

第一次全球海洋综合评估指出，海洋生物资源过度开发问题在许多地区依然突出，受到过度捕捞的种群比例持续上升，从2011年的28.8%上升到2013年的31.4%。[①] 联合国秘书长报告呼吁各级政府尽快采取有效措施，加强渔业可持续发展，以履行《变革我们的世界：2030年可持续发展议程》所做的相关承诺，特别是可持续发展目标中的具体目标第14.4项和第14.6项。

1. 港口国措施协定生效

国际社会继续加强打击非法、未报告和无管制捕捞活动（IUU）的努力，《预防、阻止和消除非法、未报告和无管制的捕捞活动港口国措施协定》于2016年6月5日生效。截至2016年8月1日，35个国家和欧洲联盟加入该协定。该协定是联合国粮农组织于2009年通过的，其目的是通过实施有效的港口国措施，预防、阻止和消除IUU捕捞活动，确保长期养护和可持续利用海洋生物资源和海洋生态系统。为了防止非法捕捞的鱼类进入国际市场，该协定规定了港口国对外国渔船应采取的具体措施。

① 联合国秘书长：《海洋和海洋法报告》，A/71/74/Add.1，2016年9月6日，第74段，第18页。

2. 加强对 1995 年“联合国鱼类种群协定”的审查

根据联合国大会第 69/109 和 70/75 号决议，2016 年 5 月，《执行 1982 年 12 月 10 日〈联合国海洋法公约〉有关养护和管理跨界鱼类种群和高度洄游鱼类种群的规定的协定》（以下简称《协定》）审查会议后续会议召开。该后续会议审查各项规定的适当性，评估该《协定》在确保养护和管理跨界和高度洄游鱼类种群方面的成效，并在必要时提出加强执行这些规定的办法。审查会议后续会议在其成果文件中确定，应进一步加强《协定》的执行。

审查会议后续会议建议《协议》缔约国每年进行非正式协商，专门审议《协定》执行中出现的具体问题，以提高认识、分享经验和确定最佳做法。会议商定 2020 年后继续通过审查会议后续会议对《协定》进行审查。

3. 应对深海底层渔业捕捞问题

国际社会密切关注以底拖网为代表的深海底层渔业对深海脆弱海洋生态系统的危害。第一次全球海洋综合评估指出，深海拖网捕捞在不同海洋区域造成了广泛影响。① 2003 年以来联合国大会多次通过决议，呼吁各国各自并通过区域渔业管理组织或安排采取行动，根据预防性原则，评估深海底层渔业对脆弱海洋生态系统的影响；若评估表明确有重大不利影响，则应采取有效措施限制深海底层渔业。② 联合国粮农组织制定了《公海深海渔业管理国际指南》，提出了管理公海深海渔业和保护脆弱海洋生态系统的技术标准和管理框架。区域渔业管理组织承担着具体执行深海底层渔业管理措施和监督管理的责任，在北大西洋、地中海、南太平洋的公海和南极水域，相关区域渔业管理组织已采取了暂停部分区域底拖网渔业活动、收集数据、评估底拖网对脆弱海洋生态系统的影响等措施。③ 例如，南太平洋区域渔业管理组织在 2016 年继续禁止该组织的成员和非缔约合作方的船只在南太平洋渔业管理组织管辖海域内进行任何底层捕捞，已编写底层捕捞影响评估报告的除外。此外，该组织在管辖海域内禁止使用一切

① 联合国秘书长的报告，“各国和区域渔业管理组织和安排根据大会关于可持续渔业及底鱼捕捞对脆弱海洋生态系统和深海鱼类种群长期可持续性影响的第 64/72 号决议第 113、117 和 119 至 124 段和第 66/68 号决议第 121、126、129、130 和第 132 至 134 段的规定采取的行动”，A/71/351，2016 年 8 月 22 日，第 1 段，第 4 页。

② 联合国大会 2006 年 12 月 8 日决议：通过 1995 年《执行 1982 年 12 月 10 日〈联合国海洋法公约〉有关养护和管理跨界鱼类种群和高度洄游鱼类种群的规定的协定》和相关文书等途径实现可持续渔业，A/RES/61/105，第 14-15 页。

③ 唐议，等：《公海深海底层渔业国际管理进展》，载《水产学报》，2014 年第 5 期，第 759-768 页。

深水流刺网。[①]

（二）海洋生物多样性养护

海洋生物多样性养护是全球海洋治理的一个重点和热点议题。第一次全球海洋综合评估强调指出，一系列人类活动对海洋生态系统和生物多样性造成长期的累积影响，不断增加海洋生物多样性所受压力，降低生态系统抵御气候变化等影响的能力。为从制度上保障有效养护海洋生物多样性，联合国决定就国家管辖范围以外区域海洋生物多样性的养护和可持续利用问题拟订一份具有法律约束力的国际文书。

1. 全球海洋生物多样性养护行动

联合国粮农组织、《生物多样性公约》、区域渔业管理组织、《濒危野生动植物种国际贸易公约》《保护东北大西洋海洋环境公约》和国际海底管理局等全球和区域组织开展多项行动，促进对于海洋生物多样性主要威胁的了解，作为开展养护行动的科学技术基础和依据。

按照联合国大会关于可持续渔业的有关决议，各国和区域渔业管理组织采取各种行动，查明脆弱海洋生态系统。联合国粮农组织通过《公海深海渔业管理国际准则》，制定了确定脆弱海洋生态系统的准则。联合国粮农组织继续收集各区域的最佳做法，并开发各种工具以支持更好地识别和报告易受影响的物种群体，如深海鲨鱼、海绵和珊瑚。国际社会继续采取措施保护特定生态系统和物种。根据国际自然保护联盟濒危物种红色名录所做的评估，现阶段所评估的所有海洋物种中约有 11%灭绝风险升高。[②]《濒危野生动植物种国际贸易公约》常设委员会作出了一系列决定，通过加强立法、执法、监管措施以及实现可追踪性的、更科学和创新的办法，加强对一些濒危海洋物种的保护。[③] 国际海事组织持续开展确定和指定“特别敏感海区”的工作。

2. 国家管辖范围以外区域海洋生物多样性养护规制

为通过全面的全球性制度更好地促进国家管辖范围以外区域海洋生物多样性养护与利用，2015 年 6 月 19 日，联合国大会第 69/292 号决议决定，根据《公约》的规定

---

① 联合国秘书长的报告，“各国和区域渔业管理组织和安排根据大会关于可持续渔业及底鱼捕捞对脆弱海洋生态系统和深海鱼类种群长期可持续性影响的第 64/72 号决议第 113、117 和 119 至 124 段和第 66/68 号决议第 121、126、129、130 和第 132 至 134 段的规定采取的行动” A/71/351，2016 年 8 月 22 日，第 49 段，第 17 页。

② 联合国秘书长：《海洋和海洋法报告》，A/71/74/Add. 1，2016 年 9 月 6 日，第 88 段，第 20 页。

③ 见 https：//cites. org/eng/news/pr/index. php。转引自联合国秘书长：《海洋和海洋法报告》，A/71/74/Add. 1，2016 年 9 月 6 日，第 90 段，第 20-21 页。

就此问题拟订一份具有法律约束力的国际文书。为了开展相关工作，大会同时决定，在举行政府间会议之前，设立一个筹备委员会，主要任务是在2017年年底之前就该国际文书的草案内容向大会提出实质性建议。联合国大会将于第七十二届会议结束前，就在联合国主持下召开一次政府间会议以及会议的开始日期作出决定。

筹备委员会在2016年3月和7月以及2017年3月举行了三次会议。筹备委员会第二次会议重点审议了以下事项：海洋遗传资源，包括惠益共享问题；环境影响评估；能力建设和海洋技术转让；跨领域问题。第二次会议之后各方在一些领域意见趋于一致，但在更多的领域仍存在较大分歧。各方普遍认同新文书不应损害现有相关国际规制的效力和全球性、区域性和专业性机构的职能。① 第三次会议继续审议该国际文书草案应包括的要素。

四、国际海事

国际海运对全球经济至关重要，海运承担了约80%的世界贸易运输，全世界港口处理的海运贸易价值约为全球商品贸易价值的55%②。除全球经济发展状况外，海事安全和安保③也是影响国际海运的重要因素。

（一）海事安全

为确保海上安全和航行安全，国际海事组织继续修订一系列重要条约，包括1974年《〈国际海上人命安全公约〉修正案》（预计于2020年1月1日前生效），以改善其中关于船舶救生设施的条例等。④ 海事组织核准了《渔船船员培训、发证和值班标准国际公约》审查的原则和范围，还制定或修订了船舶航道系统，包括新的分道通航计划。

世界气象组织与海事组织和国际水道测量组织合作，继续在世界范围气象-海洋信

① Preparatory Committee established by General Assembly resolution 69/292: Development of an international legally binding instrument under the United Nations Convention on the Law of the Sea on the conservation and sustainable use of marine biological diversity of areas beyond national jurisdiction, "Chair's overview of the second session of the Preparatory Committee", http://www.un.org/Depts/los/biodiversity/prepcom_files/Prep_Com_II_Chair_overview_to_MS.pdf, 2017-05-02.

② 联合国秘书长：《海洋和海洋法报告》，A/71/74/Add.1，2016年9月6日，第20段，第6页。

③ 联合国秘书长《海洋和海洋法报告》中将“海事安全”细分为“maritime safety”和“maritime security”，在本章中分别采用该报告的措辞，用“海事安全”和“海事安保”予以区分。参见联合国秘书长：《海洋和海洋法报告》，A/70/74/Add.1，2015年9月1日，第7-14页。

④ 国际海事组织，MSC96/25号文件，附件1，MSC.402（96）号决议。可查阅：www.iadc.org/wp-content/uploads/2016/07/MSC-96-25-Report-Of-The-Maritime-Safety-Committee-On-Its-Ninety-Sixth-Session-Secretariat.pdf。

息和预警服务及全球海难和安全系统框架内提供海上安全信息服务。目前正在全面审查关于海洋部门服务标准、建议做法和指导意见的手册和指南。

极地海域的航行安全受到国际海事组织的高度重视。2017 年 1 月 1 日，强制性的《极地水域作业船舶国际守则》生效。该守则适用于在两极海域航行的所有船舶，涉及船舶的建造、设备实施、操控、培训和环保等全方位标准，甚至具体到极地航行船舶的建造材料。该守则要求在极地海域航行的所有油轮必须配有双壳。[①] 海事组织又通过修订《1978 年海员培训、发证和值班标准国际公约》，增加了极地水域作业船舶船长和甲板人员培训和资格认证的新强制性最低要求。

（二）海事安保

海盗和海上武装抢劫行为、海域上的跨国有组织犯罪和恐怖主义、贩运人口、偷运移民海盗和海上武装抢劫等非法行为对众多船只构成威胁。

联合国大会决议强调为消除海上安保威胁而采取的所有行动都必须符合国际法，包括《联合国宪章》和《公约》所载原则。[②]联合国大会确认全球、区域、次区域和双边各级国际合作在海上安保方面的重要作用，制定和设立监测、防止和应对此类威胁的双边和多边文书和机制，在发现、防止和遏制此类威胁方面加强各国之间的信息交流，在适当尊重各国法律的情况下起诉违法者。[③]

海盗和武装抢劫船舶事件在过去几年有所减少，但在世界某些区域仍对海上安保构成严重威胁，包括威胁海员的生命和生计。2015 年，向海事组织报告了 303 起海盗和武装抢劫船舶行为，比 2014 年所报告的 291 起事件增加 4%。由于全球和区域两级所做的努力，最近在打击索马里沿海的海盗和海上武装抢劫行为方面取得成就，而且接报的索马里沿海海盗事件大幅度减少，索马里沿海的海盗和海上武装抢劫事件数量已降至 1995 年以来最低水平。[④] 2016 年 10 月 15 日，非洲联盟非洲海上安全和安全与发展特别首脑会议通过了《非洲海上安全和安全与发展宪章》。

（三）海上人员

近年来海上偷运移民行为大幅增加，危及人的生命，引起联合国的严重关切。联

---

① Speech by Kitack Lim, Secretary-General of International Maritime Organization, "Polar Code developments", Arctic Council-Senior Arctic Officials Meeting (Juneau, Alaska), 08/03/2017.

② 联合国大会，2016 年 12 月 23 日大会决议：《海洋和海洋法》，A/RES/71/257，2017 年 2 月 20 日发布，第 116 段，第 21 页。

③ 联合国大会，2016 年 12 月 23 日大会决议：《海洋和海洋法》，A/RES/71/257，2017 年 2 月 20 日发布，第 117 段，第 21 页。

④ 联合国秘书长：《海洋和海洋法报告》，A/71/74/Add. 1，2016 年 9 月 6 日，第 39-41 段，第 10 页。

合国大会决议强调要根据有关国际法予以应对，并鼓励各国各自或酌情通过相关的全球或区域组织采取行动，应船旗国、港口国和沿海国请求向其提供技术援助和能力建设，以提高其防止海上偷运移民和贩运人口行为的能力。

根据联合国难民事务高级专员署统计，在 2016 年前 6 个月里，约 250 450 名难民和移民冒险从北非和土耳其漂洋过海前往欧洲，3000 多人死亡或据报失踪。联合国大会决议在这方面促请各国根据有关国际义务采取措施，防止和打击一切形式的人口贩运，确认人口贩运受害者（包括在大量移民中）的身份，并根据本国法律和政策向贩运受害者提供适当保护和援助。①

五、海洋科学和技术

科学技术是海洋开发与养护的基础和依据。《公约》关于海洋科学研究的第十三部分确认科学是海洋环境知识的基础。联合国大会呼吁各国和国际组织不断加强海洋科学研究，增进对海洋和深海，特别是对深海生物多样性和生态系统的认知。联合国大会强调在海洋科学技术领域开展国家间、区域和国际合作的重要性，并在全球层面推动大型海洋科学研究项目的开展。目前联合国大会确定的重点合作研究领域为人类活动对海洋生态系统健康的影响，包括海洋废弃物、船只碰撞、水下噪声、持久性污染物、沿海开发活动、油污泄漏和废弃的渔具等。②

海洋科学的重要性也体现在可持续发展目标的具体目标 14a 项中，各国承诺增加科学知识，发展研究能力和转让海洋技术，以改善海洋健康，增加海洋生物多样性对发展中国家特别是小岛屿发展中国家和最不发达国家的发展贡献。在 2016 年举行的可持续发展问题高级别政治论坛会议上，各国强调必须收集、分析和传播及时和可靠的数据，以监测《变革我们的世界：2030 年可持续发展议程》的执行情况。③各国呼吁更加透明和更可利用的数据跟踪、在国家层面建设更强有力的数据和统计机构，包括通过能力建设和技术转让的办法实现。③

国际社会在监测和预报海洋灾害方面持续做出努力。政府间海洋学委员会在建立、运行区域和国家海啸预警和减灾系统方面取得进展，研发了太平洋海啸警报和减灾系统新的增强型海啸信息产品，加勒比及邻近区域海啸和其他沿海灾害预警系统的增强

---

① 联合国大会，2016 年 12 月 23 日大会决议：《海洋和海洋法》，A/RES/71/257，2017 年 2 月 20 日发布，第 148 段，第 25 页。

② 联合国大会，2016 年 12 月 23 日大会决议：《海洋和海洋法》，A/RES/71/257，2017 年 2 月 20 日发布，第 270 段，第 42 页。

③ 见 www. un. org/press/en/2016/ecosoc6787. doc. htm，2017-05-03。

型海啸信息产品，这些产品有助于太平洋和加勒比各国评估海啸威胁并发出警报。政府间海洋学委员会鼓励会员国根据需要，在应对与海洋有关的多种危害的全球行动范围内，建立和维护国家预警和减灾系统，以减少生命损失和国民经济损失，加强沿海地区在自然灾害后的恢复能力。①

六、国际极地事务

南北极具有独特的自然环境，对人类社会具有非常重要的环境、科学研究和政治经济等方面的意义。国际极地事务的重点包括环境保护和生物资源养护等方面。2016年，《南极条约》体系和南极海洋生物资源养护委员会等组织采取多项措施，保护南极陆地和海洋环境，养护生物多样性。

（一）南极事务

《南极条约》规定，为了全人类的共同利益，南极应永远专为和平目的而使用，并冻结对南极的领土主权要求，推动在南极的科学研究与国际合作，保护南极环境和生物资源②。南极条约体系围绕这些目标在南纬60°以南的区域开展各项举措③。

《南极条约》签订并生效之后，南极条约协商国又先后于1964年签订了《南极海豹保护公约》，于1980年签订了《南极海洋生物资源养护公约》，于1991年签订了《关于环境保护的南极条约议定书》。《南极条约》和上述公约以及在历次南极条约协商会议上通过的具有法律效力的各项措施，统称为南极条约体系。《南极条约》缔约国分为具有决策权的协商国和没有决策权的非协商国。《南极条约》的协商国目前有29个，包括：12个原始缔约国，以及17个在南极建立科学考察站或派遣科学考察队开展实质性科学研究活动的缔约国，中国于1985年10月7日获得协商国资格④。

南极条约协商国一直强调南极环境的重要性，为保护南极的环境和资源开展了大量工作，并设立了南极环境保护委员会。自1961年以来，对南极自然环境的保护问题一直是南极条约协商国历次会议的中心议题。2016年6月，南极条约协商国第39届会议在智利举行。《南极条约》缔约方修订了《南极环境影响评价指南》，修订更新了

---

① 联合国大会，2016年12月23日大会决议：《海洋和海洋法》，A/RES/71/257，2017年2月20日发布，第280段，第43页。

② 《南极条约》，1959年12月1日签订，1961年6月23日生效。

③ 《南极海洋生物资源养护公约》的管辖范围略大于南纬60°以南面积。

④ Antarctic Treaty，Parties，http：//www. ats. aq/devAS/ats_parties. aspx？ lang=e，2015-11-09。12个原始缔约国为阿根廷、澳大利亚、比利时、智利、法国、日本、新西兰、挪威、南非、苏联、英国和美国。

《外来物种手册》等，提出了8个南极特别保护区修订案。[①] 2016年8月，这些修订案经快速批准程序获得通过。[②]

南极海洋保护区事务取得重大进展。2016年10月，南极海洋生物资源养护委员会在历经五年谈判磋商后通过了建立南极罗斯海海洋保护区提案。罗斯海保护区覆盖面积达155万平方千米，为目前世界最大海洋保护区，将于2017年12月1日正式生效。该提案最初由美国和新西兰分别提出。罗斯海保护区内72%的面积受到完全的保护，禁止渔业活动。罗斯海保护区包含三类区域：综合保护区域（General Protection Zone）、特别研究区域（Special Research Zone，SRZ）和磷虾研究区域（Krill Research Zone，KRZ）。

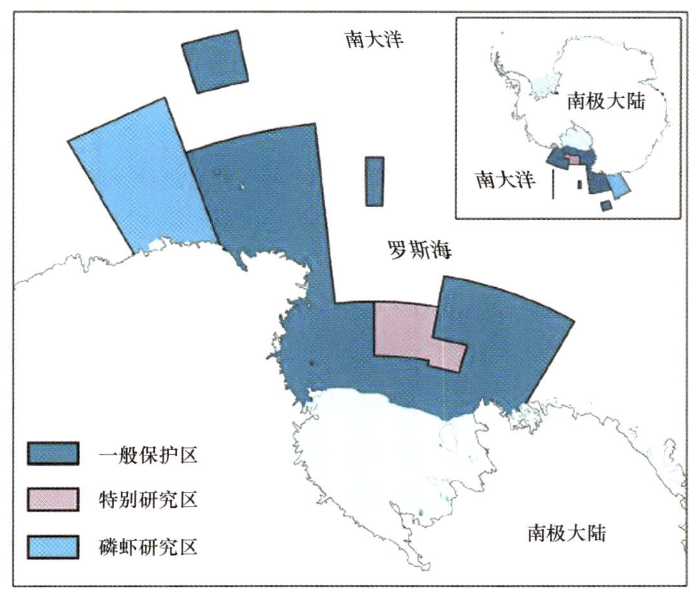

图1-1　罗斯海保护区示意[③]

① 联合国秘书长：《海洋和海洋法报告》，A/70/74/Add. 1，2015年9月1日，第114段，第28页。

② Thirty-ninth Antarctic Treaty Consultative Meeting—Nineteenth Committee on Environmental Protection Meeting，http://www.ats.aq/devAS/ats_meetings_meeting.aspx? lang=e&id=81，2017-05-02.

③ 图片来源：周超：《南极罗斯海将建全球最大海洋保护区》，中国海洋在线，http://www.oceanol.com/guoji/201611/02/c58994.html，2017-05-02。

（二）北极事务

北极特殊的地理位置以及战略、资源、环境、航行、科研等方面的独特优势和价值，使北极成为国际社会关注的焦点之一。北极地区正在发生巨大变化，包括全球气候变化对北极的影响，以及由此引发的人类社会与北极关系的变化，如北极北方航道的利用、油气资源开发、渔业资源利用与养护等[①]，需要对北极的管理进行完善和适应性调整。

北极理事会是由美国、加拿大、俄罗斯、丹麦、挪威、瑞典、冰岛和芬兰 8 个国家组成的政府间区域性组织，是讨论北极地区环境和可持续发展问题、推动北极事务合作的最重要区域性平台。中国于 2013 年 5 月成为该理事会的正式观察员。

环境保护、气候变化的应对、生物多样性养护和经济发展等是国际北极事务的重点议题。2016 年 3 月 15 日至 17 日，北极理事会高官会议（SAOs）在美国阿拉斯加州费尔班克斯举行，北极 8 国、6 个永久参与方和 26 个观察员出席会议，与会代表就北极热点问题进行了讨论。会议大部分讨论集中在气候变化和恢复力领域（Climate Change and Resilience），包括：黑炭与甲烷专家组、旨在增强北极社区恢复力的大量项目、“共同健康”倡议等，高官会还讨论了理事会北极油气相关领域的工作，调查北极海洋环境油污预防工作的成效，审视降低油气行业黑炭和甲烷减排措施。经济问题也是高官会讨论的一个热点，尤其是北极地区经济事项与北极经济理事会的关系方面。北极科学峰会也在费尔班克斯同期举办，与高官会议互相呼应。除北极理事会举办的各类会议之外，北极各国也举办各类活动推动北极事务。2017 年 3 月，俄罗斯政府下属的“北极发展问题国家委员会”主办了第四届“北极－对话区域”国际北极论坛，以促进北极事务合作、开展广泛对话和高级别研讨。中国国务院副总理汪洋出席开幕式。

七、海洋与气候变化和海洋酸化

第一次全球海洋综合评估指出，气候变化和大气层的有关变化对海洋有重大影响，包括海平面升高、海洋酸度提高、海水混合程度减弱、缺氧情况加重。人类社会目前已掌握这种变化的基本机制，但预测变化趋势的能力仍然有限。[②] 2016 年 4 月，政府间

① 唐建业，赵嵌嵌：《有关北极渔业资源养护与管理的法律问题分析》，载《中国海洋大学学报》（社会科学版），2010 年第 5 期，第 11 页。

② 联合国秘书长：《海洋和海洋法报告》，A/71/74/Add. 1，2016 年 9 月 6 日，第 117 段，第 26 页。

气候变化问题小组决定编写一份关于气候变化与海洋和冰冻圈的特别报告。[①]《变革我们的世界：2030 年可持续发展议程》指出，全球温度上升、海平面升高、海洋酸化和其他气候变化的后果正在严重影响沿海地区和低地沿海国，尤其是许多最不发达国家和小岛屿发展中国家。可持续发展目标具体目标 13. b 敦促各国迅速采取行动应对气候变化及其影响，并呼吁提高最不发达国家和小岛屿发展中国家此方面的能力，帮助其进行与气候变化有关的有效规划和管理。目标 14. 3 要求通过在各层级加强科学合作等方式，减少和应对海洋酸化的影响。

联合国大会确认海洋酸化对海洋生态系统具有广泛影响，并促请各国进一步研究海洋酸化的起因及影响。联合国大会决议强调必须制定适应性海洋资源管理战略并增进实施此类战略的能力建设，以加强海洋生态系统的复原力，最大限度地减少海洋酸化对海洋生物的广泛影响和对粮食安全的广泛威胁。[②] 联合国海洋网络通过发表联合声明和专题介绍等方式，提高人们对海洋在调节气候方面的重要作用，以及气候变化和海洋酸化对海洋环境所产生影响的认识。联合国高度重视气候变化的发展态势，开展了许多与海洋和气候变化以及海洋酸化有关的活动。在海事组织领导下以及教科文组织政府间海洋学委员会和世界气象组织的支持下建立一个新的海洋环境保护的科学方面联合专家组——海洋地球工程工作组。一些国家和民间社会行为体认识到必须进一步制定实施侧重于海洋的适应和缓解措施、战略，[③]包括推动根据《联合国气候变化框架公约》制订关于海洋的行动计划。

八、小结

海洋是地球生态系统的重要有机组成部分，国际社会对海洋问题的关注度不断提升，在政治、经济、法律和环境等各个方面加强国际海洋治理。第一次全球海洋综合评估为进一步加强国际海洋治理提供了科学基础，联合国《变革我们的世界：2030 年可持续发展议程》将养护全球海洋及其资源确定为一项独立的可持续发展目标，体现了各国对海洋可持续发展的政治承诺，落实此项目标成为近期国际海洋事务的一大主题。正如联合国秘书长在《海洋和海洋法报告》（A/71/74/Add. 1）中所强调的，经济增长、社会发展和环境保护作为可持续发展的三大支柱需要实现一体化。中国在《落

---

① 见政府间气候变化专门委员会 XLIII-6 号决定，第七 . C 节。

② 联合国大会通过 1995 年《执行 1982 年 12 月 10 日〈联合国海洋法公约〉有关养护和管理跨界鱼类种群和高度洄游鱼类种群的规定的协定》和相关文书等途径实现可持续渔业，A/RES/71/123，2017 年 2 月 13 日，第 204 段，第 31 页。

③ 《联合国气候变化框架公约》缔约方大会第二十一届会议举行的海洋日的成果建议。

实2030年可持续发展议程国别方案》中确立以协调推进经济、社会、环境三大领域发展为原则，实现人与社会、人与自然和谐相处。

应对海洋环境退化和海洋生物资源衰竭是国际海洋事务的重要议题。国际组织、区域性组织和各国空前重视海洋废弃物（包括塑料和塑料微粒）问题。联合国在多份文件中呼吁立即采取果断行动，应对海洋塑料污染物对环境和社会经济造成的负面影响。海洋保护区作为一项划区管理工具继续受到高度重视，在国家管辖范围内海域和公海的有关实践不断增加。公海生物资源养护规制不断加强，深海底层渔业对深海脆弱海洋生态系统的危害受到持续关注。

《公约》及各项执行协定和有关文书是国际社会应对全球性海洋问题的法律依据。各国、政府间国际组织和区域性组织在海洋环境保护、海洋生物资源开发与养护及海事安全等多个领域加强《公约》各项规定的细化与实施。随着各国相互联系日趋密切以及人类对海洋认识和利用程度不断提高，国际海洋法不断发展完善。联合国大会正在推动在《公约》框架下开展国家管辖范围以外海域生物多样性养护和可持续利用法律文书谈判工作，以加强公海监管。

第二章　中国海洋发展的周边环境

亚太地区在世界格局中具有重要战略地位。随着中国的发展与海洋的联系日趋紧密，中国海洋发展的周边环境因这种特定地缘政治环境而具有复杂性。2016 年，全球各类系统性风险挑战不断凸显，长期以来的国际关系调整仍在继续，全球秩序处于深度重塑过程中。[①] 在此背景下，中国海洋发展的周边环境总体处于稳定态势，但变数增多。

一、中国周边形势背景

亚太地区是当今世界发展最具活力的地区，也是各种政治力量博弈的舞台。中国海洋发展的周边环境因此存在诸多风险因素。中国周边海洋形势既涉及黄海、东海和南海方向的形势，也涉及西北太平洋和北印度洋的海洋形势。

美国不断升级亚太海洋战略。在战略层面，美国曾提出“亚太再平衡战略”，以军事力量“重返”亚太。其后，美国又对“亚太再平衡”战略予以重大调整，将亚太海洋战略的升级作为“亚太再平衡”战略的重要内核。美国新一届政府相关政策走向有待进一步观察。在具体层面，美国通过在各领域采取相关动作，将海洋问题变成美国介入地区事务、维持海洋霸权的持续性抓手。

日本提出新外交战略。日本在 2016 年提出“自由开放的印度洋太平洋战略”。一是，在印亚太区域特别是印度洋和非洲地区与中国形成战略对冲，提升日本在相关区域内的地缘政治影响力。二是，与美国升级后的“印亚太再平衡”战略形成深度战略弥合，打造“南中国海—马六甲海峡—北印度洋”三位一体的战略通道，挤压中国在相关区域内的战略空间。

印度对中国印度洋行动保持警惕，试图在南海问题上对中国实施牵制。

台湾当局在周边海洋问题上立场出现倒退。台湾当局从积极捍卫南海岛屿主权和历史性权利的做法，转变为对历史性权利和南海断续线采取模糊和倒退立场。台湾当局不顾台湾渔民利益，对冲之鸟礁问题采取妥协态度。针对日本在冲之鸟海域不断驱逐和抓扣台湾渔船，台湾当局改变坚持冲之鸟在国际法上属于“岩礁”、不能拥有专属

---

① 编写组：《2016 年海洋形势综述》，载《海洋发展战略研究动态》，2017 年第 1 期。

经济区和大陆架的立场，甚至召回赴该海域的海巡护渔舰艇。

二、中国周边的海洋形势

围绕“南海仲裁案”，中国周边海上形势跌宕起伏，呈现前紧后缓的态势。中国周边海域形势总体稳定，东海、黄海局势得到有效管控。但涉海争议因素也在上升，部分海域的局势在高位运行。

（一）中国周边海域形势

1. 黄海

黄海所处的东北亚地区历来是大国力量交汇的敏感区域，地缘政治关系复杂。朝鲜半岛安全局势的不确定性加剧。朝鲜的核试验立场日趋强硬，于 2016 年 1 月和 9 月两次核试并多次试射各种类型弹道导弹。美国和韩国借机宣布并推进在韩国部署“萨德”反导系统，严重破坏地区战略平衡，严重损害包括中国在内的本地区国家战略安全利益[①]。中韩关系受朝鲜核试、“萨德”部署等问题影响而陷入困境。

中韩两国海洋权益争端有待进一步沟通解决。中韩两国在海域划界问题上经多次非正式磋商，达成启动海域划界谈判的共识，并于 2015 年 12 月 22 日举行首轮会谈[②]。中韩渔业纠纷有历史、社会和经济等方面原因。中韩双方近年来冷静处理渔业纠纷，努力防止矛盾升级。然而，2016 年下半年以来，韩国海警对中国渔民过度执法、暴力执法事件频发。中韩渔业纠纷已上升为外交事件，令中韩关系雪上加霜。[③]

2. 东海

中日在东海方向的形势呈缓和状态[④]，中日关系总体延续改善势头。双方有序恢复政府、议会、政党等不同层级接触，举行四轮高级别政治对话，稳步推进各领域交流合作。受中日关系、日本国内政情及国际形势影响，中日就东海有关问题保持对话，举行了多轮海洋事务高级别磋商，围绕东海海空危机管控、海上执法、油气、科考、

---

① 国务院新闻办公室：《中国的亚太安全合作政策》白皮书（全文），国务院新闻办公室网站：http://www.scio.gov.cn/zfbps/32832/Document/1539907/1539907.htm，2017 年 3 月 8 日登录。

② 中韩海域划界首轮会谈成功举行，中国政府网，http://www.gov.cn/xinwen/2015-12/22/content_5026586.htm，2016 年 2 月 5 日登录。

③ 贾宇：《关于韩国海警枪击中国渔船事件的分析》，载《海洋发展战略研究动态》，2016 年第 8 期。

④ 疏震娅：《日欲诉诸法律解决东海问题的形势及应对建议》，载《海洋发展战略研究动态》，2016 年第 4 期。

渔业等问题进行沟通，达成多项共识。同时，中日关系仍存在复杂敏感因素。日本在涉海问题上动向消极。日本首次在西南诸岛部署离岛部队，首次在冲绳增设“航空团”，加强在东海的防卫力量建设。同时，日本借助国内国际多种渠道，对我国开展舆论战。日本加强对中国东海油气开发的关注，无理指责中国的正当油气开发，并意欲诉诸法律解决东海问题。

3. 南海

南海局势更趋复杂。南海仲裁裁决出台后，中国始终坚持“不接受、不参与、不承认”的立场，公开系统阐述中国在中菲南海争议和南海问题上的有关立场和政策。菲律宾新政府也积极推动中菲关系转圜。中国还推动与越南、马来西亚的良性互动。在中国和东盟一些国家的共同努力下，该裁决出台后南海的紧张局势得到缓解。

美国持续加大介入力度，谋求主导南海秩序演变。美国重点炒作南海仲裁案与中国岛礁建设“军事化”议题，加强对中国的外交与舆论施压。在军事上，美国以维护航行自由、挑战中国“过度”海洋主张为借口，继续在南海保持密集的军事行动，包括抵近侦察、擅闯中国领海、在中国专属经济区内进行军事测量和情报搜集等，引发多起海上摩擦和事故。美国还寻求南海地区国家和域外国家的支持，试图组成联合阵线来维持对南海问题的介入。美国在南海频繁的抵近侦查和挑衅行动增加了中美发生海上意外冲突的风险，恶化了地区安全环境。

日本强势介入南海，以图借南海策应东海。日本延续近年在南海问题上的持续介入路线，更在菲律宾寻求南海局势“软着陆”之际，充当搅局南海的“急先锋”。日本通过政府白皮书及国际场合极力炒作中国“以实力改变现状”、欲设南海空识区和“军事化”南海，推销其所谓“海洋法治”原则，强调南海仲裁结果“具有法律拘束力”。日本还明显加强对东盟国家在海上执法方面的技术援助、业务培训和资金支持，以快速增强在南海地区的军事存在。

（二）中国周边海洋形势

从中国周边海域延伸出去是中国周边海洋，主要包括西太平洋和北印度洋两个方向。这两个方向的海洋形势对中国意义重大。

1. 西太平洋

西太平洋地区大致包括第二岛链以西的太平洋地区以及亚洲东海岸的滨海地带。西太平洋地区各行为体之间地缘经济相互依赖和地缘安全困境均有所发展，海洋竞争日趋激烈。一方面，西太平洋地区的世界经济大国日本，以及经济高速增长、后来居上的中国，还有韩国、东盟各国等，相互之间的贸易、投资、人员往来日益活跃，经济关系日益密切，互相成为最重要的贸易伙伴，地缘经济融合的趋势明显；另一方面，由于各国均把经济发展作为最重要的任务，从而使得各国对于资源，尤其是能源的需求大幅度增长，涉及各国生存与发展的海洋资源以及海洋战略通道的安全问题也随之突出。

海洋在各国国家战略中的地位上升，已成为各国最为关注、最具有战略意义的问题之一，海洋竞争已经上升到影响整体地区格局的重要程度。西太平洋地区因地缘政治利益关系和地缘经济意义，对中国具有重要战略意义。西太平洋地区既有问题难以解决，新情况又不断出现，对中国周边海洋环境产生了不同程度的影响。

美国的超级大国地位和全球利益，使其在西太平洋地区的海洋形势中占据主导地位。在美国战略重心转移到西太平洋地区的背景下，特朗普政府呈维护其政策的连续性和稳定性的姿态。中美在西太平洋的战略竞争态势深化。[①] 中美两国之间大局可控，但竞争与合作复杂微妙，局部问题的冲突性加深。

西太平洋地区的海洋争端涉及国家的主权和尊严、民族传统和感情、国家发展所需的资源和空间等重大问题，各国都很难做出让步，全面的海洋安全合作机制难以建立。美国试图在西太平洋地区保持“不对称优势”，把诸多军事装备先后部署到西太平洋地区，借助高频次军演及“航行自由行动”，增强美日在亚太地区的海空实力存在。2016 年，在美国主导下，共进行了美菲“肩并肩”“勇敢之盾”等数十次军事演习，美国国防部还表示将定期“巡逻”南海。在经历军费五连涨后，日本海上保安厅决定在 2017 年设立专门支援东南亚各国海上安保机构的小组。

2. 北印度洋

印度洋地区地缘价值重大。首先，印度洋“能源通道”是许多国家的“战略生命线”。其次，印度洋周边是世界资源最丰富的地区之一。随着近年来各种地缘因素尤其是海洋地缘政治因素的变化，印度洋地区已经成为世界地缘政治和地缘战略的前列。

印度近年来推行“季风计划”，加强与印度洋地区国家的联系。“季风计划”范围包括从东非和阿拉伯半岛起，经过伊朗南部到南亚大部分，向东到达斯里兰卡和东南亚国家的广阔区域。“季风计划”同时涵盖战略层面和文化层面的意图，旨在提升印度在印度洋地区的影响力。[②] 印度加强与美国的合作，实现与美国“印太”（Indo-

① 朱锋：《特朗普政府上台与亚太安全局势的新挑战》，载《亚太安全与海洋研究》，2017 年第 1 期，第 1-15 页。

② 王晓文：《中印在印度洋上的战略冲突与合作潜质——基于中美印“战略三角”格局的视角》，载《世界经济与政治论坛》，2017 年第 1 期，第 38-61 页。

Pacific）战略的对接。美国在“亚太再平衡”战略基础之上，推出了“印太”战略，将印度纳入自己的战略范围。美印防务、经济等合作水平不断提高。美印于 2016 年签订后勤保障协议，一致同意双方军事人员可相互使用对方军事基地进行维修和补给，而且美国还同意向印度分享其国防技术和提升双边的防务贸易。两国军事合作关系提升到新高度。① 印度还进行了地区战略从“东向政策”（Look East）到“东向行动政策”（Act East）的升级，旨在加强与东南亚国家之间的经贸联系以及军事合作。

印度洋是“21 世纪海上丝绸之路”的重要环节，对中国的战略和经济利益意义重大。海上丝绸之路重点方向是从中国沿海港口过南海到印度洋，延伸至欧洲。中国与印度洋沿岸很多国家政治、经济关系良好，这为中国在此区域开展海洋安全合作创造了良好的基础和条件。中国海军已经奔赴亚丁湾、索马里海域以及印度洋海域开展护航任务，维护海上通道安全，积极参与印度洋地区相关海上安全合作行动以及国际灾难救援工作。中国已开启与印度洋地区国家共建海上互联互通项目的合作。

三、中国以合作促稳定

随着综合实力的继续提升，中国的海洋政策和战略正在由以应对为主向构建为主转变，管控局势的能力也在快速上升。中国一贯致力于与各方加强合作，共同应对挑战，维护海上和平稳定。面对日趋复杂化的周边海洋局势，中国与区域内大多数国家共同努力，在直面海洋争端的同时超越海洋问题。

（一）“一带一路”打造命运共同体成效显现

2016 年是国家提出“一带一路”倡议的第三年，尽管国际安全和经济环境复杂多变，但国际社会高度重视，对外合作不断拓展，积极效果不断显现。在建设“21 世纪海上丝绸之路”的过程中，实现互利共赢的目标，聚焦共同的利益关切，建立更加平等均衡的新型区域发展伙伴关系，充分调动沿线国家和地区的积极性，携手构筑海上命运共同体。

中央对“一带一路”的顶层设计更加完善。2016 年 8 月 17 日，中央召开“一带一路”建设工作座谈会，习近平指出，“一带一路”建设是“十三五”乃至更长时期内我国三大发展战略之一②，对我国全方位谋划全面对外开放新格局，以更积极姿态走向

---

① 李红梅：《印度洋地区安全结构演变的新态势及原因探析》，载《国际论坛》，2017 年第 19 卷第 1 期，第 20-26 页。

② 《习近平：让“一带一路”建设造福沿线各国人民》，新华网：http//news. xinhuanet. com/politics/2016-08/17/c_1119408654. htm，2017 年 7 月 28 日登录。

世界具有重要意义。中国沿海省（区、市）在2016年纷纷出台了本地区“一带一路”建设实施方案。福建省作为21世纪海上丝绸之路的核心区重点推进与东盟国家在海洋经济、海洋生态、海洋科技、海洋防灾减灾等方面合作。广东省以农业、制造业和服务业为抓手，推动与南太平洋、东盟和非洲地区国家的合作。海南省推动与南海周边国家和海上丝绸之路沿线各国的旅游、渔业、热带农业和蓝色经济示范等合作。

与沿线国家海洋合作有序推进。中国与印度、斯里兰卡、泰国和马来西亚等国开展海洋事务高级别对话，确定了20多个具体合作项目。我国与葡萄牙、丹麦格陵兰、德国、美国、澳大利亚、新西兰、乌拉圭等国签署了多项合作协议或举行了双边海洋合作联委会会议，探讨了海洋合作项目。巴基斯坦的瓜达尔港首次大规模向海外出口集装箱，中巴经济走廊建设取得重大进展。我国科考船赴非洲海域援助莫桑比克和塞舌尔开展大陆边缘联合调查航次，取得了良好的成果。“蓝色经济”成为新的海洋合作重点。2016年7月，我国举办第四届亚太经济合作组织（Asia-Pacific Economic Cooperation，APEC。简称“亚太经合组织”）蓝色经济论坛，增进与成员国对蓝色经济问题的交流与合作，推动形成APEC框架下促进蓝色经济发展的务实合作机制。2016年10月，菲律宾总统杜特尔特访华，两国共签署了13项双边合作文件，中菲两国友好关系全面恢复。11月，马来西亚总理纳吉布访华，中马两国签署总值约2325亿元人民币的商贸协议。

（二）以“低敏感”合作促“双轨思路”落实

为全面落实“双轨思路”，在争端解决之前，中国率先启动低敏感领域的海上合作机制，并将其作为具体合作的主要载体。中国稳步推进在相关海域内的各项能力建设，不断提升海洋维权水平和国际公共服务能力，通过合作与有关国家积累共识，管控分歧，切实维护地区的和平与稳定。中国与周边国家在海洋环境保护和保全方面的海上合作成果丰硕。经过多年实践，中国逐渐发展出“以高层共识为先导，以机制化合作平台为载体，视需求开展合作项目”的双边海洋合作路径。

中韩两国批准《中韩海洋领域合作规划（2016—2020）》，继续开展“中韩海洋核安全监测及预测系统研究”和“黄海及东海业务化海洋预报系统开发合作研究”两个中长期合作项目，探索拓展“基于人工卫星数据的绿潮海洋环境监测研究技术开发”“利用区域气候模式开展西北太平洋气候变化趋势研究”等方面的新合作项目，积极加强中韩两国在深海与极地领域、国际组织及国际会议上的合作。中日双方即将建立中日海洋垃圾合作专家对话平台，并于2017年实施中日海洋垃圾联合研究，为开展海洋垃圾监测、评估等务实合作打下了良好的基础。

继2011—2015年海洋合作框架计划成功实施后，中国公布了《南海及其周边海洋国际合作框架计划（2016—2020）》，不断推进海洋领域务实合作。该框架计划为中国与南海及其周边国家、地区、国际组织等合作伙伴的务实合作确立了实施框架。其中，海洋与气候变化、海洋环境保护、海上生态系统与生物多样性、海上防灾减灾等领域是周边合作的优先领域；中印尼、中泰、中马、中越等合作协议的执行是双边合作的重点方向。在该框架计划的指引下，中国与南海周边国家的双边合作取得了新进展。中国与印度尼西亚开展了第五次海洋生态联合调查，重点研究印度尼西亚北苏拉威西海近岸的珊瑚礁、红树林、海草床等典型生态系统和珊瑚礁鱼类、浮游生物、底栖生物和底栖甲藻等海洋生物多样性以及海水和沉积物等相关环境参数，还联合开展了蓝碧海峡潜标系统布放及物理海洋学调查工作，为海洋生态保护、可持续发展及政府部门制定相关政策提供了科学依据和支撑。中国和泰国成功实施了海洋观测与气候变化研究、热带典型生态系统的保护与恢复、海洋濒危动物保护等多个合作项目，建立起完备的长期合作机制，为未来的全面合作奠定了坚实的基础。中国和柬埔寨共同签署了《中柬关于海洋领域合作的谅解备忘录》，拟建立长期、稳定的合作机制，进一步拓展在海洋观测与监测、海洋环境预报、海洋环境保护、海洋灾害风险评估、海岸带综合管理以及海洋政策与法律等领域的合作。

为拓展与南海周边国家的海洋合作，2016 年中国政府启动了“东亚海洋合作平台”和“中国-东盟海洋合作中心”建设，打造与周边国家密切交流、提升周边国家经济和科技水平的多层次务实合作平台。中国在南海双边合作中的主导作用不断增强。通过成功举办第四届中国-东南亚国家海洋合作论坛等重要国际会议，承建 APEC 海洋可持续发展中心、IOC 南中国海区域海啸预警中心等国际组织的在华机构，中国在多边机制和国际组织中的影响力不断增强，合作空间不断拓展。通过推动全方位、多学科、宽领域的海洋合作让南海周边国家更多分享发展红利，为管控南海分歧、促进地区和平稳定奠定了坚实基础。

四、小结

综观国际国内形势，海洋问题在大国竞争和周边关系中仍保持较高热度。在此背景下，中国海洋发展的周边环境总体处于稳定态势，但风险因素和变数增多。中国周边海域形势总体稳定，东海、黄海局势得到有效管控，但部分海域的局势在高位运行。西太平洋地区与中国在海洋方向的重要利益直接相关，印度洋对中国海洋强国建设的意义也日益凸显。

中国坚持与各方加强合作，共同应对挑战，维护海上和平稳定。面对日趋复杂化的周边海洋局势，中国与区域内大多数国家共同努力，在直面海洋争端的同时，超越海洋问题。中国倡议的“21 世纪海上丝绸之路”建设，为建立更加平等均衡的新型区域发展伙伴关系，充分调动沿线国家和地区的积极性，携手构筑海上命运共同体，发挥重要作用。为在争端解决之前，管控分歧，切实维护地区的和平与稳定，中国以“双轨思路”为出发点，稳步推进低敏感领域的海上合作，通过合作与有关国家不断积累共识。

2017 年是“十三五”的关键一年。中国正积极推进深度参与全球海洋治理，塑造长期健康稳定的新型大国海洋关系，并以亚太和周边为重点，以构建亚太命运共同体为引领，培育平等、合作、互利、互助和开放的亚太新秩序。

第二部分

加强海洋综合管理

第三章　中国的海洋政策

国务院总理李克强在 2016 年政府工作报告中提出，要“制定国家海洋战略，保护海洋生态环境，拓展蓝色经济空间，建设海洋强国”。全国海洋系统在贯彻落实党中央国务院各项决策部署中，以逐步完善的政策手段推进海洋事业发展，按照“树立五大发展理念、夯实五大业务体系、实施六项重点工程”的“十三五”工作思路，在“十三五”开局之年海洋重要领域和关键环节改革取得突破性进展。[①]

一、着力提升海洋综合管理能力

制度建设是提升海洋综合管理的重要保障，近年来，国家发布一系列政策性文件，加大海洋综合管理力度。

（一）统筹海洋国土开发新格局

2017 年新春伊始，国务院印发了《全国国土规划纲要（2016—2030 年）》（以下简称《纲要》），这是中国首个国土空间开发与保护的战略性、综合性、基础性规划，部署全面协调和统筹推进国土集聚开发、分类保护、综合整治和区域联动发展。《纲要》定位准确清晰，问题导向明确，对海洋国土开发进行了战略布局，确定了到 2030 年，显著提高海洋开发保护水平，基本实现建设海洋强国目标。《纲要》明确提出了陆海统筹、联动；综合整治、修复；海洋生态建设与环境保护；以开发开放为依托构建陆海国土生态安全格局等目标和任务。我国未来将依据《纲要》统筹海洋生态保护与开发利用，构建以海岸带、海岛链和各类保护区为支撑的“一带一链多点”海洋生态安全格局，逐步形成海洋国土开发新格局。

（二）修订完善海洋听证制度和程序

为促进海洋系统深入推进依法行政，提高社会公众依法用海的意识，国家海洋局进一步完善海洋听证制度，规范听证程序，修订印发了《海洋听证办法》（以下简称

---

① 信息资料以 2016 年为主，2017 年度截止到 4 月底。如无特别说明，此章所用资料信息均来源于《中国海洋报》和《中国海洋在线》，在此致谢。

《办法》）。修订后的《办法》分为总则、一般规定、依申请听证、依职权听证、附则5章，共54条。此次修订主要体现在进一步规范国家海洋局听证、明确组织听证的期限、细化听证权利告知情形、完善依职权听证程序等方面。《办法》的实施，将对保障沿海群众的合法权益，加快法治海洋建设发挥积极作用。

（三）建立和实施国家海洋督察制度

建立和实施国家海洋督察制度，是全面推进海洋生态文明建设的重要保障。2017年1月国务院印发实施《海洋督察方案》，授权国家海洋局代表国务院对沿海省、自治区、直辖市人民政府及其海洋主管部门和海洋执法机构进行监督检查，可下沉至设区的市级人民政府。《海洋督察方案》以例行督察、专项督察、审核督察三种方式，对沿海省（区、市）政府及其海洋主管部门和海洋执法机构进行监督检查，及时发现和纠正行政管理及执法工作中的违法违规问题。海洋督察不改变、不取代地方人民政府及其海洋主管部门和海洋执法机构的行政许可、行政处罚等管理职权。

（四）不断完善海域海岛有偿使用制度

自然资源资产有偿使用制度是生态文明制度体系的一项核心制度，2017年1月，国务院公布《关于全民所有自然资源资产有偿使用制度改革的指导意见》（以下简称《指导意见》），明确了各领域重点任务，其中，对海域海岛有偿使用提出了具体要求。

根据《指导意见》，到2020年，国家将基本建立产权明晰、权能丰富、规则完善、监管有效、权益落实的全民所有自然资源资产有偿使用制度。在海洋领域，《指导意见》要求，完善海域海岛有偿使用制度要坚持生态优先，严格落实海洋空间的生态保护红线制度，提高用海生态门槛。严格实行围填海总量控制制度，确保大陆自然岸线保有率不低于35%。完善海域有偿使用分级、分类管理制度，适应经济社会发展多元化需求；完善海域使用权出让价格评估制度和技术标准，将生态环境损害成本纳入价格形成机制。调整海域使用金征收标准，完善海域等级、海域使用金征收范围和方式，建立海域使用金征收标准动态调整机制。《指导意见》还对完善无居民海岛有偿使用制度和无居民海岛使用权出让制度作出原则规定，并要求建立完善无居民海岛使用权出让价格评估管理制度和技术标准。《指导意见》的实施将对规范海域海岛有偿使用起到指导性作用。

（五）逐步规范海域使用论证管理

海域使用论证是提高海域使用审批科学性的基础性工作，为规范海域使用论证管理，促进依法治海、生态用海和海洋生态文明建设，2017年1月，国家海洋局发布

《关于进一步规范海域使用论证管理工作的意见》（以下简称《意见》），对规范海域使用论证工作及加快配套措施及制度建设等，提出具体要求。

根据《意见》，对海域使用论证报告编制单位不再进行资质要求，业务范围也不再受资质等级限制。编制海域使用论证报告，必须按照《海域使用论证技术导则》要求编制，并重点对用海可行性、面积合理性、生态用海措施等内容进行论证。《意见》提出建立守信激励、失信惩戒和淘汰机制，逐步构建海域使用论证信用体系和考核评价机制。《意见》要求制定完善评审程序和评审技术标准，并向社会公开，接受社会监督，建立评审专家随机抽取机制。在加快配套措施及制度建设方面，提出对现行的海域使用论证管理文件进行清理规范，对不符合国务院决定精神的文件和规定一律修订或废止。

（六）加强海岛开发利用管理

一是印发《全国海岛保护工作“十三五”规划》。2017 年新春伊始，国家海洋局印发《全国海岛保护工作“十三五”规划》，该规划将“生态+”的思想贯穿于海岛保护全过程，提出“十三五”期间，海岛保护工作的总体目标是海岛生态文明建设取得新成效，海岛对地区经济社会发展贡献率进一步提高，符合生态文明要求的海岛治理体系基本形成。确定了保护海岛生态系统、合理利用海岛自然资源、完善业务体系、加强权益岛礁管控，严格保护领海基点所在海岛 5 个方面的主要任务。到 2020 年，中国海岛工作基本构建海岛保护的约束与引导制度体系，实现海岛生态保护开创新局面、海岛开发利用跨上新台阶、权益岛礁保护取得新成果、海岛综合管理能力取得新进展的“四新”目标。

二是颁布实施《全国生态岛礁工程“十三五”规划》。为保护海岛及其周边海域生态系统，维护国家海洋权益，促进海岛地区经济社会可持续发展，2016 年 10 月，《全国生态岛礁工程“十三五”规划》正式颁布实施。该规划将全国海岛分为 8 个分区，确立了生态保育类、权益维护类、生态景观类、宜居宜游类和科技支撑类五类工程，并在组织领导、资金投入、规章制度、科技支撑和宣传力度等方面提出了具体保障措施。该规划明确提出通过实施生态岛礁工程，基于生态系统的海岛综合管理格局形成，使我国海岛基本实现生态健康、环境优美、人岛和谐、监管有效，为海洋强国、海洋生态文明和海上丝绸之路建设提供强有力的支撑和保障。

三是出台《无居民海岛开发利用审批办法》。为进一步加强无居民海岛保护与管理，规范无居民海岛开发利用审批工作，保护海岛及其周边海域生态系统，国家海洋局印发《无居民海岛开发利用审批办法》，明确了无居民海岛开发利用的基本原则和审批权限，对申请受理、审查、批复、登记环节作出了规定。依据该办法，将进一步加快推进有关政策、配套制度和标准规范的制定，继续完善无居民海岛有偿使用制度，从加强历史遗留用岛管理、探索建立生态用岛模式等方面促进海岛资源合理利用。

（七）强化海岸线保护与利用管理

2017 年 3 月 31 日，国家海洋局发布《海岸线保护与利用管理办法》，这是我国首个专门针对海岸线的政策法规性文件。该办法规定，根据自然条件和开发程度，将海岸线分为严格保护、限制开发和优化利用三类，提出分类管控要求，制定管控计划，严格红线管理。该办法明确，严格限制建设项目占用自然岸线，强化海岸线节约利用。对于占用人工岸线的项目，应严格执行建设项目用海控制标准，提高岸线利用效率。对于海岸线整治修复，该办法提出了制订整治修复规划和计划、明确整治修复项目实施要求、建立完善整治修复投入机制三个硬性要求。[①]

（八）调整和强化重要涉海事项行政许可审批

2017 年 1 月，国务院印发《关于第三批取消 39 项中央指定地方实施行政许可事项的决定》，涉海事项方面包括海港内捕捞、海洋渔业行政部门地方保护区参观旅游审批、废弃物海洋倾倒许可证核发等。该决定强化了海洋行政主管部门和渔业行政主管部门管理的管理职能，体现了对渔港内生产活动管理、废弃物海洋倾倒许可证核发和加强自然保护区管理的重视和决心。

（九）沿海地方加大依法管海力度

1. 广西壮族自治区

为推进海洋生态文明建设，加强和规范围填海管理，严格控制围填海规模，促进海域资源节约集约利用，广西壮族自治区海洋局印发《广西壮族自治区海洋局围填海管理办法（暂行）》，围填海项目海域使用权可以通过申请审批或者招标、拍卖、挂牌方式取得。围填海管理遵循依法治海、生态管海的原则，实行总量控制、年度计划、科学配置、集约利用、严格监管，发挥围填海在经济、社会、生态建设中的最大效益，促进海洋资源可持续利用和海洋经济可持续发展。

在无居民海岛保护方面，《广西壮族自治区无居民海岛保护条例》颁发实施。该条例围绕管理职责、无居民海岛使用申请受理、使用权的取得、市场化配置无居民海岛

---

① 《国家海洋局印发〈海岸线保护与利用管理办法〉》，国家海洋局官网，http://www.soa.gov.cn/xw/hyyw_90/201703/t20170331_55442.html，2017 年 4 月 3 日登录。

使用权、建立属地登记发证制度等方面进行详细的规定。这是海岛保护领域的第一部省级地方性法规。

2. 舟山市

《舟山市国家级海洋特别保护区管理条例》于 2017 年 3 月 1 日起正式施行。这是我国第一部国家级海洋特别保护区地方法规，也是首次以法规的形式设立海钓许可、贝藻类捕捞许可。该条例主要适用于普陀中街山列岛和嵊泗马鞍列岛两个海洋特别保护区。普陀和嵊泗两地已成立保护区管理局，具体落实和执行相关政策。更具操作性的海钓、贝藻类捕捞的具体管理办法正在起草中。

3. 澳门特别行政区

澳门的海洋管理是特区政府的重要职责之一。2016 年 6 月，澳门特区政府成立了由行政长官领导的跨部门内部统筹委员会，同时推动开展《澳门特别行政区海域利用与发展中长期规划（2016—2036）》的研究工作。为进一步推动海域管理及发展，2017 年 3 月 20 日，澳门特别行政区公报刊登行政长官崔世安的批示，设立“海域管理及发展统筹委员会”，其职权包括：检视海域管理情况；推动开展研究及统筹海域管理及发展的整体规划及专项计划的编制及执行；推动制定海域管理及使用方面的法规等。

二、政策引领海洋经济全面发展

近年来，海洋政策引领海洋经济全面发展，实现新常态下的缓中趋稳。据《2016 年中国海洋经济统计公报》显示，海洋生产总值为 70 507 亿元人民币，比上年增长 6.8%，海洋生产总值占国内生产总值的 9.5%。“十三五”规划纲要作出拓展蓝色经济空间的战略部署，提出深入推进海洋经济发展示范区建设、推进制造业集聚区改造提升、打造特色优势产业集群的具体任务，对海洋经济发展试点工作提出了更高要求，也为海洋经济发展带来了新机遇。

（一）推进海洋经济示范区建设

为优化区域发展格局，李克强总理在 2017 年的政府工作报告中明确提出要“推进海洋经济示范区建设，加快建设海洋强国，坚决维护国家海洋权益”。为落实《国民经济和社会发展第十三个五年规划纲要》关于“建设海洋经济发展示范区”重要部署，国家发展改革委、国家海洋局联合发布《关于促进海洋经济发展示范区建设发展的指导意见》，海洋经济发展示范区建设对于优化区域发展格局将起到探索和推动作用。第十二届全国人民代表大会上，国家海洋局副局长房建孟在“两会部长通道”上表示，“我们希望通过示范区建设，使示范区成为新兴海洋产业引领区，海洋生态环境保护的示范区，同时也是海洋经济发展的新动能”。

根据该意见，示范区建设将以统筹规划合理布局、因地制宜分类指导、创新引领先行先试、绿色发展生态优先为基本原则，拟到2020年设立10~20个示范区，基本形成布局合理的海洋经济开发格局、引领性强的海洋开发综合创新体系、具有较强竞争力的海洋产业体系、支撑有力的海洋基础设施保障体系、相对完善的海洋公共服务体系、环境优美的蓝色生态屏障、精简高效的海洋综合管理体制机制。示范区海洋经济增长速度高于所在地区经济发展水平，成为我国实施海洋强国战略、促进海洋经济发展的重要支撑。

（二）部门间合作推动海洋经济发展

完善合理的统计调查体系是海洋经济运行监测与评估的重要基础，为提高海洋经济运行监测与评估能力，2017年1月，国家海洋局与国家统计局签署《国家海洋局 国家统计局促进海洋经济可持续发展战略合作协议》，此次合作以促进海洋经济可持续发展和建立完善现代统计调查体系为结合点，立足工作实际，不断推进工作融合，发挥统计局在统计体系和技术方法方面，海洋局在海洋经济宏观指导与调控、海洋经济运行监测与评估方面的优势，共同推动海洋经济向质量效益型转变。服务保障国家海洋经济可持续健康发展，推动海洋经济成为国民经济的新动能。

海洋工程装备及高技术船舶是《中国制造2025》确定的十大重点发展领域之一。为提高我国船舶和海洋工程装备供给的质量和水平，2016年2月18日，工业和信息化部、国家海洋局签署合作协议，双方将发挥各自优势，重点围绕海洋矿产资源开发、海水综合利用、海洋可再生能源开发、海洋综合观测监测装备、海洋生物医药、海洋信息化等领域，在资源配置、政策制定和行业管理上紧密合作，有计划、有步骤、有分工、全面务实地推进协议所涉及的各项工作的落实，促进业务化合作取得实效，推动海洋经济发展迈上新台阶。

（三）沿海各地发布促进海洋经济发展的指导意见

海洋经济对沿海社会经济贡献越来越大，沿海各级政府愈加重视海洋，发布一系列重要文件推进海洋经济发展。山东省政府发布《关于促进海运业健康发展的实施意见》，营造具有国际竞争力的海运业发展环境。根据该意见，山东省将从加快海运业结构调整、促进海运业转型升级、推进海运业安全发展、营造海运业发展良好环境4个方面促进海运业健康发展，以融入“一带一路”建设，充分发挥海运业对加快山东省经济发展方式转变、推动产业结构转型升级、促进对外开放的重要作用。

（四）引导现代渔业发展新格局形成

海洋渔业是海洋经济的重要组成部分，在“创新、协调、绿色、开放、共享”五大发展理念引导下，以加快推进渔业转方式调结构为主线，紧密围绕减量增收、提质增效、绿色发展的目标任务，积极引导渔业转型升级，加快形成现代渔业发展新格局。

1. 加快推进海洋渔业转方式调结构

2016 年，农业部出台《关于加快推进渔业转方式调结构的指导意见》，引导全行业转变思想观念，完善管理制度体系：制定《水产养殖环境卫生条件和清洁生产操作规定》，出台“十三五”海洋渔船控制目标和政策措施，修订《渔业捕捞许可管理规定》，研究制定并完善远洋渔业相关改革政策，修订《远洋渔业管理规定》，进一步完善远洋渔业海外基地建设规划，规范有序推进远洋渔业做大做强；大力发展休闲渔业，出台促进休闲渔业发展的指导意见，促进产业融合发展。严格执行休禁渔制度，推动落实生态保护补偿措施，强化渔业资源环境保护；制定“十三五”水生生物增殖放流工作的指导意见，加强水生生物增殖放流工作指导，规范放流行为；研究编制海洋牧场建设规划，进一步引导和规范海洋牧场建设和管理。通过这些渔业政策文件的发布，加强了渔业资源环境养护，加快推进渔业转方式调结构，促进渔业转型升级。

2. 规划引导海洋渔业可持续发展

农业部印发《全国渔业发展第十三个五年规划》，提出水产品总产量、国内海洋捕捞产量、新建国家级海洋牧场示范区、海洋捕捞机动渔船数量、功率等发展目标，对渤海、黄海、东海、南海、长江流域、珠江流域、黄河海河流域、黑龙江松辽流域、新疆和青藏高原 10 个区域，提出分类产业发展和生态保护的指导意见。

根据该规划，“十三五”期间，将大力推进海洋捕捞渔民减船转产，严格执行海洋休渔制度，压减近海捕捞强度，有效疏导近海过剩产能，实现捕捞产量负增长。通过控制近海养殖规模，拓展外海养殖空间，发展工厂化循环水养殖和深水网箱养殖，保持水产养殖总体稳定，并通过优化水产品供给结构，保障水产品的有效供给。同时，拟通过实施海洋渔业资源总量管理制度和健全完善海洋渔船“双控”制度，实现国内海洋捕捞产量控制在 1000 万吨以内的目标。①

---

① 《〈全国渔业发展第十三个五年规划（2016—2020 年）〉发布实施》，中华人民共和国中央人民政府网，http：//www. gov. cn/xinwen/2017-01/07/content_5157624. htm。

3. 推进海洋渔业资源管理制度改革

为加强海洋渔业资源管理，农业部推进渔船“双控”制度、海洋渔业资源总量管理制度、海洋休渔制度 3 项海洋渔业资源管理制度改革。通过减压渔船、控制捕捞、延长休渔期等措施，逐步实现海洋捕捞强度与资源可捕量相适应。除此之外，为更好地养护海洋渔业资源，建立渔业资源损害补偿机制，加强渔业水域生态环境监测。2017 年 1 月，农业部下达了《关于进一步加强国内渔船管控　实施海洋渔业资源总量管理的通知》，就“十三五”期间进一步加强国内海洋渔船船数和功率数控制、实施海洋渔业资源总量管理制度进行了政策性指导和约束，以提高海洋渔业资源利用和管理科学化、精细化水平。

国内渔业捕捞和养殖业油价补贴政策对促进渔业发展、增加渔民收入、维护渔区稳定发挥了重要作用。为促进渔业持续健康发展，从 2015 年起，国内渔业捕捞和养殖业油价补贴政策作出调整。通过调整优化补贴方式，中央财政补贴资金与用油量彻底脱钩，并健全渔业支撑保障体系，立足国内渔业捕捞和养殖业油价补贴作为国家成品油价格形成机制改革后对渔民生产成本补贴的政策属性，力争到 2019 年，用 5 年左右时间，将国内捕捞业油价补贴降至 2014 年补贴水平的 40%，使国内捕捞渔船数和功率数进一步减少，捕捞作业结构进一步优化，捕捞强度得到有效控制，向渔业现代化迈出新步伐。①

（五）规划海洋可再生能源发展

随着能源的日趋紧张，海洋可再生能源发展愈加迫切。中国近海海洋可再生能源的资源储量超过 20 亿千瓦，开发利用海洋可再生能源可缓解我国沿海地区的用电紧张，解决海岛居民用电短缺，有利于促进我国低碳经济的发展。近年来，国家制定和出台发展规划和管理办法，指导和推动海洋可再生能源快速发展。

1. 规划描绘海洋可再生能源“十三五”发展蓝图

海洋可再生能源是国家能源的重要补充，为促进海洋可再生能源发展，国家海洋局印发了《海洋可再生能源发展“十三五”规划》，这是中国首个海洋能发展专项规划。根据该规划，“十三五”期间，将以显著提高海洋能装备技术成熟度为主线，着力推进海洋能工程化应用，夯实海洋能发展基础，实现海洋能装备从“能发电”向“稳

① 《调整渔业捕捞和养殖业油价补贴政策》，2015 年 4 月 13 日，中华人民共和国财政部，http://www.chinanews.com/cj/2015/07-09/7395603.shtml。

定发电”转变。到2020年，海洋能开发利用水平显著提升，科技创新能力大幅提高，核心技术装备实现稳定发电，形成一批高效、稳定、可靠的技术装备产品，工程化应用初具规模，一批骨干企业逐步壮大，产业链条基本形成。标准体系初步建立，适时建设国家海洋能试验场，拓展海洋能应用领域，扩大各类海洋能装置生产规模，海洋能开发利用水平步入国际先进行列。

2. 出台系列政策性文件规范海洋可再生能源开发建设

为了加强海洋能发电装置海试前的质量控制，降低海试风险，健全质量控制体系，统一质量控制标准，2016年，国家海洋局编制出台了《海洋能发电装置海试前关键过程质量控制管理文件（试行）》《潮流能发电装置海试前关键过程质量控制技术要求（试行）》和《波浪能发电装置海试前关键过程质量控制技术要求（试行）》3个文件，对项目实施海试阶段提出了明确的技术要求和管控流程，指导各项目承担单位在海试前做好各项准备工作，提高项目实施质量。海洋能发电装置海试质量控制等3项技术规范要求的发布，为进一步推进我国海洋可再生能源发展奠定了重要基础。①

2017年1月，为加强海洋可再生能源资金项目管理，提高国家财政资金使用效益，国家海洋局印发《海洋可再生能源资金项目实施管理细则（暂行）》，该细则共分7章32条，海洋能资金重点支持范围包括海洋可再生能源重点关键技术示范推广和产业化示范、海洋可再生能源规模化开发利用及能力建设、海洋可再生能源公共平台建设、海洋可再生能源综合应用示范等。

与此同时，为进一步完善海上风电管理体系，规范海上风电开发建设秩序，促进海上风电产业持续健康发展，国家海洋局、国家能源局联合印发《海上风电开发建设管理办法》，适用于沿海多年平均大潮高潮线以下海域的风电项目。根据该办法，国家能源局统一组织全国海上风电发展规划编制和管理，会同国家海洋局审定各省（区、市）海上风电发展规划，适时组织有关技术单位对各省（区、市）海上风电发展规划进行评估。该办法还要求各省（区、市）海洋行政主管部门，对本地区海上风电发展规划提出用海用岛初审和环境影响评价初步意见。

（六）加速推动海水利用业发展

为缓解沿海地区用水紧张局面，国家发展改革委、国家海洋局印发《全国海水利用“十三五”规划》，结合沿海地区海水利用产业基础，引导研发、设计、制造、施

① 《国家海洋局发布海洋能发电装置海试质量控制等3项技术规范要求》，来源：中国海洋在线，2016年1月6日，http://www.soa.gov.cn/xw/hyyw_90/201601/t20160106_49656.html。

工、测试、运维等海水利用上下游相关机构集聚发展，形成实验室、工程中心、平台、基地、企业等统筹联动的协同创新体系，支撑海水利用规模化应用。该规划明确提出“十三五”末期全国海水淡化和海水直接利用规模。到 2020 年，海水利用实现规模化应用，自主海水利用核心技术、材料和关键装备实现产品系列化，产业链条日趋完备，培育若干具有国际竞争力的龙头企业，标准体系进一步健全，政策与机制更加完善，国际竞争力显著提升。

三、逐步完善海洋生态环境保护政策

环境保护是中国的一项基本国策，海洋环境保护是其重要组成部分。海洋环境保护政策既是实施海洋环境管理的依据和准则，也是海洋环境管理的基本手段。海洋生态环境保护政策随着社会经济发展和海洋事业发展而不断调整和完善，保护海洋生态环境已被提升到国家战略高度。

（一）修订和完善《中华人民共和国海洋环境保护法》

《中华人民共和国海洋环境保护法》（以下简称《海洋环境保护法》）是海洋环境保护的基础性、综合性法律。2016 年 11 月 7 日，十二届全国人大常委会第二十四次会议表决通过了关于修改《海洋环境保护法》的决定。此次修改共涉及 14 个条款，主要聚焦 3 个方面：一是与环保法相衔接，二是推进行政审批制度改革，三是加大违法处罚力度。修改后的《海洋环境保护法》落实了十八大以来党中央、国务院对海洋生态环境保护的新要求，把党中央、国务院对推进生态文明建设和生态文明体制改革的新部署固化到法律中。

2016 年修正后的《海洋环境保护法》在制度建设方面有很大的进步，首次以法律形式明确海洋主体功能区规划的地位和作用，强化了对主要污染物排海总量控制指标的分解落实，增加了环评限批的规定。该法在总则中明确了如何划定生态保护红线，第二十四条要求在开发利用海洋资源时，要严格遵守生态保护红线，并明确了国家建立健全海洋生态保护补偿制度。这两项制度成为强化海洋生态环境保护的有力抓手。

（二）建立健全海洋生态保护补偿制度

《生态文明体制改革总体方案》对于健全和完善海洋生态环境管理制度提出了明确要求。根据该方案，建立和完善海洋生态环境保护相关制度成为海洋环境政策的重点方向，特别是海洋生态补偿制度、生态红线制度、海洋功能区划和主体功能区划制度等将得到更多的关注和加强。

生态补偿是生态文明建设的重要组成部分，党的十八届三中全会明确提出要对造成生态环境损害的责任者严格实行赔偿制度，为逐步建立生态环境损害赔偿制度，2015 年 12 月，中共中央办公厅、国务院办公厅印发了《生态环境损害赔偿制度改革试点方案》。《海洋环境保护法》第二十四条规定，“国家建立健全海洋生态保护补偿制度”，明确要求“开发利用海洋资源，应当根据海洋功能区划合理布局，严格遵守生态保护红线，对重点海洋生态功能区以及生态敏感、脆弱的其他海域实行严格保护”。该制度通过经济手段调动各方积极性，是有效保护生态环境的重要手段。当务之急，是要尽快制定涉及海洋生态环境保护性补偿的配套政策和海洋生态补偿标准。

（三）实施海洋生态红线制度

2016 年 6 月，国家发展改革委、国家海洋局、财政部、国土资源部、环境保护部等 9 部委联合印发《关于加强资源环境生态红线管控的指导意见》，要求划定并严守资源消耗上限、环境质量底线、生态保护红线，强化资源环境生态红线指标约束，将各类经济社会活动限定在红线管控范围以内。该意见明确要求划定并严守生态保护红线，其中，海洋部门负责划定海洋生态红线。

根据中央关于划定海洋生态红线的要求，在渤海生态红线制度试点工作的基础上，国家海洋局印发了《关于全面建立实施海洋生态红线制度的意见》，并配套印发《海洋生态红线划定技术指南》（以下简称《指南》），旨在通过建立实施海洋生态红线制度，牢牢守住海洋生态安全根本底线，建立起以红线制度为基础的海洋生态环境保护管理新模式。该意见对海洋生态红线划定工作的基本原则、组织形式、管控指标和措施作出明确规定。基本原则是保住底线、兼顾发展、分区划定、分类管理、从严管控；组织形式是国家指导监督、地方划定执行，由各沿海省（区、市）按照国家下达的指标和要求，划定红线并制定管控措施，报国家海洋局审查通过后发布实施。同时印发的《指南》，对海洋生态红线的划定原则、控制指标确定、划定技术流程、红线区识别和范围确定等进行了全面详细的规范，从技术上保障全国海洋生态红线划定工作的规范性、客观性和科学性。

海洋生态红线是为维护海洋环境健康与生态安全而被提到国家层面的“生命线”，2016 年修正的《海洋环境保护法》在总则中明确，国家在重点海洋生态功能区、生态环境敏感区和脆弱区等海域划定生态保护红线，实行严格保护；在第二十四条规定，开发利用海洋资源，要严格遵守生态保护红线。目前辽宁、河北、山东、天津已基本建立了海洋生态红线制度，将渤海约 37% 的海域和 31% 的自然岸线划定为红线区域。

今后将继续完善海洋生态保护红线制度，逐步在全海域实施海洋生态保护红线制度。[①]

（四）强化海洋生态环境损害的责任追究

2016年8月，中共中央办公厅、国务院办公厅印发了《党政领导干部生态环境损害责任追究办法（试行）》[②]，该办法突出了责任追究，即追究决策者、审批者的责任，这意味着生态环境损害的责任追究主体由原来的执行主体向决策主体转变。此制度强调党政同责，旨在推动党委、政府对生态文明建设共同担责，落实权责一致原则，实现追责对象的全覆盖。责任主体与具体追责情形一一对应，在实践中有利于追责的针对性、精确性和可操作性。针对以往损害生态环境行为责任追究启动难、实施难的问题，该办法还明确了责任追究的启动和实施程序，建立了协作联动机制，设置了对启动和实施主体的追责条款，并突出强化追责者的责任，确保对生态环境损害行为的“零容忍”。这种责任追究制度的出台和实施，必定会牵引着海洋生态环境政策的进一步深化和完善。

（五）统筹协调管控重大海上溢油事故

海上溢油事故是造成海洋环境污染的重要因素，近年来全球范围内重大溢油事故频繁发生，为海洋环境安全敲响警钟。为提升海上溢油应急能力，2016年6月《国家重大海上溢油应急能力建设规划》获国务院批复，该规划统筹协调交通运输部、国家海洋局、环境保护部等23个部门，沿海11个地方政府以及相关企业，在国家重大海上溢油应急处置部际联席会议的统一指挥下，集多部门力量于一体，共同应对国家重大海上溢油事故。

该规划提出，健全海上溢油应急指挥机制、完善预案、建设畅通的应急通信系统和高效的溢油应急信息服务体系，提高航空航天遥感等监视手段为主体的海上溢油监视系统和覆盖度，新建25座海上溢油应急设备库，新建11艘专业溢油应急船舶和52个岸线溢油应急设备库等，增强政府和企业的溢油应急清除能力。

（六）探索建立海洋资源环境承载能力监测预警机制

建立资源环境承载能力监测预警机制，对水土资源、环境容量和海洋资源超载区域实行限制性措施，探索建立海洋资源环境承载能力监测预警机制是海洋生态文明建

---

① 《依法管海治海 保护海洋生态》，中国海洋在线，2016年11月1日，http：//www. oceanol. com/shouye/yaowen/2016-11-11/64548. html。

② 《〈党政领导干部生态环境损害责任追究办法（试行）〉印发》，来源：新华网，2015年8月20日，http：//www. qh. xinhuanet. com/zwpd/2015-08/20/c_1116317176. htm。

设的一项重大任务。为确保海洋资源环境承载能力监测预警工作的科学性、规范性和可操作性，国家发展改革委、国家海洋局等13部委联合印发《资源环境承载能力监测预警技术方法（试行）》，明确了资源环境承载能力等基本概念，提出了资源环境承载能力监测预警的指标体系、指标算法、集成方法与类型划分、超载成因解析及政策预研分析方法等技术要点。国家海洋局会同有关部门和科研业务机构，推进海洋资源环境承载能力监测预警试评价工作，进一步完善海洋领域的技术方法，并同步探索对海洋资源环境超载地区的预警提醒制度，构建监测预警长效机制。

（七）沿海地方政府积极推进海洋生态文明建设

海洋为沿海地区社会经济发展做出巨大贡献，得到沿海各级政府的高度关注。山东是海洋大省，为了推动全省海洋生态文明建设制度创新，促进生态山东建设和海洋经济转型升级，山东省海洋与渔业厅、山东省发改委等7部门联合印发《关于进一步加快推进全省海洋生态文明建设的意见》。该意见提出，“十三五”期间将围绕加快转变海洋与渔业发展方式这条主线，努力建设生态海洋、安全海洋、健康海洋，实现人与海洋和谐共处。坚持陆海统筹治理，坚持改革和创新驱动，以海洋生态文明示范区和海洋保护区建设为着力点，实施“8573”行动，即8项重点任务、5大工程、7个试点、3类项目，促进海洋产业转型升级，改善海洋生态环境，建立健全海洋生态文明制度体系。

四、高度重视海洋防灾减灾和公益服务

（一）强化海洋防灾减灾工作

随着沿海地区经济快速发展和产业及人口的向海聚集，同时受全球气候变化影响，发生重大海洋灾害的风险日益突出，中国迫切需要加强海洋观测预报和防灾减灾能力建设。

1. 夯实海洋防灾减灾工作基础

国务院先后颁布实施了《海洋观测预报管理条例》《全国海洋观测网规划（2014—2020年）》，在此基础上，2016年国家海洋局印发《海洋观测预报和防灾减灾“十三五”规划》，提出在“十三五”期间，以服务“海洋强国”建设为目标，加强海洋观测预报和防灾减灾工作，健全海洋观测预报和防灾减灾体制机制，提升海洋环境保障服务工作主动性、针对性和灵活性，努力实现防灾减灾工作从注重灾害救助向注重灾

前预防、从减少灾害损失向减轻灾害风险、从应对单一灾种向综合减灾的“三个转变”，为促进国家经济社会全面、协调、可持续发展提供有力保障。①

2. 提升海洋灾害风险防控能力

海洋灾害风险评估和区划是海洋防灾减灾的重要基础性工作，对地方政府有效应对海洋灾害和科学规划布局沿海经济发展具有重要的指导作用。为全面推动海洋灾害风险评估和区划工作，提升海洋灾害风险防控能力，国家海洋局印发《关于开展海洋灾害风险评估和区划工作的指导意见》，明确指出海洋灾害风险评估和区划工作要以保障沿海经济和社会可持续发展为目标，统筹考虑各领域海洋灾害风险防控和治理需求，不断完善区划技术标准和应用体系，逐步形成涵盖国家、省、市、县 4 级海洋管理部门，机制健全、方法科学的风险评估和区划业务化工作体系，进一步发挥海洋灾害风险评估和区划在保障沿海经济社会可持续发展中的作用。

为了规范各级海洋预报部门预警报发布形式，2017 年 3 月 27 日，修订后的《海洋预报和警报发布 第 1 部分 风暴潮警报发布》《海洋预报和警报发布 第 2 部分 海浪预报和警报发布》《海洋预报和警报发布 第 3 部分 海冰预报和警报发布》等 3 项国家标准在国家标准化委员会召开的国家标准新闻发布会上正式发布。

3. 加强海洋气象能力建设

海洋气象与海洋经济关系密切，海洋气象能力是沿海人民生命财产安全的重要保障，也是应对全球气候变化和保护海洋生态环境的重要科技支撑。为了进一步提升海洋气象整体业务能力尤其是海上气象观测、远洋服务等水平，国家发展改革委、中国气象局、国家海洋局联合印发了《海洋气象发展规划（2016—2025 年）》。该规划明确了全国海洋气象发展的指导思想、发展目标、规划布局和主要任务，对气象、海洋等部门建立共建共享协作机制做了安排，是未来 10 年全国海洋气象发展的基本依据。根据该规划，到 2025 年，国家将逐步建成布局合理、规模适当、功能齐全的海洋气象业务体系，实现近海公共服务全覆盖、远海监测预警全天候、远洋气象保障能力显著提升，基本满足海洋气象灾害防御、海洋经济发展、海洋权益维护、应对气候变化和海洋生态环境保护对气象保障服务的需求。

---

① 《海洋局副局长解读〈海洋观测预报和防灾减灾“十三五”规划〉》，中华人民共和国中央人民政府网，政策解读，http://www.gov.cn/zhengce/2016-12/23/content_5151814.htm。

（二）提升海洋服务保障能力

1. 发挥海洋计量的基础保障和先行作用

海洋计量是为了实现全国海洋计量单位制的统一和量值准确可靠的重要基础和保障性工作。国家海洋局、国家质量监督检验检疫总局联合印发《全国海洋计量“十三五”发展规划》，提出“夯实基础、做好溯源、强化监督、拓展服务”的指导方针，确定了海洋计量科技基础更加坚实、海洋计量服务和保障能力明显提升、海洋计量体系和监督机制更加完善、海洋计量的国际影响力显著提高四个方面的具体目标，提出推进海洋计量科技基础研究、加强海洋计量检测服务与监督、健全海洋计量体系、加强海洋计量检测能力建设和提升海洋计量国际化水平五项主要任务。充分发挥海洋计量在海洋经济调控、海洋依法行政、海洋生态文明建设、海洋权益维护和海洋公共服务的基础保障和先行作用。

2. 加强海洋标准化管理工作

海洋标准化是一项基础性、战略性工作，对提高海洋治理水平和海洋工作质量非常重要。中国正处于推进海洋强国建设的关键时期，海洋标准化工作发展迅速，必须尽快转变海洋标准化管理职能和方式，加快完善海洋标准化管理制度机制，建立新型海洋标准体系，形成政府引导、市场驱动、社会参与、协同推进的海洋标准化工作新格局。

2016 年 6 月，为了规范海洋标准化工作，加强海洋标准化管理，国家海洋局印发新《海洋标准化管理办法》，替代 2012 年的《海洋标准化管理办法》。新办法修订内容主要包括 5 个方面：一是重构了海洋标准化管理办法的结构，由原来的一个“办法”变为“办法+细则”；二是进一步明确了各部门和单位的职责分工，组织建立了新的管理机制；三是重新确定了海洋标准的类别和范围，进一步明确了海洋强制性国家标准、海洋推荐性国家标准和海洋推荐性行业标准的要求；四是重新梳理了海洋标准制修订工作流程，进一步优化了程序；五是强化了海洋标准的实施和监督，增加了建立海洋标准制定后评估制度。新办法特别要求，从事海洋标准化活动的机构应将海洋标准化工作纳入海洋发展规划、计划，并保障所需经费。

2016 年 10 月，国家海洋局和国家标准化管理委员会联合印发《全国海洋标准化“十三五”发展规划》，该规划是“十三五”时期海洋标准化工作的纲领性文件，坚持“抓改革、促创新、推融合、强基础”的海洋标准化工作方针，以支撑蓝色经济空间拓展为主线，加快完善海洋标准化体系，加快标准化在海洋事业各领域的普及应用和深度融合，运用“海洋标准化+”效应，为我国海洋工作创新、协调、绿色、开放和共享发展提供坚实的技术支撑。该规划提出，到2020年，将基本建成支撑海洋治理体系和治理能力现代化的具有中国特色的海洋标准化体系，使中国海洋标准的国际影响力和贡献力显著提升、海洋标准体系更加完善、海洋标准化效益更加明显、海洋国际标准化水平显著提高、海洋标准化基础更加夯实。海洋标准化全面融入经济富海、依法治海、生态管海、维权护海和能力强海五大海洋工作体系。到2030年，进入世界海洋标准强国行列。①

五、加速推动海洋科技创新

海洋科技是获取海洋财富和拓展发展空间的必要手段，世界海洋强国高度重视科技创新对于海洋事业的驱动和引领作用。海洋科技创新是推进我国海洋强国战略和“一带一路”倡议实施的关键支撑和根本保障，亟须加速推动海洋科技创新，参与和促进全球海洋治理。

（一）“科海协同”促进海洋科技创新

科技创新在海洋事业发展和海洋强国建设中具有重要的支撑和保障作用。海洋科技涉及领域众多，为推进海洋科技创新向创新引领型转变，2016年12月，国家海洋局与科技部签署了关于共同建立“科海协同”工作机制的合作框架协议，拟在6个方面加强合作：一是加强统筹协调，促进科技创新与海洋发展“互通互联”；二是加大科研投入，支持研发、示范一批涉海关键技术；三是推进科研创新平台建设，持续提升海洋科技创新能力；四是加强海洋科技成果转化推广，引领海洋产业创新发展；五是共同推动深海空间站建设，形成国家深海技术和装备体系；六是加强海洋技术创新国际合作，推动科技兴海成果走出去。签署协议加强合作，能够提升战略协同层次和科技创新能力水平，对于创新驱动海洋经济和海洋事业科学发展具有重要意义。

（二）继续推进科技兴海

“十三五”时期是实现海洋科技跨越式发展的最佳窗口期。为了深入实施创新驱动发展战略，充分发挥海洋科技在经济社会发展中的引领支撑作用，2016年12月，国家海洋局与科技部联合印发《全国科技兴海规划（2016—2020年）》，围绕新形势、新

---

① 《〈全国海洋标准化“十三五”发展规划〉解读》，中国政府网，http：//www.nxzw.gov.cn/gk/zcjd/24040.htm。

要求、新期待，规划确立了“创新驱动、高效转化、强化服务、兴海强国”的指导方针，坚持需求导向、协同创新、示范带动、全球视野4项原则，提出到2020年，海洋科技成果转化率超过55%、海洋科技进步对海洋经济增长贡献率超过60%、发明专利拥有量年均增速达到20%、海洋高端装备自给率达到50%，形成有利于创新驱动发展的科技兴海长效机制，构建起链式布局、优势互补、协同创新、集聚转化的海洋科技成果转移转化体系。该规划具有更加注重海洋高新技术转化对海洋产业转型升级的引领带动作用，更加注重公益技术转化应用对建设海洋生态文明的支撑作用，更加注重科技兴海服务能力提升，更加注重科技兴海开放共享发展等四方面特点。[①]

六、加强海洋维权与国际合作

中国高度依赖海洋的开放型经济形态，决定了全球海洋秩序的构建和运用关乎重大国家利益。中国深度参与全球海洋治理体系建设，努力推动海洋国际合作，有效维护和拓展国家海洋权益。[②]

（一）发表政策权益主张

1. 发布亚太安全合作政策白皮书

2017年1月11日，国务院新闻办公室发表《中国的亚太安全合作政策》白皮书（以下简称“白皮书”），明确提出中国理念、中国主张、中国方案，该白皮书是中国在亚太安全合作政策方面发表的第一部白皮书，旨在让各方充分了解中国的亚太安全合作政策，展现中方进一步加强地区安全合作、维护地区稳定繁荣的积极意愿。[③]

白皮书认为，亚太地区海上形势总体保持稳定，维护海上和平安全及航行和飞越自由是各方共同利益和共识。中国一贯提倡平等、务实、共赢的海上安全合作，坚持合作应对海上传统安全威胁和非传统安全威胁。维护海上和平安全是地区国家的共同责任，符合各方的共同利益。

白皮书指出，中国致力于维护地区海上安全和秩序，加强机制规则建设。中国将与东盟国家继续全面有效落实《南海各方行为宣言》，争取在协商一致基础上早日达成

---

① 《形成科技兴海长效机制　构建成果转移转化体系》，中华人民共和国国土资源部，http://www.mlr.gov.cn/xwdt/hyxw/201612/t20161214_1424221.htm。

② 《中国将深度参与全球海洋治理　有效维护国家海洋权益》，中国新闻网，http://www.dzwww.com/xinwen/guoneixinwen/201701/t20170106_15395118.htm。

③ 《〈中国的亚太安全合作政策〉白皮书》，国务院新闻办公室网站，www.scio.gov.cn。

图 3-1 《中国的亚太安全合作政策》白皮书

"南海行为准则"。对于领土和海洋权益争议，应在尊重历史事实的基础上，根据公认的国际法和现代海洋法，包括《联合国海洋法公约》（以下简称《公约》）所确定的基本原则和法律制度，通过直接相关的主权国家间的对话谈判寻求和平解决。中国致力于维护南海和平稳定的基本方向不会改变，致力于同直接当事国通过友好协商谈判和平解决领土和海洋权益争议的政策主张也不会改变。

对于主权问题，白皮书强调，中国对南沙群岛及其附近海域拥有无可争辩的主权。中国始终坚持通过谈判协商和平解决争议，坚持通过制定规则和建立机制管控争议，坚持通过互利合作实现共赢，坚持维护南海和平稳定及南海航行和飞越自由。中方在东海存在钓鱼岛问题和海域划界问题上再一次明确立场：钓鱼岛及其附属岛屿是中国的固有领土，中国对钓鱼岛的主权有着充足的历史和法理依据，中方愿继续通过对话磋商妥善管控和解决有关问题。

该白皮书有这样几个特点：一是创新安全理念，倡导共同、综合、合作、可持续的安全观；二是创新制度建设，构建多层次、复合型和多样化的地区安全架构；三是创新方式途径，妥善处理分歧矛盾；四是以促进亚太繁荣稳定为己任，努力发挥负责任大国作用。①

① 军媒：《〈中国的亚太安全合作政策〉白皮书解读》，中国军网，http：//military. china. comnews568/20170116/30178732_1. html，2017 年 2 月登录。

2. 对于南海的领土主权和海洋权益发表声明

2016 年 7 月，为重申中国在南海的领土主权和海洋权益，加强与各国在南海的合作，维护南海和平稳定，中华人民共和国政府发表了关于在南海的领土主权和海洋权益的声明：中国南海诸岛包括东沙群岛、西沙群岛、中沙群岛和南沙群岛。中国人民在南海的活动已有 2000 多年历史。中国最早发现、命名和开发利用南海诸岛及相关海域，最早并持续、和平、有效地对南海诸岛及相关海域行使主权和管辖，确立了在南海的领土主权和相关权益。中国一向坚决反对一些国家对中国南沙群岛部分岛礁的非法侵占及在中国相关管辖海域的侵权行为。中国愿继续与直接有关当事国在尊重历史事实的基础上，根据国际法，通过谈判协商和平解决南海有关争议。中国愿同有关直接当事国尽一切努力作出实际性的临时安排，包括在相关海域进行共同开发，实现互利共赢，共同维护南海和平稳定。①

（二）规范海岛名称标志设置

针对海上维权形势的发展，国家海洋局批准发布《海岛命名技术规范》推荐性标准，自 2016 年 8 月 1 日起实施。通过规范海岛名称标志设置，促进海岛标准名称的使用和管理，维护国家海洋权益，加强海岛综合管理。该规范适用范围为中华人民共和国所属海岛（包括群岛、列岛）的命名和更名，明确以有利于维护国家海洋权益和国土安全为海岛命名原则。海岛命名包括历史上已经形成，但因为各种原因没有赋予相应名称的海岛和因火山、冲积、生物作用等自然现象新形成的海岛。

（三）深海立法履行《公约》缔约国责任

国际海底区域及其资源是人类的共同继承财产。为了规范深海海底区域资源勘探、开发活动，保护海洋环境，提升深海科学技术研究和资源调查能力，保障人身和财产安全，促进深海海底区域资源可持续利用，《中华人民共和国深海海底区域资源勘探开发法》（以下简称《深海法》）自 2016 年 5 月 1 日起施行。深海立法既是履行《公约》缔约国责任的要求，又是体现负责任大国的担当。

《深海法》确立了我国深海资源勘探开发体制的基本内容。包括管理主体、管理职责、勘探开发申请、科学研究与资源调查以及环境保护等。同时还确立了一些相关制度，包括：行政审查制度、环境保护制度、安全保障制度。《深海法》是第一部规范中

① 2016 年 7 月 12 日中央电视台《新闻联播》内容集锦：《中华人民共和国政府关于在南海的领土主权和海洋权益的声明》，http：//stock. 10jqka. com. cn/20160712/c591668624. shtml。

国公民、法人或者其他组织在国家管辖范围以外海域从事深海海底区域资源勘探、开发活动的法律。《深海法》作为中国公民、法人或者其他组织从事深海海底区域资源勘探开发活动的基本行为准则，它的出台也将全面推进依法行政、建设法治海洋的进程。①

（四）积极开展海洋国际合作

1. 启动东亚海洋合作平台建设

为了与地区各国建立广泛的海洋合作伙伴关系，建立东亚海洋合作机制，提升互联互通水平，在海洋经济、海洋科技、海洋环保与防灾减灾、海洋人才与文化等领域建立国际合作，中国倡议建立东亚海洋合作平台。2015 年 12 月，东亚海洋合作平台建设工作领导小组成立暨第一次会议通过了《东亚海洋合作平台建设规划（2015—2020）》，明确提出东亚海洋合作平台建设以山东省青岛市为核心，在青岛西海岸新区设立东亚海洋合作平台总部。东亚海洋合作平台的主要任务是在海洋经济、海洋科技、海洋环保与防灾减灾、海洋人才与文化四大领域，推动东盟与中国、日本、韩国（10+3）开展多层次务实合作。

2. 加强与周边国家的国际合作

2016 年 10 月，中国和柬埔寨两国共同签署了《中华人民共和国国家海洋局与柬埔寨王国环境部关于海洋领域合作的谅解备忘录》，根据该谅解备忘录，双方将建立长期、稳定的合作机制，进一步拓展在海洋观测与监测、海洋环境预报、海洋环境保护、海洋灾害风险评估、海岸带综合管理以及海洋政策与法律等领域的合作，提升应对气候变化和海洋灾害的能力，促进海洋科学研究和海洋经济的发展。

发布《中华人民共和国与菲律宾共和国联合声明》，双方承诺根据公认的国际法原则，加强两国海警部门间合作，应对南海人道主义、环境问题和海上紧急事件。该声明重申维护及促进和平稳定、在南海的航行和飞越自由的重要性，根据包括《联合国宪章》和 1982 年《公约》在内公认的国际法原则，不诉诸武力或以武力相威胁，由直接有关的主权国家通过友好磋商和谈判，以和平方式解决领土和管辖权争议。

为配合“一带一路”倡议实施，2016 年 11 月 4 日，国家海洋局发布《南海及其周边海洋国际合作框架计划（2016—2020）》，合作区域包括南海及与之相连接的印度

---

① 《范深海资源勘探开发　维护全人类共同利益——就〈深海法〉专访国家海洋局副局长孙书贤》，新华社，2016 年 2 月 29 日，http：//www. soa. gov. cn/xw/hyyw_90/201602/t20160229_50173. html。

洋、太平洋部分海域，为“十三五”期间中国与南海及其周边国家、地区、国际组织等合作伙伴，在海洋经济、政策、环境等 7 个方面开展合作确立了实施框架。框架计划继续秉持平等互利、长效务实的合作原则，以推动“一带一路”建设为重点，发挥创新驱动，注重人海和谐，努力构建合作发展、互利共赢的海洋合作新格局。

七、小结

2016 年是“十三五”的开局之年，海洋领域深入贯彻党的十八大和十八届三中、四中、五中、六中全会及中央经济工作会议精神，以逐步完善的政策手段促进海洋经济发展，以依法治国理念推动法治海洋建设，以基础设施能力促进保障海洋维权工作，以规范制度建设提升海洋综合管理能力，积极推进海洋领域供给侧结构性改革和海洋生态文明建设，使海洋事业更上新台阶。

《中华人民共和国国民经济和社会发展第十三个五年规划纲要》提出“坚持陆海统筹，发展海洋经济，科学开发海洋资源，保护海洋生态环境，维护海洋权益，建设海洋强国”，该规划纲要引领“十三五”海洋事业发展方向。中国将继续着力提升经略海洋顶层设计能力、海洋经济转型发展能力、海洋科技创新引领能力、海洋生态综合保护能力、海洋权益统筹维护能力、海洋国际合作交流能力、海洋系统从严治党能力，将中央确定的方针政策和改革任务，细化落实到经济富海、依法治海、生态管海、维权护海和能力强海五大体系中。在《生态文明体制改革总体方案》整体框架下，围绕建设海洋生态文明总目标，将海洋生态文明建设贯穿于海洋事业发展的全过程和各方面。推进海洋管理体制创新，统筹海洋国土开发新格局，构建海洋生态环境保护关键制度和政策，促进海洋经济转型升级，坚持海洋科技创新驱动发展，推动海洋领域军民融合，深度参与全球海洋治理，有效维护国家海洋权益。

第四章　中国的海上执法

海上执法是指国家海上执法队伍依照法定职权和法定程序，执行海洋法律、法规和规章，实施直接影响海洋行政相对人权利义务的行为。海上执法是维护海洋资源开发秩序、保护海洋生态环境、打击海上违法犯罪和维护国家海洋权益的有效方式和重要保障。

一、海上执法队伍

从中华人民共和国成立到改革开放前，这一时期的海洋观念和政策是以海洋防卫为重点，海上执法多由海军行使。随着海上交通安全、海洋渔业资源的利用和保护、海洋权益和海洋环境保护等法律法规的制定与实施，中国形成了以海监、渔政、海事、边防、海关等为行政执法队伍，海军为军事执法队伍的分散型海上执法体制。

2013 年，中国政府将原国家海洋局及其中国海监、公安部边防海警、农业部中国渔政、海关总署海上缉私警察的队伍和职责整合，重新组建国家海洋局，并以中国海警局名义开展海上维权执法。中国海上执法队伍整合后，形成了相对集中的海上执法体制。目前，中国海上执法队伍主要指中国海警和中国海事。中国海上执法队伍依据海洋法律文件，通过多种执法方式维护海洋资源开发秩序，保护海洋生态环境和维护国家海洋权益。

（一）中国海警

中国海警在中国管辖海域实施维权执法活动。管护海上边界，防范打击海上走私、偷渡、贩毒等违法犯罪活动，维护国家海上安全和治安秩序，负责海上重要目标的安全警卫，处置海上突发事件。负责机动渔船底拖网禁渔区线外侧和特定渔业资源渔场的渔业执法检查并组织调查处理渔业生产纠纷。负责海域使用、海岛保护及无居民海岛开发利用、海洋生态环境保护、海洋矿产资源勘探开发、海底电缆管道铺设、海洋调查测量以及涉外海洋科学研究活动等的执法检查。指导协调地方海上执法工作。参与海上应急救援，依法组织或参与调查处理海上渔业生产安全事故，按规定权限调查处理海洋环境污染事故等。

（二）中国海事

中国海事是海上交通执法监督队伍，负责对船舶安全检查和污染防治；管理水上安全和防止船舶污染，调查、处理水上交通事故、船舶污染事故及水上交通违法案件；负责外籍船舶出入境及在中国港口、水域的监督管理；负责船舶载运危险货物及其他货物的安全监督；负责禁航区、航道（路）、交通管制区、安全作业区等水域的划定和监督管理；管理和发布全国航行警（通）告，办理国际航行警告系统中国国家协调人的工作；审批外籍船舶临时进入中国非开放水域；管理沿海航标、无线电导航和水上安全通信；组织、协调和指导水上搜寻救助并负责中国搜救中心日常工作；危险货物运输安全管理；维护通航环境和水上交通秩序；调查海上交通事故；组织实施国际海事条约等。

二、海上执法依据

海洋执法活动具有严格的法定性，必须遵守依法行政的基本要求。中国海上执法队伍严格依据法律规定，有法必依、执法必严。中国海上执法的法律依据，主要包括法律法规、部门规章、其他规范性文件及有关国际公约和国际协定等。

（一）综合性基本法律

该类法律覆盖了我国领海、毗连区、专属经济区、大陆架等管辖海域，为中国海上执法队伍在相关海域行使海上执法权提供了法律依据。

（二）海洋环境保护类

《中华人民共和国海洋环境保护法》为中国海上执法队伍在管辖海域进行海洋环境保护执法提供法律依据。

《防止船舶污染海域管理条例》《海洋倾废管理条例》《防止海岸工程建设项目污染损害海洋环境管理条例》等几个配套设施条例，对防止船舶、海洋废弃物、海岸工程污染海洋环境，保持海洋生态平衡，保护海洋资源做出了详细规定。

（三）海洋资源和海域使用类

《中华人民共和国渔业法》《渔业法实施细则》《渔业行政处罚规定》等几部法律法规对海洋渔业资源的开发和利用作出详细规定。《中华人民共和国矿产资源法》是规范海洋矿产资源勘查、开发、利用和保护的基本法律。《矿产资源实施细则》等配套的法规和规章，加强海洋矿产资源的规划和管理。《中华人民共和国海岛法》等配套的法规和规章，加强对海岛资源的规划、开发和保护。《中华人民共和国海域使用管理法》《临时海域使用管理暂行办法》《海域使用权证书管理办法》等法律法规确立了海域使用的基本制度，也是中国海警局在管理海洋资源开发活动和海域使用活动中的执法依据。

（四）海上治安和海上缉私类

《中华人民共和国警察法》《中华人民共和国海关法》以及其他相关法律法规对中国海警海上治安、海上缉私的任务、职权等内容作出了规定，为中国海警打击海上违法犯罪活动和维护海上秩序提供了法律依据。

（五）涉外海洋科研与铺设电缆管道

依据《中华人民共和国涉外海洋科学研究管理规定》和《铺设海底电缆管道管理规定》的有关规定，加强对在中华人民共和国管辖海域内进行涉外海洋科学研究活动和铺设海底电缆、管道的管理，有利于促进海洋科学研究的国际交流与合作，合理开发利用海洋，维护国家安全和海洋权益。

（六）海事执法

《中华人民共和国海上交通安全法》和《中华人民共和国港口法》为海事部门加强海上交通、港口、航道管理，保障船舶、设施和生命财产安全，维护港口安全与经营秩序提供了法律依据。

《中华人民共和国船舶和海上设施检验条例》和《中华人民共和国船舶登记条例》等行政法规为海事部门加强船舶管理和海上设施管理提供了依据。《船舶检验管理规定》《中华人民共和国海上海事行政处罚规定》《中华人民共和国船舶污染海洋应急防备和应急处置管理规定》《船舶载运危险货物安全监督管理规定》《中华人民共和国海上船舶污染事故调查处理规定》《中华人民共和国船舶安全检查规则》《在中华人民共和国沿海水域作业的外国籍钻井船、移动式平台检验规定》等部门规章有利于海事部门加强船舶管理，处置船舶海洋污染问题，提升安全监管和检验能力。

三、海上执法能力建设

提升执法人员能力，加强执法装备建设是全面履行中国海上执法队伍职责、依法规范海洋开发秩序、有效保护海洋生态环境、切实维护国家海洋权益、推动海洋经济持续健康发展的必然要求和重要保障。

（一）提升执法人员能力

中国海上执法队伍以提高执法人员能力素质为重点，全面加强队伍组织建设、思想建设、业务建设和廉政建设，打造成一支具有鲜明中国特色、能够有效履行国家使命的现代化海上执法力量。

中国海警举办执法人员培训班，学习业务理论、提高执法装备操作技能。天津市总队组织全体人员参加行政执法业务培训，解读法律法规、讲解执法案例、传授执法经验。浙江海警开展了舰艇业务大比武，比赛内容包括拆装枪械、组装电路、执勤方案拟制以及航海信号、雷达定位等。各地积极探索创新执法模式。山东省与辽宁省、江苏省分别签署了执法协作备忘录，加强省际间海上执法协调配合，建立执法协作长效机制，合力打击海洋渔业非法行为。广西壮族自治区相关部门共同签署《海上综合执法协作机制》，加强海上行政执法与刑事司法衔接、警情互通、信息共享、联勤联训等。

中国海事"三化"建设全面铺开。自 2013 年交通运输部海事局深入开展"三化"建设以来，经过全国海事人的共同努力，海事"三化"建设取得了阶段性成效，为海事科学发展提供了不竭动力和坚强保障。中国海事"三化"坚持示范引领，强化重点突破，狠抓落实，积累了经验，形成了覆盖海事"三化"建设主要任务的 6 个大类、20 个门类、48 个组类共 156 项规范性文件的制度体系框架，在厦门海沧海事局等 26 个示范点开展的基层海事处建设、船舶监督管理、内务管理等 8 个类别的试点示范建设已经初显成效。

（二）加强执法装备建设

中国海警重视海洋执法装备建设，加大投入力度，执法的物质技术条件持续改善。"中国海警 33103"舰入列浙江海警第二支队。"中国渔政 35199"船入列平潭综合实验区海洋与渔业执法支队。"中国渔政 35201"船入列福建省莆田市海洋与渔业执法支队。首架中国海监"新舟 60"（MA60）远程巡逻机入列中国海监南海总队，适用于海洋维权执法、环境监测、搜索救助等多个领域。山东海监总队推进石岛、寿光两个海监维权执法基地项目建设。

中国海警加强技术装备建设，完善技术装备配置，解决执法难题，提升执法能力。山东省海洋与渔业厅为省总队、直属支队及环渤海区域的市、县、保护区共 29 个海监机构，配备了摄像机、便携式夜视仪、高倍军用望远镜等一批执法装备，用于提高海警队伍的海洋环境灾害监视监测及执法能力。中国海监南海航空支队 Leica（徕卡）

ADS100推扫式航空相机系统投入使用，支队技术装备能力获得提升。宁波海监支队引入两艘空气动力艇，适用浅海、滩涂、潮间带、湿地等多种地形，执行违规网具清理、违法渔船查扣等任务。中国海监九支队将三轴手持云台应用到执法摄像取证中，解决登检船舶摄像时，因船体颠簸摇摆导致画面模糊不清的问题。南海分局引进了A3航摄仪，开展了西沙开发利用现状调查，并与科技公司联合开展了多种无人艇调查平台的联合研发、近岸测试和远洋测试。

中国海事加快推进“智慧海事”建设，打造一个创新、协调、开放、共享的海事大数据时代，实现全面“感知船舶”。海事系统不断加大海事协同管理平台和综合服务平台及集成系统的推广应用，推动海事共享数据库系统上线应用，推进与港口企业、电子口岸单位、航运公司等多方数据的接入工作，实现相关信息的互联互通和交换共享，从而实现“智慧海事”，深化海事“三化”建设。

四、海上执法实践

坚决维护国家主权、安全、发展利益相统一，维护国家海洋权益是中国海上执法队伍的重要职责和任务。中国海上执法队伍依据相关法律、法规和规章开展管辖海域执法活动并取得显著成效。

（一）海上维权执法

2016年中国海警严格履行维护国家海洋权益职责，在管辖海域实施定期维权巡航执法，对在中国管辖海域进行非法调查、测量作业的外籍船只进行监视和驱离。中国海警持续开展钓鱼岛、黄岩岛常态化维权巡航，有效值守管辖海域。

北海分局圆满完成黄海定期维权巡航和南海专项维权执法工作。为应对南海仲裁案的影响，南海分局派船舶全程参加了为期3个月的专项维权执法行动，集结优势力量严密管控，保持了黄岩岛态势的整体平稳。2016年12月，“中国海警3501”船临危受命，从避风海域重返黄岩岛救助两名遇险的菲律宾渔民，并完成了与菲律宾海警的交接，在国际上赢得良好声誉。

三沙海事局紧紧围绕三沙发展和南海维权，着力提升海事管控能力和服务水平，保障安全运送旅客8万多人次，同比增长21.8%；安全运送23 000多吨货物，有效地保障了三沙开发建设的顺利进行。2016年4月，海南海事局“海巡21”开赴西沙水域，执行2016年西沙海域例行巡航执法行动。

2016年1月1日至2016年12月31日，中国海警执法船组织开展钓鱼岛专项维权巡航33次。每次巡航保持2艘以上船舶有效常态化巡航，每月定期巡航2~3次。

表 5-1 中国海警钓鱼岛维权巡航执法①

时间	维权巡航执法
2016 年 1 月 8 日	中国海警 2401、31241 舰船编队在中国钓鱼岛领海内巡航
2016 年 1 月 13 日	中国海警 2401、31241 舰船编队在中国钓鱼岛领海内巡航
2016 年 1 月 27 日	中国海警 2337、2151、2506、31239 舰船编队在中国钓鱼岛领海内巡航
2016 年 2 月 4 日	中国海警 2305、31241 舰船编队在中国钓鱼岛领海内巡航
2016 年 2 月 17 日	中国海警 2307、2101、31239 舰船编队在中国钓鱼岛领海内巡航
2016 年 3 月 16 日	中国海警 2308、2506、31241 舰船编队在中国钓鱼岛领海内巡航
2016 年 3 月 19 日	中国海警 2401、2102、31239 舰船编队在中国钓鱼岛领海内巡航
2016 年 3 月 27 日	中国海警 2401、2102、31239 舰船编队在中国钓鱼岛领海内巡航
2016 年 4 月 6 日	中国海警 2307、2101、31241 舰船编队在中国钓鱼岛领海内巡航
2016 年 4 月 14 日	中国海警 2307、2101、31241 舰船编队在中国钓鱼岛领海内巡航
2016 年 4 月 24 日	中国海警 2305、2337、31239 舰船编队在中国钓鱼岛领海内巡航
2016 年 5 月 9 日	中国海警 2308、2102、31241 舰船编队在中国钓鱼岛领海内巡航
2016 年 5 月 17 日	中国海警 2401、2307、2115、31239 舰船编队在中国钓鱼岛领海内巡航
2016 年 5 月 30 日	中国海警 2401、2307、2115、31239 舰船编队在中国钓鱼岛领海内巡航
2016 年 6 月 8 日	中国海警 2337、2151、31241 舰船编队在中国钓鱼岛领海内巡航
2016 年 6 月 15 日	中国海警 2401、2166、31239 舰船编队在中国钓鱼岛领海内巡航
2016 年 6 月 27 日	中国海警 2401、2146、31239 舰船编队在中国钓鱼岛领海内巡航
2016 年 7 月 5 日	中国海警 2307、2151、31241 舰船编队在中国钓鱼岛领海内巡航
2016 年 7 月 18 日	中国海警 2306、2337、31239 舰船编队在中国钓鱼岛领海内巡航
2016 年 7 月 30 日	中国海警 2306、2337、31239 舰船编队在中国钓鱼岛领海内巡航
2016 年 8 月 7 日	中国海警 2166、33115 舰船编队在中国钓鱼岛领海内巡航

① 依据国家海洋局网站相关信息整理。

续表

时间	维权巡航执法
2016 年 8 月 17 日	中国海警 2306、2101、2102、31239 舰船编队在中国钓鱼岛领海内巡航
2016 年 8 月 21 日	中国海警 2306、2101、2102、31239 舰船编队在中国钓鱼岛领海内巡航
2016 年 9 月 11 日	中国海警 2401、2337、2102、31101 舰船编队在中国钓鱼岛领海内巡航
2016 年 9 月 24 日	中国海警 2307、2501、2101、31239 舰船编队在中国钓鱼岛领海内巡航
2016 年 10 月 8 日	中国海警 2305、2146、2166、31101 舰船编队在中国钓鱼岛领海内巡航
2016 年 10 月 18 日	中国海警 2306、2308、2102、31239 舰船编队在中国钓鱼岛领海内巡航
2016 年 11 月 6 日	中国海警 2401、2101、2502、35115 舰船编队在中国钓鱼岛领海内巡航
2016 年 11 月 12 日	中国海警 2401、2101、2502、35115 舰船编队在中国钓鱼岛领海内巡航
2016 年 11 月 14 日	中国海警 2401、2101、2502、35115 舰船编队在中国钓鱼岛领海内巡航
2016 年 12 月 5 日	中国海警 2305、2308、2151、2302 舰船编队在中国钓鱼岛领海内巡航
2016 年 12 月 11 日	中国海警 2305、2308、2302 舰船编队在中国钓鱼岛领海内巡航
2016 年 12 月 26 日	中国海警 2401、2502、35115 舰船编队在中国钓鱼岛领海内巡航
2017 年 1 月 4 日	中国海警 2307、2337、2101、31239 舰船编队在中国钓鱼岛领海内巡航
2017 年 1 月 8 日	中国海警 2307、2337、31239 舰船编队在中国钓鱼岛领海内巡航
2017 年 1 月 22 日	中国海警 2501、2308、2302 舰船编队在中国钓鱼岛领海内巡航
2017 年 2 月 6 日	中国海警 2305、2306、31240 舰船编队在中国钓鱼岛领海内巡航
2017 年 2 月 18 日	中国海警 2401、2337、2101、2106 舰船编队在中国钓鱼岛领海内巡航
2017 年 3 月 1 日	中国海警 2401、2337、2106 舰船编队在中国钓鱼岛领海内巡航
2017 年 3 月 22 日	中国海警 2308、2337、31239 舰船编队在中国钓鱼岛领海内巡航
2017 年 3 月 28 日	中国海警 2308、2337、2102、31239 舰船编队在中国钓鱼岛领海内巡航
2017 年 4 月 10 日	中国海警 2305、2306、2101、2106 舰船编队在中国钓鱼岛领海内巡航
2017 年 4 月 14 日	中国海警 2305、2306、2101、31240 舰船编队在中国钓鱼岛领海内巡航
2017 年 4 月 24 日	中国海警 2401、2501、2151、31240 舰船编队在中国钓鱼岛领海内巡航
2017 年 5 月 8 日	中国海警 2307、2502、2337、2302 舰船编队在中国钓鱼岛领海内巡航

（二）海上综合执法

海上综合执法涉及领域广泛，是中国管辖海域内的海洋渔业管理、海域管理、海岛保护、海上治安、海上秩序的重要保障。2016 年中国海警组织开展“海盾 2016”“碧海 2016”、无居民海岛、秦皇岛海域环境保护等专项执法。沿海地区 23 个市县级海监机构开展了海洋保护区和海洋工程环境保护执法示范工作，有力维护了海洋开发利用秩序。全年共派出舰船 715 航次，航程 10 余万海里，飞机巡航 162 架次，飞行 544 小时、12 万千米。全年开展各类检查 12.5 万次，检查项目 4.15 万个，发现违法行为 1746 起，侦办海洋环境刑事案件 4 起，实现海洋环境刑事案件实现零的突破，查处海上治安案件 166 起，查获涉嫌走私案件 752 起。①

1. 海洋渔业执法

中国海警突出执法重点，通过集中清理取缔涉渔“三无”船舶、加强休渔管理、开展专项资源管理和整治等措施，维护海洋与渔业生产秩序，保持渔业资源的合理开发与利用。启动环渤海违规渔具整治专项执法行动，重点整治使用严重破坏渔业资源、严重偏离规定网目尺寸的渔具以及在渤海区域违规使用拖网作业等行为。

各地开展各具特色的渔业管理和执法行动。福建省海洋与渔业执法总队扎实开展专项执法行动，打造海洋“蓝剑”执法品牌，整治非法采捕红珊瑚暨涉渔“三无”船，深入开展渔具监管执法，加大水产养殖执法力度，完善渔船建造质量控制体系。福建省海洋与渔业执法总队与广东省渔政总队联合开展了执法行动，重点打击违反休渔规定渔船、涉渔“三无”船舶以及其他海上违法违规行为。浙江省在沿海四地市及其他相关地区，开展了被称为该省“史上最严”保护幼鱼专项执法行动。浙江省海洋与渔业局、省“一打三整治”协调小组办公室联合印发《浙江渔场渔具专项整治工作意见》，全面部署开展渔场渔具整治专项行动。辽宁省专项整治海洋捕捞渔船“船证不符”，查处实际状况与《渔业船舶检验证书》相关数据不一致的海洋捕捞渔船。山东省的休渔执法被称为史上“效果最好”，达到了历年来最好的伏季休渔效果。

2. 海域执法

2016 年是中国海警开展“海盾”专项执法行动的第三年。“海盾 2016”专项执法行动以区域建设用海规划和填海造地、构筑物用海项目为重点，保持对重大违法行为

---

① 《强化作风建设　开拓海洋事业　以优异成绩迎接党的十九大胜利召开》，载《中国海洋报》，2017 年 1 月 9 日 A2-A3 版。

的高压态势，促进了海域使用秩序的持续稳定。“海盾 2016”专项执法行动共立案 79 起，作出处罚决定 63 件，决定罚款 19.04 亿元人民币，实际收缴 24.65 亿元人民币（含往年案件），结案 63 起。其中，案值超千万的 27 起，过亿案件 3 起。此次专项行动相较上年立案数增加 43.6%，结案数增加 14.3%，大排查作用显著。① 专项行动强化海区监督，严格把关专项重大案件；创新执法模式，在引导当事人和政府协同上下功夫。坚持陆、海、空一体化，广泛应用无人机技术，发挥信息化执法优势。加强执法规范化管理，推进规范执法。

地方执法队伍组织开展海岸线巡查执法，打击非法采砂活动。江苏、海南等省严格执行海岸线巡查任务，对在建、新建海洋工程项目进行检查。辽宁、山东、福建、广东、广西、河北、江苏等省（区）组织开展大规模打击非法盗采海砂行动，有力遏制了违法采砂趋势。

3. 海洋环境保护执法

2016 年碧海行动特点突出，“碧海”案件数量连续两年同比减少，中国海警办理海洋环境刑事案件实现零的突破。2016 年 3—11 月，各海区分局和各省海监总队共查处“碧海”案件 529 起，收缴罚款 4283 万元。各级海警队伍共查获海洋环保案件 42 起，查扣涉案船舶 55 艘，其中 4 起立为刑事案件，其余全部移送海监机构作行政处罚。各海区分局和各省海监总队共开展监督检查 53 109 次，同比增加 24.7%，检查海洋环境项目 10 228 个，同比增加 15.3%。② “碧海 2016”专项执法行动主要任务是组织各执法机构查处海洋工程、海洋倾废、海洋石油勘探开发、海洋保护区、海砂开采和陆源入海排污口等领域的重大环境违法行为。

专项执法行动成效显著。石油勘探开发领域，全年油田事故和环保案件首次零发生。打击非法倾废力度进一步加强，全年共立倾废案件 99 起，同比增加 76%。执法办案进一步规范，大多数案件办案较为规范，案卷质量较高。执法手段和模式进一步创新，采用企业违法信息录入省级企业信用平台，违法用海约谈和打击非法采砂激励等执法手段和机制推进案件查处。利用无人机开展航空执法巡查，尽可能达到执法监管的精细化和全覆盖。

中国海警积极开展北戴河海域海洋生态环境保护工作，加强北戴河海域污染排海监管、海洋生态保护和联合执法监督检查。江苏省开展入海排污口和涉海危化品用海项目专项执法检查行动，从源头加强海洋生态环境保护。

---

① 《“海盾 2016”专项执法成效显著》，载《中国海洋报》，2017 年 02 月 09 日 A1 版：要闻。

② 《“碧海 2016”专项执法护海成效显著》，载《中国海洋报》，2017 年 2 月 14 日 A1 版。

各级海警机构与辖区内海监机构不同程度地建立了协作联动机制，有效缓解了海监机构执法力量不足等问题。2016 年，中国海监河北省海监总队侦办非法采砂刑事案件 3 起，中国海监广东省总队侦办非法倾废刑事案件 1 起，实现海警办理海洋环境刑事案件零的突破。

4. 海岛执法

2016 年 5—10 月，中国海警组织开展 2016 年无居民海岛专项执法行动。专项行动重点检查无居民海岛的保护情况，集中查处各类违法行为，整治在无居民海岛周边非法盗采海砂的行为。各省（区、市）海监总队负责组织本辖区各级海监机构实施专项行动。各海警总队筹备组负责在辖区内组织开展专项行动。各海区组织航空支队开展航空巡视，提高无居民海岛违法行为的发现率，发出执法预警，引导执法人员有目的地登岛开展工作。国家卫星海洋应用中心提供相关卫星资料。国家海洋信息中心提供海岛管理信息，通过叠加、分析和研判，甄选出应开展现场核查的海岛及核查目标。

各地方队伍也结合本地实际开展海岛执法检查活动。中国海监海南省总队针对非法占用海域或在无居民海岛开展潜水观光，利用渔船违规载客游览、垂钓等涉海旅游问题，组织开展海南省海域海岛保护联合执法巡航及登岛行动，并启用无人机配合开展航空巡查。中国海监江苏省总队直属支队组织开展海岛巡查专项执法行动，登岛检查，绕岛巡航，重点检查海岛的开发利用、污染排放、设施建设、生态变化等情况。中国海监山东省总队会同北海总队在烟台市、威海市开展无居民海岛联合执法检查，掌握了海岛的保护和使用情况。

5. 海上治安执法

中国海警忠实履行职责，积极查办刑事违法案件，在查处抢劫、偷盗、贩毒等违法行为中，充分发挥刑事处罚和海上执法作用，保护正常的海上开发活动，维护海上治安秩序。

浙江海警开展“靖海五号”海上治安专项整治行动，全面检查核对辖区各类船舶，清理取缔“三无”、套牌和非法改装船舶，打击和防范各类利用船舶从事非法活动的行为。

海南海警总队筹备组在海口、三亚和文昌三地开展打击海上毒品违法犯罪专项行动。海南海警开展“全覆盖、全天候、常态化”海上查缉工作，并加强与海事、渔政、国安等部门的沟通交流、联查联控，快速斩断琼州海峡海上贩毒通道，构筑堵截毒品从海上入岛的严密屏障。2017 年 1 月，海南海警一支队成功破获一起公安部毒品目标案件，斩断了一条由广东至海南的海上贩毒通道，这是海南海警建队以来破获的最大一宗海上贩毒案件。

6. 海上缉私执法

中国海警严厉查处走私成品油、冻品的违法犯罪活动。福建海警二支队在莆田湄洲湾附近海域先后查获7艘涉嫌运输、买卖无合法手续的成品油船舶，查扣成品油400余吨。福建海警一支队在平潭东庠海域成功查获一起特大海上走私冻品案，查扣千吨级走私船舶1艘，现场查获走私冻品约1400吨，案值约4000万元人民币。该案是福建海警近年来查获的最大走私冻品案。

7. 海上安全监管

中国海上执法队伍全力推进海上搜救和水上交通安全制度化，为海上丝绸之路和海洋强国建设提供可靠的海上应急保障。海事系统全面加强水上交通安全监管，水上交通安全形势持续稳定，全国运输船舶全年共发生水上交通事故件数、死亡失踪人数、沉船艘数、直接经济损失数，与去年同期相比分别下降7.8%、8.6%、14.6%和30.8%。

2016年7月，三沙海上应急演练在西沙七连屿海域成功举行，这是中国在三沙海域首次举行的多科目综合性海空搜救演练。本次演练包含“海空立体”搜救、遇险人员救助、海上消防等科目。2013—2016年三沙海上搜救分中心先后开展海上搜救行动49次，协调出动船艇221艘次，飞机64架次，成功救助遇险人员1201人次，救助成功率95.16%。

（三）海上执法合作

中国海上执法队伍积极推动执法合作和执法交流，与部分国家和地区开展执法合作，构建交流合作机制，提升执法合作水平。

1. 两岸合作

厦门市海洋综合行政执法支队与金门海巡队协同巡航厦金海域，共同保护海洋环境、维护海洋资源。

2. 双边合作

2016年2月，中国海事局与美国海岸警卫队在推进技术交流、信息共享及人员联合培训等方面达成合作意向。从5月开始，中国海警局先后选派优秀执法人员分3批次搭乘美国海岸警卫队梅伦舰，开展为期3个月的中美北太平洋公海渔业联合巡航执法。自7月起，组织中国海警1303、2302两艘舰船赴北太平洋公海开展巡航执法。中美举办战略与经济对话“保护海洋”对口磋商活动，双方就与气候相关的海洋问题、可持续渔业管理、海洋环境治理、海洋保护区、加强海洋执法合作等议题进行了磋商，达成了多项共识。

2016年4月，中越开展北部湾共同渔区渔业海上联合检查。中国海警局和越南海警司令部各派出2艘海警船执行此次任务。这是中越两国海上执法部门在中越北部湾渔业合作委员会的框架下，自2006年开始以来第11次开展中越北部湾共同渔区渔业海上联合检查。8月，中越海警举行第一次工作会晤。双方就实施《中国海警局与越南海警司令部合作备忘录》的具体措施、深化两国海上执法合作等议题交换意见，达成共识。11月，中越海警第2次北部湾共同渔区海上联合巡航圆满结束，顺利完成了联合巡航、海上搜救演练、渔船检查、登舰交流等一系列预定任务。

2016年12月，中菲海警举行了海警海上合作联合委员会第一次筹备会议。双方就建立联合委员会事宜交换意见，共同探讨了未来可能开展的海上合作项目及热线联络机制的临时安排。

（四）海上执法监督

建立和推进海洋督察制度是履行好国家海洋局和地方海洋部门职责的重要举措。2016年9月，国家海洋局组织开展海洋专项督察，各海区分局成立由法制、环保、海域、执法等部门组成的督察工作组，负责对所辖区域内地方海洋生态保护、围填海管理及执法工作进行督察。12月，国务院批准《海洋督察方案》，授权国家海洋局代表国务院以例行督察、专项督察、审核督察三种方式，对沿海省（区、市）政府及其海洋主管部门和海洋执法机构进行监督检查，及时发现和纠正行政管理及执法工作中的违法违规问题。国家海洋局印发《〈国家海洋局关于印发海洋督察方案的通知〉国海发〔2016〕27号》，该通知对海洋督察指导思想、督察对象、督察内容、督察实施和工作要求五个方面做出了详细规定，指导海洋督察工作的开展。国家海洋局健全行政应诉工作机制，建立部门负责人出庭应诉制度，出台行政决策程序建设和权力运行监督制度，完成了《海洋听证办法》和《政府信息公开实施办法》的修订。

中国海事践行清单思维，严格依法办事，通过执法督察、典型案例评析、综合执法培训等途径，切实强化执法风险预防预控能力，防止出现错位、越位、不到位情形。厦门海事局督查组以访谈询问、现场观摩、台账检查、卷宗抽验等方式深入了解各执法单位、部门在落实重点工作中采取的措施、取得成效、存在的困难及下一步工作计划。

五、小结

2016 年中国海上执法工作全面推进，海上执法力量不断增强，推进和完善督察制度，严格依法行政，落实法定责任。中国海上执法队伍开展管辖海域的定期维权巡航执法，持续进行钓鱼岛、黄岩岛专项维权执法活动，对在中国管辖海域进行非法调查、测量作业的外籍船只进行监视和驱离。开展“海盾”专项检查、海域使用常规检查、违法用海检查、加强海岸线巡查，严处非法采砂，维护海域开发利用秩序；开展“碧海”专项检查，加强海洋工程建设、海洋倾废、海洋自然保护区、北戴河海域环境保护，切实保护海洋生态环境。开展无居民海岛专项和海岛定期巡航执法工作，完善海岛基础数据，维护海岛生态环境和开发利用秩序。加强巡航护渔执法，维护渔民切身利益，开展伏季休渔执法活动，严打非法捕鱼活动，维护渔业生产秩序；查办刑事违法案件，维护海上治安秩序；开展缉私行动，打击不法走私行为；巡视通航环境，维护良好的通航环境和通航秩序，推进海上搜救和水上交通安全制度化；两岸、双边协作取得新进展。

第三部分

发展海洋经济

第五章　中国海洋经济发展

2016年，各级海洋行政主管部门认真贯彻落实“十三五”规划纲要和《全国海洋经济发展“十三五”规划》对我国海洋事业发展的战略部署，全面落实党中央、国务院的系列改革举措，为新时期进一步提升海洋经济发展质量效益奠定坚实基础。2016年，面对复杂多变的国际环境和国内繁重艰巨的改革发展稳定任务，在经济总体下行压力加大的情况下，我国海洋经济发展趋势总体平稳，海洋产业结构持续优化，部分领域取得了明显进展，实现了“十三五”的良好开局。

一、海洋经济总体概况

据《2016年全国海洋经济统计公报》[①] 显示，2016年，全国海洋生产总值达到70 507亿元，占国内生产总值（GDP）的9.5%，该比例与上年基本持平，同比增长6.8%，保持略高于同期GDP增速的发展态势，较往年有所放缓。其中，海洋产业增加值43 283亿元，海洋相关产业增加值27 224亿元，二者比例大致为3∶2，保持了以海洋产业发展为主体，相关产业联动发展的态势。从海洋三次产业来看，2016年，海洋第一产业增加值3566亿元，第二产业增加值28 488亿元，第三产业增加值38 453亿元，海洋第一、第二、第三产业增加值占海洋生产总值的比重分别为5.1%、40.4%和54.5%。2016年全国涉海就业人员3624万人。

2016年，我国海洋产业继续保持稳步增长。主要海洋产业中，海洋生物医药业全年实现增加值336亿元，增速达13.2%，继续保持领先地位。近年来，随着国家对海洋生物医药业扶持力度的不断加大，该产业的科技创新能力得到大幅度提升，发展潜力旺盛；海洋电力业紧随其后，在海洋风电项目的推动下，海洋能技术进步显著，2016年该产业实现增加值126亿元，增速为10.7%；滨海旅游业规模稳步增长，新业态旅游方兴未艾，该产业全年实现增加值12 047亿元，比上年增长9.9%，对海洋经济的贡献率达24.2%，成为带动海洋经济发展的重要增长点；海洋化工业、海洋矿业增速较上年虽有所下降，但仍以平稳态势发展；海洋交通运输业总体发展稳定，沿海港

① 本节数据来源：国家海洋局《2016年中国海洋经济统计公报》。

口生产总体平稳增长，航运市场逐渐复苏[①]；海水利用业、海洋工程建筑业稳步发展，2016 年，我国海水利用项目有序推进，多项重大海洋工程顺利完工；海洋渔业、海洋盐业生产稳定；近年来，受国内外多方因素影响，海洋油气业、海洋船舶工业等传统产业进入深度调整期[②]，2016 年，海洋油气产量和增加值同比小幅下降；海洋船舶工业产品结构持续优化，但形势依然严峻。

从区域发展来看，2016 年，环渤海地区海洋生产总值 24 323 亿元，占全国海洋生产总值的比重为 34.5%，较上年回落 0.8 个百分点；长江三角洲地区海洋生产总值 19 912亿元，占全国海洋生产总值的比重为 28.2%，比上年降低 0.2 个百分点；珠江三角洲地区海洋生产总值 15 895 亿元，占全国海洋生产总值的比重为 22.5%，比上年增加 0.3 个百分点。

从总体上看，近两年海洋生产总值增速虽然逐渐放缓，但仍略高于同期国民经济增速。我国海洋经济的发展进入“总量稳步增长，增速缓中趋稳，结构持续优化”的深度调整期[③]，这也是海洋经济从规模速度型向质量效益型优化转变的关键时期。在这一时期，国家制定并出台了多项涉海政策、规划、措施，全方位助力海洋经济有效发展，拓展蓝色经济空间，如《全国海洋经济发展“十三五”规划》《全国海水利用“十三五”规划》《海洋可再生能源发展“十三五”规划》等。此外，我国还积极探索涉海金融，一方面，通过在沿海地区设立海洋领域投资基金，为海洋经济发展注入新的活力，如：山东省“海上粮仓建设投资基金”、浙江省“海洋港口发展产业基金”、福建省“海洋经济建设专项产业基金”等。另一方面，不断提升海洋领域金融产品和服务的创新能力，探索多元化服务方式，拓宽海洋领域国际化的融资渠道。[④]

从目前的发展趋势看，2017 年乃至“十三五”时期，国内外经济仍存在较多的不确定性，短期内经济较快复苏的可能性不大，海洋经济的发展仍然面临巨大挑战，预计在“十三五”期间，海洋经济将继续保持平稳增长的态势。[⑤]

下一步，我国海洋行政主管部门将围绕国家发展总体战略，主要在促进海洋经济发展示范区发展、引导金融促进海洋经济发展、合理配置海域资源、强化海洋科技成果转化、改革海域资源有偿使用制度、整合海洋调控资源形成政策合力、推进蓝色经

---

① 何广顺：《海洋产业调整成效初显 转型升级步伐持续加快》，载《中国海洋报》，2017 年 3 月 21 日001 版。

② 张占海：《海洋经济总量稳步增长“十三五”取得良好开局》，载《中国海洋报》，2017 年 3 月 20 日 001 版。

③ 方正飞，陈君怡：《〈2016 年中国海洋经济统计公报〉发布》，载《中国海洋报》，2017 年 3 月 17 日 001 版。

④ 沈君：《涉海政策密集出台 保障海洋经济发展》，载《中国海洋报》，2017 年 3 月 22 日 001 版。

⑤ 方正飞，陈君怡：《〈2016 年中国海洋经济统计公报〉发布》，载《中国海洋报》，2017 年 3 月 17 日 001 版。

济国际合作等方面，出台有利于海洋产业发展的相关政策和措施，保障海洋经济持续健康发展。

二、海洋经济发展特点

近年来，我国海洋经济一直保持良好的发展势头，已经成为国民经济特别是沿海地区经济稳定的增长点。2016 年，海洋经济总体保持稳步增长，增速略高于同期国民经济增长，海洋产业结构调整步伐持续加快，涉海就业稳定，产出效率不断增加，海洋经济发展质量进一步提升。

（一）海洋经济总体规模稳步增长

海洋生产总值（GOP）是海洋经济生产总值的简称，指按市场价格计算的沿海地区常住单位在一定时期内海洋经济活动的最终成果，是海洋产业和海洋相关产业增加值之和。2016 年，全国海洋生产总值（GOP）达到 70 507 亿元，比上年增长 6.8%，略高于同期国民经济增速，海洋生产总值占国内生产总值的比重为 9.5%。

从 2001 年起，我国海洋经济统计开始采用海洋生产总值统计口径，至 2016 年已有连续 16 年的统计数据。2001 年，我国海洋生产总值为 9518.4 亿元，2002 年突破万亿元；五年后的 2006 年实现翻倍增长；2009 年跃上 3 万亿元台阶，达到 31 964 亿元；2010 年的净增量为近 16 年之最，一年实现 7457.3 亿元的增幅；2012 年海洋生产总值突破 5 万亿元；此后就以每两年 1 万亿元左右的净增量直线上涨，直至 2016 年突破 7 万亿元大关。

近 15 年来，就增速而言，除个别年份（2003 年、2009 年）以外，全国海洋生产总值总体高于同期国内生产总值，其中，2002、2004、2005、2006 四个年份海洋生产总值增速均比同期国内生产总值增速高出 5 个百分点以上，最高的 2002 年甚至高出 10.7 个百分点。由此可见，海洋经济在我国总体经济中颇具活力，其发展水平高于同期国民经济整体进程。“十二五”以来，我国海洋经济进入深度调整期，海洋生产总值增速逐渐放缓，与同期国内生产总值增速趋近，但仍略高于国内生产总值增速。

（二）海洋产业结构不断优化

海洋经济结构反映海洋经济发展的进程和水平，可通过海洋生产总值的三次产业

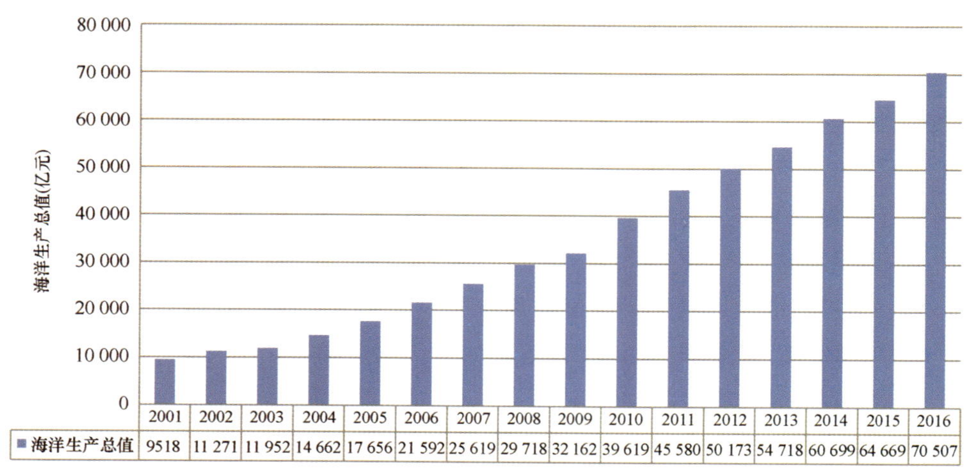

	2001	2002	2003	2004	2005	2006	2007	2008	2009	2010	2011	2012	2013	2014	2015	2016
海洋生产总值	9518	11 271	11 952	14 662	17 656	21 592	25 619	29 718	32 162	39 619	45 580	50 173	54 718	60 699	64 669	70 507

图 5-1　全国海洋生产总值（2001—2016 年）

数据来源①：《中国海洋统计年鉴》（2015）、《中国海洋经济统计公报》（2015/2016）

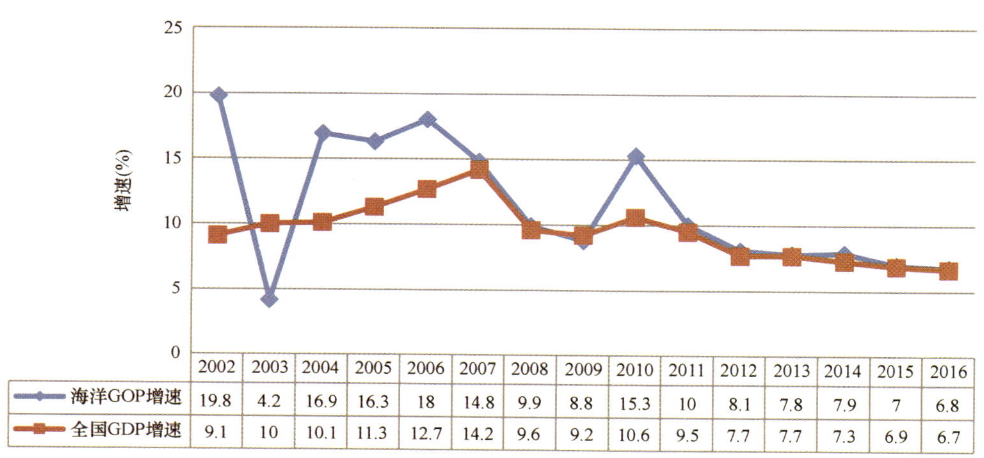

	2002	2003	2004	2005	2006	2007	2008	2009	2010	2011	2012	2013	2014	2015	2016
海洋GOP增速	19.8	4.2	16.9	16.3	18	14.8	9.9	8.8	15.3	10	8.1	7.8	7.9	7	6.8
全国GDP增速	9.1	10	10.1	11.3	12.7	14.2	9.6	9.2	10.6	9.5	7.7	7.7	7.3	6.9	6.7

图 5-2　全国海洋生产总值与国内生产总值同比增速（2002—2016 年）

数据来源：《中国海洋统计年鉴》（2015）、《中国海洋经济统计公报》（2015/2016）

结构来表达，即海洋经济的全部生产和服务活动按三次产业划分的结构比例。

① 本节数据来源：《中国海洋统计年鉴》（2015）、《中国海洋经济统计公报》（2015/2016），部分数据通过计算得出。

十余年的统计数据显示，我国海洋经济结构增速均衡，发展平稳。从海洋三次产业结构看，海洋产业结构调整步伐持续加快，部分产业加快淘汰落后产能，高技术产业化进程加速，结构进一步优化。

如前文所述，2016 年，我国海洋第一产业、海洋第二产业、海洋第三产业增加值占海洋生产总值的比重分别为 5.1%、40.4%和 54.5%。其中，海洋第一产业比重与上年同期持平，海洋第二产业受国内制造业整体下行的影响，比重与上年同期相比下降 2.1 个百分点，海洋第三产业得益于滨海旅游市场旺盛、新兴服务业市场需求增加等因素带动，比重比上年同期提高 2.1 个百分点。

近年来，我国海洋第一产业比重在经历一定程度的下降后基本保持平稳；海洋第二产业比重总体为下降趋势；海洋第三产业比重不断上升。我国海洋经济已基本形成"三、二、一"的产业格局。

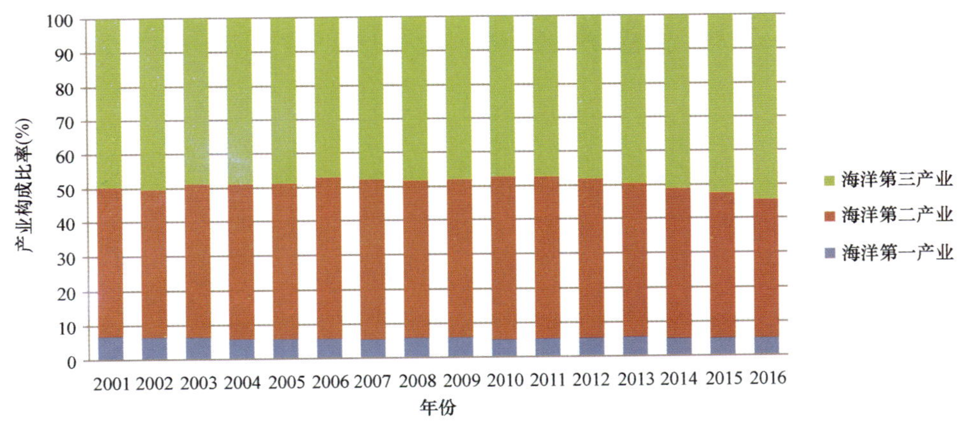

图 5-3 全国海洋生产总值三次产业构成（2001—2016 年）

数据来源：《中国海洋统计年鉴》（2015）、《中国海洋经济统计公报》（2015/2016）

（三）涉海就业稳定增长

涉海就业主要反映海洋产业吸纳劳动力就业的能力。2016 年，全国涉海就业人员 3624 万人，比上年增加 35 万人，与 2015 年净增量相同。近十余年来，随着我国海洋经济的蓬勃发展，涉海就业人数保持稳定增长。相比 2001 年，净增就业 1516.4 万人，增幅达 71.95%。

过去十余年，我国涉海就业人员数占全国年末劳动就业人口的比重也逐年提高，从 2005 年的 3.73%增至 2016 年的 4.67%。由此可见，涉海就业对全国劳动就业的贡献逐年提高。

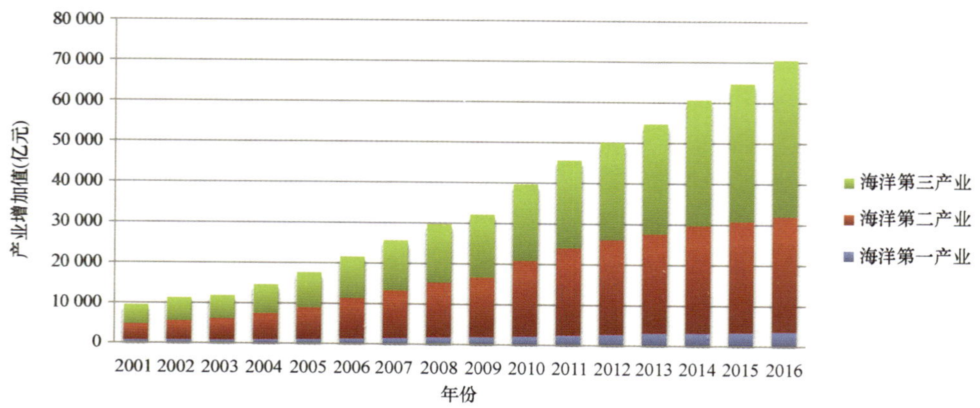

图 5-4　全国海洋生产总值三次产业增长（2001—2016 年）

数据来源：《中国海洋统计年鉴》（2015）、《中国海洋经济统计公报》（2015/2016）

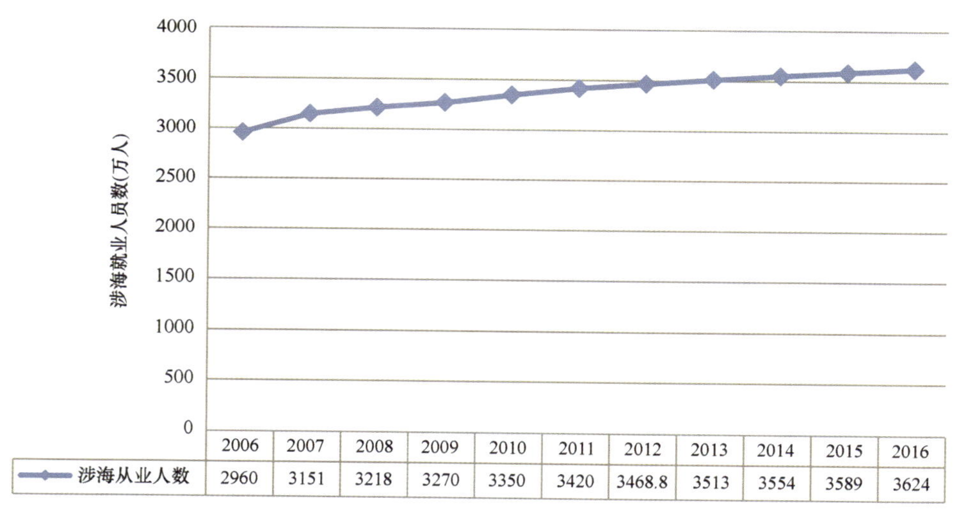

图 5-5　涉海就业人员数量（2006—2016 年）

数据来源：《中国海洋统计年鉴》（2007/2009/2011/2013/2015）、《中国海洋经济统计公报》（2015/2016）

从涉海就业人员的地区分布看，2005—2014 年的十余年间，广东省、山东省、福建省、浙江省的涉海就业人员数量一直保持最多；而最低的为河北省、广西壮族自治区。

从涉海就业人员占地区就业人员比重来看，近年来，天津市、海南省、上海市、

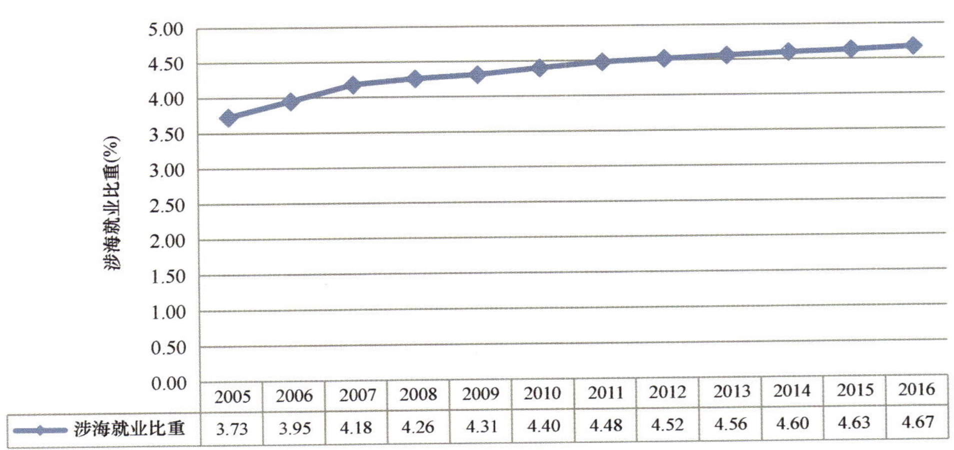

	2005	2006	2007	2008	2009	2010	2011	2012	2013	2014	2015	2016
涉海就业比重	3.73	3.95	4.18	4.26	4.31	4.40	4.48	4.52	4.56	4.60	4.63	4.67

图 5-6　涉海就业比重（2006—2016 年）

数据来源：《中国海洋统计年鉴》（2007/2009/2011/2013/2015）、《中国海洋经济统计公报》（2015/2016）、《中国统计年鉴》

福建省最高，基本都在 20%左右。

从涉海就业的产业分布来看，不同产业类型对就业的带动作用存在差异。从 2005—2014 年，吸纳就业超百万人的海洋产业均为海洋渔业及其相关产业、滨海旅游业；超 50 万人的产业均为海洋交通运输业、海洋工程建筑业。通过对历史数据的比较可知，中国每年新增涉海就业岗位最多的仍然是传统海洋产业，累计吸纳就业人口最多的也是传统海洋产业。从涉海就业人员的行业占比来看，多年来，海洋渔业及相关产业吸纳就业人数比例最大，滨海旅游业次之。

（四）海洋经济效率态势良好

海洋经济效率表征海洋经济发展质量和产业进步程度，可以用三个层次的指标反映：第一，海洋经济全员劳动生产率；第二，主要海洋产业全员劳动生产率；第三，海洋经济密度。下面就其特征分别进行分析。

1. 海洋经济全员劳动生产率逐年增加

海洋经济全员劳动生产率可以用涉海从业人员数与海洋生产总值的比率来表征。近十余年来，海洋经济全员劳动生产率发生显著变化，每万人产出规模从 2006 年的 7. 29 亿元直线上升至 2016 年的 19. 46 亿元，增幅高达 166. 9%。我国海洋经济全员劳动生产率的大幅提升主要由于海洋科技进步、涉海从业人员素质提高和海洋制造产业

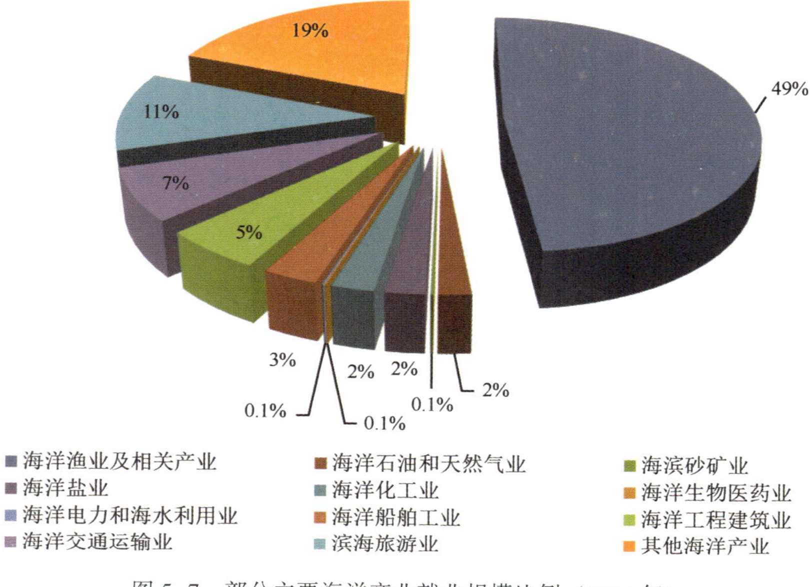

图 5-7　部分主要海洋产业就业规模比例（2014 年）

数据来源：《中国海洋统计年鉴》（2015）

自动化水平的提升。随着技术密集型、资本密集型海洋产业的高速发展，海洋经济产出效率还将有持续上升的空间。

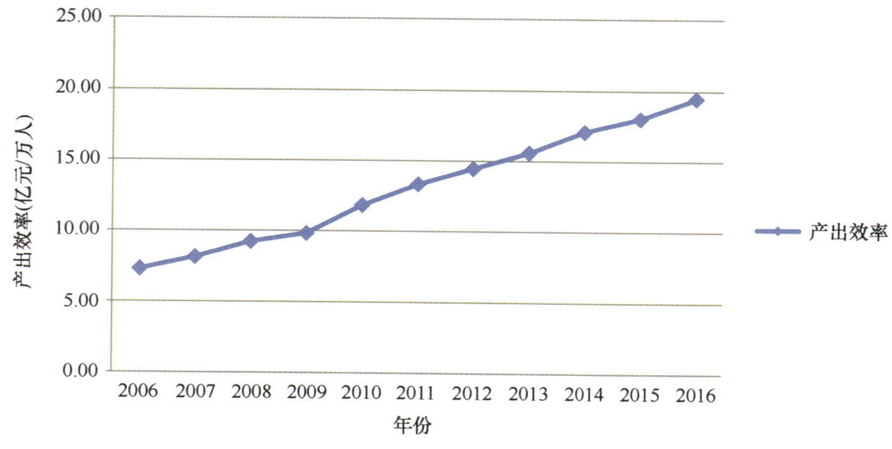

图 5-8　海洋经济全员劳动生产率（2006—2016 年）

数据来源：《中国海洋统计年鉴》（2015）

2. 海洋产业全员劳动生产率梯级分队

主要海洋产业全员劳动生产率反映海洋经济核心产业的经济效率，可以用 12 个主要海洋产业增加值与该涉海产业就业人数之比来表征。通过对多年数据的统计和分析，结果显示，不同海洋产业类型的全员劳动生产率呈现出显著的差异。资源利用型产业如海洋盐业、海洋渔业及相关产业的产出效率较低；制造型海洋产业如海洋工程建筑业、海洋化工业、海洋砂矿业、海洋船舶工业的产出效率属于第二梯队；海洋生物医药业、海洋电力和海水利用业、滨海旅游业、海洋石油和天然气业、海洋交通运输业等服务型产业和新兴产业的产出效率较高。

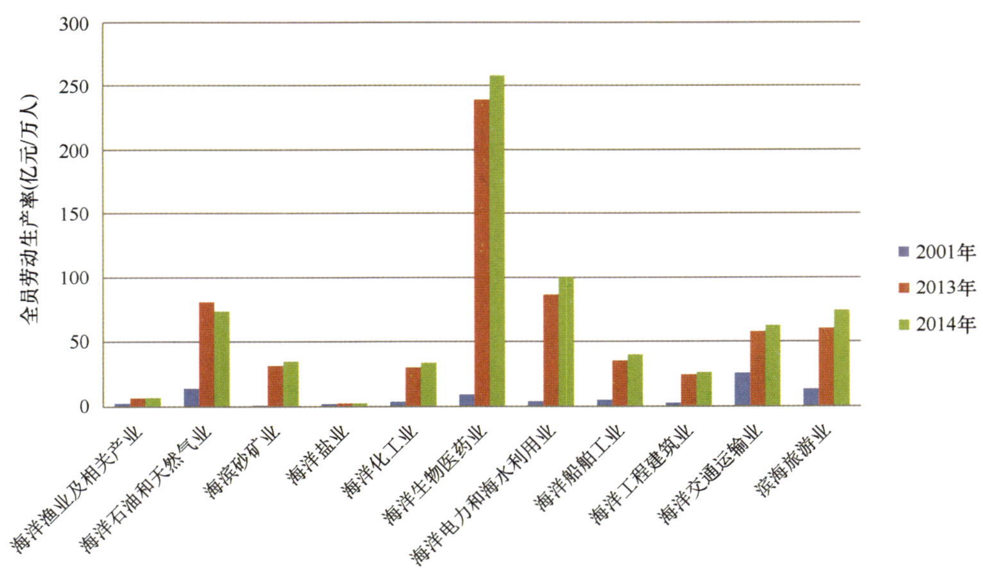

图 5-9　主要海洋产业全员劳动生产率（2001/2013/2014 年）

数据来源：《中国海洋统计年鉴》

3. 海洋经济密度显著提高

海洋经济密度可以用单位岸线长度对应相应区域的海洋生产总值来表征，即海洋生产总值与岸线长度（大陆岸线）的比值。海洋经济密度可以从两个层次进行表达：全国海洋经济密度；沿海地区海洋经济密度。

全国海洋经济密度用全国海洋生产总值与大陆岸线长度的比值表征。由图 6-10 可知：2001 年，我国单位岸线海洋经济密度为 0.53 亿元/千米，十余年来该指标逐年提

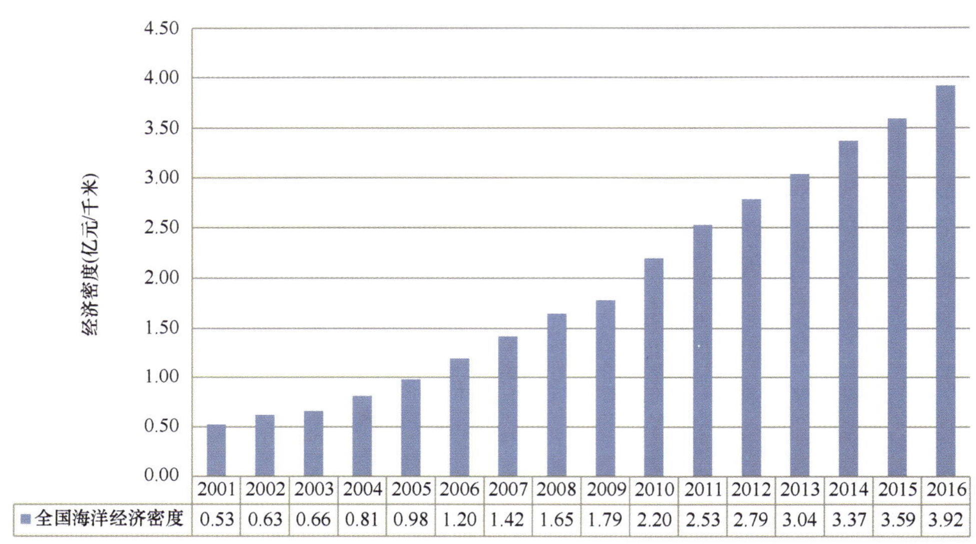

图 5-10　全国海洋经济密度（2001—2016 年）

数据来源：《中国海洋统计年鉴》

升，至 2016 年达到 3.92 亿元/千米，提高了 6 倍。

沿海省市的海洋经济密度用沿海省市的海洋生产总值与该省市的大陆岸线长度的比值反映。由表 6-1 可知：沿海各地海洋经济效率有着显著的差异，但多年来整体呈现上升态势。其中，上海、天津的海洋经济密度始终处于领先地位；河北、江苏、山东、广东处于第二梯队；浙江、辽宁、福建、海南、广西处于第三梯队。

“十一五”中后期，随着江苏、广东省的沿海开发不断升温，其海洋经济密度增长较快；进入“十二五”时期，除上海、天津继续占据绝对优势，江苏、河北、广东、山东的海洋经济效率大幅提升。

表 5-1　沿海地区单位岸线海洋经济密度（亿元/千米，2008—2014 年）

地区	2008 年	2009 年	2010 年	2011 年	2012 年	2013 年	2014 年
上海	27. 8	24. 4	30. 3	32. 6	34. 5	36. 6	36. 3
天津	12. 3	14. 1	19. 7	23. 0	25. 7	29. 8	32. 9
河北	2. 9	1. 9	2. 4	3. 0	3. 3	3. 6	4. 2
江苏	2. 2	2. 8	3. 7	4. 5	5. 0	5. 2	5. 9
山东	1. 8	1. 9	2. 3	2. 7	3. 0	3. 2	3. 7

续表

地区	2008 年	2009 年	2010 年	2011 年	2012 年	2013 年	2014 年
广东	1.7	2.0	2.5	2.7	3.1	3.4	3.9
浙江	1.2	1.5	1.8	2.1	2.2	2.4	2.5
辽宁	1.0	1.0	1.2	1.5	1.6	1.7	1.8
福建	0.9	1.1	1.2	1.4	1.5	1.6	2.0
海南	0.3	0.3	0.3	0.4	0.5	0.5	0.6
广西	0.3	0.3	0.3	0.4	0.5	0.6	0.6

从沿海地区海洋经济密度排名来看，总体顺序变化不大，个别省份有升降。多年来，上海、天津持续占据第一、第二的位置，2009 年江苏从第四位升至第三位，并稳定在此位次上，河北自 2011 年起居于第四位，近年来广东、山东分别列第五位、第六位。

表 5-2　沿海地区单位岸线海洋经济密度排名情况（2008—2014 年）

地区	2008 年	2009 年	2010 年	2011 年	2012 年	2013 年	2014 年
上海	1	1	1	1	1	1	1
天津	2	2	2	2	2	2	2
河北	3	6	5	4	4	4	4
江苏	4	3	3	3	3	3	3
山东	5	4	6	6	6	6	6
广东	6	5	4	5	5	5	5
浙江	7	7	7	7	7	7	7
辽宁	8	9	8	8	8	8	9
福建	9	8	9	9	9	9	8
海南	10	10	10	10	11	11	11
广西	11	11	11	11	10	10	10

(五) 海洋经济贡献显著

海洋经济贡献度是反映海洋经济在国民经济中地位和作用的指标，可以从两个层次表达：第一，海洋经济总贡献度，即海洋生产总值与国内生产总值的比值，这个指标用来表征海洋经济活动最终结果的总和对全国经济的贡献；第二，区域海洋经济贡献度，即海洋生产总值与沿海地区国内生产总值（GRP）的比值，用来表征海洋经济对沿海地区经济的贡献。

海洋经济的核心内容是主要海洋产业，因此，海洋产业贡献度可以更加客观真实地反映海洋经济对国民经济以及沿海地区经济的直接贡献，海洋产业贡献度也可以从两个层次表达：第一，海洋产业总体贡献度，即主要海洋产业增加值与 GDP 的比值；第二，区域海洋产业贡献度，即主要海洋产业增加值与 GRP 的比值。

1. 海洋经济贡献率

数据显示，海洋经济总贡献率由 2001 年的 8.7%提高到 2016 年的 9.5%。近十余年来，我国海洋经济总贡献率波动不大，总体稳中有升。由图 6-11 可知，多年来，区域海洋经济贡献率指标一直居于海洋经济总贡献率之上，这表明，海洋经济对于沿海地区经济的贡献更为显著，2001 年为 15.7%，2003 年最低为 14.8%，2016 年最高，达到 16.8%。由此可见，海洋经济对于全国国民经济特别是沿海地区经济具有举足轻重的地位和作用。

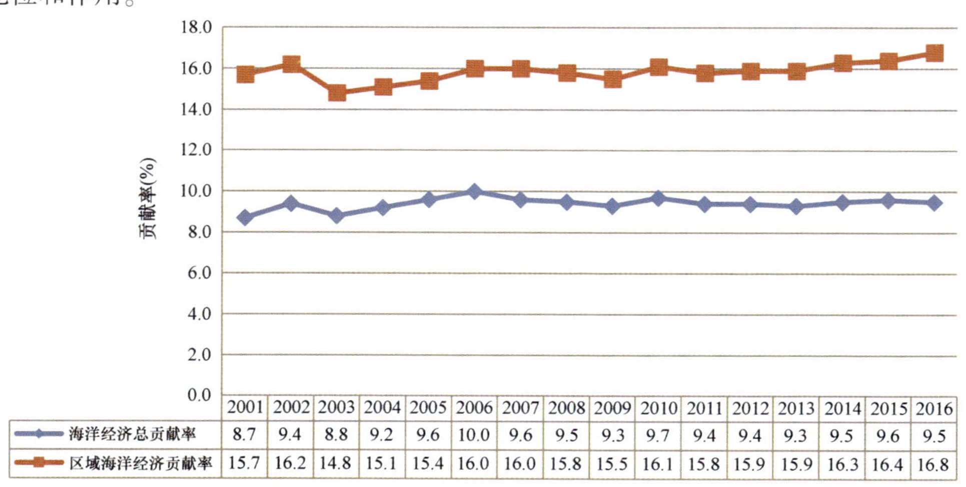

	2001	2002	2003	2004	2005	2006	2007	2008	2009	2010	2011	2012	2013	2014	2015	2016
海洋经济总贡献率	8.7	9.4	8.8	9.2	9.6	10.0	9.6	9.5	9.3	9.7	9.4	9.4	9.3	9.5	9.6	9.5
区域海洋经济贡献率	15.7	16.2	14.8	15.1	15.4	16.0	16.0	15.8	15.5	16.1	15.8	15.9	15.9	16.3	16.4	16.8

图 5-11　海洋生产总值对全国 GDP 和沿海 GRP 的贡献（2001—2016 年）

数据来源：《中国海洋统计年鉴》。

2. 海洋产业贡献率

如图 6-12 所示，从 2001—2016 年，主要海洋产业对全国国民经济发展的贡献度保持在 4%左右，对沿海地区经济发展的贡献度基本保持在 6.5%上下。由此可见，海洋产业已经成为我国国民经济和沿海地区经济的支柱产业。

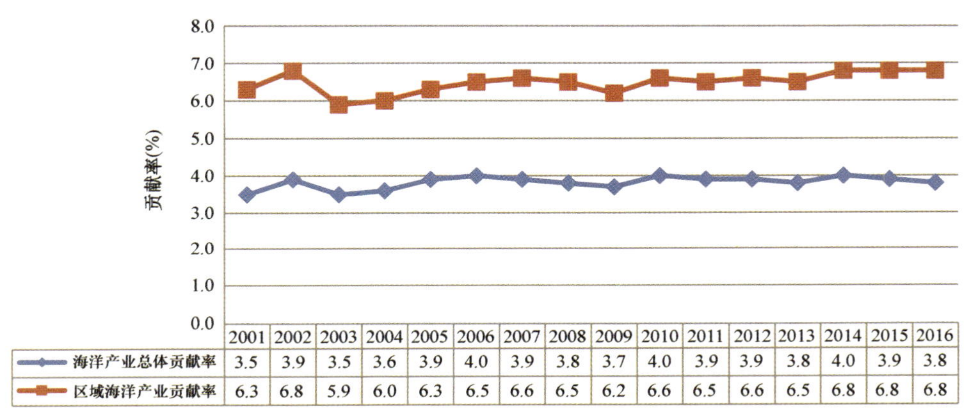

	2001	2002	2003	2004	2005	2006	2007	2008	2009	2010	2011	2012	2013	2014	2015	2016
海洋产业总体贡献率	3.5	3.9	3.5	3.6	3.9	4.0	3.9	3.8	3.7	4.0	3.9	3.9	3.8	4.0	3.9	3.8
区域海洋产业贡献率	6.3	6.8	5.9	6.0	6.3	6.5	6.6	6.5	6.2	6.6	6.5	6.6	6.5	6.8	6.8	6.8

图 5-12 主要海洋产业增加值对全国 GDP 和沿海地区 GRP 的贡献（2001—2016 年）

数据来源：《中国海洋统计年鉴》

三、海洋经济相关政策

2016 年年初，《中华人民共和国国民经济和社会发展第十三个五年规划纲要》（以下简称《规划》）获得全国人大批准开始实施。在国家“十三五”规划的总体部署下，国家海洋局和其他相关部门陆续发布了相应的新规划、新政策以促进“十三五”期间我国海洋事业的发展。有关涉海行业、部门的规划和政策相继出台，或进入实质编制阶段。

（一）国家海洋经济的综合性政策

1. 国家“十三五”规划对海洋经济的总体部署

继“十二五”规划以来，国家“十三五”规划再次以完整一章的篇幅，以海洋经济发展为统领，全面部署了未来五年中国海洋事业发展的总体战略。在“拓展蓝色经济空间”一章中，明确提出了发展海洋经济，科学开发海洋资源，建设海洋强国。该章分别从“壮大海洋经济”“加强海洋资源环境保护”“维护海洋权益”的角度为拓展蓝色经济空间进行规划部署。

《规划》[①] 强调：要优化海洋产业结构，发展远洋渔业，推动海水淡化规模化应用，扶持海洋生物医药、海洋装备制造等产业发展，加快发展海洋服务业。创新海域海岛资源市场化配置方式。深入推进山东、浙江、广东、福建、天津等全国海洋经济发展试点区建设，支持海南利用南海资源优势发展特色海洋经济，建设青岛蓝谷等海洋经济发展示范区。

2. 全国海洋经济发展“十三五”规划

《全国海洋经济发展“十三五”规划》[②] 明确了“十三五”时期我国海洋经济发展的总体目标：到 2020 年，我国海洋经济发展空间不断拓展，综合实力和质量效益进一步提高，海洋产业结构和布局更趋合理，海洋科技支撑和保障能力进一步增强，海洋生态文明建设取得显著成效，海洋经济国际合作取得重大成果，海洋经济调控与公共服务能力进一步提升，形成了陆海统筹、人海和谐的海洋发展新格局。

该规划指出，要分别从优化我国北部、东部和南部三个海洋经济圈布局、加大海岛及邻近海域保护力度、合理开发重要海岛、推进深远海区域布局等方面优化海洋经济发展布局；从调整优化海洋传统产业、培育壮大海洋新兴产业、拓展提升海洋服务业、促进产业集群化发展等方面推进海洋产业优化升级；从支持海洋重大科技创新、推动海洋科技成果转化、深化海洋经济发展试点、创新海洋人才体制机制等方面促进海洋经济创新发展；从推进海上互联互通建设、促进海洋产业有效对接、推动海洋经济交流合作、健全对外合作支撑体系等方面加快海洋经济合作发展；从健全现代海洋经济市场体系、理顺海洋产业发展体制机制、加快海洋经济投融资体制改革、推动海洋信息资源共享等方面深化海洋经济体制改革。

3. 促进海洋经济发展示范工作的政策

2016 年 9 月，财政部、国家海洋局联合印发《关于“十三五”期间中央财政支持开展海洋经济创新发展示范工作的通知》[③]，决定开展海洋经济创新发展示范工作，推动海洋生物、海洋高端装备、海水淡化等重点产业创新和集聚发展。

---

① 2016 年 3 月 16 日第十二届全国人民代表大会第四次会议批准《中华人民共和国国民经济和社会发展第十三个五年规划纲要》。

② 国家发展改革委，国家海洋局：《全国海洋经济发展“十三五”规划》（发改地区〔2017〕861 号）。

③ 财政部，国家海洋局：《关于“十三五”期间中央财政支持开展海洋经济创新发展示范工作的通知》（财建〔2016〕659 号）。

“十三五”海洋经济创新发展示范工作将在“十二五”基础上，进一步创新体制机制，示范区域由以省为单位调整为以城市为单位，同时突出重点，聚焦特色创新领域，集中优势资源，带动社会投入，争取在重点领域率先突破。

2016 年 10 月，国家海洋局和财政部共同批复“十三五”海洋经济创新发展示范城市工作方案，确定天津滨海新区、南通、舟山、福州、厦门、青岛、烟台、湛江 8 个城市为首批海洋经济创新发展示范城市，以上城市将可以获得中央财政战略性新兴产业发展专项资金支持。

首批 8 个海洋经济创新发展示范城市中，天津滨海新区将探索科技引领、市场主导、环境优化的产业聚集创新发展模式，初步建成深海油气开发配套装备和海水淡化关键材料等中高端产业链；青岛将努力构建先进的海洋产业体系，基本形成园区支撑、产业链优化聚集发展的新格局；烟台将探索形成海洋经济创新发展的有效模式，建成区域特色明显，发展势头强劲的海洋经济创新发展体系；南通将推动沿海、沿江跨领域、跨区域协同创新，促进海洋高端装备产业和海洋生物产业向中高端迈进，并向绿色化转型；舟山将通过统筹协调推进，集成要素资源，形成一批创新型龙头企业和中小微企业，重点产业向中高端迈进，促进海洋经济转型升级和舟山群岛新区建设；福州将加强产业国际合作，促进海洋战略性新兴产业特色发展，提升海洋生物和海洋高端装备产业地位；厦门将创新金融支持方式，密切产学研合作，形成一批中高端产业链和具有市场竞争力的创新型中小微企业；湛江将创新海洋科技成果转化交易模式，形成科技创新驱动海洋经济发展新模式，建立较完善的区域创新体系，基本建成高端化、高质化的海洋生物和海洋高端装备产业体系。

2016 年 12 月，国家发展改革委、国家海洋局联合发布《关于促进海洋经济发展示范区建设发展的指导意见》（以下简称《指导意见》）①，旨在进一步优化海洋经济发展布局，提高海洋产业综合竞争力，探索海洋资源保护开发新途径和海洋综合管理新模式。

《指导意见》提出，要贯彻实施海洋强国战略，主动引领经济发展新常态，以海洋领域供给侧结构性改革为主线，以创新体制与先行先试促改革、以产业集聚与转型升级促发展、以资源节约和环境保护促生态，突出示范区的试验示范作用，将示范区建设成为全国海洋经济发展的重要增长极。

《指导意见》明确，示范区建设将以统筹规划合理布局、因地制宜分类指导、创新引领先行先试、绿色发展生态优先为基本原则，拟到 2020 年设立 10~20 个示范区，基

---

① 国家发展改革委，国家海洋局：《关于促进海洋经济发展示范区建设发展的指导意见》（发改地区〔2016〕2702 号）。

本形成布局合理的海洋经济开发格局、引领性强的海洋开发综合创新体系、具有较强竞争力的海洋产业体系、支撑有力的海洋基础设施保障体系、相对完善的海洋公共服务体系、环境优美的蓝色生态屏障、精简高效的海洋综合管理体制机制，示范区海洋经济增长速度高于所在地区的经济发展水平，成为我国实施海洋强国战略、促进海洋经济发展的重要支撑。

《指导意见》要求，各有关省（区、市）要以优化海洋经济空间发展格局、构建现代化海洋产业体系、强化涉海基础设施建设、完善海洋公共服务体系、构建蓝色生态屏障、创新海洋综合管理体制机制为主要任务，充分发挥示范区作为承担海洋经济体制机制创新、海洋产业集聚、陆海统筹发展、海洋生态文明建设、海洋权益保护等重大任务的区域性海洋功能平台作用。

（二）海洋传统产业相关政策

《“十三五”渔业科技发展规划》[①] 指出：促进渔业经济发展，完成渔业生产转型升级，迫切需要科技创新做保障。“十三五”期间，推动渔业转方式调结构是我国现代渔业建设的主要任务和目标，需要着力转变粗放的资源利用方式、生产方式、经营方式和管理方式，调整优化渔业产品、产业结构和区域布局，提高渔业生产规模化、集约化和组织化程度，大力推进渔业一、二、三产业融合发展，实现渔业产业转型升级。稻渔综合种养、盐碱水养殖以及增殖渔业、休闲渔业等新兴产业发展潜力很大，是渔业经济新的增长点。解决这些问题，迫切需要通过科技研发和技术推广，提供有力的支撑。

该规划还强调：推进海洋强国建设，助力“一带一路”战略实施，迫切需要科技创新做后盾。积极实施“一带一路”“走出去”战略，充分利用“两种资源、两个市场”，在经济全球化的过程中，提高渔业的国际竞争力，开拓更广阔的发展空间。“一带一路”涵盖了世界主要渔业国家，水产品产量约占世界总产量的80%以上。推进中国与“一带一路”国家的渔业合作，推广中国渔业的成功经验，引导中国渔业走出去，提升“一带一路”国家的渔业发展水平，助力中国提高国际地位和影响力，迫切需要在远洋渔业资源调查评估、渔场预报、渔获物高值化利用、捕捞加工一体化装备、海外养殖及可持续渔业发展等领域提供有效的科技创新支撑和引领。

《“十三五”现代综合交通运输体系发展规划》[②] 指出，要强化战略支撑作用，打造“一带一路”互联互通的开放通道。第一，着力打造丝绸之路经济带国际运输走廊。

---

① 农业部：《关于印发〈“十三五”渔业科技发展规划〉的通知》（农渔发〔2017〕3号）。

② 国务院：《关于印发〈“十三五”现代综合交通运输体系发展规划〉的通知》（国发〔2017〕11号）。

积极推进与周边国家和地区铁路、公路、水运、管道连通项目建设，实现与周边国家和地区的互联互通。第二，加快推进21世纪海上丝绸之路国际通道建设。以福建为核心区，利用沿海地区开放程度高、经济实力强、辐射带动作用大的优势，提升沿海港口的服务能力，加强港口与综合运输大通道的衔接，拓展航空国际支撑功能，完善海外战略支点布局，构建连通内陆、辐射全球的21世纪海上丝绸之路国际运输通道。第三，加强“一带一路”通道与港澳台地区的交通衔接。强化内地与港澳台的交通联系，开展全方位的交通合作，提升互联互通水平。支持港澳积极参与和助力“一带一路”建设，并为台湾地区参与“一带一路”建设作出妥善安排。

《船舶工业深化结构调整加快转型升级行动计划（2016—2020年）》① 指出，要积极培育新的经济增长点，制定全国邮轮旅游发展总体规划，加快培育和发展邮轮、游艇旅游市场；适应国内邮轮游艇等传统高端消费潜力加速释放的趋势，加快实现邮轮自主设计和建造，大力发展中小型游艇和新型游艇设计制造；推动人工岛礁、海上浮式平台、海洋探测、海洋资源勘探开发等技术装备研制和应用；优化邮轮港口布局，完善游艇持证要求、运营法规及保险体系，探索试点游艇租赁业务。

同时，该行动计划提出要加大金融支持。推动完善在建船舶抵押的相关政策；鼓励和指导金融机构根据实际情况对船舶行业实行差别化的授信政策；加大对船舶企业直接融资的支持力度，支持符合条件的船舶企业在境内外上市融资、发行各类债务融资工具，优化融资结构；鼓励金融机构支持船舶行业兼并重组和国际产能合作。

（三）海洋新兴产业相关政策

《海洋可再生能源发展“十三五”规划》② 明确了“十三五”时期我国海洋可再生能源（以下简称“海洋能”）发展的重点任务：第一，推进海洋能工程化应用。通过扩大装备示范规模、拓展应用领域，推进装备产业化和工程化应用。第二，积极利用海岛可再生能源。通过开展海岛可再生能源评估、发展适应海岛环境的技术及装备、建设海岛可再生能源多能互补示范工程，积极推进海岛可再生能源开发利用。第三，实施海洋能科技创新。通过实施科技创新发展，强化研究基础、推动关键技术创新、构建技术创新体系。第四，夯实海洋能发展基础。通过南海及海岛区域资源评估、建设公共服务平台、健全标准体系，以夯实海洋能发展基础。第五，加强海洋能开放合作。结合“一带一路”建设实施，构建国际合作新机制，引入全球创新资源、拓展技术发展新空间，推动成熟装备“走出去”。

---

① 工业和信息化部，国家发展改革委，财政部，人民银行，银监会，国防科工局：《关于印发〈船舶工业深化结构调整加快转型升级行动计划（2016—2020年）〉的通知》（工信部联装〔2016〕447号）。

② 国家海洋局：《关于印发〈海洋可再生能源发展“十三五”规划〉的通知》（国海发〔2016〕26号）。

《全国海水利用“十三五”规划》[①] 指出，“十三五”时期是我国海水利用规模化应用的关键时期，要扩大海水利用应用规模，提升海水利用创新能力。该规划重点从沿海严重缺水城市、离岸海岛地区和产业园区三个层面推进海水淡化的规模化应用，解决“十三五”期间沿海地区日益紧张的淡水资源危机问题。

该规划明确整体布局，结合沿海地区海水利用产业基础，引导研发、设计、制造、施工、测试、运维等海水利用上下游相关机构的集聚发展，形成实验室、工程中心、平台、基地、企业等统筹联动的协同创新体系，支撑海水利用规模化应用。推进沿海缺水城市、海岛、产业园区海水利用规模化应用，推动海水利用技术应用于西部苦咸水地区，促进海水利用走进“一带一路”沿线国家，最终形成城市保障、海岛示范、园区率先、行业深化、苦咸水拓展、“一带一路”延伸的新格局。

《“十三五”生物产业发展规划》[②] 提出要推动重点领域新发展：支持具有自主知识产权、市场前景广阔的海洋创新药物，构建海洋生物医药中高端产业链；开发绿色、安全、高效的新型海洋生物功能制品；深度挖掘海洋基因资源，开辟海洋基因资源综合利用新途径，培育生物农业新产业；推动海洋生物材料等规模化生产和示范应用，实现生物基材料产业的链条式、集聚化、规模化发展。

《“十三五”国家战略性新兴产业发展规划》[③] 提出，要发展新一代深海、远海、极地技术装备及系统。建立深海区域研究基地，发展海洋遥感与导航、水声探测、深海传感器、无人和载人深潜、深海空间站、深海观测系统、“空-海-底”一体化通信定位、新型海洋观测卫星等关键技术和装备。大力研发极地资源开发利用装备和系统，发展极地机器人、核动力破冰船等装备。

《海上风电开发建设管理办法》[④] 强调，海上风电场应当按照生态文明建设要求，统筹考虑开发强度和资源环境承载能力，原则上应在离岸距离不少于 10 千米、滩涂宽度超过 10 千米时海域水深不得少于 10 米的海域布局。在各种海洋自然保护区、海洋特别保护区、自然历史遗迹保护区、重要渔业水域、河口、海湾、滨海湿地、鸟类迁徙通道、栖息地等重要、敏感和脆弱生态区域，以及划定的生态红线区内不得规划布局海上风电场。

该办法指出，各省（区、市）海洋行政主管部门，应根据全国和各省（区、市）

---

① 国家发展改革委，国家海洋局：《关于印发〈全国海水利用“十三五”规划〉的通知》（发改环资〔2016〕2764 号）。

② 国家发展改革委：《关于印发〈“十三五”生物产业发展规划〉的通知》（发改高技〔2016〕2665 号）。

③ 国务院：《关于印发〈“十三五”国家战略性新兴产业发展规划〉的通知》（国发〔2016〕67 号）。

④ 国家能源局，国家海洋局：《关于印发〈海上风电开发建设管理办法〉的通知》（国能新能〔2016〕394 号）。

海洋主体功能区规划、海洋功能区划、海岛保护规划、海洋经济发展规划，对本地区海上风电发展规划提出用海用岛初审和环境影响评价的初步意见。

四、小结

近年来，海洋经济已逐渐成为我国国民经济的重要组成部分和新的增长点，在扩展发展空间和保持经济持续增长方面均发挥了举足轻重的作用。通过中央、地方政府的共同努力，我国海洋经济规模不断提高，2016 年，海洋生产总值首次突破 7 万亿元大关，发展前景看好。

中国海洋经济在取得发展的同时，也存在着一些问题。首先，海洋开发利用能力有待进一步提升。目前，我国海洋经济的增长在很大程度上依赖大量的资源和劳动投入，单位产出的资源投入量远高于发达国家，这种粗放的发展模式也给我国的海洋环境带来较大压力。[①] 其次，海洋三次产业结构有待继续优化，目前，海洋第一、第二产业占比较高，特别是海洋第二产业达 40%以上。一方面，较易受到外部经济环境的影响；另一方面，重化工持续趋海布局加剧海洋资源环境压力和安全隐患。最后，海洋经济存在产品结构性过剩的特征[②]，传统行业的产品产量和全球市场份额已经接近极限，价格低廉、供大于求，而高新技术产品研发设计和创新能力较弱，缺乏核心技术，特别是部分海洋战略性新兴产业近年来虽发展速度较快，但规模还未实现突破，新兴技术产业普遍存在转化率较低的问题。我国应借鉴世界海洋强国的经验，继续加快现代海洋服务业的发展速度，提高其在海洋经济中的比重。

目前，我国海洋经济深度调整已进入提质增效的关键阶段，面对上述问题，未来一段时期，我国海洋经济发展的核心任务包括：继续扎实推进海洋领域供给侧结构性改革，改善资源供给结构、引导海洋领域资源有效开发利用、补齐生态短板，提高海洋资源的有效供给能力，推动海洋资源供给从生产要素向消费要素转变；加强对海洋战略性新兴产业的培育，加快海洋产业技术创新平台建设，提升海洋产业创新驱动能力[③]；建立健全海洋生态文明建设制度，强化海洋工程建设项目环境影响评估工作；加大金融对海洋经济的支持力度等方面。

---

① 国家海洋局海洋发展战略研究所课题组：《中国海洋发展报告（2014）》，北京：海洋出版社，2014 年，第 120 页。

② 国家发展和改革委员会、国家海洋局：《中国海洋经济发展报告 2016》，北京：海洋出版社，2016 年，第 15-16 页。

③ 国家发展和改革委员会、国家海洋局：《中国海洋经济发展报告 2016》，北京：海洋出版社，2016 年，第 26-27 页。

第六章　中国海洋产业发展

2016 年，随着中国海洋领域供给侧结构性改革措施深入推进，海洋经济在新常态下总体呈现出增速趋稳、结构趋优、效益向好的发展态势。海洋产业作为实现海洋经济向质量效益转变的基本载体，结构调整成效初显，转型升级势头良好。海洋传统产业总体平稳，部分产业面临较大下行压力，海洋新兴产业实现规模化增长，海洋服务业比重稳步提高。①。

一、海洋传统产业

海洋传统产业一般是指 20 世纪 60 年代以前已经形成一定规模且不完全依赖现代高新技术的海洋产业，主要包括海洋渔业、海洋船舶工业、海洋油气业、海洋盐业和盐化工业等。近年来，受劳动力等要素成本上升、海洋资源环境约束、市场空间收窄等限制，海洋传统产业发展面临较大的下行压力。但忧中有喜的是，随着新技术、新管理、新模式的不断推广应用，海洋传统产业转型升级加速，海洋渔业生产技术水平和效益明显提升，海洋油气勘探开发进一步向深远海拓展，高端船舶和特种船舶的新接订单有所增加，海盐综合开发利用产业链不断拓展。2016 年，海洋传统产业占主要海洋产业增加值比重近 50%。

（一）海洋渔业

海洋渔业包括海水养殖、海洋捕捞、远洋捕捞、海洋渔业服务业和海洋水产品加工等活动。目前，中国海洋渔业已发展成以养殖、捕捞、加工流通、增殖、休闲五大产业为主体，渔用工业以及科研、教学、推广相互配套的比较完整的产业体系，为保障水产品的有效供给、增加沿海渔民收入做出了重要贡献，成为现代农业和海洋经济的重要组成部分。2016 年，在宏观经济下行压力加大的背景下，海洋渔业生产保持稳定发展态势，市场交易活跃、供给充足，整体保持平稳增长态势，实现增加值 4641 亿元，同比增长 3. 8%。

海洋捕捞方面，国家不断加大“绝户网”、涉渔“三无”船舶清理整治力度，渔

① 受数据发布时间限制，本报告以 2015 年、2016 年部分数据为主。

业资源环保和生态修复工作有序推进，捕捞管理更加规范。近海传统经济渔业资源偏紧的状态短期内难有明显改善，但随着资源环境保护和修复的持续深入以及执法力度的不断加强，一些渔业品种资源有恢复的迹象，如带鱼和鲳鱼等。远洋渔业发展形势良好，2015 年，远洋渔业产量达 219.20 万吨，同比增长 8.12%。[①] 海水养殖方面，2015 年，海水养殖产值达 2937.66 亿元，实现增加值 1718.13 亿元。

（二）海洋船舶工业

海洋船舶工业是以金属或非金属为主要材料，制造海洋船舶、海上固定及浮动装置的生产活动，以及对海洋船舶的修理及拆卸活动。受国际船舶市场持续调整的影响，2016 年，船舶工业三大指标均出现下滑。全国造船完工量为 3532 万载重吨，同比下降 15.6%；承接新船订单量为 2107 万载重吨，同比下降 32.6%；手持船舶订单量为 9961 万载重吨，同比下降 19%。船舶企业盈利水平大幅下降，规模以上船舶工业企业实现利润总额 147.4 亿元，同比下降 1.9%。

2016 年，船舶工业大力推进供给侧结构性改革，坚决落实化解过剩产能的重点任务。工业和信息化部发布《船舶行业规范企业监督管理办法》，对规范企业进行动态管理，中国船舶工业行业协会发布中国造船产能利用监测指数；骨干船企主动应对市场变化，利用自身优势拓展非船领域，化解过剩产能，中国船舶重工集团公司三峡升船机等项目取得突破；央企兼并重组迈出实质步伐，中国远洋海运集团整合 13 家大型船厂和 20 多家配套服务公司成立中远海运重工有限公司，中船重工大船与山船、武船与北船、风帆与火炬能源、重庆红江与重跃整合重组稳步推进；中国船舶工业集团公司所属上船公司、广船国际、中船澄西等主要造修船企业主动开展存量产能削减，沪东中华、外高桥造船、黄埔文冲等企业提出产能压控和资产处置的行动计划表。此外，江苏、浙江、山东、福建等地通过产能置换、退城还园、改造升级等方式主动压减和化解过剩产能。

2017 年 1 月，工业和信息化部联合国家发展改革委、财政部、中国人民银行、中国银行业监督管理委员会、国家国防科技工业局等部委发布了《船舶工业深化结构调整加快转型升级行动计划（2016—2020 年）》（以下简称《行动计划》）。《行动计划》是指导“十三五”时期船舶工业发展的纲领性文件，其中明确提出，要紧紧围绕《中国制造 2025》和建设海洋强国的战略目标，以创新发展和产业升级为核心，以制造技术与信息技术深度融合为重要抓手，大力推进供给侧结构性改革，稳增长、去产能、补短板、降成本、调结构、提质量、强品牌，全面提升产业国际竞争力和持续发展

---

① 数据来源：《2015 年全国渔业经济统计公报》。

能力。

当前和今后一段时期，中国劳动用工成本刚性上升，与日韩相比优势逐渐消失。在政策指引和市场倒逼的双重作用下，智能制造已经成为船舶工业转型升级的必然道路，船舶企业要不断提高生产效率、提升造船精度、降低生产成本，提高企业竞争力，促使船舶建造朝着设计智能化、产品智能化、管理精细化和信息集成化的方向发展。

（三）海洋油气业

海洋油气业是指在海洋中勘探、开采、输送、加工原油和天然气的生产活动。2016 年，海洋油气业量价齐跌出现负增长。海洋原油、天然气产量均下降，海洋原油产量 5162 万吨，同比下降 4.7%，天然气产量 129 亿立方米，同比下降 12.5%。由于油价及产量双双下降，海洋油气业增加值为负增长，全年实现增加值 869 亿元，比上年减少 7.3%。①

据全球获得的重大勘探表明，近 50%油气资源来自深水。目前，全球已有 50 多个国家在北海、墨西哥湾等深水区域进行油气勘探。南海是世界四大海洋油气聚集中心之一，其中，70%的油气资源蕴藏在深水区。2016 年 2 月，国土资源部油气储量评审办公室确认，中国海洋石油总公司（以下简称“中国海油”）在南海西部 1688 米超深水海域勘探发现的“陵水 18-1”天然气田，为我国首个超深水天然气田。超深水海底极低的温度（2.6℃）和极高的井底绝对压力（30.9 兆帕）对钻井技术和装备提出更高要求，加大了钻井难度。“陵水 18-1”勘探的成功发现，表明中国海油已具备钻井、测试等一整套超深水勘探能力，海洋油气勘探水平达到历史高点。

2016 年，中国海油在南海海域天然气水合物的钻探取样和样品重塑、测试取得初步成果，成功申报了国家科技部首批重点研发计划项目“海洋天然气水合物试采技术和工艺”；同时，海洋天然气水合物风险评价方面研究成果顺利通过了国家重大专项验收，所建立的水合物沉积物动静三轴测试装置、风险评价方法居国际领先水平。2017 年 5 月 18 日，我国在南海神狐海域首次天然气水合物试采成功。至此，中国已经成为全球首个实现在海域可燃冰试开采中获得连续稳定产气的国家。②

在全球经济发展和人类追求高品质生活的共同驱动下，能源需求将持续上升，预计，全球能源消费量在未来 20 年将增加 37%。作为全球第二大原油消费国，中国为了弥补自身原油产量持续下滑的供给缺口，必然会加大对海外原油的进口，这使得国内

---

① 《新兴产业成增长亮点 海洋服务业增加值增逾 10%》，http：//www.chinanews.com/cj-03-16/8175924.shtml，2017 年 3 月 20 日登录。

② 《我国海域可燃冰试采连续产气超 33 天》，国土资源部官网，http：//www.mlr.gov.cnxwdtkyxw/201706/t20170613_1510173.htm，2017 年 6 月 14 日登录。

原油对外需求将会持续大幅攀升，2016 年，原油进口量增长至 3.81 亿吨。当前，原油依存度上升的一部分原因是国内原油减产，而需求并没有减弱。特别是国际原油价格的长期低迷，促使中国原油上游行业投资的大幅萎缩，从而使得中国国内原油产量不断减少。围绕建设“海洋强国”的战略目标，以建设“一带一路”为契机，需优化整合全球油气资源，更加高效地开发、利用海洋油气资源，不断提升中国能源供应的保障能力。

（四）海洋盐业和盐化工业

海洋盐业是利用海水生产以氯化钠为主要成分的盐产品的活动，包括采盐和盐加工。我国原盐生产的三大种类包括：海盐、井矿盐和湖盐。近年来，我国井矿盐逐渐取代海盐，成为我国最主要的原盐品种。我国目前的原盐产品格局为：井矿盐为主导，传统的海盐、湖盐为补充。随着城市化、工业化进程加快，我国海盐生产面临的外部环境压力越来越大，浅层地下卤水被过度开采，盐田面积逐步退让、减少。2016 年，海洋盐业稳定增长，全年实现增加值 39 亿元，比上年增长 0.4%。

社会食盐市场需求量与人口和人们的生活品质息息相关。在人均食盐需求量不会显著减少的前提下，随着人们生活品质的提高，食盐需求量保持稳定。其中，高质量的品种盐需求量会逐渐增加；尤其在专营制度取消后（见表 6-1），各海盐生产企业有了动机，致力于增加研发和生产线，提高品种盐的投入和产量，以应对更高的需求。①

表 6-1　1990 年以来中国盐业改革的代表性事件

时间	代表性事件
1994 年	国务院发布《关于进一步依法加强盐业管理问题的批复》，对食盐实行专营，对工业盐实行计划管理
1996 年	国务院颁布《食盐专营办法》，对食盐产销实行国家指令性计划管理，对食盐价格实行政府定价
2001—2002 年	经贸委实行第一次盐业改革
2011 年 3 月	日本核辐射引发我国食盐抢购潮，盐业改革暂停

① 《2016 年中国盐业市场现状分析》，中国产业信息网，http://www.chyxx.com/industry/201605/416577.html，2017 年 3 月登录。

续表

时间	代表性事件
2016 年 5 月 5 日	国务院出台《盐业体制改革方案》，提出在坚持食盐专营制度基础上推进供给侧结构性改革，逐步形成符合我国国情的盐业管理体制
2017 年 1 月 1 日	根据《盐业体制改革方案》，自 2017 年 1 月 1 日起，放开所有盐产品价格，取消食盐准运证，取消食盐产销区域限制，允许现有食盐定点生产企业进入流通销售领域，食盐批发企业可开展跨区域经营

海盐化工业，指以海盐、溴素等直接从海水中提取的物质作为原料进行的一次加工产品的生产，如烧碱、纯碱等碱类的生产，以及以制盐副产物为原料进行的氯化钾和硫酸钾的生产。目前，虽然海盐产量和生产面积都有所下降，但海盐化工的工艺技术、节能降耗、综合利用、生产装备等方面的生产和技术改造均取得了一定突破，海水淡化与盐化工生产相结合、氯碱与石油化工相结合等具有节能环保特点的新型工艺已逐渐成为大型盐化工企业推行的主要生产工艺。

二、海洋新兴产业

海洋新兴产业于 20 世纪 60 年代以后至 21 世纪初形成，是指由于科学技术的进步发现了新的海洋资源或者拓展了海洋资源利用范围而成长起来的产业。2016 年，《“十三五”国家战略性新兴产业发展规划》正式发布，明确将海洋工程装备制造业、海洋药物和生物制品业、海洋可再生能源业、海水利用业等作为海洋领域重点培育和鼓励发展的产业门类。2016 年，在经济下行压力较大的情况下，海洋新兴产业总体保持较快发展，产业发展进入全面深入推进期，对海洋经济的支撑引领作用更加凸显。

（一）海洋工程装备制造业

海洋工程装备制造业是指以金属或非金属为主要材料制造海洋工程装备的产业活动，其中，海洋工程装备主要指海洋资源（现阶段主要包括海洋油气资源、海上风电资源）勘探、开采、加工、储运、管理、后勤服务等方面的大型工程装备和辅助装备。

当前，海洋工程装备市场极度低迷，海工装备运营市场利用率大幅下滑，船东的大量订单延期交付，甚至出现弃单、撤单，在手订单系统性风险逐渐加大，已成为我国海洋工程装备产业必须面对的当务之急。

在面临严峻形势的同时，中国海洋工程装备制造也不乏一些亮点。例如，亚洲第

图 6-1　全球最先进超深水双钻塔半潜式钻井平台“蓝鲸 1 号”①

一座海上升压站建设完成，中国海油攻克的旋转导向系统、随钻测井系统等多项自主研发技术打破国际垄断。烟台中集来福士海洋工程有限公司（以下简称“中集来福士”）建造的全球最先进的超深水双钻塔半潜式钻井平台——“蓝鲸 1 号”在烟台命名交付，这是中国船厂在海洋工程超深水领域的首个“交钥匙”工程。该平台将由 Bluewhale 联合中国石油集团海洋工程有限公司共同履行服务合同，进行海洋能源勘探。

中国海工装备制造企业在前两年高油价时期承接的订单中，不少为船东无租约订单，弃单风险较大，尤其是于 2016 年交付的在建项目。由于海工项目首付款比例较低，船企不断面对着船东修改设计、主要设备采购拖期、延期接受装备和撤单的行为，对企业生产技术准备、资源调配、建造效率、质量控制等都带来了较大压力。当前，中国手持海洋工程装备订单违约风险明显增加，且中国不少船舶企业转型海工装备制造时间不长，处理危机能力不足。为此，各海工装备企业要加大对合同条款的审核、密切监测手持订单的状况、强化与船东的沟通交流、加强船东履约情况的跟踪，制定订单风险预案，降低船东违约对企业造成的损失。未来一段时期，海洋工程装备制造业产能结构性过剩形成倒逼，产业转型将迈向深水化、高端化。

（二）海洋药物和生物制品业

海洋药物和生物制品业以海洋生物资源为研发对象，以海洋生物技术为主导技术，以海洋药物为主导产品，包括海洋创新药物、生物医用材料、功能食品等产业体系。作为战略性新兴产业的重要组成部分，海洋药物和生物制品业发展迅速，已成功开发

---

① 图片来源：烟台中集来福士海洋工程有限公司官网，http：//www. cimc-raffles. com/enterprise/raffles/companynewsnews/201702/t20170213_ 24802. shtml，2017 年 3 月 1 日登录。

一批农用海洋生物制品、海洋生物材料、海洋化妆品及海洋功能食品、保健品等。

随着国家政策扶持和投入力度的逐步加大，海洋药物和生物制品业发展势头良好。2016年，海洋药物和生物制品业全年实现增加值336亿元，比上年增长13.2%。各沿海省市相继建立了数十家研究机构，形成了以上海、青岛、厦门、广州为中心的4个海洋生物技术和海洋药物研究中心。通过“十二五”期间海洋经济创新发展区域示范等项目的实施带动，山东、浙江、福建等省加快推进海洋药物和生物制品业高端优质项目的培育和集聚，建成了一批海洋生物医药园区基地，带动了相关产业的发展。山东省初步建立了以青岛为核心，以烟台、威海为两翼的海洋生物医药和生物制品的创新示范集聚区。浙江省打造了象山石浦生物产业园、舟山经济开发区海洋生物园等基地园区11家，形成了鱼油类（角鲨烯、甘油三酯类鱼油）、氨糖类（盐酸氨基葡萄糖、硫酸氨基葡萄糖）、鱼胶蛋白等5个海洋生物的拳头产品，年销售额超亿元。福建省厦门市形成了以厦门火炬高新区、海沧海洋生物医药港为载体，以国家海洋局第三海洋研究所、厦门大学等科研院所、4个国家级重点实验室和工程中心，17个部省级工程中心为依托，以蓝湾科技、金达威生物工程等100多家高科技企业为主体的海西国家海洋与生命科学产业集群。

（三）海洋可再生能源业

海洋可再生能源业是指在沿海地区利用海洋能、海洋风能进行的电力生产活动，不包括沿海地区的火力发电和核力发电。其中，海洋能通常是指海洋本身所蕴藏的能量，主要包括潮汐能、潮流能（海流能）、波浪能、温差能、盐差能等，不包括海底储存的煤、石油、天然气等化石能源和“可燃冰”，也不含溶解于海水中的铀、锂等化学能源。

我国海洋能开发利用技术和成果整体水平迅速提升，区域布局和产业链条已现雏形，正引起国际社会的广泛关注。全球能源结构变革，为海洋能发展提供了广阔的发展空间，海洋强国、“一带一路”等国家战略的提出，为海洋能发展和我国开展海洋能国际合作带来了重要机遇。2016年，海洋可再生能源业平稳发展，海上风电项目稳步推进，全年实现增加值126亿元，比上年增长10.7%。

目前，中国在海洋能利用方面实现了较大突破。例如，海洋潮流能发电技术达到世界领先水平。2016年，世界首台3.4兆瓦模块化大型海洋潮流能、首套1兆瓦的发电机组在浙江舟山下海，对于提高中国海洋能的开发利用水平，做好海洋能开发的支撑服务体系，尤其是在推动建设海洋能海上试验场，推动海洋可再生能源产业方面起着至关重要的作用。例如，波浪能、潮流能发电装置，从设计、制造到产业化需要经历模型样机、比例尺工程样机、原型样机等一系列过程，其中涉及多个环节、多个领域的试验与测试，而海上试验是工程样机到产品成型过程中的必备环节，这是实验室无法替代的。目前，我国海洋能技术示范及产业发展正在形成四大产业集聚区。分别是山东威海海洋能综合测试及研发设计产业聚集区、浙江舟山潮流能测试及装备制造产业集聚区、广东万山波浪能测试及运行维护产业集聚区、南海海洋能产业综合示范区。其中，山东聚集区主要开展波浪能、潮流能等海洋能发电装置的测试、检测、试验与产业化研究；浙江聚集区聚焦潮流能技术研发、装备制造、海上测试以及工程示范；广东聚集区开展波浪能技术研发、发电装置试验、海上测试、示范工程；南海聚集区则主要关注温差能与波浪能的综合利用示范。

（四）海水利用业

海水利用业是指对海水的直接利用和海水淡化活动，包括利用海水进行淡水生产和将海水应用于工业冷却用水和城市生活用水、消防用水等活动，不包括海水化学资源综合利用活动。当前，海水淡化工艺装备和系统集成关键技术取得了重大突破，系统制水能耗、运行成本等关键技术指标与世界先进水平同步，2016 年全年实现增加值 15 亿元，比上年增长 6.8%。

海水利用规模不断增大。据《2015 年全国海水利用报告》公布，全国已建成海水淡化工程总体规模稳步增长。截至 2015 年年底，全国已建成海水淡化工程 121 个，产水规模 1 008 825 吨/日。其中，2015 年，全国新建成海水淡化工程 7 个，新增海水淡化工程产水规模 66 620 吨/日。

海水利用分布更加广泛。全国海水淡化工程在沿海 9 个省市分布，主要分布在水资源严重短缺的沿海城市和海岛。北方以大规模的工业用海水淡化工程为主，主要集中在天津、河北、山东等地的电力、钢铁等高耗水行业；南方以民用海岛海水淡化工程居多，主要分布在浙江、福建、海南等地，以百吨级和千吨级工程为主。

海水淡化技术与装备能力显著提升。2015 年，我国积极推动海水淡化技术和装备研发以及成果转化工作。沿海各地进一步加快“产学研用”结合步伐，推进海水利用科技创新和成果转化。天津、江苏等沿海地方积极开展海洋经济创新发展区域示范工作，新能源淡化海水示范工程产能利用逐步提升，板式蒸馏装备、高亲水性超滤膜等海水利用关键设备成果转化和产业化进展顺利。天津、浙江正在大力推进“海水淡化与综合利用创新及产业化基地”“海水淡化装备制造基地”建设。厦门南方海洋研究中心依托福建省中海清源科技有限公司成立“国家海水利用工程技术研究中心厦门分中心”。我国自主设计建造的神华国华舟山电厂 12 000 吨/日低温多效淡化工程和宝钢广东湛江钢铁基地 15 000 吨/日低温多效海水淡化工程建成投产。福建古雷港经济开发区 10 万吨/日海水淡化工程完成项目初步设计。

海水淡化成本接近国际水平。目前，中国已掌握反渗透和低温多效海水淡化技术，相关技术达到或接近国际先进水平。但受能源、人力等价格波动影响，海水淡化产水成本主要集中在（5~8）元/吨。其中，万吨级以上的海水淡化工程产水成本平均为5.99元/吨；千吨级海水淡化工程产水成本平均为8.44元/吨。

三、海洋服务业

海洋服务业是为海洋开发提供保障服务的海洋产业，具体包括海洋交通运输业、海洋旅游业、海洋文化产业、涉海金融服务业等。随着海洋经济结构调整的步伐加快，依托海洋信息技术和现代化理念发展起来的新兴服务业，以及部分改造后“再现活力”的传统海洋服务业发展迅速，邮轮、游艇等旅游业态快速发展，涉海金融服务业快速起步，创新模式层出不穷，信贷产品不断创新。2016年，仅海洋旅游业和海洋交通运输业增加值就占主要海洋产业增加值比重的近63%。

（一）海洋交通运输业

海洋交通运输业是指以船舶为主要工具，从事海洋运输以及为海洋运输提供服务的活动，包括远洋旅客运输、沿海旅客运输、远洋货物运输、沿海货物运输、水上运输辅助活动、管道运输业、装卸搬运及其他运输服务活动。2016年，沿海港口生产呈现平稳增长态势，航运市场逐步复苏，海洋交通运输业总体稳定。全年实现增加值6004亿元，比上年增长7.8%。

港口是国民经济运行与发展的“晴雨表”。近年来，我国港口基础设施建设实现跨越式发展，港口能力的快速提升为产业向我国沿海转移创造了有利条件。但与此同时，港口发展中的短板也显露出来：港口服务功能单一、港口结构性过剩、港口间无序竞争和资源分散等。特别是在全球经济增速持续疲软和中国宏观经济下行压力增大的情况下，港口经济面临的产业结构升级、运输组织方式调整等压力更加凸显，我国的港口吞吐量增速由过去的两位数增长步入个位数增长的新常态。2016年，沿海港口完成吞吐量84.55亿吨，增长3.8%。

国际港口合作取得新突破。越来越多的国内企业加大对“一带一路”沿线国家和非洲港口的投资建设。2016年，国内港口与国外多个港口达成合作协议，缔结友好港口，例如：青岛港先后与马来西亚巴生港、关丹港等缔结为友好港口；广州港与汉堡港、纽约新泽西港、波兰格但斯克港等达成友好合作协议；希腊比雷埃夫斯港、斯里兰卡科伦坡港项目进展顺利。此外，2016年7月，中国-马来西亚港口联盟正式成立，中方秘书处设在中国港口协会秘书处。2016年11月，由中方负责运营的巴基斯坦瓜达尔港正式开港，意味着中巴经济走廊打通，“一带一路”建设取得重大突破；日照港联手中国电建、深圳盐田港建设马六甲海峡皇京港深水补给码头。海外港口项目是推进国家“一带一路”建设的重要载体之一，在“十三五”期间，将有更多海外港口项目投资落地，并且“组团出海”将成为国内投资人海外投资的重要模式。截至2017年5月，中国已与“一带一路”沿线的36个国家及欧盟、东盟分别签订了双边海运协定(河运协定)，协定内容均已得到落实，双方给予对方国家船舶在本国港口服务保障和税收方面的优惠，支持对方企业在本国设立商业存在。[①]

顶层设计更趋完善。近三年来，从《国务院关于促进海运业健康发展的若干意见》首次把海运业的发展上升为国家战略，到2016年《水运“十三五”发展规划》的发布，推动海洋交通运输业发展的战略规划体系更加成熟。未来一段时期，围绕海运强国建设，重点任务主要包括：强化主要港口的战略支点作用，实施一流强港工程，加快国际航运中心建设；提高海运船队保障能力，优化海运船队结构，提高重点物资承运保障能力；深化国际合作，深化港口海事国际合作，培育国际港航运营商。

（二）海洋旅游业

海洋旅游包括以海岸带、海岛及海洋各种自然景观、人文景观为依托的旅游经营、服务活动。主要包括：海洋观光游览、休闲娱乐、度假住宿、体育运动等活动。海洋旅游规模稳步扩大，新业态方兴未艾。2016年，滨海旅游业实现增加值12 047亿元，比上年增长9.9%，对海洋经济的贡献率达到24.2%，成为拉动海洋经济增长的重要因素。此外，游艇消费市场正在形成，海岛旅游、休闲渔业等新业态成为滨海旅游的新热点。特别是邮轮航线逐步增多，邮轮旅游发展势头渐趋增强，邮轮出境旅客达212.26万人次，同比增长91%。

全域旅游成为带动海洋旅游业升级的新理念、新模式。全域旅游是指将一定区域作为完整旅游目的地，以旅游业为优势产业，进行统一规划布局、公共服务优化、综合统筹管理、整体营销推广，促进旅游业从单一景点景区建设管理向综合目的地服务转变，从门票经济向产业经济转变，从粗放低效方式向精细高效方式转变，从封闭的旅游自循环向开放的“旅游+”转变，从企业单打独享向社会共建共享转变，从围墙内民团式治安管理向全面依法治理转变，从部门行为向党政统筹推进转变，努力实现旅游业现代化、集约化、品质化、国际化，最大限度满足大众旅游时代人民群众消费需求的发展新模式。[②] 当前，全域旅游发展战略得到了全国上下的积极响应，部分沿海省

---

① 交通运输部：《我国与“一带一路”沿线36个国家签海运协定》，中国网，http：//news.china.com.cn/txt/2017-05/15/content_40817538.htm，2017年5月16日登录。

② 国家旅游局：《全域旅游示范区创建工作导则》。

市把发展全域旅游作为统筹陆海旅游经济发展、创新经济发展新动能的重要举措，结合《“十三五”旅游业发展规划》提出的“大力发展海洋及滨水旅游”相关部署，促进海洋旅游业长期存在的粗放、低效旅游服务向精细、高效旅游服务转变，开发多类型、多功能的海洋旅游产品和线路，更好地满足大众旅游时代人民群众向海、趋海、亲海的需求。

（三）海洋文化产业

海洋文化产业是从事海洋文化产品生产和提供服务的经营性行业，具体分为海洋文化旅游产业、海洋节庆会展业、海洋休闲体育产业、海洋文艺产业等。在转变海洋经济发展方式、拓展新的经济增长空间的背景下，海洋文化产业已成为沿海城市发展的软实力与城市形象的重要支撑，众多海洋文化品牌受到越来越多的人关注。例如，世界海洋日暨全国海洋宣传日、中国海洋经济博览会、世界妈祖文化论坛、中国海洋文化节、厦门国际海洋周、中国（象山）开渔节等活动。《全国海洋经济发展“十三五”规划》明确提出，要“依托相关地域海洋传统文化资源，重点推进‘21 世纪海上丝绸之路’海洋特色文化产业带建设”。未来一段时期，做好古今海上丝绸之路文化的传承和对接，挖掘、抢救和保护沿线国家、地区的独具特色的“海丝”文化将是海洋文化相关从业人员参与的重点领域。

（四）涉海金融服务业

涉海金融服务业是指涉海金融服务提供者所提供的各种资金融通方面服务活动所构成的产业。它是以涉海银行金融业（信托、银行、保险、证券）为主体，其他涉海非银行金融业（股票、典当等）为补充的金融服务业体系。

政策性金融在支持海洋经济发展中的示范引领作用不断强化。2017 年 4 月，国家海洋局、中国农业发展银行在京签署《国家海洋局、中国农业发展银行促进海洋经济发展战略合作协议》，标志着农业政策性金融促进海洋经济发展进入了全面深化的新阶段。根据协议，双方将共同推进融资融智、海洋经济发展示范区、公共服务平台、风险补偿机制等方面合作，力争在“十三五”期间，累计向海洋经济领域提供约 1000 亿元人民币的意向性融资支持。此外，国家海洋局与国家开发银行继续推进《关于开展开发性金融促进海洋经济发展试点工作的实施意见》贯彻落实，组织开展了第一批项目征集、申报工作。各地海洋部门结合实际情况，主动与国家开发银行分支机构对接，绝大多数地区已经基本建立起推进试点的工作机制。

海洋产业与多层次资本市场对接活动常态化开展。海洋经济活动具有高风险、高投入、回收周期长、专业性强的特点。当前，相当一部分海洋中小企业面临着投融资困境，海洋经济的高风险特征与现有成熟金融体系审慎经营、规避风险的原则并不协调，专注海洋领域的风险投资（VC）、私募股权（PE）投资机构发展相对滞后，需要加快培育包括投融资路演在内的直接融资市场服务体系。2016 年 11 月，国内首场海洋中小企业投融资路演暨项目推介活动在湛江市举办，来自山东、天津、上海、福建、广东、海南、深圳等沿海省市的 8 家海洋中小科技企业及多位投资机构代表参加了路演活动。今后一段时期，分产业、分领域的各类海洋中小企业投融资路演活动将陆续开展。此外，沿海地方持续探索风险补偿、产业引导基金等海洋领域金融创新模式。中国海洋发展基金会、福建省远洋渔业发展基金、浦发银行蓝色经济金融中心（青岛）和海洋经济金融服务中心（舟山）等一批专注于海洋领域的金融机构相继成立并发展。

四、小结

2016 年，海洋产业领域贯彻落实供给侧结构性改革相关要求扎实推进，主要表现在：海洋传统产业绿色转型加速，部分产业产能周期性过剩问题正在稳步化解；海洋战略性新兴产业已成为海洋经济发展的生力军，增长速度和规模日新月异；海洋服务业形态更趋丰富多元，拉动就业和支撑经济增长的能力不断增强。新形势下，围绕着打造“结构合理、开放兼容、自主可控、具有国际竞争力的海洋产业新体系”，要进一步把握好海洋产业发展的协同性、平衡点，特别是要围绕“21 世纪海上丝绸之路”建设，聚焦全球海洋产业价值链分工体系，加强国际产能和装备制造合作，鼓励海洋产业“走出去”，为海上丝绸之路沿线国家或地区提供更多、更优质的海洋产品和公共服务。

第七章　区域海洋经济发展

经过一系列海洋产业政策和空间规划的引导，东部沿海地区形成了发展格局日益清晰，产业定位趋向合理，发展质量不断提高的海洋经济空间框架。北部、东部、南部三大海洋经济区连绵成带，构成中国海洋经济发展的空间版图。

一、北部海洋经济区

北部海洋经济区，沿黄渤海，含三省一市，即辽宁、河北、山东和天津。区内岸线绵长，良港众多，海洋科技发达，海洋资源产业、海洋制造业、海洋服务业发展均衡。2016 年，北部海洋经济区海洋生产总值 24 323 亿元，占全国海洋生产总值的 35. 8%，较上年回落了 1. 3 个百分点。①

（一）辽宁

辽宁省是中国重要的高端海产品养殖基地、海洋船舶制造基地、海洋工程装备制造基地，也是北方重要的海洋旅游目的地。受全国及本省经济下行影响，辽宁省海洋经济增速有所放缓，但发展质量以及对区域经济和社会的带动作用不断提高。2014 年，辽宁海洋生产总值近 4000 亿元，同比增长 6. 3%。海洋经济占地区生产总值的 13. 7%，涉海就业人员达到 330. 5 万人。②

产业发展方面，海洋传统产业保持良好发展态势，海洋新兴产业保持高速增长。其中，海洋渔业结构不断优化，健康养殖比例持续提升，海洋船舶工业、海洋油气业基本平稳，滨海旅游业小幅增长，海洋电力业发展迅速。产业结构方面，海洋第一、第二产业比重持续下降，海洋第三产业比重则大幅上升 4 个百分点，由 2013 年的 13 : 38 : 49调整为 2014 年的 11 : 36 : 53，与辽宁省整体产业结构的变化趋势一致。

"十二五"以来，辽宁省电力、能源、制造、重化工、仓储物流业加速向沿海聚集，形成了以大连为中心，分别向渤海、黄海扩展的半岛空间发展格局。目前辽宁省处于产业转型和经济振兴的重要阶段，海洋经济被定位为辽宁省产业转型和持续发展

① 数据来源：《2016 年中国海洋经济统计公报》。

② 数据来源：《2015 年中国海洋统计年鉴》。

的重要力量。未来辽宁海洋经济发展的重要方向是改造传统海洋产业，做大做强船舶等优势产业，转变海洋渔业发展方式，充分提升科技运用水平，加快海洋牧场、苗种繁育、海产品加工领域的建设，提升海洋产业规模和综合竞争力。

（二）天津

海洋经济对天津经济社会的发展发挥着重要作用。2014 年，天津海洋生产总值达 5032.2 亿元，占地区生产总值的 32%，涉海就业人员共计 179.4 万人。天津海洋产业主要以第二产业、第三产业为主，产业增加值比重分别为 62%、38%，海洋第一产业比重不足 1%。天津临港工业发达，单位岸线海洋生产总值达 30 亿元/千米，是全国平均水平的 10 倍。天津海洋油气、海水利用、海洋化工产业规模位居全国前列。

天津始终将大项目、大产业作为海洋经济发展的抓手，积极探索海洋经济发展方式的转变。“十二五”期间，天津海洋经济年均增速超过 10%，实现了海洋装备、海洋石化、港口物流、海水淡化产业集群发展，成为天津市优势产业。

依据《天津市海洋经济和海洋事业发展“十三五”规划》，天津继续围绕 153 千米的岸线及海岸带地区，以南港工业区、临港经济区、天津港港区、塘沽海洋高新区、中新天津生态城为核心，构建各具特色的区域创新发展格局。同时，实施“双港”战略，优化天津港口布局，引导北港部分功能向南港区域转移，加快南港区域发展，统筹环渤海地区港口群。

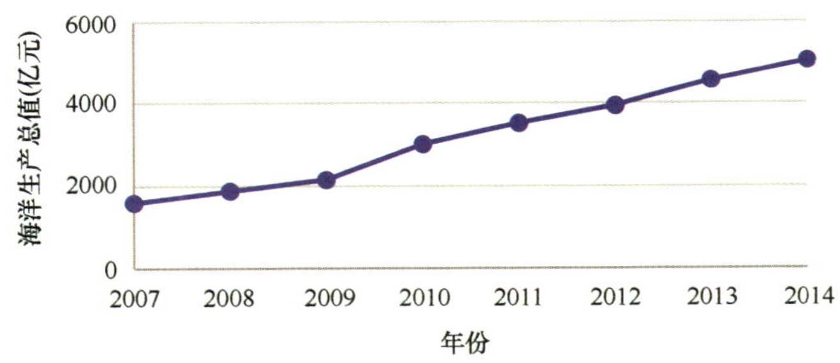

图 7-1　天津海洋生产总值变化情况（2007—2014 年）

（三）河北

河北省有秦皇岛、唐山、沧州 3 个沿海地级市。2014 年，河北海洋生产总值首次突破 2000 亿元，达到 2051.7 亿元，涉海就业 97.8 万人。河北海洋三次产业结构比为 4∶49∶47，海洋第二产业比重较高，增加值占比在中国沿海省份中仅次于天津、江苏。最近几年，河北省海洋第一、第二产业比重有所下降，第三产业比例增势明显。

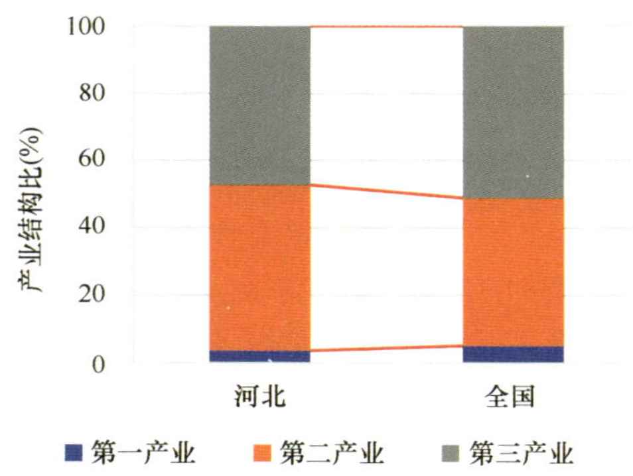

图 7-2　河北海洋产业结构与全国海洋产业结构比较

河北省海洋经济以海洋交通运输、海洋化工为主。这与其经济基础和海洋发展政策导向有关。河北港址资源丰富，唐山、沧州均有宜建港址多处，其中曹妃甸拥有深水岸线 44.5 千米，可建 25 万吨级深水泊位岸线达 8 千米，是中国北方优越的深水港址。同时，河北近海石油探明储量、天然气探明数量、盐田面积居北方前列。依托便利的交通运输和海洋资源优势，沧州渤海新区和唐山曹妃甸新区已经成为中国重要的重化工、盐化工、临港重工业集聚区之一。

河北省按照“以港建区、以区促港、以港兴城、以港兴市”的发展思路，大力发展临港工业和沿海基础设施建设。截至 2015 年，全省沿海港口生产性泊位达到 191 个，设计能力突破 10 亿吨，位居全国第二。京津冀协同发展战略为河北海洋经济发展带来重大机遇。河北环拥渤海湾，在今后的海洋经济发展中，需将海洋生态文明建设放在更重要的位置，大力保护海洋生态环境，注重污染治理与生态修复，深入推进海洋产业节能减排和清洁生产，夯实海洋经济可持续发展的能力。

（四）山东

山东省位于北部海洋经济区的南部，共有 7 个沿海城市，是中国海洋经济发展试点省份之一。多年来，山东省海洋经济总规模稳居全国第二。2015 年达到 1.2 万亿元，占全国海洋生产总值的 18.9%。山东海洋三次产业结构持续优化，2015 年调整为 7∶44∶49，海洋高端装备制造和战略性新兴产业发展迅速，第三产业比重逐步提高。①

山东省海洋经济基础好，产业体系完备，海洋渔业、海洋化工、海洋交通运输、

① 数据来源：《山东省“十三五”海洋经济发展规划》。

滨海旅游、海洋船舶工业等具有较强竞争力。沿渤海南岸、黄海西岸分别形成了黄河三角洲高效生态海洋产业集聚区、胶东半岛高端海洋产业集聚区和鲁南临港产业集聚区。通过发挥地区海洋科技优势，大力提高科技成果转化率，山东省海洋新兴产业、海洋现代服务业不断壮大，地区差异化发展的态势更为显著。

由辽宁、天津、河北、山东组成的北部海洋经济区是中国最为重要的海洋化工、海洋盐业、海洋船舶、海洋工程装备、海水利用、海水养殖产业集聚区，岸线利用程度高，临港工业布局密集，产业结构呈现“二、三、一”格局。该地区汇集了较多的交通、能源、石化、电力等产业项目，海洋经济发展以投资和海域资源投入驱动为主。随着本地区海洋经济发展阶段的跃升以及经济增长方式转变、经济增长“新常态”和生态文明建设新要求的确立，北部海洋经济区需探索出海洋经济增长与海洋环境保护、海洋承载力、人们对美丽海洋需求相统一的发展道路。

二、东部海洋经济区

该地区包括江苏省、浙江省以及上海市。2016 年，实现海洋生产总值 19 912 亿元，占全国海洋生产总值的 29. 3%，与上年基本持平。[①] 东部海洋经济区在远洋渔业、海洋交通运输业、海洋船舶工业和海洋工程装备制造业方面处于全国领先地位，是中国主要的海洋工程装备及配套产品研发与制造基地、大宗商品储运基地。

（一）江苏

江苏北接环渤海经济圈，南连长江三角洲核心区域，在中国海洋经济发展中具有重要地位。2014 年，江苏省海洋生产总值 5590. 2 亿元，占全省地区生产总值的 8. 6%。涉海就业 197. 1 万人。2014 年，海洋三次产业结构比为 5∶52∶43。[②]

江苏海洋交通运输规模处于国内领先，海水养殖、海洋船舶修造、海洋工程装备制造也很发达。江苏省滩涂资源极为丰富，海水养殖面积达 19. 9 万公顷，占全国海水养殖面积的近 10%。江苏的海洋船舶修造及海洋运输业主要集中在长江三角洲地区，产业规模位居全国前列。近年来，江苏海洋产业门类不断丰富：依靠滩涂优势，海洋风电快速发展；海工配套产业进一步优化升级，一批新技术、新材料、新工艺得到转化和产能放大，成为引导江苏海洋经济转型升级的重要推动力量；海洋观测与探测设备制造发展较好，部分产品已打破国外技术垄断、实现进口替代。目前，海洋工程装

① 数据来源：《2016 年中国海洋经济统计公报》。

② 数据来源：《2015 年中国海洋统计年鉴》。

备产品数量和产值约占全国 1/3，海洋船舶造船完工量、新船承接订单量和手持订单量等主要指标稳居全国前列；海上风电（潮间带和近岸海域风电）装机容量规模全国居首。

到 2015 年，江苏全省涉海类园区超过 30 个，形成三个特色鲜明的区域带——沿海北部的港口物流、海洋渔业带；沿海中部的海洋生物、海水淡化产业带；沿海南部和沿江的船舶与海工装备产业带。同时，南通陆海统筹综合配套改革试验区建设稳步推进，盐城大丰港城经济区、滨海港城经济区等涉海园区加速崛起，连云港徐圩新区、赣榆海洋经济开发区等涉海经济园区快速成长。

（二）上海

2014 年，上海海洋生产总值达 6249 亿元，占地区经济比重为 26.5%。涉海就业 215 万人。上海市海洋三次产业结构呈现“三、二、一”格局，海洋第三产业比重 64%，海洋第一产业比重不足 1%。上海的海洋第一产业以远洋渔业为主，年产量超过 10 万吨，稳定在全国前五位。海洋第二产业以船舶和海洋工程装备制造为主，2014 年实现修造船完工量 956 万综合吨，较上一年增长 10%。作为中国东部沿海的核心城市和对外开放的窗口，上海完成港口货物吞吐量 6.6 亿吨，集装箱运量 1.9 亿标准箱。依托良好的科技和工业基础，海洋新兴产业发展迅猛，在新一轮国家海洋经济创新发展示范城市评审中，上海浦东新区成功入围，这将为上海海洋经济的发展提供新的契机。

（三）浙江

浙江省是国家级海洋经济示范区之一，拥有丰富的港口、渔业、旅游、油气、滩涂、海岛、海洋能等海洋资源，综合优势明显，发展海洋经济潜力巨大。2014 年，全省实现海洋生产总值 5437 亿元，比上年增长 9.5%，其中，第一产业 427.6 亿元，第二产业 2004.5 亿元，第三产业 3005.7 亿元，分别比上年增长 7%、8.6%、10.6%。海洋三次产业结构比为 8∶37∶55。2014 年，浙江海洋及相关产业从业人员约 432.3 万人。浙江省海洋经济占地区生产总值的比重由 2009 年的 12%上升到 2014 年的 13.5%。

浙江省海洋渔业、滨海矿业、船舶修造、海洋运输等传统海洋产业优势突出。海洋产业沿杭州湾及东海岸线成“S”布局。浙江海洋经济以港口和海洋运输为核心，发展迅猛。“十二五”期间，全省沿海港口新建万吨级以上生产性泊位 60 个，总量达 219 个；新增港口货物吞吐能力 24 亿吨，总吞吐能力达 10 亿吨，新增集装箱吞吐能力 710 万标准箱。沿海港口吞吐量稳步增长，宁波-舟山港完成吞吐量连续 7 年稳居全球港口第一位；完成集装箱吞吐量 2063 万标准箱，首次超过香港港，列全球第四位。

综合来看，东部海洋经济区是中国重要的海洋经济集聚区，各地海洋经济水平相对均衡。该区远洋渔业、海洋高端装备、海洋现代服务业较为发达，海洋第三产业比重较大，海洋产业结构呈现“三、二、一”格局。最近两年，受宏观经济环境影响，外向型海洋产业如船舶修造、海洋工程装备、航运业增速有所放缓。

三、南部海洋经济区

2016 年，南部海洋经济区海洋生产总值 23 798.5 亿元，约占全国海洋生产总值的 35%，较上年提高 1.5 个百分点。[①] 本区在远洋渔业、滨海旅游、海洋交通运输、海洋医药和生物制品等领域具有较强竞争力，也是中国主要的海洋工程装备生产及研发基地。

（一）福建

福建省是国家海洋经济示范区之一，位于台湾海峡西岸，有 6 个沿海地级市。2014 年，海洋生产总值达 5980 亿元，占地区生产总值的 24.9%，涉海就业人数为 437.9 万人。

福建省海洋经济的三次产业发展相对均衡，海洋三次产业结构比为 8∶38∶54。过去五年，福建海洋生产总值年均增长 13.3%，高于全省 GDP 平均增速。海洋渔业、海洋交通运输、海洋旅游、海洋工程建筑、海洋船舶五大海洋主导产业优势明显，增加值总和占全省海洋经济主要产业增加值总量的 70%以上。2015 年，全省海水产品总产量达 636.31 万吨，居全国第二位；沿海港口货物吞吐量 5 亿吨，集装箱吞吐量 1363.7 万标准箱。海洋生物医药、邮轮游艇、海洋工程装备等新兴产业蓬勃发展。环三都澳、闽江口、湄洲湾、泉州湾、厦门湾、东山湾六大海洋经济集聚区初步形成，海洋经济已成为全省国民经济的重要支柱。

（二）广东

广东省有 14 个沿海市，是中国海洋经济第一大省。2015 年，广东海洋传统产业总体发展平稳，海洋新兴产业、海洋服务业稳步发展。总体来看，广东海洋产业结构继续优化，发展势头较好。全省实现海洋生产总值 1.38 万亿元，继续领跑全国。广东省涉海就业人员超过 800 万人，海洋经济已成为广东省地区经济的重要组成部分，为该省经济社会平稳较快发展做出了突出贡献。

广东海洋产业基础雄厚、产业体系完善。海洋渔业以近海捕捞和近海养殖为主，

① 数据来源：《中国海洋经济统计公报》（2016）、《中国海洋统计年鉴》（2015）。

2014 年海洋水产品年产量 864.3 万吨，增长 3.3%；广东近海海域油气资源丰富，产量位居全国前列；港口货物吞吐量、集装箱吞吐量连续多年居全国首位。“十二五”期间，广东省围绕经济中高速增长和产业中高端发展的目标，加快培育发展海洋装备制造业、战略性新兴产业，海洋经济增长质量和环境友好度显著提高。

从空间发展看，珠江三角洲经济优化发展区、粤东海洋经济重点发展区和粤西海洋经济重点发展区定位清晰，发展方向明确，区域布局不断优化。未来，广东将通过海洋经济综合试验区建设，进一步提升、壮大本省海洋经济，实现海洋事业发展和海洋生态文明的双丰收。

（三）广西

广西位于珠江三角洲和东盟经济圈的结合部，有 3 个沿海市，是西南地区重要的陆海通道。2014 年，广西海洋生产总值为 1021.2 亿元，占地区生产总值的 6.5%。涉海就业人员约 116.2 万人。[①]

广西海洋经济的发展主要依靠海洋渔业、海洋交通运输业和滨海旅游业，海洋三次产业结构比为 17∶37∶46。广西海洋第一产业比重高于全国平均水平，海洋第二、第三产业比重低于全国平均水平。从最近两年的数据看，海洋第一产业比重有所降低，海洋第二产业提升幅度明显。

广西海洋发展需要“写好海上丝绸之路新篇章”。一方面，加大港口建设和发展港口经济，把北部湾港口建设好、管理好、运营好，以一流的设施、一流的技术、一流的管理、一流的服务，为广西发展、为“一带一路”建设、为扩大开放合作多作贡献。另一方面重视海洋生态环境，作为后发地区尽量避免走“污染—治理”的模式，保护好海岸带，保护好红树林。

（四）海南

海南处于中国最南端，区位优势独特。自 2010 年年初国务院发布《国务院关于推进海南国际旅游岛建设发展的若干意见》以来，海南省的基础设施建设和以滨海旅游业为代表的现代服务业保持快速增长的态势，并带动了海洋渔业和热带农业的发展。2014 年，海南实现海洋生产总值 902.1 亿元，海洋三次产业结构比为 22∶20∶58。涉海就业人员约为 135.9 万人。未来海南省海洋经济发展需要着重考虑以下几个方面，一是在经济发展过程中强化海洋生态环境保护。包括海洋生态系统的整治修复，海岸带生态修复，对红树林、珊瑚礁、海草床等重要典型海洋生态系统的保护。二是加强

① 数据来源：《中国海洋统计年鉴》（2015）。

海洋基础设施建设，加快南海资源开发和服务保障基地建设。三是加快海洋渔业的转型升级，实施骨干渔船更新改造，压缩近海捕捞，发展远洋渔业，带动发展南海外海渔业。四是发展海洋科技与文化教育，加大政府支持力度，保障科技经费投入，引进国内外海洋科技人才。五是积极支持和促进海洋旅游业、海洋交通运输业、南海油气业、海洋新兴产业等海洋产业的全面发展。

综合来看，南部海洋经济区的海洋养殖与捕捞、海洋装备制造、海洋工程建筑业、滨海旅游业较为发达。区内各地海洋经济发展各具特色，差异显著。广东省海洋产业门类齐全，海洋经济综合实力强，产业规模一直处于全国首位；海南、广西的海洋生物资源和景观资源丰富，交通运输业方兴未艾，未来发展潜力巨大。

四、三大海洋经济区比较

中央和各级政府重视海洋经济对促进地区经济社会发展中的重要作用，积极谋划，制定各种促进海洋产业集聚发展的政策。企业也从经济利益角度出发，充分利用沿海地区良好的经济基础、配套设施、区位条件、资源禀赋、政策环境，不断调整布局。从宏观上看，中国已形成了三大海洋经济区，形成了各具特色的海洋产业集聚。

（一）海洋经济总量方面

三大海洋经济区中，北部经济区海洋经济总量最大，其次为南部经济区，东部海洋经济区位居第三。由于北部经济区海洋产业基础好、门类全，涵盖海洋经济大省多，使其成为海洋经济最为发达的地区。“十二五”以来，南部海洋经济区发展势头较好，增速处于领先地位，逐渐拉小了与北部海洋经济区的差距。

表 7-1　三大海洋经济区经济总量（亿元）比较①

分区	2011 年	2012 年	2013 年	2014 年	2015 年
北部海洋经济区	16 454	18 051	19 977	22 152	24 323
东部海洋经济区	14 254	15 464	16 245	17 739	19 912
南部海洋经济区	14 872	16 657	18 726	20 045②	23 798. 5

① 广东沿海经济数据源自《2016 年中国海洋经济统计公报》，福建、广西、海南数据来自《2015 年中国海洋统计年鉴》。

② 数据源自《2015 中国海洋经济发展报告》。

（二）海洋经济的生产效率方面

三大海洋经济区差异显著。根据现有数据计算，三大海洋经济区全员劳动生产率分别为，北部 19.3 亿元/万人、东部 21 亿元/万人、南部 13 亿元/万人。东部经济区最高，其次为北部经济区，南部经济区约为东部经济区的 60%。这与东部、北部经济区交通运输业、海洋制造业发达，资本密集型产业比重较高，而南部经济区资源产业发达，劳动密集型产业比重较高有关。

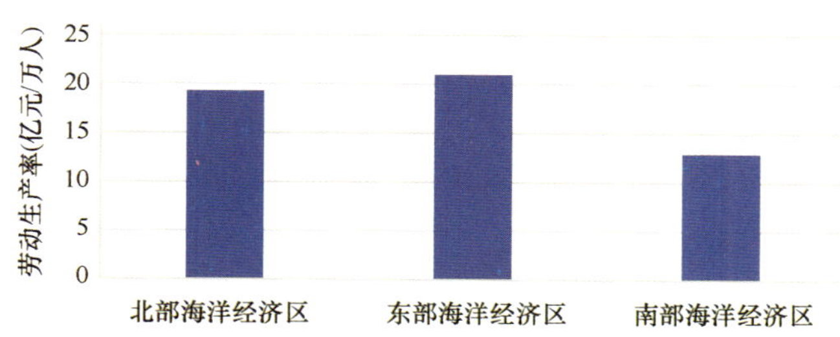

图 7-3 三大海洋经济区海洋劳动生产率比较

（三）海洋产业结构方面

三大海洋经济区总体呈现海洋第二、第三产业比重大，第一产业比重小的格局。但各区又有所不同，其中北部经济区产业结构为“二、三、一”，东部经济区和南部经济区产业结构为“三、二、一”。第三产业占比最高的是东部经济区，已经超过了 50%。

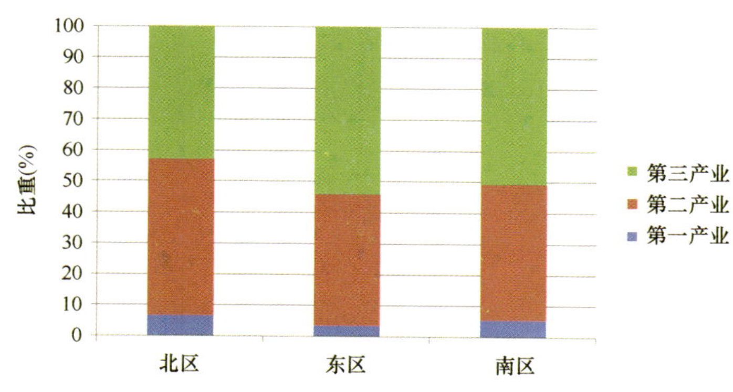

图 7-4 三大海洋经济区产业结构示意

五、省域海洋经济比较

衡量地区海洋经济发展程度的指标和角度很多，本报告从经济产出总规模、经济产出效率、产业优势度、科技投入四个维度对省域海洋经济发展进行比较，尝试找出省域海洋经济的特点。

（一）经济规模

海洋经济生产总值方面，广东、山东海洋经济总量一直稳定在全国前两位，超过1万亿。福建、浙江、上海、天津、江苏海洋经济规模在5000亿~7000亿元。海南、广西、河北的海洋经济规模在900亿~2000亿元。海南、广西侧重于发展环境友好度较高的海洋渔业、游轮游艇、海洋功能制品、滨海旅游等，河北则侧重于发展临港工业，如海洋化工、海洋油气、海洋装备制造等。主要海洋产业方面，山东主要海洋产业增加值位列全国第一，达到4835亿元，广东以4763.7亿元位列第二。

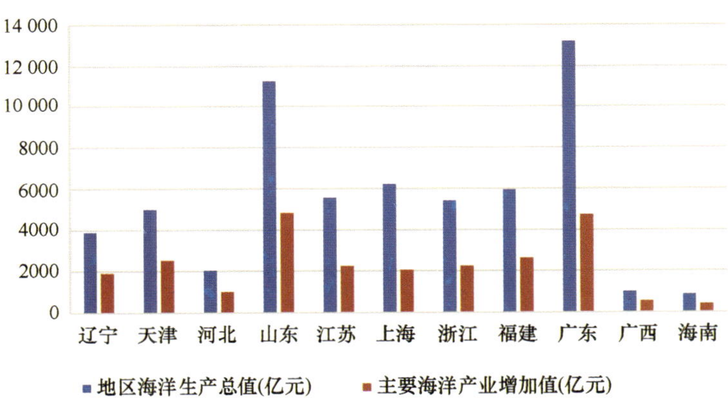

图7-5　海洋经济规模比较

（二）产出效率

产出效率衡量的是单位涉海就业规模人口所产生的海洋经济规模。上海、天津、江苏海洋经济产出效率最高，海洋经济产出效率超过25亿元/万人；山东、河北产出效率也较高，接近20亿元/万人水平。其余地区差异不大。产出效率与地区主导产业类型相关，一般技术密集型、资本密集型海洋产业对应高的产出率。

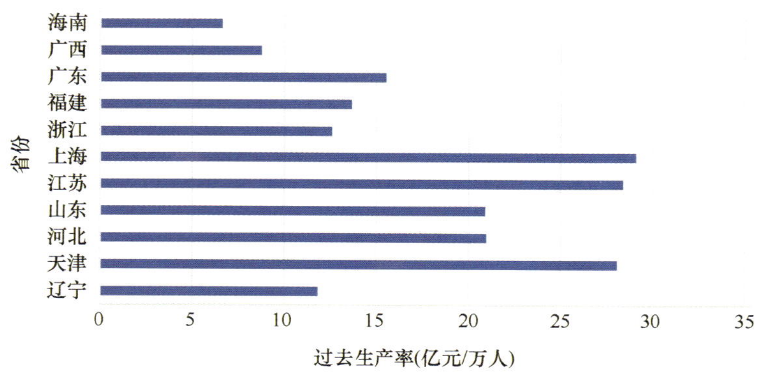

图 7-6　海洋生产效率比较

（三）产业优势度

该指标表征沿海省份的主要海洋产业在全国范围内的相对优势程度。

$$y_i = \frac{x_i - \frac{\sum x_i}{11}}{\frac{\sum x_i}{11}} (i = 1, 2 \cdots 11)$$ [①]。

计算结果显示，中国的海水养殖业主要集聚在辽宁、山东、福建、广东，但优势度并不显著，说明该产业在全国范围内发展较为平均；中国的海洋捕捞业主要集聚在浙江、山东、福建、广东；海洋盐业集中在山东和河北，特别是山东海洋盐业优势度显著，海盐产量占全国的八成以上；海洋化工产业集聚在山东、江苏；海洋货运重点集中在浙江、上海、广东、福建、江苏，优势度并不显著；集装箱运输集中在广东、上海、山东。

海水养殖方面。海水养殖在中国各个地区均有分布，且为主要的海洋产业。相对而言，海水养殖在山东、福建、广东、辽宁产值较高，但相对优势并不显著。

海洋盐业方面，产业集中度相当显著，主要的产出省份为山东、河北。特别是山东省，2014 年海盐产量为 2316.6 万吨，占全国总海盐产量的 75%。

---

① y_i 表示 i 省产业优势度；x_i 表示 i 省的某一海洋产业；如 $y_i \in [-1, 0]$ 表明没有相对优势，其中极值 $y_i = -1$ 表明 i 地区几乎不存在该项产业，$y_i = 0$ 表示产业发展处于全国平均水平。$y_i \in (0, 10]$，表明产业发展在全国范围内存在相对优势，其中极值 $y_i = 10$ 表明 i 省该产业在全国一家独大。

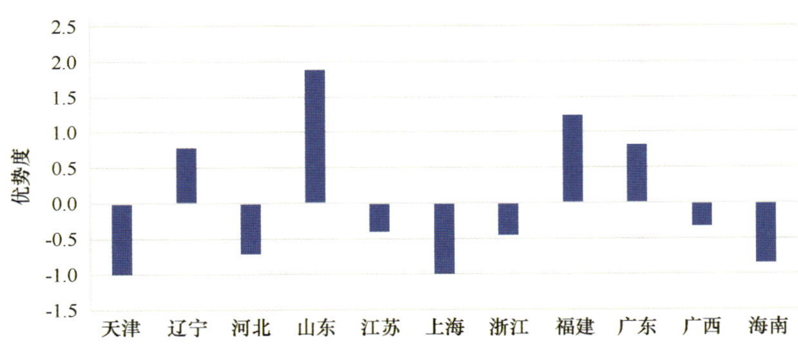

图 7-7 海水养殖产业优势度比较

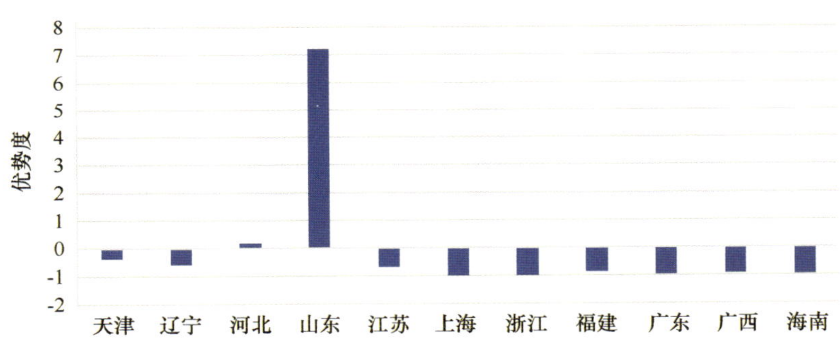

图 7-8 海洋盐业优势度比较

海洋化工与海洋盐业关系密切，与海洋盐业类似，海洋化工产业主要集中在山东。2014 年全国海洋化工品产量为 2638.3 万吨，山东达 1164 万吨，占全国化工品总产量的 44%。其他省市中，仅天津、江苏、福建略微超出全国平均产量。

海洋运输产业发展均衡，每个省份都有相当规模。海洋货物运输方面，辽宁、河北、山东、浙江、广东货运吞吐量超过全国平均水平；集装箱运输方面，辽宁、山东、上海、广东吞吐量超过全国平均水平。2014 年广东和上海集装箱吞吐量分别为 4752 万标准箱、3529 万标准箱，相对优势不是十分显著。

（四）海洋科技投入

海洋科技是海洋经济发展的重要推动力，海洋科研机构经费收入是海洋科技投入水平的重要体现。数据显示，沿海省市中广东、江苏、山东、上海海洋科技投入处于全国前列，2014 年上述省市海洋科研机构经费总收入分别为 27.5 亿元、24.4 亿元、

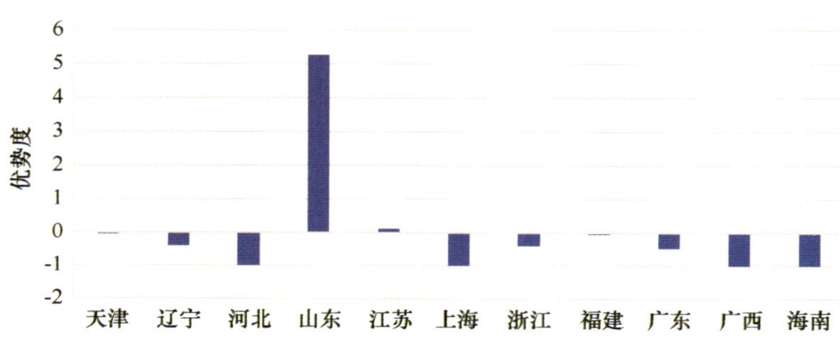

图 7-9　海洋化工产业优势度比较

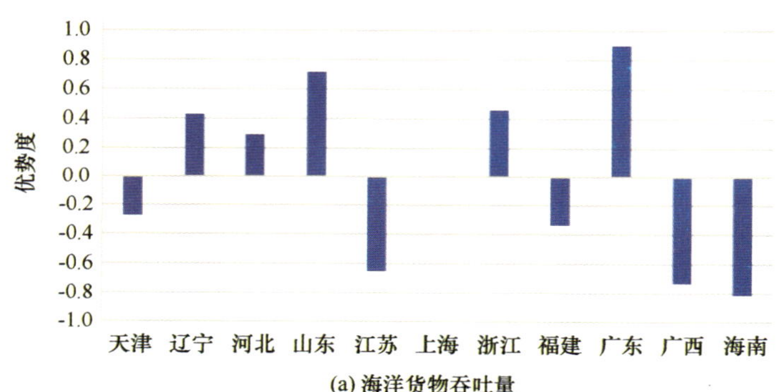

(a) 海洋货物吞吐量

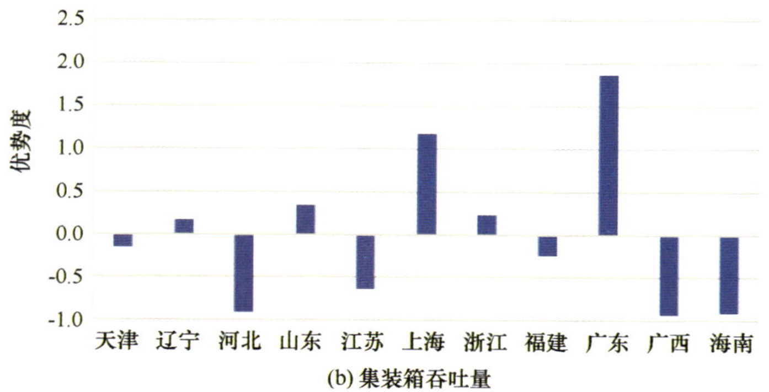

(b) 集装箱吞吐量

图 7-10　海洋运输业优势度比较

38.1 亿元、36.4 亿元，而这些地区也是中国海洋科教力量相对集中的地区。

六、小结

中国基本形成了从北至南，以三大海洋经济区为主的海洋经济空间发展格局，海洋产业集聚初步形成。总体而言，三大区海洋经济发展相对均衡，省域海洋经济发展布局日益合理。

根据不同的经济基础、区位条件、资源禀赋，三大海洋经济区发展各有特色。北部经济区形成了以港口物流、海洋船舶、海水淡化、海水养殖、海洋生物医药为主的海洋产业体系；东部海洋经济区则成为海工装备、海洋风电、港口物流、海洋服务业最为发达的地区；南部海洋经济面向南海，不断发挥作为大陆-台湾地区、大陆-港澳地区、中国-东盟地区交流窗口和平台的优势，成为海洋旅游、远洋渔业、海洋文化产业、水产品加工与养殖业、海洋物流产业的集聚区。

预计在“十三五”期间，中国海洋经济增速将处于平稳阶段，海洋结构调整进入关键期。区域海洋经济的发展将更加注重区域分工与协作，各沿海地区需要更加精准地把握海洋经济发展和产业布局，不断调整政策配给，进一步提升海洋经济对沿海地区发展的带动作用。

第四部分

提高海洋资源开发能力

第八章　中国海洋资源开发利用

随着中国海洋事业的发展，海洋在提供资源保障和拓展发展空间方面的战略地位更为突出。着力提升海洋资源的开发能力，实现海洋资源的可持续利用，对促进沿海地区的经济社会发展、加快国民经济的发展方式转变、提高经济发展的质量和效益，具有重要意义。

一、中国的主要海洋资源

中国主张管辖的海域面积约 300 万平方千米，大陆海岸线长 18 000 千米，岛屿岸线长 14 000 千米，面积大于 500 平方米的岛屿 7300 多个，海岛陆域总面积约 80 000 平方千米。中国辽阔的海域蕴藏着丰富的海洋生物资源、海洋矿产资源、海洋空间资源、海水资源和海洋可再生能源。

（一）海洋生物资源

海洋生物资源是指有生命的能自行繁殖和不断更新的海洋资源。中国海洋生物资源丰富，已有记录的海洋生物达 20 278 种，其中，鱼类 3032 种，螺贝类 1923 种，蟹类 734 种，虾类 546 种，藻类 790 种。① 中国海洋生物资源分布由南向北递减，生物密度近海高、远海低。其中，南海生物种类丰富，达 5613 种，东海 4167 种，黄海和渤海较低，约 1140 种。中国近海经济利用价值较大的鱼类有 150 多种，重要的捕捞对象有带鱼、鱿、鳗、大黄鱼、小黄鱼、鲽、鲳、鲐、红鱼、金线鱼、鳍、沙丁鱼、盆鱼、河豚等；具有经济价值的软体动物有鱿鱼、乌贼、鲍鱼、扇贝、章鱼等；节足动物有对虾、青虾、龙虾、毛虾、鹰爪虾、锯齿缘青蟹、梭子蟹等；棘皮动物有海胆、棘参、梅花参；腔肠动物有海蜇等。②

海洋渔业资源是重要的海洋生物资源，是人类摄取动物蛋白质的重要来源。中国渤海最大可持续渔获量为 12 万吨，黄海为 81 万吨，东海为 182 万吨，南海为 472 万吨。然而在过度捕捞、海洋环境污染等因素影响下，海洋渔业资源出现明显衰退，许

---

① 傅秀云，王长云，王亚楠：《海洋生物资源可持续利用对策研究》，载《中国生物工程杂志》，2006 年第 7 期。

② 中国自然资源丛书编撰委员会：《中国自然资源丛书：渔业卷》，北京：中国环境科学出版社，1995 年。

多重要经济种类资源量下降、个体变小、性成熟提前。保护和可持续利用海洋渔业资源，对维持海洋生态平衡，保障国民食品安全具有重要意义。

（二）海洋矿产资源

中国海洋矿产资源既包括国家管辖范围内的海洋油气资源、天然气水合物和滨海砂矿等，也包括中国在“区域”申请专属勘探开发权区块的多金属结核、富钴结壳和多金属硫化物等。

1. 油气资源

中国是环太平洋油气带的主要分布区之一，海岸带和浅海大陆架埋藏着丰富的油气资源。大陆架海区含油气盆地面积近70万平方千米，约有300个可供勘探的沉积盆地，有大中型新生代沉积盆地18个，其中大型含油气盆地10个，分别为：渤海盆地、北黄海盆地、南黄海盆地、东海盆地、台湾西部盆地、南海珠江口盆地、琼东南盆地、北部湾盆地、莺歌海盆地和台湾浅滩盆地。

根据第三次全国油气资源评价结果，中国海洋石油远景资源量为246亿吨，占全国石油资源总量的23%；海洋天然气远景资源量为16万亿立方米，占全国天然气资源总量的30%。目前，海洋石油探明量30亿吨，探明率12.3%；海洋天然气探明量1.74万亿立方米，探明率11%，远低于世界平均探明率水平，海洋资源勘探开发潜力巨大。2014年，中国相继在南海琼东南盆地深水区陵水凹陷发现大型油气田——陵水17-2和中型以上天然气田陵水25-1。陵水17-2平均作业水深约1500米，天然气探明储量超千亿立方米；陵水25-1平均水深约900米，平均日产天然气约35.6百万立方英尺（约100万立方米），日产原油约395桶。这两次发现验证了琼东南盆地巨大的油气勘探潜力。

2. 天然气水合物

天然气水合物由天然气与水在高压、低温条件下形成的笼型结晶化合物，因其外观像冰而且遇火即可燃烧，所以又被称作“可燃冰”。“可燃冰”的主要成分是甲烷，其甲烷含量可高达99%，燃烧污染比煤炭、石油、天然气等低得多，是一种高效能的清洁能源。海底天然气水合物通常分布在水深200~800米以下，主要赋存于陆坡、岛坡和盆地的上表层沉积物或沉积岩中。[①] 经勘探调查，中国已将南海北部陆坡、南沙海槽、西沙海槽、东海陆坡、东沙群岛圈定为天然气水合物远景区，总面积达14.84万

① 徐文世，等：《天然气水合物开发前景和环境问题》，载《天然气地球科学》，2005年第5期。

平方千米，预测远景资源量相当于744亿吨油当量。[①]

3. 滨海砂矿

滨海砂矿资源指的是在砂质海岸或近岸海底开采的金属砂矿和非金属砂矿，主要品种有铁砂矿、锡石砂矿、砂金和稀有金属砂矿、金刚石砂矿以及非金属建筑材料等。中国重要的海砂资源区面积约30.3万平方千米，估算资源量约4749亿立方米，其中近海陆架出露海砂约3866亿立方米，陆架埋藏砂约883亿立方米。[②] 滨海矿砂主要可分为8个成矿带：海南岛东部成矿带、粤西南海滨带、雷州半岛东部海滨带、粤闽海滨带、山东半岛海滨带、辽东半岛海滨带、广西海滨带和台湾北部及西部海滨带等。

4. 国际海底区域矿产资源

国际海底区域（以下简称“区域”）是指国家管辖范围以外的海床、洋底及底土。“区域”已知具有潜在商业开采价值的金属矿产资源主要有多金属结核、富钴结壳和多金属硫化物。多金属结核广泛分布于水深4~6千米的海底，含有70多种元素，全球资源总量约为3万亿吨，有商业开采潜力的资源量达750亿吨。富钴铁锰结壳氧化矿床遍布全球海洋，广泛分布于大洋盆地的海山斜坡或平顶海山顶部，一般形成于400~4000米的水下，较厚及含钴较多的结壳位于800~2500米的洋底。多金属硫化物主要为结晶矿物组分，富含多种金属和稀有金属，主要组分有铜、铅、锌、铁和贵金属银、金、钴、镍、铂。

根据《联合国海洋法公约》（以下简称《公约》）规定：“区域”及其资源为人类共同继承财产，“区域”内资源的一切权利属于全人类，由国际海底管理局（International Seabed Authority）代表全人类行使。中国是“区域”资源勘探活动的先行者，1990年，国务院批准以中国大洋矿产资源研究开发协会（以下简称“中国大洋协会”）的名义申请“区域”矿区。截至2015年，中国已在太平洋和印度洋共申请到四块具有优先专属勘探开发权的矿区。

（三）海水资源

海水可用于淡化、冷却用水，海水中含有的钠、镁、溴等矿物质经提取后具有重要的经济价值。海水是重要的海洋资源。海水进行脱盐或软化处理后，可直接成为工、

---

① 《中国开展可燃冰“精确调查”普查将全面开始》，http：//energy.people.com.cn/GB/17999090.html，2013年11月19日登录。

② 《国家海洋局908通过验收，近海海洋调查成果展示》，http：//www.china.com.cninfo2012-10/26/content_26915103.htm，2013年12月12日登录。

农业及生活的水源。海水可直接用作火电、核电及石化、钢铁等高耗水行业的冷却水，缓解水资源短缺。海水中有 80 种天然元素，含量较高的有氧、氢、氯、钠、镁、硫、钙和钾等元素。中国近海氯化镁、硫酸镁的储量分别达到 4494 亿吨和 3570 亿吨。

(四) 海洋可再生能源

海洋可再生能源属于清洁能源，其开发利用对于提高清洁能源比例、构建低碳能源体系具有重要意义。中国潮汐能、潮流能、温差能资源丰富，波浪能资源具有开发价值，离岸风能资源具有巨大的开发潜力。开发利用海洋可再生能源，是丰富沿海地区能源供给体系、解决边远岛屿用能的重要途径。

1. 潮汐能

中国近海潮汐能蕴藏量 19 286 万千瓦，技术可开发量 2283 万千瓦。中国沿岸的潮汐能资源主要集中在东海沿岸，福建、浙江沿岸最丰富，如浙江的钱塘江口、乐清湾，福建的三都澳、罗源湾等；其次是辽东半岛南岸东侧、山东半岛南岸北侧和广西东部等岸段。

2. 波浪能

中国近海波浪能蕴藏量 1600 万千瓦，技术可开发量 1471 万千瓦。中国沿岸波浪能资源地域分布很不均匀，以台湾省沿岸最高；浙江、广东、福建、山东沿岸次之；广西沿岸最低。外围岛屿沿岸波浪能功率密度高于近海岛屿沿岸，近海岛屿沿岸波浪能高于大陆沿岸，渤海海峡、台湾南北两端和西沙群岛地区等沿岸波浪能功率密度较高。

3. 潮流能

中国近海潮流能蕴藏量 833 万千瓦，技术可开发量 166 万千瓦。潮流能以浙江沿岸最多，有 37 个水道，资源丰富，占全国资源总量的一半以上；其次是台湾、福建、辽宁等省份沿岸，约占全国资源总量的 42%。杭州湾和舟山群岛海域是全国潮流能功率密度最高的海域。渤海海峡北部的老铁山、福建三都澳、台湾澎湖列岛渔翁岛海域潮流能功率也较高。

4. 温差能

中国近海温差能蕴藏量 36 713 万千瓦，技术可开发量 2570 万千瓦。南海由于纬度低、水深、海域广阔等原因，温差能资源丰富，占总温差能的 90% 以上。南海表层海水和深层海水温差大，具有利用海水温差发电的有利条件和广阔前景。东海以及台湾以东海域同样蕴藏着较丰富的温差能资源。

5. 盐差能

中国近海盐差能蕴藏量 11 309 万千瓦，技术可开发量 1131 万千瓦。中国海洋盐差能主要分布在长江口及其以南江河入海口沿岸，长江口沿岸可开发装机容量占全国总量的 60%以上；珠江口约占全国总量的 20%。

6. 海上风能

中国近岸海上风能蕴藏量 88 300 万千瓦，技术可开发量 57 034 万千瓦。近海地区 100 米高度、5~25 米水深范围内技术开发量约为 1.9 亿千瓦，25~50 米水深范围约为 3.2 亿千瓦。中国海上风能资源丰富，主要分布在福建、江苏和山东省。

（五）海洋空间资源

海洋空间资源是指与海洋开发利用有关的海岸、海上、海中和海底地理区域的总称。随着中国人口的不断增长，陆地可开发利用空间越来越狭小。中国拥有漫长的海岸线、广阔的海域、数量众多的海湾和海岛，广阔的海洋空间将是支撑沿海地区经济社会发展的重要基础。

1. 海岸线

中国大陆海岸线北起鸭绿江口，南至北仑河口，长达 1.8 万多千米，岛屿岸线长达 1.4 万多千米。海岸类型多样，包括淤泥质岸线、砂砾质岸线、基岩岸线、生物岸线、河口和人工岸线。由于过度开发和海岸带植被破坏，中国 70%的砂质海滩和大部分开阔泥质潮滩存在不同程度的侵蚀现象，海岸带保护刻不容缓。

2. 海湾

中国拥有大于 10 平方千米的海湾 160 多个①，包括四大海湾集群：辽东半岛东部海湾、上海市和浙江省北部海湾、浙江省南部海湾、海南省海湾。海湾作为一种特殊的海洋资源，可利用其避风、基岩深水等特点，进行船舶停靠；或利用与内河相交特征，布设港口；或利用其提供鱼类栖息地或产卵场的特点，开展渔业生产。

---

① 《国家海洋局 908 通过验收，近海海洋调查成果展示》，http：//www.china.com.cninfo2012-10/26/content_26915103htm，2013 年 12 月 12 日登录。

3. 滨海湿地

中国滨海湿地分布广，面积约为5942万公顷。其中，山东、广东滨海湿地面积最大，分别为112.1万公顷和101.8万公顷，天津最小，仅为58万公顷。[①] 中国滨海湿地的分布总体上以杭州湾为界，分为南北两个部分。杭州湾以北的滨海湿地，除山东半岛和辽东半岛的部分地区为基岩性海滩外，多为砂质和淤泥质海滩，由环渤海滨海湿地和江苏滨海湿地组成，环渤海滨海湿地主要由辽河三角洲和黄河三角洲组成，江苏滨海湿地主要由长江三角洲和废黄河三角洲组成。杭州湾以南的滨海湿地以基岩性海滩为主。

4. 海域

中国海域面积广阔，领海及内水面积约为40万平方千米，毗连区面积为13.04万平方千米，主张管辖的海域面积约300万平方千米。[②] 中国沿海城市范围内，现有滨海旅游资源区12 413处，潜在的滨海旅游资源区343处，其中近期可开发的海域有84处，包括15处生态滨海旅游区、7处休闲渔业滨海旅游区、6处观光滨海旅游区、26处度假滨海旅游区、5处游艇旅游区、2处特种运动滨海旅游区、23处海岛综合旅游区。中国具有潜在开发价值的海水养殖区面积170.78万公顷，其中池塘养殖区面积19.11万公顷，底播养殖区面积69.91万公顷，筏式养殖区面积64.08万公顷，网箱养殖区面积17.31万公顷，工厂化养殖面积0.37万公顷。沿海各省（区、市）的潜在海水增殖放流区109个，人工鱼礁区182个，水产原、良种场835个。[③]

5. 海岛

中国海岛众多，面积大于500平方米的海岛7300多个。按海区统计，渤海区内海岛数量占总数的4%，黄海区占5%，东海区占66%，南海区占25%。按离岸距离统计，距大陆岸线10千米之内的海岛数量占总数的70%，10~100千米的占总数的27%，100米之外的占3%。海岛广布温带、亚热带和热带海域，生物种类繁多，不同海岛的岛体、海岸线、沙滩、植被、淡水和周边海域生物群落形成了各具特色、相对独立的海岛生态系统。一些海岛还具有红树林、珊瑚礁等特殊生境。海岛及其周边海域的自然资源丰富，有港口、渔业、旅游、油气、生物、海水、海洋能等优势资源。海岛人口

---

① 国家海洋局：《中国海洋统计年鉴2012》，2013年。

② 国家海洋局海洋发展战略研究所测算。

③《国家海洋局908通过验收，近海海洋调查成果展示》，http：//www.china.com.cninfo2012-10/26/ content_26915103.htm，2013年12月12日登录。

总量少，分布集中。全国现有2个海岛市，14个海岛县（市、区），191个海岛乡（镇），全国海岛人口约547万人（不包括港、澳、台和海南岛），其中98.5%居住在上述市县乡的中心岛上。①

二、海洋资源开发利用

近年来，海洋渔业产量稳中有升，海洋油气勘探稳步推进，海水综合利用规模持续增长，海洋资源可持续开发利用能力不断提升。2017年，我国天然气水合物开发取得历史性突破，南海神狐域天然气水合物试采成功，实现连续7天稳定供气，再次彰显了海洋能源支撑社会经济发展的巨大潜力。

（一）海洋生物资源开发利用

海洋生物资源开发利用主要指海洋渔业开发、海洋生物医药以及新型海洋生物制品的研发生产。海洋生物资源不仅是重要的人类食用蛋白来源，而且为抗癌、抗心脑血管等疾病的药物研制提供了宝贵的基因资源和生物活性材料，为生物医药产业的发展提供支持。

1. 海洋捕捞及养殖

2015年，中国海水产品产量3409.61万吨，同比增长3.44%。其中，国内海水捕捞产量1314.78万吨，同比增长2.65%；远洋渔业产量219.20万吨，同比增长8.12%；海水养殖产量1875.63万吨，同比增长3.47%。②

2. 海洋生物医药利用

海洋生物医药利用是指以海洋生物为原料或提取有效成分，进行海洋生物化学药品、功能性食品、化妆品和基因工程药物的生产活动。目前，中国已知的药用海洋生物有1000多种，分离得到天然产物数百个，制成单方药物十余种，复方中成药近2000种。

截至2017年，全国获国家批准的海洋药物相关专利30余件，一批新型抗肿瘤、抗心脑血管疾病和抗感染类的海洋药物和技术经研发面世，海洋医药领域的发明创造蓬勃发展。

---

① 国家海洋局：《全国海岛保护规划（2011—2020）》，2012年。

② 农业部：《2015年全国渔业经济统计公报》，2016年。

表 8-1　海洋药物制品专利

序号	申请公布号	专利名称	申请公布日期	申请人
1	CN1120908	海宝养生源提取物制品及制备工艺和用途	1996 年 4 月 24 日	国家海洋局第三海洋研究所
2	CN1318634	高级脱腥鱼油的制备方法	2001 年 10 月 24 日	国家海洋药物工程技术研究中心
3	CN1345544	海洋产物营养保健蛋的生产方法	2002 年 4 月 24 日	国家海洋药物工程技术研究中心
4	CN1345546	营养保健禽蛋制品的生产方法	2002 年 4 月 24 日	国家海洋药物工程技术研究中心
5	CN1461644	一种治疗肺癌的药物——波风胶囊及工艺技术	2003 年 12 月 17 日	张连波
6	CN1768602	超临界精制甲鱼油多膜微胶囊及其制备方法	2006 年 5 月 10 日	国家海洋药物工程技术研究中心
7	CN101012249	K-卡拉胶偶数寡糖醇单体及其制备方法	2007 年 8 月 8 日	中国海洋大学
8	CN101161231	含牡蛎壳粉的海洋药物美容防晒霜	2008 年 4 月 16 日	广东海洋大学
9	CN101724631A	鳐血管生成抑制因子 1 功能区的制备及在防治肿瘤药物中的应用	2010 年 6 月 9 日	广东海洋大学
10	CN101898936A	一种新的抗肿瘤萜类化合物 FW03105	2010 年 12 月 1 日	福建省微生物研究所
11	CN101921721A	一种新的海洋疣孢菌菌株及其应用	2010 年 12 月 22 日	福建省微生物研究所
12	CN102787131A	大竹蛏糜蛋白酶基因 SgChy 及其重组蛋白	2012 年 9 月 3 日	山东省海洋水产研究所

续表

序号	申请公布号	专利名称	申请公布日期	申请人
13	CN102935089A	荔枝螺在制备解热抗炎药物中的应用	2013年2月20日	南京中医药大学；国家海洋局第三海洋研究所
14	CN103405725A	一种治疗乳腺增生的以海洋药物为主的中药组合物	2013年8月27日	寿光富康制药有限公司
15	CN103360329A	一类吩嗪化合物及其在制备抗肿瘤药物中的应用	2013年10月23日	中国科学院南海海洋研究所
16	CN103864946A	一种坛紫菜多糖定位硫酸酯化方法	2014年6月18日	张忠山
17	CN103880975A	一种岩藻聚糖硫酸酯及其制备方法和在制备抗流感病毒药物中的应用	2014年6月25日	中国海洋大学
18	CN103933070A	一种抑菌健齿中药提取物及其制备方法和应用	2014年7月23日	广州中医药大学
19	CN103948592A	生物碱类化合物在制抗肠道病毒及乙酰胆碱酯酶抑制剂药物中的应用	2014年7月30日	中国科学院南海海洋研究所
20	CN103951617A	吡啶酮生物碱类化合物及其制备方法和在制备抗肿瘤药物中的应用	2014年7月30日	中国科学院南海海洋研究所
21	CN103948611A	低聚古罗糖醛酸盐在制备防治帕金森症药物或制品中的应用	2014年7月30日	青岛海洋生物医药研究院股份有限公司
22	CN103961365A	低聚甘露糖醛酸盐在制备防治肝损伤和各种肝炎、肝纤维化或肝硬化药物的应用	2014年8月6日	青岛海洋生物医药研究院股份有限公司

续表

序号	申请公布号	专利名称	申请公布日期	申请人
23	CN103977021A	低聚古罗糖醛酸盐在制备防治肝损伤和各种肝炎、肝纤维化或肝硬化药物中的应用	2014 年 8 月 13 日	青岛海洋生物医药研究院股份有限公司
24	CN104522664A	增强免疫力的保健食品及其制备方法	2015 年 4 月 22 日	广西中医药大学
25	CN104706599A	一种携带膜海鞘素化合物的冻干粉针剂	2015 年 6 月 17 日	中国海洋大学
26	CN104744533A	一类角环素化合物及其在制备抗肿瘤或抗菌药物中的应用	2015 年 7 月 1 日	中国科学院南海海洋研究所
27	CN105085368A	一种海参生物碱及其制备方法和应用	2015 年 11 月 25 日	华侨大学
28	CN104906017A	海洋药物美容防晒霜	2015 年 9 月 16 日	董早霞
29	CN105012343A	一种用于辅助治疗 LEWIS 肺癌的海洋药物	2015 年 11 月 4 日	青岛大学
30	CN105061537A	一类核苷类抗生素及其在制备抗菌药物中的应用	2015 年 11 月 18 日	中国科学院南海海洋研究所
31	CN105542024A	红藻龙须菜多糖及其制备、抗肿瘤活性检测方法和应用	2016 年 5 月 4 日	上海交通大学
32	CN105938130A	一种集分离方法开发、在线分离-富集于一体的天然药物二维制备色谱仪及其工作方法	2016 年 9 月 14 日	朱靖博
33	CN105999765A	一种基于分离-富集模式的天然药物成分系统分离装置及其工作方法	2016 年 10 月 12 日	朱靖博

续表

序号	申请公布号	专利名称	申请公布日期	申请人
34	CN106279370A	一种海洋链霉菌及其环肽化合物在制备抗结核分枝杆菌药物中的应用	2017 年 1 月 4 日	中国科学院南海海洋研究所
35	CN106497827A	一种定向生产抗结核活性和抗肿瘤活性化合物的基因工程菌株及其应用	2017 年 3 月 15 日	中国科学院南海海洋研究所
36	CN106480076A	一种利用甲基化酶的保护高效重组表达限制性内切酶的方法	2017 年 3 月 8 日	淮海工学院

注：国家知识产权局-中国专利公布公告网站按照“海洋药物”检索结果。

（二）海洋矿产资源勘探开发

中国积极勘探开发海洋矿产资源，加强海洋勘探设备的研发应用，强化海洋资源开发能力，为保障国家资源能源安全做出突出贡献。

1. 海洋油气资源开发利用

海洋油气勘探稳步推进。2016 年内共获得 14 个商业发现，成功评价 25 个含油气构造。中国海域自营勘探新发现的油气储量继续保持在较高水平，新区新领域勘探方面也有新的突破，中国海油完成“垦利 16-1”“曹妃甸 12-6/6-2”“蓬莱 20-2/20-3”“流花 21-2” 4 个大中型油田评价，评价了“陵水 25-1”构造，扩大了该构造的储量规模。海外多个大型优质项目进展顺利，中国海油海外勘探获得 2 个新发现，成功评价“巴西 Libra”项目、“圭亚那 Liza”项目等 6 个含油气构造，保障了油气开发的可持续发展。①

海洋油气开发保持稳定。2016 年，海洋油气产量同比减少，其中海洋原油产量 5162 万吨，比上年下降 4.7%，海洋天然气产量 129 亿立方米，比上年下降 12.5%。全年实现增加值 869 亿元，比上年减少 7.3%。②

---

① 中国海油：《油气勘探开发》，http：//www.cnooc.com.cn/col/col1681/index.html，2016 年 6 月 16 日登录。

② 国家海洋局：《2016 年海洋经济统计公报》，2017 年。

2. 天然气水合物调查和勘探

天然气水合物作为未来的清洁高效能源，具有极高的勘探价值和能源潜力。自1999年开始，国家在南海北部陆坡开展了高分辨率多道地震调查和准三维地震调查，发现了天然气水合物存在的一系列指示标志。2016年，中国海油在南海海域天然气水合物钻探取样和样品重塑、测试取得初步成果；成功申报了国家科技部首批重点研发计划项目“海洋天然气水合物试采技术和工艺”；同时，海洋天然气水合物风险评价方面的研究成果顺利通过了国家重大专项验收，所建立的水合物沉积物动静三轴测试装置、风险评价方法居国际领先水平。2017年5月18日，我国在南海神狐海域首次天然气水合物试采成功。[①] 天然气水合物勘探开发对于拓展未来能源储备，促进清洁能源使用具有重要意义。

3. 国际海底区域资源勘探

中国积极参与“区域”矿产资源勘探研究工作，先后在2001年、2011年、2013年和2015年申请获得了四块“区域”矿产资源勘探区，取得了位于东太平洋中部克拉里昂-克利珀顿断裂带海域7.5万平方千米矿区的多金属结核资源、西南印度洋面积约1万平方千米海底矿区的多金属硫化物资源、位于西北太平洋的面积为3000平方千米矿区的富钴结壳资源、位于东太平洋克拉里昂-克利珀顿断裂带的面积近7.3万平方千米矿区的多金属结壳资源的专属勘探权和优先开采权。中国不仅参与国际海底资源的勘探和研究，并且积极承担国际义务，举办面向发展中国家人员的培训班，为其他发展中国家参与国际海底事务提供支持。

（三）海水资源综合利用[②]

海水综合利用是国家海洋战略性新兴产业。中国海水利用规模不断增大。截至2015年年底，全国海水淡化工程规模达100.88万吨/日，较上年增长8.84%；2015年，利用海水作为冷却水量为1125.66亿吨，较上年增长11.56%。海水利用的各种用途中，工业冷却水的用水量最大，占到全国海水利用的90%以上；其次是工业淡化用水，淡化用水普遍用于沿海电力、钢铁、石化等行业。

---

① 国土资源部官网：《我国海域可燃冰试采连续产气超33天》，http://www.mlr.gov.cn/xwdt/kyxw/201706/t20170613_1510173.htm，2017年6月14日登录。

② 本节中的数据主要来自国家海洋局：《2014年全国海水利用报告》，2015年。

1. 海水淡化利用

近年来，全国已建成的海水淡化工程总体规模稳步增长。2015 年，全国新建成海水淡化工程 7 个，新增海水淡化工程产水规模 66 620 吨/日。截至 2015 年年底，全国已建成海水淡化工程 121 个，产水规模 1 008 825 吨/日。其中，万吨级以上海水淡化工程 31 个，产水规模 887 800 吨/日；千吨级以上、万吨级以下海水淡化工程 34 个，产水规模 104 500 吨/日；千吨级以下海水淡化工程 36 个，产水规模 110 500 吨/日；千吨级以下海水淡化工程 54 个，产水规模 10 525 吨/日。全国已建成最大的海水淡化工程 20 万吨/日。

全国海水淡化工程分布在沿海 9 个省市，集中分布在水资源严重短缺的沿海城市和海岛。北方以大规模的工业用海水淡化工程为主，主要集中在天津、河北、山东等地的电力、钢铁等高耗水行业，如以每日海水淡化工程计，天津北疆电厂 20 万吨/日、河北首钢京唐钢铁厂 5 万吨/日、河北曹妃甸北控阿科凌 5 万吨/日等；南方以民用海岛海水淡化工程居多，主要分布在浙江、福建、海南等地，以百吨级和千吨级工程为主，如浙江舟山市本岛、衢山岛、秀山岛的海水淡化工程，福建台山岛海水淡化工程，海南三沙市永乐群岛海水淡化工程等。全国沿海省市海水淡化工程见图 8-1。

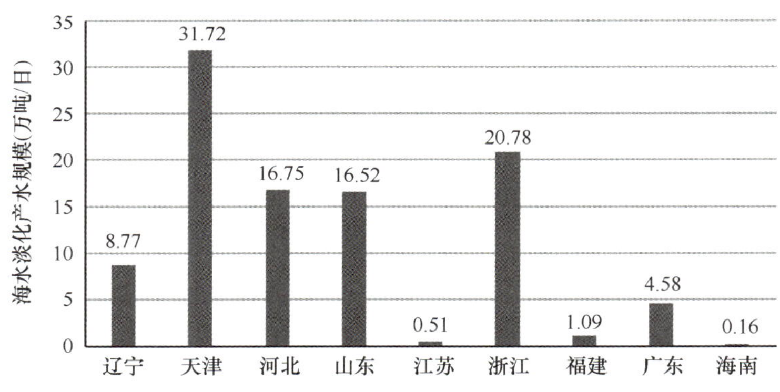

图 8-1　全国沿海省市 2015 年海水淡化工程分布

中国海水淡化技术以反渗透（RO）和低温多效（LT-MED）技术为主，相关技术达到或接近国际先进水平。截至 2015 年年底，全国应用反渗透技术的工程 106 个，产水规模 654 535 吨/日，占全国总产水规模的 64.88%；应用低温多效技术的工程 13 个，产水规模 348 090 吨/日，占全国总产水规模的 34.50%；应用多级闪蒸技术的工程 1 个，产水规模 6000 吨/日，占全国总产水规模的 0.60%；应用电渗析技术的工程 1 个，产水规模 200 吨/日，占全国总产水规模的 0.02%。

海水淡化水以工业用途为主，居民生活用水为辅，也可用于绿化等市政用水。截至 2015 年年底，海水淡化水用于工业用水的工程规模为 677 260 吨/日，占总工程规模的 67.14%。其中，火电企业为 31.04%，核电企业为 3.77%，化工企业为 10.91%，石化企业为 12.50%，钢铁企业为 8.92%。用于居民生活用水的工程规模为 331 325 吨/日，占总工程规模的 32.84%。用于绿化等其他用水的工程规模为 240 吨/日，占 0.02%。

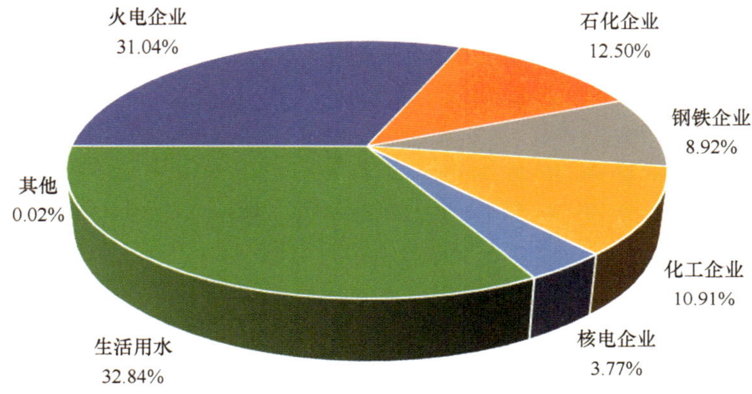

图 8-2　全国已建成海水淡化工程产水用途分布

2. 海水直接利用

国内海水直流冷却技术已基本成熟，主要应用于沿海火电、核电及石化、钢铁等行业。截至 2015 年年底，年利用海水作为冷却水量为 1125.66 亿吨。其中，2015 年新增用量 116.66 亿吨。11 个沿海省（区、市）均有海水直流冷却工程分布，2015 年，海水利用量超过百亿吨的省份为广东省、浙江省、辽宁省和福建省。2015 年，沿海核电等非化石能源发电比重快速上升，海水利用量增长迅速，2015 年，沿海核电企业新增年海水利用量为 110.78 亿吨，占 2015 年新增总量的 94.96%。

海水循环冷却技术是在海水直流冷却技术和淡水循环冷却技术基础上发展起来的环保型新技术。截至 2015 年年底，我国已建成海水循环冷却工程 15 个，总循环量为 943 800 吨/小时，新增海水循环冷却循环量 320 000 吨/小时。2015 年，相继建成浙江浙能台州第二发电有限责任公司 2×100 000 吨/小时海水循环冷却工程、华润电力（渤海新区）有限公司 38 000 吨/小时海水循环冷却工程、山东滨州魏桥电厂海水循环冷却工程 2×41 000 吨/小时海水循环冷却工程。

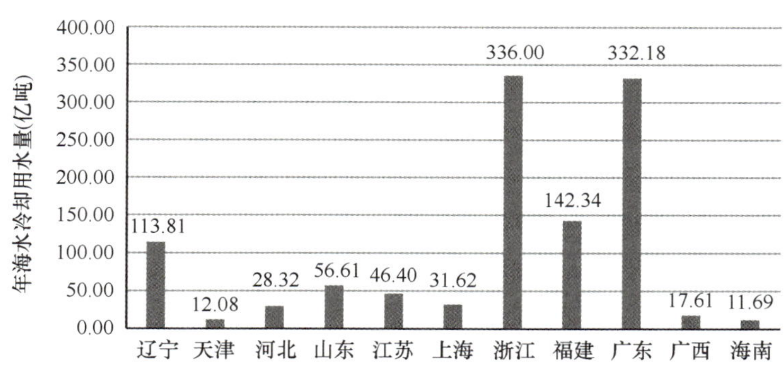

图 8-3　全国沿海省（区、市）2015 年冷却水量分布

3. 海水化学资源综合利用

海水化学资源利用是从海水中提取各种化学元素及其深加工利用的统称，主要包括海水制盐、海水提钾、海水提溴、海水提镁等。2015 年，除海水制盐外，产品主要包括溴素、氯化钾、氯化镁、硫酸镁。主要生产企业分布于天津、河北、山东、福建。

（四）海洋可再生能开发

中国拥有面积大于500 平方米的有居民海岛 400 多个，绝大多数海岛都面临能源短缺的问题。传统的海岛电力系统往往采用柴油发电机作为主电源，但面临柴油运输成本高、污染环境的问题。随着可再生能源发电技术的逐步成熟，海洋能、风能等可再生发电给海岛提供了更为清洁的供电方案。近年来，分布式可再生能源发电技术发展迅速，使用可再生能源配合柴油发电机的海岛独立型微电网模式应运而生。目前中国已经建成及正在建设中的海岛独立供电系统包括舟山东福岛风光柴储供电系统、温州南麂岛兆瓦级风光柴储微电网示范工程、温州鹿西岛兆瓦级风力-光伏微电网示范工程、珠海万山岛波浪能-风力-光伏供电系统、青岛斋堂岛 500 千瓦海洋能独立电力系统示范工程等。

（五）海洋空间资源开发利用

岸线、港湾和海域等海洋空间资源为海洋经济的发展提供了外在环境，海洋空间资源开发利用必须综合考虑经济、社会和生态影响，科学规划、严格管理。

1. 海岸线及港湾资源开发利用

海岸线按利用类型可分为建设岸段、围垦岸段、港口岸段、渔业岸段、盐业岸段、旅游岸段、保护岸段和其他岸段八类基本功能岸段，为优化配置和集约使用海岸资源，充分发挥海岸资源的经济和社会效益起着重要的作用。

港口建设是海岸线最重要的利用方式之一。截至 2015 年年末，沿海港口生产用码头泊位 5899 个，比上年增加 65 个。沿海港口万吨级及以上泊位 1807 个，比上年增加 103 个。2015 年，全国沿海主要港口完成货物吞吐量 81.47 亿吨（主要规模以上沿海港口货物吞吐量见表 8-2），比上年增长 1.4%；完成外贸货物吞吐量 33.01 亿吨，比上年增长 1.0%。①

表 8-2　2015 年沿海主要规模以上港口货物吞吐量

港口	货物吞吐量（万吨）	港口	货物吞吐量（万吨）
宁波-舟山	88 929	日照	33 707
上海	64 906	秦皇岛	25 309
天津	54 051	烟台	25 163
广州	50 053	湛江	22 036
青岛	48 453	连云港	19 756
大连	41 482	海口	9204
营口	33 849	八所	1767

资料来源：国家统计局：《沿海主要规模以上港口货物吞吐量》，http：//data. stats. gov. cn/easyquery. htm? cn = C01，2017 年 6 月 16 日登录。统计范围为年货物吞吐量。

2. 海域空间利用

2015 年，海域管理落实国家宏观调控和产业政策，规范海域使用申请审批，依法推进海域使用权招标、拍卖、挂牌，提高海域资源配置和保障能力。全年经初始登记颁发了海域使用权证书 3184 本，新增确权海域面积 253 613.13 公顷，优先保障了国家重大基础设施、重点海洋产业等用海需求。全年报国务院批准重大项目用海 32 个，同比增长 52%，项目投资总规模达 1643 亿元。

① 交通运输部：《2015 年交通运输行业发展统计公报》，2016 年。

各用海类型确权海域面积为：渔业用海 226 927.99 公顷，工业用海 11 205.67 公顷，交通运输用海 7487.75 公顷，旅游娱乐用海 3289.48 公顷，海底工程用海1074.36 公顷，排污倾倒用海 150.41 公顷，造地工程用海 1899.46 公顷，特殊用海1074.42公顷，其他用海 503.59 公顷。各用海方式确权海域面积为：填海造地11 055.29公顷，构筑物 3156.46 公顷，围海 9436.48 公顷，开放式用海 226 348.66 公顷，其他方式用海 3616.24 公顷。

三、海洋资源可持续开发利用的方向和趋势

近年来，中国海洋资源利用取得显著进展，海洋渔业、海洋生物医药、海洋油气、海水利用、海洋能利用等资源利用产业不断健全，为社会经济发展提供保障的能力逐步增强。然而，中国海洋资源开发利用也面临着产业布局不均衡、产业链不健全、创新支持不足、海洋生态环境恶化等问题。为进一步提高海洋资源利用的质量和效益，应继续发挥科技创新引领，坚持人海和谐原则，优化资源利用空间布局，稳步扩展蓝色经济空间。

（一）海洋资源可持续利用存在的问题

海洋资源开发利用重近海、轻远海。中国绝大部分的海洋开发活动集中在海岸和近岸海域，海岸带地区承载了港口和临海工业区建设、油气勘探、养殖等多种功能，岸线资源过度开发，生态环境面临巨大压力。远海开发利用活动如远洋渔业、深水油气勘探开发等起步晚，基础薄弱，虽然相关产业呈现较快发展态势，但总体而言，对海洋产业贡献仍然有限，尚未进入主要海洋产业之列。

海洋资源开发利用效益有待提升。虽然近年来中国海洋高技术产业实现了跨越式发展，但海洋渔业等传统资源开发型产业增加值偏低的问题依然存在。中国的水产品加工业仍处于初级阶段，以提供初级产品为主，水产品深加工水平有限。港口产业规模较大，但国际竞争力有待提高。港口服务业以装卸型为主，综合物流服务水平与国际一流港口存在差距。尽管中国海洋资源利用规模不断扩大，但提供增值型产品和服务的能力和水平仍然不足。

海洋科技创新对资源开发的引领和支撑不足。目前，中国海洋科技自主创新和成果转化能力显著增强，海洋科技成果转化率高于 50%，但仍明显低于发达国家水平，海洋科技创新引领和支撑能力相对不足。海洋工程装备尤其是深海技术和装备尚未跻身世界领先行列，远洋渔业在装备水平、作业方式、资源探测能力等方面，与世界远洋渔业强国相比仍有一定差距。

近海生态环境恶化，环境问题呈现出系统性、区域性和复合性的特点。沿海石化建设导致热污染、溢油等环境风险增大。大型企业和港口建设导致自然岸线减少，生态系统退化，自然景观丧失，海岸带的自然属性和功能被改变。持续恶化的近岸海洋生态环境给海洋资源的管理和可持续利用提出了更高的要求，成为海洋资源开发的制约性问题。

（二）海洋资源可持续开发利用方向

海洋资源保护和开发是海洋经济发展的重要基础，是拓展蓝色经济空间，实现陆海统筹的有力保障。为推进资源可持续利用，扩展海洋资源开发空间，应当加强海洋资源开发对外合作，健全海洋资源开发利用产业体系，加强深水勘探开发能力，切实提高海洋资源开发利用的质量和效益。

强化海洋资源的开发与对外合作。适时发展对外直接投资，扩大跨国经营规模，由以引进为主的单向吸纳型转向“引进来、走出去”并重的双向交流型。支持企业扩大对外投资，推动装备、技术、标准、服务走出去，深度融入全球产业链、价值链、物流链。鼓励海洋油气行业推进海外资产收购、资源控制及油气生产基地建设，形成油气产量的多元化和国际化格局。提高远洋渔业管理水平，提升公海渔业资源开发能力，巩固提高过洋性渔业，提升远洋渔业的国际竞争力。

提高海洋资源的利用效率。延长资源利用行业产业链，从单纯的资源获取型产业向集资源获取、加工和多样化利用为一体的复合产业类型转变。延伸渔业捕捞产业链，促进捕捞、加工、物流业相互融合和一体化发展。加快发展港口物流，推进港口与临港产业园区的有效对接和联动，建设以港口为依托的全国性物流枢纽、物流园区和国际物流中心，构建以港口为重要节点的物流服务网络。推进港口物流公共信息平台和电子商务平台等重大示范工程建设，逐步建成区域性物流公共信息平台。

加强深水资源的勘探开发能力。围绕传统海洋资源开发产业的产业升级需求和新兴产业的发展需求，加大科技创新力度，重点在“深水、绿色、安全”的海洋高技术领域取得突破。重点支持深远海环境监测、资源勘查技术与装备，深海运载和作业技术与装备成果的应用；推进深海生物基因资源利用技术开发及产业化；开发多金属结核、结壳、热液硫化物开采技术和装备；形成具备深远海空间利用技术的集成与服务能力的国家深海开发基地。

四、小结

2016 年，中国海洋资源开发利用稳步推进，天然气水合物开采技术获得突破，海洋石油勘探开发海外布局取得进展，海水利用稳步发展，海洋资源利用得到进一步优化。为巩固资源利用成果，加大海洋资源开发对社会经济发展的支撑作用，应围绕科学发展主题和加快转变经济发展方式主线，加大海洋科技创新力度，健全海洋资源开发利用产业体系，加强深水勘探开发能力，实现海洋资源的绿色、安全、高值利用。

第九章 中国海洋科技发展

海洋科技是科学开发海洋资源，壮大海洋经济的根本要素，是建设海洋强国的重要支撑力量。未来，中国海洋科技发展的重点是推动海洋科技向创新引领型转变，发展海洋高新技术，重点在深水、绿色、安全的海洋高技术领域取得突破，尤其是推进海洋经济转型过程中急需的核心技术和关键共性技术的研究开发。

一、海洋科技政策与规划

“十三五”时期，党中央和国务院高度重视海洋科技发展，围绕深水、绿色、安全的海洋高技术领域，出台多项政策、规划。

（一）国家海洋科技发展战略、规划

2016—2017 年，党和国家对海洋科技提出了新的要求和部署。

1.《中华人民共和国国民经济和社会发展第十三个五年规划纲要》

2016 年 3 月 5 日，十二届人大第四次会议公布的《中华人民共和国国民经济和社会发展第十三个五年规划纲要》中提出：“发展海洋科学技术，重点在深水、绿色、安全的海洋高技术领域取得突破”，“加强海洋资源勘探与开发，深入开展极地大洋科学考察”。

2. 全国海洋科技创新大会

2016 年 12 月 13 日，全国海洋科技创新大会部署了“十三五”时期海洋科技创新发展的工作思路和重点任务。“十三五”期间海洋科技创新要按照“原创驱动、技术先导、认识海洋、兴海强国”的指导方针，坚持“双轮驱动”，走出一条中国特色的海洋科技创新之路。建设海洋强国必须建设海洋科技强国，要加快实现重大科学问题的原创性突破，为认识海洋提供理论技术支撑。加快核心关键技术的突破，推动“深海进入、深海探测、深海开发”。加快高新技术成果产业化，引领海洋经济提质增效和空间拓展。加快科技成果集成创新，支撑海洋生态文明建设和海洋安全保障。加强海洋科技国际交流合作，提升中国的国际地位和影响力。进一步创新体制机制，全面提升海

洋科技体系竞争力。

3.《“十三五”国家科技创新规划》

2016 年 8 月 8 日，国务院印发了《“十三五”国家科技创新规划》（国发〔2016〕43 号）（以下简称《创新规划》）。

《创新规划》提出“建立保障国家安全和战略利益的技术体系，发展深海、深地、深空、深蓝等领域的战略高技术……重点攻克陆上深层、海洋深水油气勘探开发技术和装备并实现推广应用……基本建成陆地、大气、海洋对地观测系统并形成体系”。

《创新规划》提出“面向 2030 年，力争在深海空间站等重点方向率先突破。开展深海探测与作业前沿共性技术及通用与专用型、移动与固定式深海空间站核心关键技术研究。在太空海洋开发利用领域，形成涵盖空间、海洋探测利用技术的整体布局”。

《创新规划》提出“开展海洋农业（蓝色粮仓）科技创新，研究海水健康养殖新原理、新装备、新方法和新技术”“重点加强海上风电建设与运维，开展……海洋能……技术方向的系统、部件、装备、材料和平台的研究”“突破绿色、智能船舶核心技术，形成船舶运维智能化技术体系，研制一批高技术、高性能船舶和高效通用配套产品，为提升我国造船、航运整体水平，培育绿色船舶、智能船舶等产业提供支撑”。

《创新规划》提出“重点发展维护海洋主权和权益、开发海洋资源、保障海上安全、保护海洋环境的重大关键技术。开展全球海洋变化、深渊海洋科学等基础科学研究，突破深海运载作业、海洋环境监测、海洋油气资源开发、海洋生物资源开发、海水淡化与综合利用、海洋能开发利用、海上核动力平台等关键核心技术，强化海洋标准研制，集成开发海洋生态保护、防灾减灾、航运保障等应用系统。通过创新链设计和一体化组织实施，为深入认知海洋、合理开发海洋、科学管理海洋提供有力的科技支撑。加强海洋科技创新平台建设，培育一批自主海洋仪器设备企业和知名品牌，显著提升海洋产业和沿海经济的可持续发展能力”。

《创新规划》提出“研究海冰-海洋-大气的稠合变化机理和极区环境变化对全球的影响，重点研究对我国气候和灾害性天气的影响机理”“推进海洋科学等应用学科发展”。

4.《全国科技兴海规划（2016—2020 年）》

2016 年 12 月，国家海洋局与科技部联合印发《全国科技兴海规划（2016—2020 年）》（以下简称《科技兴海规划》）。《科技兴海规划》提出总体目标，到 2020 年，形成有利于创新驱动发展的科技兴海长效机制，构建起链式布局，优势互补、协同创新、集聚转化的海洋科技成果转移转化体系。海洋科技成果转化率超过 55%，海洋科技进步对海洋经济增长贡献率超过 60%，发明专利拥有量年均增速达到 20%，海洋高端装备自给率达到 50%。

《科技兴海规划》为实现总体目标提出了“新引擎”“新动力”“新能力”“新局面”和“新环境”五方面重点任务。一是加快高新技术转化，打造海洋产业发展新引擎。推动海洋生物医药与制品系列化，推动海水淡化与综合利用规模化，推动海洋可再生能源利用技术工程化，推动海洋新材料适用化，推动海洋渔业安全高效化，推动海洋服务业多元化。二是推动科技成果应用，培育生态文明建设新动力。强化海洋生态环境保护与治理技术应用，强化海岛保护与合理利用技术应用，强化基于生态系统的海洋综合管理技术应用，强化海洋环境保障技术应用，强化极地、大洋和海洋维权执法技术应用示范。三是构建协同发展模式，形成海洋科技服务新能力。构建创新成果源头供给网络，打造海洋产业集聚创新平台，强化以企业为主体的技术创新体系建设，全面提升科技兴海服务能力。四是加强国际合作交流，开拓开放共享发展新局面。五是创新管理体制机制，营造统筹协调发展新环境。加强组织领导、夯实协同推进机制，改进政策环境、提升创新服务水平，创新支持模式、增强多元投入力度，强化人才支撑、激发人才创新活力，深化军民融合、促进兼容同步发展。

5.《“十三五”国家战略性新兴产业发展规划》

2016 年 12 月 19 日，国务院印发《“十三五”国家战略性新兴产业发展规划》（以下简称《产业发展规划》），对“十三五”期间中国战略性新兴产业发展目标、重点任务、政策措施等作出全面部署安排。《产业发展规划》中对中国海洋科技领域进行多方面的阐述。

《产业发展规划》提出要超前布局空天海洋技术，打造未来发展新优势。

《产业发展规划》提出，以全球视野前瞻布局前沿技术研发，不断催生新产业，重点在空天海洋等核心领域取得突破。其中，在海洋领域发展新一代深海远海极地技术装备及系统。建立深海区域研究基地，发展海洋遥感与导航、水声探测、深海传感器、无人和载人深潜、深海空间站、深海观测系统、“空-海-底”一体化通信定位、新型海洋观测卫星等关键技术和装备。大力研发深远海油气矿产资源、可再生能源、生物资源等资源开发利用装备和系统，研究发展海上大型浮式结构物，支持海洋资源利用关键技术研发和产业化应用，培育海洋经济新增长点。大力研发极地资源开发利用装备和系统，发展极地机器人、核动力破冰船等装备。

在卫星领域，将推进卫星全面应用。面向防灾减灾、应急、海洋等领域需求，开展典型区域综合应用示范。面向政府部门业务管理和社会服务需求，开展现代农业、新型城镇化、智慧城市、智慧海洋、边远地区等的卫星综合应用示范。

在海洋工程装备领域，《产业发展规划》提出将增强海洋工程装备国际竞争力。推动海洋工程装备向深远海、极地海域发展和多元化发展，实现主力装备结构升级，突破重点新型装备，提升设计能力和配套系统水平。

在海洋生物产业创新发展方面，《产业发展规划》提出发展海洋创新药物，开发具有民族特色的现代海洋中药产品，推动试剂原料和中间体产业化，形成一批海洋生物医药产业集群。深度挖掘海洋生物资源，开发绿色、安全、高效的新型海洋生物功能制品，开辟综合利用新途径。

在海洋能源领域，《产业发展规划》提出大力推动海水资源综合利用。加快海水淡化及利用技术研发和产业化，提高核心材料和关键装备的可靠性、先进性和配套能力。推动建设集聚发展的海水淡化装备制造基地。开展海水资源化利用示范工程建设，推进大型海水淡化工程总包与服务。开展海水淡化试点示范，推进海水淡化水依法进入市政供水管网。推进海水冷却技术在沿海高用水行业规模化应用。

（二）多领域专项规划部署海洋科技发展

2016—2017 年，中国在海洋工程装备、海洋可再生能源技术、海水淡化技术、海洋生物技术等行业领域进行了具体部署。

1. 海洋工程装备技术领域

2016 年 6 月 12 日，国家发展改革委、工业和信息化部和国家能源局联合发布《中国制造 2025-能源装备实施方案》（以下简称《实施方案》）。《实施方案》提出，到 2025 年前，中国将形成具有国际竞争力的较完善能源装备产业体系，引领装备制造业转型升级。

《实施方案》指出，在深水油气勘探开发装备领域，中国将推进深水大型物探船及其配套技术装备、海洋高精度地震勘探成套技术装备、海洋复杂油气藏三维测井综合评价成套技术与装备等深水油气资源勘探成套技术装备的技术攻关。研制 12 000 米海洋钻井模块、水下生产系统和海洋深水管油立管，开发海洋天然气水合物开采装备，突破 3000 米深水起重铺管船及其配套工程技术装备。同时，推进深水油气装备智能制造，研究并掌握深水大型物探船、3000 米半潜式钻井平台等海洋深水油气装备智能制造综合标准体系、全三维协同设计、三维工艺快速精准设计技术，海洋深水油气装备制造过程焊接、物流等智能管控技术，以及各类中间产品柔性、高效、智能化制造技术等。

在海洋能装备领域，中国将大力发展兆瓦级波浪能发电装备，进一步提高百千瓦级波浪能发电装置的转换效率，突破发电机、液压装置以及控制装置等功能部件的核心技术，掌握关键基础元器件和功能部件的设计、制造技术。对兆瓦级潮流能发电装备进行技术攻关，开发高效率的潮流叶轮及适合中国潮流资源特点的翼型叶片，突破发电机组水下密封、低流速启动、冷却、防腐、模块设计与制造等关键技术。依托《可再生能源发展“十三五”规划》及相关能源中长期战略规划，确定示范工程，推动关键海洋能装备的试验示范，并鼓励后续项目采用自主研制设备。

2. 海洋生物技术领域

2017年1月12日，国家发展改革委印发《“十三五”生物产业发展规划》，该规划提出“支持具有自主知识产权、市场前景广阔的海洋创新药物，构建海洋生物医药中高端产业链”“开发绿色、安全、高效的新型海洋生物功能制品”“深度挖掘海洋基因资源”“推动海洋生物材料等规模化生产和示范应用”。

3. 海洋能利用技术领域

2016年12月10日，国家发展改革委印发《可再生能源发展“十三五”规划》，提出我国将积极稳妥地推进海上风电开发，推进海洋能发电技术的示范应用。

2016年12月30日，国家海洋局印发《海洋可再生能源发展“十三五”规划》(以下简称《海洋可再生能源规划》)。“十三五”时期，将以显著提高海洋能装备技术成熟度为主线，着力推进海洋能工程化应用，夯实海洋能发展基础，实现海洋能装备从“能发电”向“稳定发电”转变，务求在海上开发活动电能保障方面取得实效。

《海洋可再生能源规划》提出了“十三五”海洋能发展的主要目标。到2020年，海洋能开发利用水平显著提升，科技创新能力大幅提高，核心技术装备实现稳定发电，形成一批高效、稳定、可靠的技术装备产品，工程化应用初具规模，一批骨干企业逐步壮大，产业链条基本形成。标准体系初步建立，适时建设国家海洋能试验场，建设兆瓦级潮流能并网示范基地及500千瓦级波浪能示范基地，启动万千瓦级潮汐能示范工程建设。全国海洋能总装机规模超过5万千瓦，建设5个以上的海岛海洋能与风能、太阳能等可再生能源多能互补的独立电力系统，拓展海洋能应用领域，扩大各类海洋能装置生产规模，海洋能开发利用水平步入国际先进行列。

4. 海水淡化技术领域

2016年12月28日，国家发展改革委、国家海洋局发布《全国海水利用“十三五”规划》。该规划提出，“十三五”时期是中国海水利用规模化应用的关键时期，要扩大海水利用应用规模，提升海水利用创新能力。到2020年，海水利用实现规模化应用，自主海水利用核心技术、材料和关键装备实现产品系列化，产业链条日趋完备，培育若干具有国际竞争力的龙头企业，标准体系进一步健全，政策与机制更加完善，国际竞争力显著提升。

二、海洋科研能力发展

海洋科研能力是在现有海洋科研资源基础上，通过海洋科研活动过程，取得海洋科研产出，提升社会、经济、科技全面发展的综合能力。海洋科技资源与海洋科技活动共同形成了全面影响社会的综合能力，包括海洋科研人员的数量与结构、海洋科研经费的投入与产出效率等。

（一）海洋科研基础

海洋科研基础是指支持海洋科研发展的专业科研机构数量、科研人员及结构、科研基础设施以及科研经费投入与产出等。随着海洋事业的发展，中国海洋科研机构和从业人员数量不断壮大，经费投入规模持续增长，科研基础设施不断完善，取得了丰硕的科研成果。

1. 涉海科研机构和人员

随着海洋事业发展对海洋科学人才的需求不断增大，中国海洋科研机构和从业人员数量不断壮大。到2014年年底，全国拥有海洋科研机构189个，从事科技活动的人员达34 174人，从事科技活动人员比上年增长5.64%。按行业分，包括海洋基础科学、海洋工程技术、海洋信息服务和海洋技术服务四类，前两类合计占比95%以上。按地区分，北京、广东、山东、辽宁、浙江、上海、天津七省市拥有绝大多数的海洋科研机构，总计141个单位，占总数的75%。按学历分，从事海洋科技活动的博士学位和硕士学位的高学历人员占50%以上。按职称分，从事海洋科技活动的高级职称14 161人，占总数的41.43%。

表9-1　2014年中国海洋科研行业人员分布

科研类别	从事海洋科技活动人员人数（人）	占比重（%）
海洋基础科学研究	16 766	49.06
海洋工程技术	15 743	46.07
海洋信息服务	1011	2.96
海洋技术服务	654	1.91
合计	34 174	100

注：数据摘自《中国海洋统计年鉴2015》，海洋出版社，2016年。

2. 海洋科研经费与收入

海洋科研机构经费收入逐年增长。2014 年，中国海洋科研机构科技经费收入 3100.99 亿元，与上年相比增长 16.77%。北京、上海、山东的海洋科研机构经费收入最多，合计占全国总收入的近 60%。[①]

3. 海洋科研课题及成果概况

2014 年，全国共完成海洋科研课题总计 17 702 项，比上年增加 8.40%。其中：基础研究 4447 项，占总数的 25.12%；应用研究类课题 4122 项，占总数的 23.29%；试验发展类课题 4480 项，占总数的 25.31%；成果应用类课题 1861 项，占总数的 10.51%；科技服务类课题 2792 项，占总数的 15.77%。可以看到，基础研究、应用研究、试验发展三类课题占比较大，合计占比超过 70%。成果应用类课题占比最少。2014 年，全国海洋科研机构共发表科技论文 16 908 篇，比上年减少 3.53%；出版海洋类科技著作 314 种，比上年减少 13.6%；拥有涉海发明专利总数 13 966 件，比上年增加 20.77%。[①]

4. 国家海洋调查船队

海洋调查船是运载海洋科学工作者亲临现场，应用专门仪器设备直接观测海洋、采集样品和研究海洋的平台。2012 年 4 月 18 日，中国国家海洋调查船队正式成立。国家海洋调查船队由全国有关部门、科研院（所）、高等院校以及其他企业单位具备相应海洋调查能力的科学调查船组成。截止到 2016 年 7 月，国家海洋调查船队共拥有 46 艘成员船，分别来自国家海洋局、中国科学院和国家教育部以及地方和相关民营企业，几乎囊括了中国调查水平最先进的船舶入列。这些成员船主要分布在沿海大中城市，其中大连 2 艘，青岛 19 艘，上海 8 艘，舟山 2 艘，宁波 2 艘，温州 1 艘，厦门 4 艘，广州 8 艘。[②]

（二）国家海洋科技专项

中国国家层面的海洋科技专项主要包括国家自然科学基金、国家社会科学基金、海洋公益性行业科研专项、国家科技重大专项、国家重点研发计划、技术创新引导计划、基地和人才专项。海洋科技专项的实施为中国的海洋科技发展壮大提供了强度大、

---

① 数据来源：《中国海洋统计年鉴 2015》，北京：海洋出版社，2016 年。

② 国家海洋调查船队网站，http：//www.cmrv.orghomeplus/list.php？tid=1，2017 年 4 月 18 日登录。

渠道畅通、领域覆盖面宽的稳定支持，为推动海洋科技创新、成果转化及产业化发展创造了机遇。

1. 国家自然科学基金

国家自然科学基金长期支持海洋科学发展，推动海洋基础学科建设、海洋科学研究、海洋科技人才培养等，为中国海洋科学基础研究的发展和整体水平的提高做出了积极贡献。2016 年，国家自然科学基金共批准海洋科学项目 429 项，资助金额 21 438 万元。①

2. 国家社会科学基金

国家社会科学基金（简称“国家社科基金”）设立于 1991 年，由全国哲学社会科学规划办公室负责管理。国家社科基金面向全国，重点资助具有良好研究条件、研究实力的高等院校和科研机构中的研究人员。近些年来，国家社科基金加大了对海洋领域的支持力度。2008—2015 年，国家社科基金涉海项目共计 148 项。2016 年，国家社科基金涉海项目共计 53 项。②

3. 海洋公益性行业科研专项

海洋公益性行业科研专项是国家财政部于 2006 年开始设立的。至 2015 年年底，海洋公益性行业科研专项已立项和实施 9 批项目，共计 297 项③，研究范围涵盖海洋权益维护和安全保障、海洋综合管理、海洋生态与环境保护、海洋防灾与气候变化、海洋资源可持续利用、海洋观测调查监测与信息服务等领域的核心技术，组织优势团队开展攻关，产生了一批新产品、新工艺、新管理技术、产业化示范工程和业务化示范成果，并持续通过转化推广发挥作用，逐渐形成了“以用带研，以研促用”的良好局面，有力支撑和引领了沿海经济和海洋事业发展，取得了明显的社会和经济效益。

4. 国家重点研发计划

国家重点研发计划由原来的 973 计划、863 计划、国家科技支撑计划、国际科技合作与交流专项、产业技术研究与开发基金和公益性行业科研专项等整合而成，是事关国计民生的重大社会公益性研究，以及事关产业核心竞争力、整体自主创新能力和国

---

① 国家自然科学基金委员会网站，《国家自然科学基金委员会资助项目统计 2016 年度》，http：//www.nsfc.gov.cnnsfccenxmtjindex.html，2017 年 4 月 18 日登录。

② 全国哲学社会科学规划办公室网站，http：//www.npopss-cn.gov.cn/GB/219469/index.html。

③ 国家海洋局科学技术司：《海洋公益性行业科研专项年度报告 2015》，2016 年 7 月。

家安全的战略性、基础性、前瞻性重大科学问题、重大共性关键技术和产品，为国民经济和社会发展主要领域提供持续性的支撑和引领。

三、海洋调查和科学考察

海洋调查集中体现一国海洋科技发展的整体水平。随着国家对海洋事业的重视程度提高，相应地开展了多项海洋调查活动，主要包括海洋基础地质调查、海洋油气资源调查、极地考察和大洋考察等。

（一）海洋基础地质调查

海洋基础地质调查包括海域海岸带综合地质调查、海洋区域地质调查等。

1. 海岸带综合地质调查

自“十二五”以来，中国相继开展了近海重点海岸带综合地质调查与相关的研究。重点调查的海岸带区域包括辽河三角洲经济区、山东半岛经济区、长江三角洲经济区，开展了华南西部滨海湿地地质调查与生态环境评价，渤海海峡跨海峡通道地壳稳定性调查评价等。

2. 海洋区域地质调查

中国的海洋区域地质调查与美国、日本、英国、澳大利亚等国相比较晚。美、日、英、澳等国早在20世纪就已完成了管辖海域的1∶100万和1∶25万海洋区域地质调查。中国直到1999年实施国土资源大调查时，才启动了1∶100万的海洋区域地质调查工作。

2002年开始，中国开始启动南通幅和永暑礁幅1∶100万海洋区域地质调查试点；2006年又组织实施了1∶100万上海幅和海南岛幅海洋区域地质调查；2008年“海洋地质保障工程”的实施，标志着中国管辖海域1∶100万海洋区域地质调查全面展开，工作时间为2008—2015年。至2015年，中国管辖海域16幅1∶100万海洋区域地质调查项目已全面完成，并实现了对中国管辖海域的首次全覆盖。

2016年1月，由广州海洋地质调查局承担的“1∶5万珠江口内伶仃洋海洋区域地质调查”项目通过验收。这是中国目前完成的首个1∶5万海洋区域地质调查项目，成果填补了中国大比例尺海洋基础地质调查的空白。[①] 2016年3月，由广州海洋地质调查

① 《我国完成首个1∶5万海洋区域地质调查项目》，载《中国海洋报》，2016年1月28日A2版。

局承担的“1∶25 万福州幅、莆田幅海洋区域地质调查”项目通过验收。这是中国在南部海域首批完成的 1∶25 万海洋区调项目图幅，填补了中国这一海域开展中比例尺海洋区域调查工作的空白。[①]

（二）海洋油气资源调查

近年来，中国主要在黄海、南海北部陆坡深水区和台湾海峡西岸等重点海域开展了海洋油气资源调查。

2016 年 6 月，中国在南海“海马冷泉”资源勘察取得新突破，探明了南海海域“海马冷泉”的分布范围、地形地貌、生物群落、自生碳酸盐及流体活动特征等。“海马冷泉”是中国首次在南海北部西陆海域发现的、规模空前的活动性“冷泉”，相关科研考察成果不仅为进一步开发研究打下了坚实基础，还实现了天然气水合物资源勘察的突破，同时对气候环境、冷泉生命起源科学等研究具有重要意义。此次在“海马冷泉”区海底浅表层获取大量天然气水合物样品，是继南海北部陆坡神狐海域和珠江口盆地东部海域之后，在新海域找矿的重大突破，进一步证实了中国管辖海域天然气水合物分布广泛，资源潜力巨大。[②]

2016 年 8 月，中国海洋石油总公司最先进的 12 缆物探船——“海洋石油 720”完成了北极巴伦支海的两个区块作业，填补了中国对北极海域实施三维地震勘探的空白，标志着中国具备了在全球海域实施三维地震勘探作业的能力，也为中国技术装备“走出去”、参与国际油气合作提供了强有力的支持。[③]

（三）极地科学考察

自 1984 年以来，中国已成功完成 33 次南极科学考察，7 次北极科学考察。目前已形成了以“雪龙”号科考船，南极长城站、中山站、昆仑站、泰山站，北极黄河站和极地考察国内基地为主体的“一船、五站、一基地”南北极考察战略格局和基础平台。

2016 年 11 月 2 日至 2017 年 4 月 11 日，中国成功开展了第 33 次南极科学考察，圆满完成了各项科考任务，此次考察取得 5 项重大成果：一是罗斯海新建南极考察站选址顺利完成；二是圆满完成了中国首个南极冰盖机场选址、勘察；三是“雪鹰 601”固定翼飞机首次降落南极冰盖最高点，这是南极航空史上，该类机型首次在该区域起降，拓展了我国在南极大陆的数据获取范围，标志着中国在南极航空遥感领域迈进世界先进行列；四是“海洋六号”船首次参加南极科考；五是“雪龙”船到达南纬 78°41′罗

---

① 《南部海域首批 1∶25 万海洋区调图幅完成》，载《中国海洋报》，2016 年 3 月 25 日 A1 版。

② 《我国南海“海马冷泉”资源勘察取得新突破》，载《中国海洋报》，2016 年 6 月 29 日 A1 版。

③ 《我国物探船完成首次北极海域地震勘探作业》，载《中国海洋报》，2016 年 8 月 12 日 A1 版。

斯海水域，刷新了全球科考船到达南极海域最南端的纪录。①

2016 年 7 月 11 日至 9 月 26 日，中国成功开展了第七次北极科学考察。第七次北极科学考察取得了多项重要进展：一是首次在北冰洋门捷列夫海岭进行考察，完成 1 条综合考察断面，实施了我国首次在东西伯利亚海、楚科奇海西侧和门捷列夫海岭等海域的海洋观测。二是首次使用空气枪震源激发人工地震波在北冰洋进行地球物理考察，极大地增强了多道地震系统的地层探测深度。加强了定点锚碇长期观测，成功完成了 5 套锚碇长期观测潜、浮标的收放工作，其中白令海锚碇潜标锚系长度 3800 米，是中国首次在白令海成功布放深水锚碇潜标。同时，利用直升机围绕长期冰站在加拿大海盆布放了由 13 个浮标组成的浮标阵列，为中国历次北极考察构建最为规则的浮标阵列，包括利用“雪龙”船首次在北极成功布放中国自主研发的冰基上层海洋剖面浮标。②

（四）大洋科学考察

2016 年 7 月 8 日至 2017 年 4 月，“海洋六号”实施了 2016 年深海地质调查航次、中国大洋 41 航次和中国第 33 航次南极科学考察共三项重要任务，开启了中国南极海综合地质与地球物理综合调查的新征程，航次调查涵盖了深海、远洋和极地海域。本航次科考取得五个方面的重要成果：一是获得了南极海域宝贵的地质地球物理实测资料。二是开辟了深海地质调查新区域。首次在南太平洋开展地质调查，发现新的富集稀土的深海沉积物，初步研究了富集机理，拓展了中国在国际海底区域的资源战略空间。三是履行了中国大洋矿产资源研究开发协会与国际海底管理局签订的勘探合同义务。继续在太平洋中国富钴结壳合同区开展调查，进一步摸清了中国勘探合同区的资源环境状况。四是实现了科技创新和机制创新“双轮驱动”。既探索了“多船多站”“海陆联合”的极地科考新模式；又搭建了开放合作、协同创新的平台。来自中国地质调查局、国家海洋局、同济大学等十余家单位，共 123 位科考人员开展了多领域的调查研究，实现了整合力量，资源共享。五是积累了全海域航行保障及复杂环境下开展海洋地质地球物理综合调查的经验，大幅提升了我国海洋地质综合调查的能力。③

2016 年 12 月至 2017 年 4 月，“海洋 22 号”圆满完成中国大洋科考第 42 航次任务。此次科考基本查明了中印度洋海盆富稀土沉积的分布特征和范围，积累了关键的环境资料数据，标志着我国印度洋的稀土资源调查研究迈上一个新台阶。④

---

① 《中国第 33 次南极考察取得五项重大成果》，载《中国海洋报》，2017 年 4 月 13 日 A1 版。
② 《中国第七次北极科考队凯旋》，载《中国海洋报》，2016 年 9 月 27 日 A1 版。
③ 《“海洋六号”顺利完成大洋 41 航次首航段任务》，载《中国海洋报》，2016 年 8 月 16 日 A1 版。
④ 《大洋 42 航次圆满完成资源调查任务》，载《中国海洋报》，2017 年 4 月 14 日 A1 版。

四、海洋高技术及相关设备

中国自20世纪90年代开始，经过20多年大力支持海洋高技术发展，目前在海洋技术领域的多个方面实现了接近国际先进或达到国际领先水平，对中国从近浅海走向深远海的海洋发展战略起到了关键的技术支撑作用。

（一）海洋观测和监测技术

中国的海洋观测和监测技术已突破了一批海洋环境监测技术，形成了一定的海洋监测关键技术，发射了海洋水色遥感卫星，已形成了卫星遥感海洋应用技术体系。建立了沿海区域性海洋环境立体监测示范试验系统。

1. 海洋动力环境监测技术

海洋动力环境观测技术包括船基海洋监测技术、岸基海洋监测技术、海基海洋监测技术。

船基海洋监测技术是利用船舶作为活动平台进行海洋调查和观测的技术。中国的船基海洋动力环境观测技术近年来发展迅速，如自行研制成功的6000米高精度CTD剖面仪，其性能达到国际先进水平。[①]

岸基海洋监测技术是利用近岸作为活动平台进行海洋调查和观测的技术。中国海洋岸基高频地波雷达技术近年来发展迅速。自主研制和开发的海表面动力环境监测地波雷达OSMAR-S200在国际上已达到先进水平，已用于海表面流、海浪、风场等海表面状态信息的探测，并实现了业务化运行。[①]

海基海洋监测技术是在海面、深海中进行海洋调查和观测的技术。中国海基海洋监测技术，特别是浮标、潜标、海床基、水下移动观测平台等技术已取得重大进展。浮标是一种观测/监测平台，与传感器、控制系统、通信系统相结合，可形成能满足不同需要的观测/监测系统。中国自2002年加入国际Argo计划以来，在太平洋和印度洋等海域已经累计布放了370多个自动剖面浮标，建成中国Argo大洋观测网，并成为全球Argo实时海洋观测网的重要组成部分；建立的针对自动剖面浮标的资料接收、处理和交换共享系统，使中国成为9个有能力向全球Argo资料中心提交经实时和延时质量控制资料的国家之一。2016年9月，“实验1”号综合科考船在南海布放了8个北斗剖

① 中国海洋年鉴编撰委员会：《中国海洋年鉴2015》，北京：海洋出版社，2016年。

面浮标，标志着由中国主导建设的南海 Argo 区域海洋观测网正式拉开了序幕。[①]

2016 年 1 月，由中科院海洋所研制的深海多参数实时传输浮标在赤道附近 4500 米水深的太平洋海域成功布放应用。深海多参数实时传输浮标集成了气象、GPS、剖面海流、温盐等传感器，采用水下感应耦合传输技术，通过卫星通信方式可实时截取海面气象、浮标位置、水下 500 米剖面海流和温盐数据等资料，并创新性地采用了松弛式的锚系结构，有效减轻了各个环节部件的受力，布放深度和各项观测技术指标均达到目前国际先进水平，可提供第一手西太平洋上层海水长时间序列实时观测资料，对促进中国大洋气候与环流研究，提升中国全球变化与海–气相互作用的研究能力具有重要支撑作用。[②] 2016 年 3 月，中国海洋科学领域获批的第一个国家重大科研仪器研制项目——“面向全球深海大洋的智能浮标”项目启动。该项目将研制一种更先进的面向全球深海大洋的智能浮标，可实现对 2000 米以下深海观测。[③] 2016 年 4 月，中国第一个水下观测网水质在线监测系统通过验收，这项新技术打破了国际垄断，填补了国内空白，可为海洋观测、水质水文研究等提供基础条件。[④]

潜标是一种可以机动布放在水下的定点连续剖面观测仪器设备，是海洋环境离岸监测的重要手段。自 20 世纪 80 年代以来，中国先后开展了浅海潜标测流系统、千米潜标测流系统和深海 4000 米测流潜标系统的技术研究，已掌握系统设计、制造、布放、回收等技术。

2. 海洋遥感观测技术

海洋遥感技术包括卫星遥感和航空遥感，具有宏观大尺度、快速、同步和高频度动态观测等优点，是现代海洋观测技术的主要发展方向。

中国的卫星遥感应用始于 20 世纪 80 年代，至今已经成功发射了海洋水色卫星“海洋一号”（HY–1A）、“海洋一号”（HY–1B）以及“海洋二号”卫星。“海洋一号”卫星的成功发射使得中国成为继美国、日本、欧盟等之后第七个拥有自主海洋卫星的国家。“海洋二号”卫星是中国自主研制的首颗海洋动力环境探测卫星。2016 年 8 月，中国“高分三号”卫星发射成功。“高分三号”卫星是中国首颗分辨率达 1 米的 C 频段多极化合成孔径雷达（SAR）卫星，该星的运行将填补中国自主高分辨率多极化合成孔径雷达遥感数据的空白，可应用于海域环境监测、海洋目标监视、海域使用管

---

① 《我国在南海布放首批国产北斗剖面浮标》，载《中国海洋报》，2016 年 9 月 30 日 A1 版。

② 《我国深海多参数实时传输浮标成功布放》，载《中国海洋报》，2016 年 1 月 6 日 A4 版。

③ 《我国启动研制深海智能浮标——可实现对 2000 米以下深海观测 加速“透明海洋”进程》，载《中国海洋报》，2016 年 3 月 11 日 A1 版。

④ 《我国首个水下观测网水质在线监测系统问世》，载《中国海洋报》，2016 年 4 月 19 日 A1 版。

理、海洋权益维护和防灾减灾等，并可全天时、全天候、近实时监视监测，是中国卫星海洋应用事业的一个新的里程碑。①

航空遥感主要用于海岸带环境和资源监测、赤潮和溢油等突发事件的应急监测、监视。中国海洋航空遥感能力不断增强，一批航空遥感传感器，在近海突发海洋灾害的遥测中得到应用，获得了大量的监测观测资料。

3. 区域海洋环境立体监测技术

自20世纪90年代以来，中国开始自主研制开发海洋环境立体监测技术，并集成系统化。2000年区域海洋环境立体监测系统首先在上海示范区应用建成。此后，先后在渤海、东海长江口海域、南海珠江口海域、台湾海峡及毗邻海域，建设了区域性海洋环境立体监测示范试验系统。海洋环境监测范围实现了国家管辖海域全覆盖，对渤海、典型海湾等重点海域开展了专项监测，并拓展至与国家权益和生态安全密切相关的其他海域。

（二）海洋资源开发技术

海洋资源开发技术主要包括海洋药用生物资源开发技术、海水淡化与综合利用技术、海洋矿产资源勘探开发技术以及海洋可再生能源开发利用技术等。

1. 海洋药用生物资源开发技术

中国现代海洋药物的研究开发较晚，开始于20世纪70年代末。在国家“863”计划支持下，海洋药物的研究开发进入快速发展期。迄今，中国已发现3000多个海洋小分子新活性化合物和500多个海洋糖类化合物。这些化合物在国际海洋天然产物化合物库中占有重要位置。与国外相比，中国海洋药物研究开发整体技术与国际先进水平相比有一定差距。

2017年，中国海洋药物研发获得突破，科学家用野生海参提取物研发成功肿瘤免疫力再生剂。中国科学院南海海洋研究所“大佑生宝”科学家小组采用蛋白酶解和分子量截取技术提取加勒比海野生海参全能干细胞肽，用来降低放疗化疗给癌症病人带来的副作用。经广东岭南肝病研究所的追踪结果证实，全能干细胞肽能快速提升人体白细胞和血红细胞数量，可与医学界公认最严苛的重组人粒细胞刺激因子媲美。②

---

① 《高分三号卫星成功发射，我国海洋监视监测有了“高大上”利器》，载《中国海洋报》，2016年8月11日A1版。

② 《我科学家用野生海参提取物研发成功肿瘤免疫力再生剂》，载《中国海洋报》，2017年2月16日A2版。

2. 海水淡化与综合利用技术

中国海水淡化技术日趋成熟，已全面掌握热法海水淡化技术和反渗透淡化技术，成为世界上少数几个掌握海水淡化先进技术的国家之一。目前，海水淡化产业基本形成，海水淡化成本不断下降；海水淡化设计能力不断提高，人才队伍不断扩大。

在热法海水淡化技术方面，蒸汽喷嘴泵、降膜蒸发器等关键部件及设备研发有了重大进展，铝合金、海水淡化专用阻垢剂等新材料和药剂已具备了工程应用的条件。单机规模持续提高，成套能力不断增强。

在反渗透海水淡化技术方面，国产的超滤膜技术、反渗透膜技术进步较快，已具备工程应用的条件，高压泵、能量回收装置等关键设备研发的基础雄厚，急需定型和工程应用。反渗透海水淡化的单机规模持续提高，已实现产业化。2016 年 12 月，中国自主研发建成海水淡化反渗透膜生产线，将反渗透膜生产线、界面聚合生产线国产化，制膜速度处于国际先进水平，已摆脱对国外技术的依赖，并可同时互换生产不同规格的海水淡化膜、苦咸水膜等产品。①

3. 海洋矿产资源勘探开发技术

海洋矿产资源勘探开发技术主要包括海洋油气资源勘探开发技术、海洋天然气水合物探测技术和大洋矿产资源勘探开发技术。

（1）海洋油气资源勘探开发技术

海洋油气资源勘探技术包括地球物理勘探技术和地球化学勘探技术。地球物理勘探是运用地震、重力和磁力等物理手段，获取海底地层相关资料，分析了解海底地下岩层的分布、地质构造的类型、油气圈闭的情况，寻找油气构造，并确定勘探井位。自 21 世纪以来，海洋油气地震勘探技术、重磁震联合勘探技术发展迅速，成为油气勘探的主要技术，在南海油气勘探中得到了良好应用。中国的地球化学勘探经过多年发展，已经积累了丰富的地球化学资料。目前，中国已建立了近海海域海洋油气地球化学探查技术规范和作业流程，进一步发展和完善了适合中国近海条件的海洋油气地球化学探查技术。

2016 年 9 月，中国在海洋油气资源勘探技术领域取得了新突破。由山东省第三地质矿产勘察院承担的“中国东部海区大陆架科学钻探工程”CSDP-2 井顺利竣工，终孔孔深 2843.18 米，创下全球海洋地球科学钻探全取心孔深的最高纪录。施工过程中，首次证实了南黄海中-古生界海相地层油气资源的存在。支撑海上施工的“探海一号”

① 《我国建成国际水平反渗透膜生产线》，载《中国海洋报》，2016 年 12 月 13 日 A2 版。

海上钻探平台，由山东省第三地质矿产勘查院自主研发生产，可在水深 30 米以内的陆架区作业，抗风 14 级，成本仅为类似石油钻井平台的 1/10。[①]

2017 年 4 月，由中国海洋石油总公司自主投资建造的第六代深水半潜式钻井平台“海洋石油 982”成功下水，标志着中国深水钻井高端装备规模化、全系列作业能力的形成。[②]

（2）海洋油气资源开发技术

海洋油气平台是海洋油气资源开发的关键技术设备，其设计和制造能力，是沿海国家科学技术水平和工业化水平的重要标志。近年来，中国在深水半潜式钻井平台、自升式钻井平台等海洋工程设备的研究和制造方面取得了一大批重大自主创新成果，部分产品实现了历史性突破，获得了国际同行业的认可。目前，中国已形成一支拥有 20 多艘船规模的“深水舰队”，具备从物探到环保、从南海到极地的全方位作业能力。

2017 年 2 月，中国建造的深水半潜式钻井平台又有新突破。由烟台中集来福士海洋工程有限公司建造的全球最先进的超深水双钻塔半潜式钻井平台“蓝鲸 1 号”在烟台命名交付，具有里程碑意义。“蓝鲸 1 号”平台是目前全球作业水深、钻井深度最深的半潜式钻井平台，适用于全球深海作业。[③]

2017 年 2 月，中国建造的首座海上移动式试采平台“海洋石油 162”在烟台芝罘湾海域交付，该平台是目前世界上功能最完善的海上移动式试采装备。[④]

此外，2016 年 1 月，中国海洋石油完井海底防砂技术实现重大突破，标志着以一趟多层砾石充填工具为代表的中国系列防砂工具技术达到国际先进水平，打破了国外的技术垄断。[⑤] 2016 年 4 月，中国首套拥有自主知识产权的“海上单点系泊系统核心设备”在青岛研发成功。单点系泊系统是可供海上邮轮不停靠码头就进行原油装卸的“浮动式码头”，此前中国尚不能制造单点系泊系统，核心技术一直被国外公司垄断。[⑥]

（3）海洋天然气水合物探测技术

中国海洋天然气水合物探测工作始于 1999 年，于 2007 年首次在南海北部神狐海域成功钻获天然气水合物实物样品。2011 年，启动了对天然气水合物成矿规律的新一轮研究。2013 年，中国海洋天然气水合物成矿预测研究获得突破，并首次在珠江口盆地钻获高纯度的天然气水合物样品，通过钻探获得可观的控制储量。2014 年，中国在海

---

① 《我国创下全球海洋地球科学钻探全取心孔深最高纪录》，载《中国海洋报》，2016 年 9 月 21 日 A1 版。
② 《我国深水半潜式钻井平台“海洋石油 982”顺利出坞下水》，载《南方日报》，2017 年 4 月 29 日 02 版。
③ 《我国制造的全球最强深水钻井平台命名交付》，载《中国海洋报》，2017 年 2 月 15 日 A1 版。
④ 《我国首座海上移动式试采平台交付》，载《中国海洋报》，2017 年 3 月 2 日 A2 版。
⑤ 《中国海油完井海底防砂技术实现重大突破》，载《中国海洋报》，2016 年 1 月 6 日 A4 版。
⑥ 《我国研发成功首个海上邮轮“浮动式码头”》，载《中国海洋报》，2016 年 4 月 18 日 A2 版。

域天然气钻探技术和对成矿规律的认识方面取得了突破性进展。其一是海域天然气从调查评价到钻探阶段的技术方法宣告正式形成，该技术方法体系处于国际先进水平；其二是揭示了南海北部天然气水合物的富集规律，首次提出天然气水合物成核机制的笼子吸附假说，标志着中国建立起海域“可燃冰”基础研究系统理论。2015 年，中国在神狐海域再次发现了大型天然气水合物矿藏，并首次在珠江口盆地西部海域目标区发现大规模的活动冷泉区，获取了天然气水合物样品，充分证明了相关技术的有效性和可靠性。

2016 年 1 月，由中国地质调查局青岛海洋地质研究所研发的 3000 米级声学深拖系统顺利通过了首次水下试验。该系统是国内首套针对海域天然气水合物资源勘察研发的 3000 米级轻型弱正浮力声学深拖系统，它的成功研发，将有效提升中国海洋天然气水合物资源的勘察水平，为海域天然气水合物调查提供技术支撑。[①] 2016 年 4 月，中国地质调查局广州海洋地质调查局承担的“南海天然气水合物资源勘探”项目取得了突破性成果。项目依托南海天然气水合物勘察结果，在神狐钻探区开展了天然气水合物钻探工作，并首次发现Ⅱ型天然气水合物。该成果对于认识南海天然气水合物赋存状态及指导勘察具有重要意义。[②]

2017 年，中国海域天然气水合物试开采取得了历史性突破。2017 年 5 月 18 日，中国海域天然气水合物试采实现了连续 8 天的稳定产气，平均日产超过 1.6 万立方米，累计产气超 12 万立方米。此次试开采同时达到了日均产气 1 万立方米以上以及连续一周不间断的国际公认指标，不仅表明中国天然气水合物勘查和开发的核心技术得到了验证，也标志着中国抢占了天然气水合物理论和技术的世界最高点。[③]

（4）大洋矿产资源勘探开发技术

中国大洋矿产资源勘查、海底环境探测和成像技术已取得了长足进步，成功研发了一批大洋固体矿产资源成矿环境原位、实时、可视探测及保真采样技术以及海底异常条件下的探测技术，成功研制了多次取芯富钴结壳潜钻、深海彩色数字摄像系统、6000 米海底有缆观测与采样系统等重大装备，已形成了大洋矿产资源勘探技术的应用能力。

4. 海洋可再生能源开发利用技术

海洋可再生能源开发利用技术主要包括海洋风能开发利用技术、潮汐能开发利用技术、波浪能开发利用技术、潮流能开发利用技术、海流能开发利用技术和温差能开

① 《国内首套 3000 米级声学深拖系统试水成功》，载《中国海洋报》，2016 年 1 月 11 日 A2 版。

② 《我国南海海域首次发现Ⅱ型天然气水合物》，载《中国海洋报》，2016 年 4 月 18 日 A1 版。

③ 《历史性突破！南海可燃冰试采成功》，载《中国海洋报》，2017 年 5 月 19 日 A1 版。

发利用技术。

中国海洋风能的开发利用起步较陆地风能开发利用晚，但发展速度快，开展了一些基层性研究，产业已形成一定规模。中国潮汐能利用技术是国内海洋可再生能源开发利用技术中较为成熟的，居世界领先地位。中国波浪能发电技术基本成熟，正处于商业化、规模化的发展进程。中国的潮流能技术已达到国际领先水平，已经形成了特色产品。

2016 年 1 月，由中国广核集团自主开发建设的江苏如东 150 兆瓦海上风电场示范项目成功实现了首批 6 台风机并网发电。该项目是中国首个满足“双十”标准（即海上风电场原则上应在离岸距离不少于 10 千米、滩涂宽度超过 10 千米时海域水深不得少于 10 米）的海上风电场示范项目，该项目成功实现并网发电是中国海上风电开发的重大突破。[①] 8 月，中国东南沿海首座海上风电场在福建莆田平海湾海域正式全面建成投产。每台机组每小时发电 5000 度，采用 10 台具有中国自主知识产权的 5 兆瓦大功率海上风电机组。该风机是目前中国投入商业化运行中单机容量最大的海上风力发电机组。该风电场的建成投产为中国东南沿海台风高发区建设海上风电项目积累了丰富经验。[②] 10 月，由中船重工研发试制的 5 兆瓦海上风电机组在江苏省批量生产下线，成为中国第一个具有自主知识产权并批量生产的海上风电机组。这标志着中国装备制造业成功掌握了大型海上风电设计制造技术，打破了国外技术垄断。[③]

在潮流能方面，2016 年，国内最大兆瓦级潮流能发电机组（装机容量 3.4 兆瓦）在浙江省舟山市秀山岛的南部海域安装，该发电机组是世界首台 3.4 兆瓦 LHD 林东模块化大型海洋潮流能发电机组。其成功下水，标志着中国海洋潮流能发电技术达到世界领先水平。[④]

（三）深海探测与水下作业技术

中国深海探测与水下作业技术包括潜水器技术、深海探测技术、成像、通信和定位技术、深海作业技术、配套及基础技术等方面。

潜水器技术是沿海国家科技水平和综合国力的标志。潜水器技术主要包括无人潜水器技术、载人潜水器技术和深海空间站技术。国家高度重视潜水器技术，该技术已成为深海探测与水下作业技术的重点发展领域，在关键设备国产化方面已取得多项突

---

① 《我国首个满足“双十”标准海上风电场并网发电》，载《中国海洋报》，2016 年 2 月 1 日 A1 版。

② 《我国东南沿海首个海上风电场建成投产》，载《中国海洋报》，2016 年 8 月 16 日 A1 版。

③ 《发电量比国际同水平提高 20%，我国首个自主知识产权海上风电机组研制成功》，载《中国海洋报》，2016 年 10 月 28 日 A1 版。

④ 《国内最大兆瓦级潮流能发电机组在舟山下海》，载《中国海洋报》，2016 年 1 月 14 日 A1 版。

破，在配套技术上取得拥有自主知识产权的成果。

自20世纪70年代，中国相继研制成功第一台有缆遥控水下机器人“海人一号”、第一台自治水下机器人1000米级“探索者”号。之后，无人深海潜水器技术的研究得到了全面发展。2015年，中国自主研制的首台4500米级深海无人遥控潜水器作业系统“海马”号通过验收，标志着中国已掌握了大深度无人遥控潜水器的关键技术，并在关键技术国产化率方面取得了实质性进展。同年，中国首台万米级无人潜水器和着陆器“彩虹鱼”号在南海成功完成了4000米级海试，标志着中国“万米深渊”计划迈出了实质性的第一步。2016年1月，中国自主研发的4500米级自主水下机器人“潜龙二号”在西南印度洋海上试验现场通过专家验收，标志着中国在适用自主勘探系统（AUV）进行海底硫化物调查领域进入国际先进行列。[①]

在深海探测技术、深海作业技术、配套及基础技术领域，2016年，中国获得多项突破，中国深海作业和科考进入万米时代。2016年6月，由中国五矿集团长沙矿冶研究院承担的国家“863”计划项目“深海多金属结核和富钴结壳采掘与输运关键技术及装备”在南海海域成功完成了深海扬矿泵管输送系统的海上试验，通过了海试专家验收。这是中国首次开展深海采矿单体工程技术的海试，标志着中国深海矿物输送技术跻身世界一流水平。[②]

2016年6月22日至8月12日，中国4500米级载人器及万米深潜作业工作母船“探索一号”科考船，使用中国自主研发的万米级自主遥控潜水器——“海斗”号、深渊着陆器“天涯”号与“海角”号、万米级原位试验系统——“原位实验”号、9000米级深海海底地震仪、7000米级深海滑翔机等系列高技术装备，在马里亚纳海沟海域执行了84项科考任务。这是中国海洋科技史上第一次万米级深海科考，标志中国深海科考进入万米时代。此次万米深渊科考，获得了三项重大国际性科研突破：一是在万米深度，“原位实验”号深渊升降器搭载实验装置在海底成功进行了深渊底部氮循环的原位培养实验、“天涯”号深渊着陆器单次获取大量海底水样（>100升），这在国际同等或类似装备上都无先例；二是使用国产海底地震仪（OBS）首次在挑战者深渊西部开展主动源人工地震勘探，成功获得一条完整的地震剖面；三是利用船载绞车系统和沉积物采样设备，获得了9150米水深的箱式沉积物样品，创造了同类型深海装备作业深度的新纪录。

同时，该航次在国内深海领域也进行了开创性工作并实现突破，取得了十项科研成果：一是中国自主研制的“海斗”号无人潜水器实现最大潜深达10 767米，使中国

---

① 《我国自主研发的“潜龙二号”取得重大突破——完成多项任务，通过西南印度洋海试现场验收》，载《中国海洋报》，2016年2月3日A1版。

② 《我国首次深海扬矿泵管系统海试取得成功》，载《中国海洋报》，2016年6月28日A1版。

成为继日本、美国两国之后第三个拥有研制万米级无人潜水器能力的国家；二是中国自主研制的水下滑翔机下潜深度达到5751米，接近目前国际上水下滑翔机最大下潜深度（6000米），创下了中国水下滑翔机的最大下潜深度纪录；三是国产海底地震仪（OBS）工作深度首次突破7000米，刷新了国产地震仪工作水深的新纪录；四是“天涯”和“原位实验”号三次突破万米深度，最大深度达10 935米。五是“探索一号”船舶DP2动力定位系统的高精度定位性能，以及万米测深探测系统、CTD采水器、沉积物取样装置、地震实验系统等船载设备成功运行，表明了“探索一号”船作为我国4500米和万米载人/无人潜水器母船以及综合性海斗深渊科考作业平台，具备了6500米以深海洋的常规探测作业以及支撑万米深潜科考作业的能力；六是利用“海斗”号无人潜水器成功获得了2条9000米级和2条万米级水柱的温盐深数据。这是中国获得的第一批万米温盐深剖面数据，为研究海斗深渊水团特性的空间变化规律和深渊底层的洋流结构，以及万米载人潜水器设计提供了宝贵的基础资料；七是通过深渊着陆器和升降器共进行了13个潜次的大生物诱捕实验，在5000米、6000米、7000米、8000米、9000米及10 000米级深度获取了2000余个大生物样品。这些深渊大生物的获得为探索海斗深渊物种的起源与演化、群体遗传特征及其共生微生物对极端高压环境的适应机制提供了宝贵样本；八是利用船载沉积物采集装备和深渊着陆器，成功获得了深度序列完整的海底沉积物样本，为研究深渊沉积对全球气候变化的响应、深渊早期成岩活动、化能生命与地质活动内在联系等重大科学问题创造了条件；九是利用船载采水器、深渊着陆器、升降器，成功获得了深度序列完整的马里亚纳海沟水样；十是通过深渊着陆器搭载自主研发的原位固定装置完成了近十个站位的原位水体微生物收集工作，采样实验的最大深度达7850米，单次过滤水样体积达150升。这些样品为揭示深渊微生物群落结构、代谢途径和环境适应机制提供了研究样本。①

2016年10月，“东方红2号”科考船完成了万米深海科考。此次科考成功获得了水深1.05万米处的近500升水样。同时利用中国自主研发的沉积物重力柱状取样器，完成了跨越马里亚纳海沟从水深7000多米到4500米的沉积物取样，样品柱长度超过2米，标志着我国万米全海深科学观测达到了世界领先水平。②

五、小结

2016—2017年，中国海洋科技发展总体较好，在国家创新驱动战略和科技兴海战

① 《我国深潜科考进入万米时代》，载《中国海洋报》，2016年8月24日A1版。

② 《我国万米全海深科学观测“领跑”世界》，载《中国海洋报》，2016年10月11日A2版。

略的指引下，中国海洋科技在深水、绿色、安全的海洋高技术领域取得突破，在海洋经济转型过程中急需的核心技术和关键共性技术方面取得了进展。目前，中国已基本实现浅水油气装备的自主设计建造，部分海洋工程船舶已形成品牌，深海装备制造取得了一定突破，部分装备已处于国际领先水平。中国海洋科考装备“海斗”号无人潜水器、自主研制的“海角”号和“天涯”号深渊着陆器、“原位实验”号深渊升降器、海底地震仪等在国内外深海海域探测中各显神通，取得多项突破性成果。第 33 次南极科学考察和第 7 次北极科学考察及大洋科学考察成功开展，获得了极地大洋海域大量的地质、生物、深海水体样品和高清海底视频资料。海水淡化国产化反渗透膜技术达到国际先进水平。“海洋石油 982”成功下水，标志着中国深水钻井高端装备规模化、全系列作业能力的形成。一系列的海洋科技领域创新性成果不仅促进了我国蓝色经济空间实现“有形拓展”，即从近岸海域向海岛、深远海及两极区域的有效拓展，也促进了“无形拓展”，即开拓了海洋经济的海外市场规模，更深更广地融入全球海洋产业价值链体系，提升了中国海洋经济和海洋科技的国际竞争力。

第五部分

保护海洋生态环境

第十章　中国海洋生态环境保护

沿海地区社会经济发展程度高，同时也导致近岸海洋环境污染和海洋生态系统退化。经多年的不懈努力，中国沿海地区经济持续发展背景下海洋生态环境状况基本稳定。但中国近岸局部海域海水环境质量较差，多数河口和开发利用程度高的海湾生态系统不健康的状况并没有得到改善。海洋生态环境保护工作在海洋生态文明建设的统领下继续推进，海洋生态环境有望得到改善。

一、海洋环境质量及其变化

2016 年，中国海洋环境质量状况基本稳定，符合一类海水水质标准的海域面积占管辖海域面积的 95%，比上年有所增加。近岸海域海水环境质量比 2015 年有所好转。

（一）海水水质

2016 年，中国近岸局部海域海水环境质量污染依然严重，近岸以外海域海水质量良好。从季节看，夏季污染相对较轻，冬季污染最为严重。冬季、春季、夏季和秋季，近岸海域劣于第四类水质海域面积分别为 51 200 平方千米、42 060 平方千米、37 080 平方千米和 42 760 平方千米，各占近岸管辖海域的 17%、14%、12%和 14%。劣于第四类海水水质的海域面积是自 2011 年以来分布最小的，与上年同期相比，春季和夏季劣于第四类海水水质标准的海域面积分别减少 9310 平方千米和 2600 平方千米。从空间上看，污染严重海域主要分布在辽东湾、渤海湾、莱州湾、长江口、杭州湾、浙江沿岸、珠江口等近岸海域，主要污染要素依然为无机氮、活性磷酸盐和石油类。面积大于 100 平方千米的 44 个海湾中，17 个海湾四季均出现劣于第四类水质标准的海域。

2016 年，渤海近岸海域环境质量总体状况与上年相比基本稳定，污染物以无机氮和活性磷酸盐为主，其中无机氮是造成劣于第四类水质的首要因素。近年来，渤海近岸海域环境形势不容乐观，劣于第四类海水水质标准的海域比例从 2001 年的 1.8%增加至 2012 年的 16.8%，近几年呈好转趋势，至 2016 年下降至 6.4%。黄海和东海近岸海域环境质量总体有所改善，南海近岸海域环境质量状况明显下降。但东海近岸海域环境污染形势仍然严峻，在各海区中污染最为严重，劣于第四类海水水质面积在春季、夏季分别为 2.78 万平方千米和 2.20 万平方千米，超过其他海区劣于第四类海水水质面

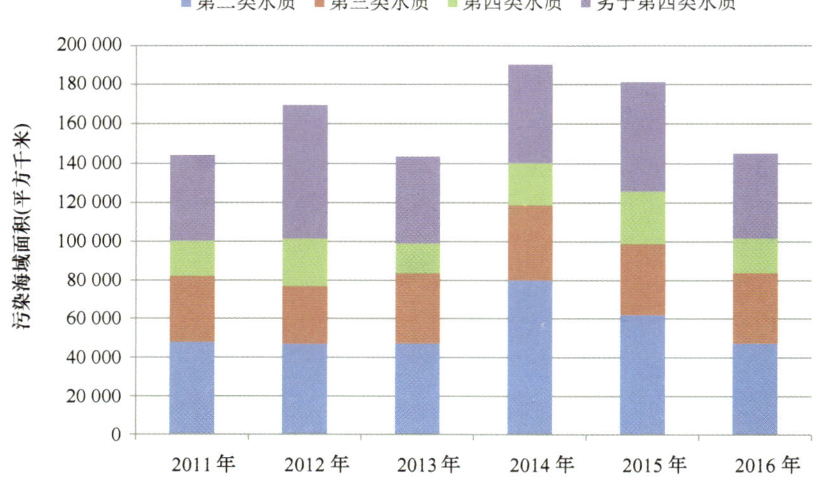

图 10-1　2011—2016 年中国近岸海域各级污染海域面积变化

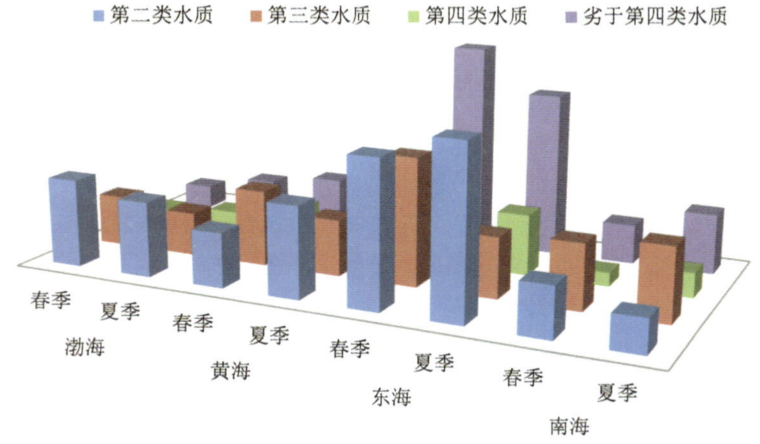

图 10-2　2016 年各海区近岸海域各级污染海域面积季节变化

积之和。

（二）海水富营养化

2016 年，中国近岸海域评价富营养化程度为轻度。春季和夏季呈富营养化状态的海域面积分别为 72 490 平方千米、70 970 平方千米，其中春季和夏季重度富营养化海

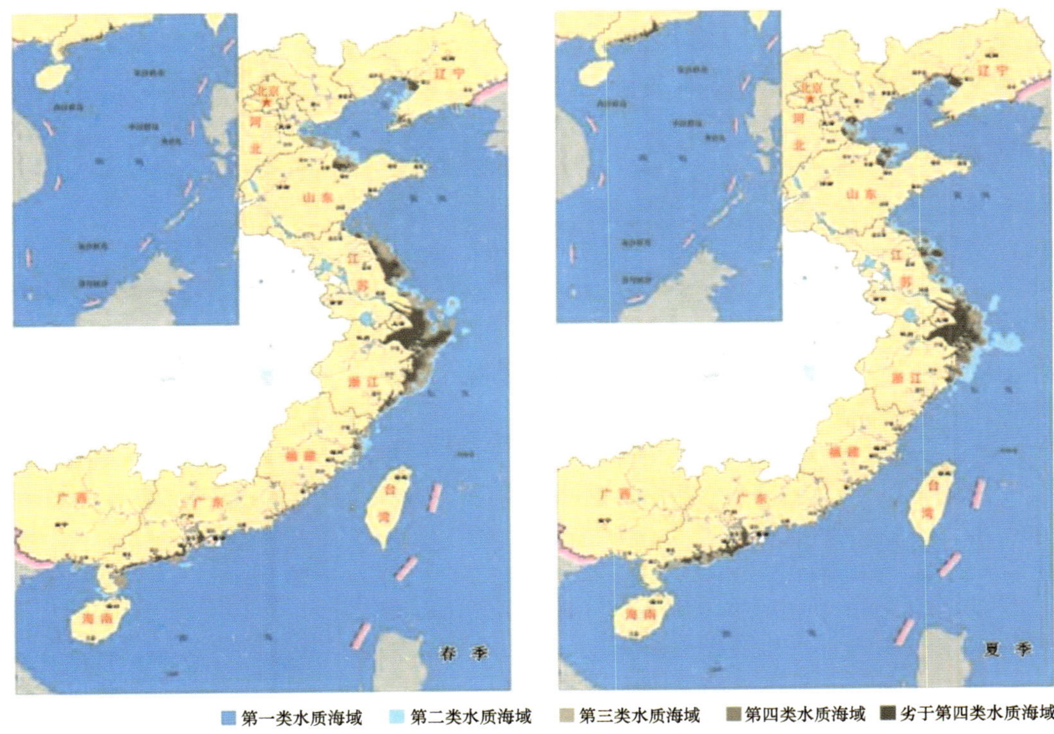

图 10-3 2016 年中国管辖海域各级污染海域面积季节变化示意

域面积均超过 16 000 平方千米。与上年相比夏季富营养化程度略微减轻，面积减少 6780 平方千米。

中国近岸海域富营养化格局与水质污染海域分布格局基本类似。渤海海域夏季轻度、中度和重度富营养化海域面积分别为 4340 平方千米、1970 平方千米和 810 平方千米，其中轻度富营养化海域面积比 2015 年降低 3000 平方千米，重度海域增加 300 平方千米。黄海海域春季和夏季富营养化面积较大，但重度富营养化面积最小。东海近岸海域富营养化程度最为严重，春季和夏季重度富营养化海域面积分别为 14 150 平方千米、11 800 平方千米；东海近岸海域富营养化程度为中度，春季富营养化面积是其他海区总和的 6.3 倍，夏季是其他海区总和的 2.5 倍，长江口和杭州湾是极难恢复的永久性“近岸死区”，浙江近岸海域是季节性“近岸死区”。南海海域春季富营养化程度有所改善，但夏季明显加重，夏季重度富营养化海域面积增加 1300 平方千米，主要集中在珠江口。

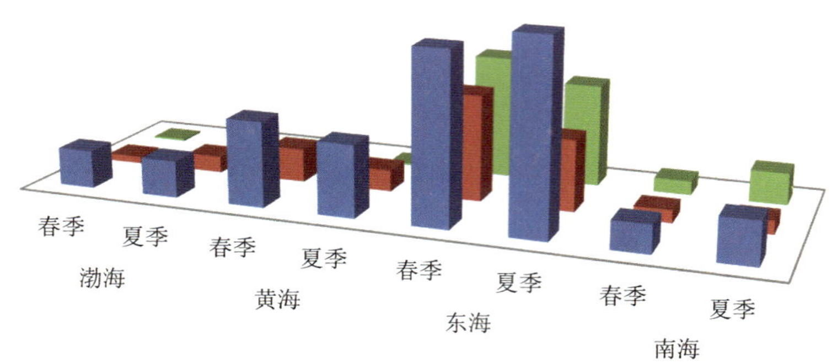

图 10-4　2016 年中国各海区富营养化海域面积季节变化

（三）沉积物环境

2016 年，中国管辖海域沉积物质量状况总体良好。近岸海域沉积物中铜和硫化物含量符合第一类海洋沉积物质量标准的站位比例超过 90%，其余监测要素含量符合第一类海洋沉积物质量标准的站位比例均在 95%以上。南海近岸以外海域个别站位砷含量超第一类海洋沉积物质量标准，渤海湾中部个别站位多氯联苯含量超第一类海洋沉积物质量标准。

二、陆源污染物排放

陆源污染物是造成近岸海域环境污染的主要原因，陆源污染物入海途径主要有河流、对海直接排污口和大气沉降等。大部分陆源污染物主要通过河流排放入海，通过排污口排放的污染物总量相对较小。

（一）河流排污

2016 年，监测的 68 条河流入海断面水质，枯水期、丰水期和平水期劣 V 类地表水水质标准的河流分别为 24 条、20 条和 26 条，占河流入海总数的 35%、29%和 38%，与上年相比分别降低 23%、27%和 7%。监测的 68 条河流入海污染物量分别为 COD_{cr} 1372 万吨、硝酸盐氮（以氮计）227 万吨、总磷（以磷计）18 万吨、石油类 4.6 万吨、重金属 1.4 万吨，其中长江、珠江、闽江、钱塘江、辽河和黄河等入海河流污染物量占总污染量的 80%以上，其中 COD_{cr} 约为 80%、硝酸盐氮为 95%、石油类为 90%。

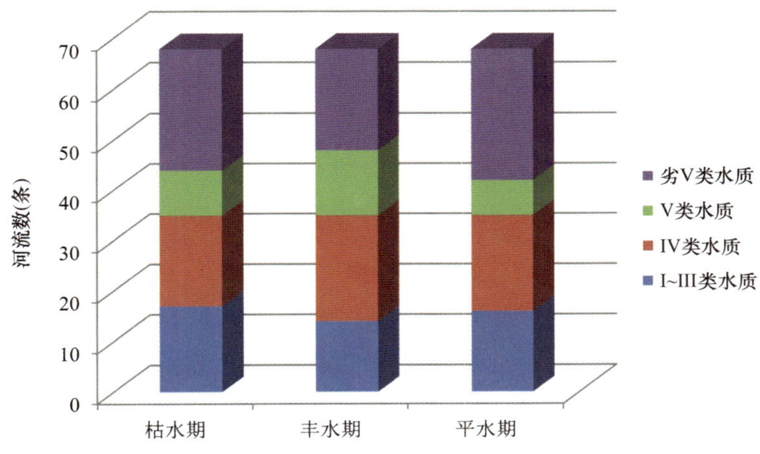

图 10-5　河流入海监测断面水质统计情况

（二）排污口排污

2016 年，入海排污口邻近海域环境质量总体较差，91%以上无法满足所在海域海洋功能区的环境保护要求。国家海洋局实施监测的 368 个陆源入海排污口中，工业排污口占 28%，市政排污口占 43%，排污河占 23%，其他类排污口占 6%。3 月、5 月、7 月、8 月、10 月和 11 月监测的入海排污口达标排放比率分别为 48%、52%、59%、60%、57%和 57%，全年入海排污口达标排放次数占监测总次数的 55%，较上年有所提高。93 个入海排污口全年各次监测均达标，69 个入海排污口全年各次监测均超标。入海排污口排放的主要污染物为总磷、COD_{Cr}、悬浮物和氨氮。

2016 年 8 月的监测结果显示，61 个排污口邻近海域水质劣于第四类海水水质标准，占监测总数的 75%；25 个入海排污口邻近海域沉积物质量不能满足所在海洋功能区沉积物质量要求，72%的排污口邻近海域水质劣于第四类海水水质标准，34%的排污口邻近海域沉积物质量不能满足所在海洋功能区沉积物质量要求，60%的排污口邻近海域贝类生物质量不能满足所在海洋功能区生物质量要求。

对日排污水量大于 100 吨的直排海工业污染源、生活污染源和综合排污口的污染物排放监测结果显示，东海区的污水排放量远远高于其他海区，并且总体呈现增长的趋势。渤海区的废水排放量显著低于其他海区，总体保持平稳，黄海和南海废水排放量大体相当，也总体保持平稳。

不同类型入海排污口中，工业、市政和其他类排污口达标排放次数比率分别为 68%、51%和 65%，排污河达标排放次数比率分别为 44%，较上年有所下降。2011—

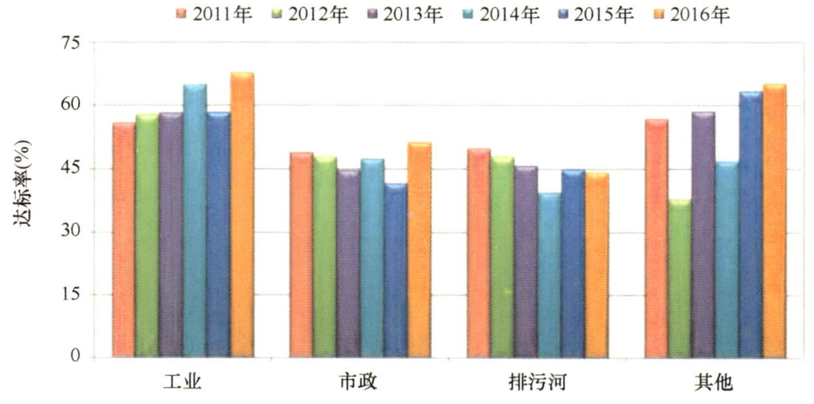

图 10-6　2011—2016 年不同类型排污口排放达标率

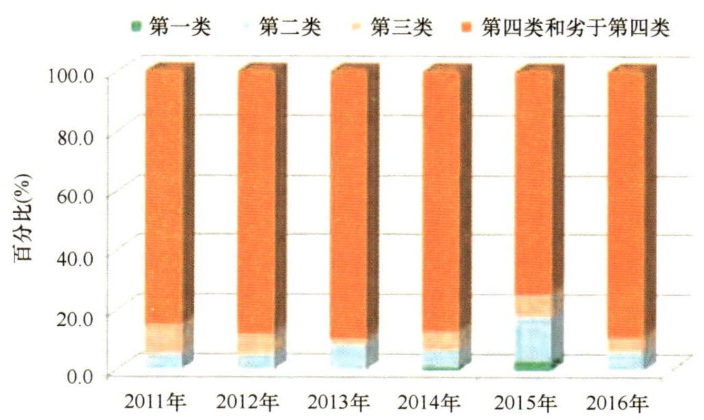

图 10-7　2011—2016 年入海排污口邻近海域水质变化情况

2016 年，工业排污口达标排放率较高，市政和排污河达标排放率较低。78%以上的排污口邻近海域水质等级为第四类和劣于第四类，邻近海域水质无明显改善，水体中的主要污染要素为无机氮和活性磷酸盐；排污口邻近海域沉积物环境质量等级为第三类和劣于第三类比例较 2015 年有所增加，主要污染物为石油类和重金属。排污口所排放的污染物总量虽然相对较低，但由于污水中污染物的浓度高，对排污口附近环境质量的影响非常严重。

（三）海洋垃圾

2016 年，国家海洋局对 45 个区域的海洋垃圾监测显示，旅游休闲娱乐区、农渔业区、港口航运区及邻近海域的海洋垃圾密度较高，旅游休闲娱乐区海洋垃圾多为塑料袋、塑料瓶等生活垃圾；农渔业区内塑料类、聚苯乙烯泡沫类等生产生活垃圾数量较多。

中国近岸海洋垃圾污染主要源自陆地活动，以塑料类垃圾为主，是全球污染最严重的区域之一。海漂垃圾平均超过 2200 个/千米^2，以塑料类垃圾数量最多，占 84%，木制品次之，占 9%。67%的海漂垃圾来自陆地，33%源于海上活动。海滩垃圾平均 70 348个/千米^2，其中塑料类数量最多，占 68%，主要为塑料袋、聚乙烯泡沫和香烟过滤嘴。91%的海滩垃圾源于陆地，9%源自海上。海底垃圾平均 1180 个/千米^2，主要为塑料袋、木块和玻璃瓶等。

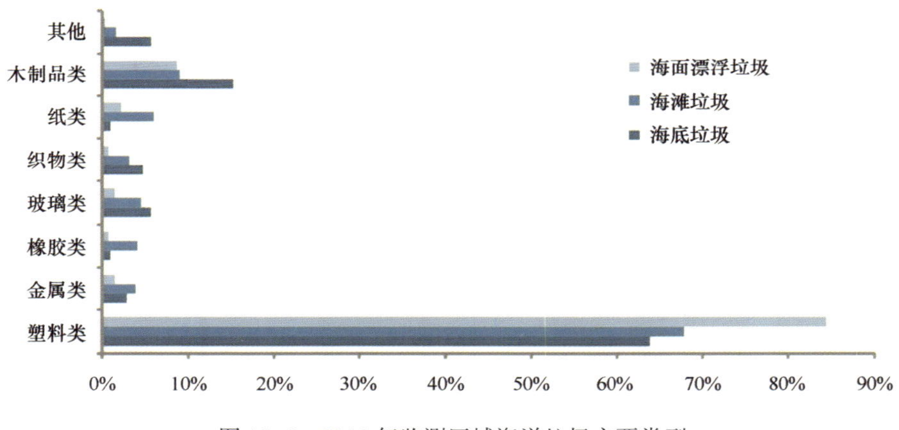

图 10-8　2016 年监测区域海洋垃圾主要类型

近年来，微塑料问题成为全球新兴海洋环境问题。微塑料含有塑化剂，能从环境中吸附有毒害物质。微塑料被海鸟、鱼类、底栖生物和浮游动物等不同营养级的海洋生物摄食后，可损害海洋生物的消化道，或刺激胃肠组织产生饱胀感而停止进食，所携带的有毒害物质会对海洋生物产生不利影响。渤海、东海、南海监测断面表层水体漂浮微塑料密度平均为 0. 29 个/米^3，最高为 2. 35 个/米^3；海滩微塑料密度最高为 1208 个/米^2，最低为 100 个/米^2。

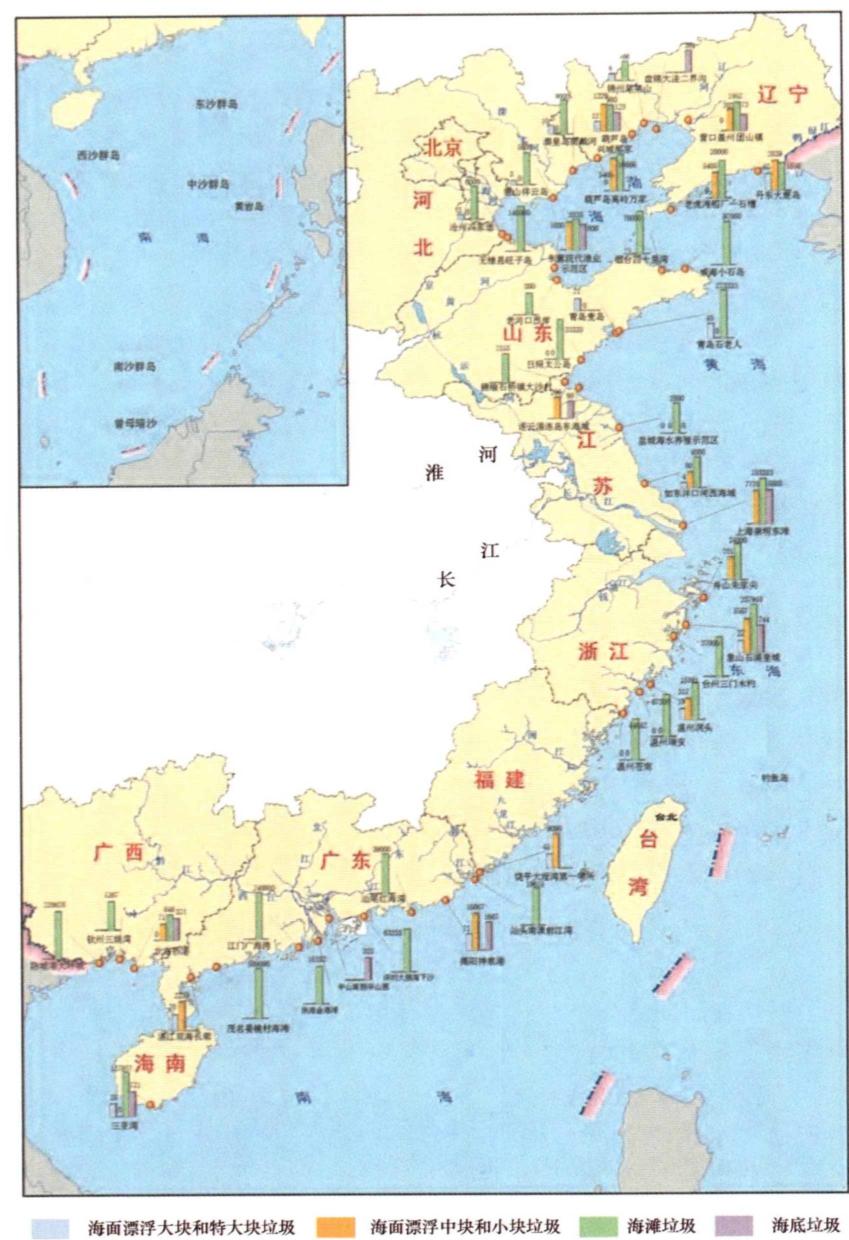

图 10-9　2016 年监测区域海洋垃圾数量分布示意

三、海洋生态健康状况及其变化

国家和地方涉海管理部门围绕典型生态系统监测、重要生态系统保护和受损关键生态系统修复等，积极开展海洋生态保护和建设工作。2016 年监测的河口和海湾生态系统多数处于亚健康或不健康状态。多年的监测结果显示，监控区生物多样性状况基本保持稳定，部分海洋保护区保护对象退化趋势明显。

（一）监控区海洋生物多样性状况

2016 年春季和夏季，国家海洋局在 15 个重点监控区内共监测到浮游植物 720 种，浮游动物 889 种，大型底栖生物 1764 种，海草 6 种，红树植物 10 种，造礁珊瑚 81 种。监控区内浮游植物以硅藻和甲藻为主，浮游动物以桡足类和水母类为主，大型底栖生物主要以软体动物、节肢动物和环节动物为主。南海区生物物种最高，浮游植物 510 种、浮游动物 631 种、大型底栖生物 1211 种；渤海区生物物种最低，浮游植物 234 种，浮游动物 89 种，大型底栖生物 349 种。2011—2016 年，监控区内海洋生物种类增多，生物多样性指数反而降低；从北至南，各监控区内生物多样性指数呈两端高中间低的趋势。

在各监控区内，长江口监控区浮游植物生物多样性指数最低，为 0. 91，与 2015 年相比降低 2. 27；长兴岛监控区最高，为 2. 71。锦州湾监控区内浮游动物生物多样性指数最低，为 1. 15；珠江口最高，为 2. 63，但与 2015 年相比降低 1. 32。杭州湾监控区内生物多样性指数最低，仅为 0. 25；庙岛群岛最高，为 3. 69。

（二）典型生态系统健康状况

2016 年，中国典型海洋生态系统健康状况仍然不容乐观，总体健康状况向好。国家海洋局实施监测的 21 个河口、海湾、滩涂湿地、珊瑚礁、红树林和海草床等海洋生态系统中，监测的河口、海湾与滩涂湿地生态系统健康状况基本稳定；珊瑚礁、红树林和海草床生态系统健康状况稳中向好。雷州半岛西南沿岸、北海、海南东海岸生态系统健康，锦州湾、杭州湾处于不健康状态，处于健康、亚健康和不健康状态的海洋生态系统分别占 24%、66% 和 10%。与上年相比，处于亚健康和不健康状态的生态系统占比降低了 10%。

监测的河口生态系统均呈亚健康状态。长江口、双台子河口、珠江口河口生态系统呈富营养化状态；滦河口—北戴河浮游动物密度高、生物量偏低，大型底栖生物密度和生物量偏低；黄河口浮游动物生物量偏高；长江口大型底栖生物密度高，监测到

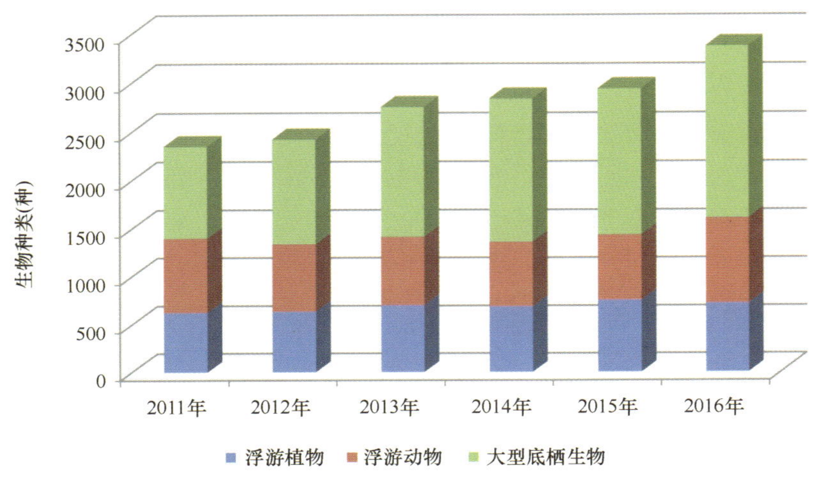

图 10-10 2011—2016 年各监测海区生物种类

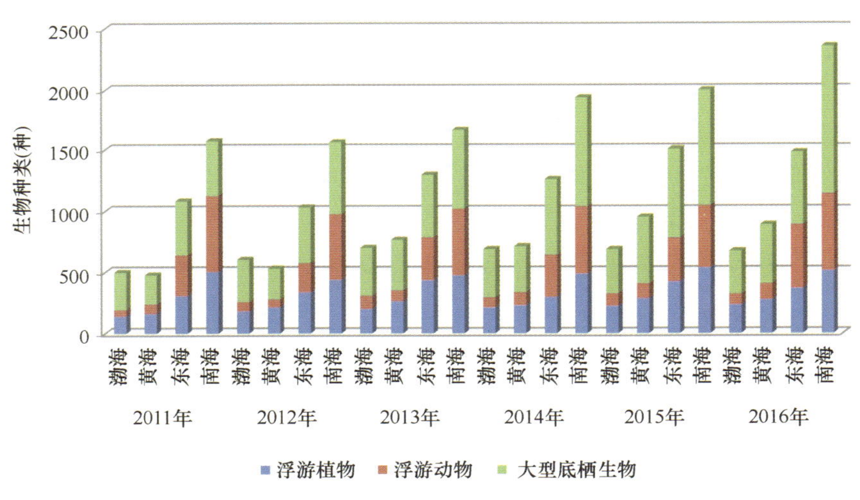

图 10-11 2011—2016 年各海区生物种类变化

1572 平方千米低氧区。监测的海湾生态系统多数呈亚健康状态，锦州湾和杭州湾生态系统呈不健康状态。除大亚湾外，所监测的海湾均呈富营养化状态，无机氮含量劣于第四类海水水质标准。多数海湾生态系统浮游植物密度较高，鱼卵仔鱼密度偏低，但总体呈上升趋势。锦州湾、杭州湾和大亚湾浮游动物密度偏低，渤海湾、乐清湾的浮游动物和大型底栖生物密度偏高。

苏北浅滩滩涂湿地生态系统呈亚健康状态。苏北浅滩生物体内铅、砷残留水平较高；浮游植物、浮游动物和生物量密度较高。滩涂植被以芦苇、碱蓬和互花米草为主，面积为 223 平方千米，与 2015 年相比略有减少。雷州半岛西南沿岸和广西北海珊瑚礁生态系统呈健康状态，活珊瑚盖度较上年分别增加 7.7% 和 7%，硬珊瑚补充量超过 1 个/米^2。海南东海岸和西沙珊瑚礁生态系统呈亚健康状态，活珊瑚盖度和种类仍处于近 10 年来的较低水平。广西北海和北仑河口红树林生态系统均呈健康状态，红树林群落类型基本稳定，部分区域幼苗增多。海南东海岸海草床生态系统呈健康状态，海草密度由上年的 1033 株/米^2 上升至 1330 株/米^2；北海海草床生态系统呈亚健康状态。

（三）海洋保护区生态状况

2016 年，国家海洋局新批准建立了 16 个国家级海洋公园。全国已建立国家级海洋保护区 81 个，各级各类海洋自然/特别保护区（海洋公园）250 余处，总面积约为 12.4 万平方千米。保护对象类型日益丰富，使中华白海豚、文昌鱼、中国鲎、鸟类、珊瑚等多个重要海洋生物物种，贝壳堤、陆连沙堤、牡蛎礁、海蚀地貌、砂质海岸等海洋自然景观和遗迹，红树林、珊瑚礁、河口湿地、海岛等海洋和海岸生态系统得到有效保护，中国近岸海域的海洋保护区网络不断完善。2016 年，国家海洋局对全国 65 个国家级海洋保护区开展了生态状况监测，36 个保护区实施了保护对象监测，54 个保护区开展了水质监测。结果显示，多数保护区的保护对象和水质状况基本保持稳定，贝壳堤面积有所减少，而出露滩面的古树桩多被侵蚀。

（四）主要海洋功能区生态状况

2016 年，全国海洋倾倒量为 15 922 万立方米，较上年增加 16.9%，倾倒物为清洁疏浚物，所使用的倾倒区及其周边海域海水水质和沉积物均能满足海洋功能区环境保护要求。长江口邻近海域和广东近岸海域的倾倒量最高，占全国总量的 65.3%；浙江、福建、山东近岸海域和渤海湾的倾倒量相对较高，占全国倾倒量的 3.9% ~ 7%。与 2015 年相比，倾倒区水深、海水水质和沉积物质量基本保持稳定，倾倒活动未对周边海域生态环境及其他海上活动产生明显影响。

2016 年，全国海洋油气区邻近海域环境质量基本符合海洋功能区环境保护要求，渤海个别油气区邻近海域海水中石油类含量有所增加。海水增殖养殖区综合环境质量等级为“优良”和“较好”的比例分别为 87% 和 13%，部分增殖养殖区水体呈富营养化状态以及沉积物中铜含量超标。2011—2016 年，海水增殖养殖区环境质量得到持续改善，综合环境质量等级“优良”比例逐年增加，“较差”和“及格”比例

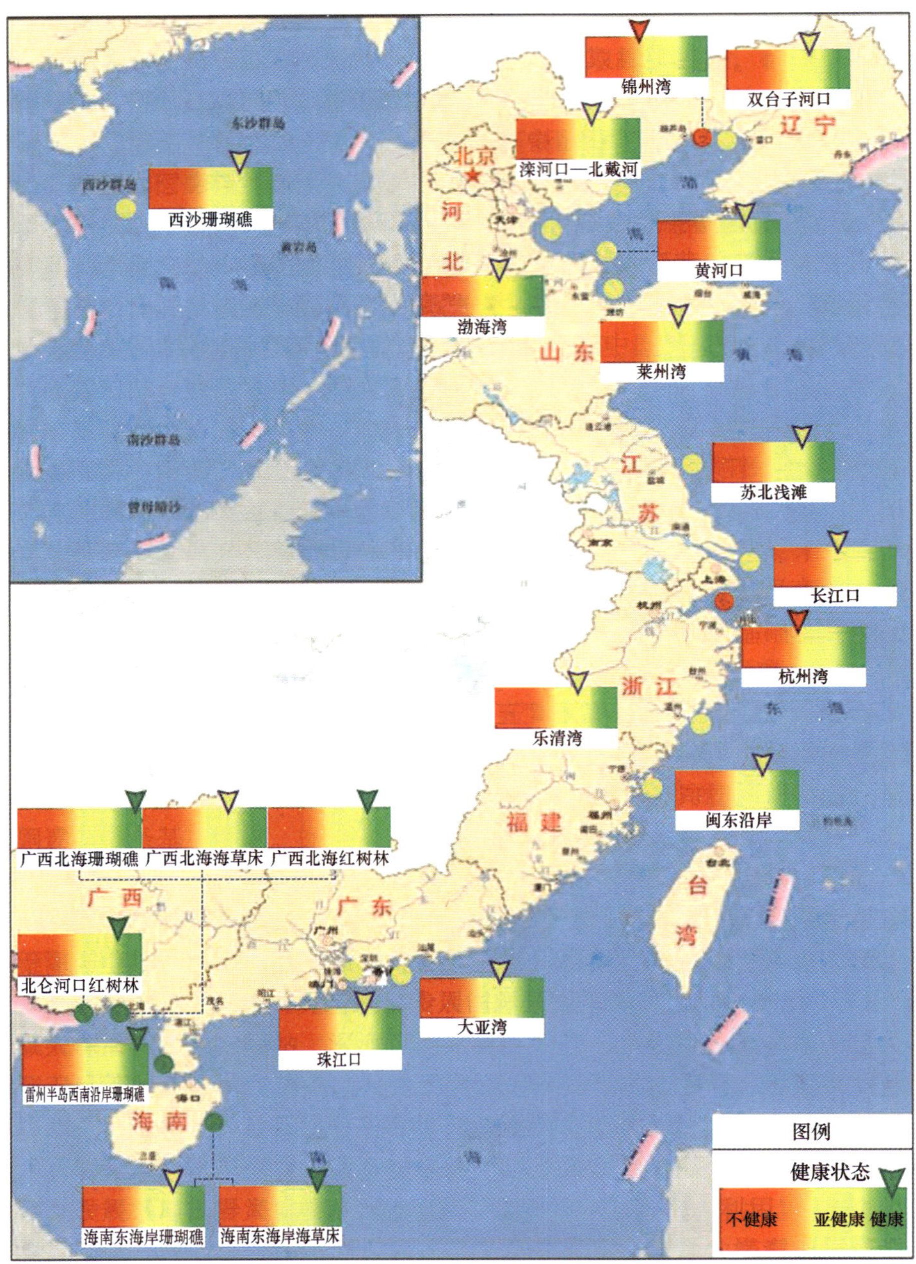

图 10-12 2016 年中国典型海洋生态系统健康状况

图 10-13 2016 年监测的国家级海洋保护区

逐年缩减。

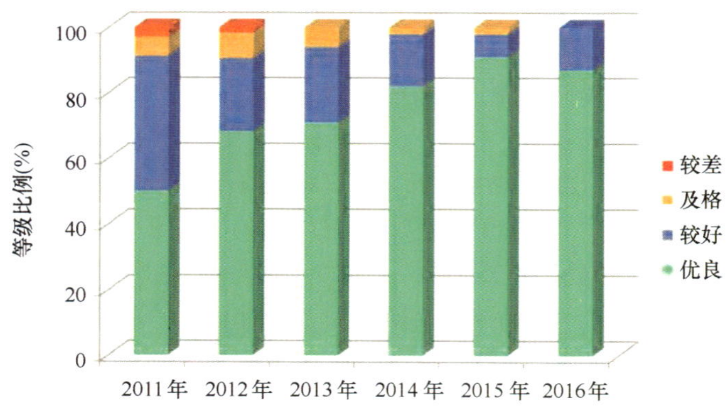

图 10-14　2011—2016 年海水增殖养殖区综合环境质量等级比例

四、海洋生态环境保护和管理

海洋生态环境保护和管理是运用行政、法律、经济、科技等手段，维持海洋环境的良好状况，防止、减轻和控制海洋环境损害或退化的行政行为，是海洋管理的重要组成部分。中央积极深化改革强化海洋生态环境管理的制度，通过实施重点生态工程推进海洋生态环境保护，进一步建立和完善海洋生态环境保护制度。

（一）深化改革强化海洋生态环境保护

2016 年，中央全面深化改革领导小组审议通过《海岸线保护与利用管理办法》和《围填海管控办法》，国务院批准实施《海洋督查方案》。这标志着中国海洋综合管理的制度体系进一步完善。

海岸线是海洋经济发展的“生命线”“黄金线”，具有重要的生态功能和资源价值。《海岸线保护与利用管理办法》是海洋领域全面贯彻落实中央深化改革任务、加强海洋生态文明建设的重大举措，是坚持五个发展理念、推动沿海地区社会经济可持续发展的必然要求，为依法治海、生态管海、实现自然岸线保有率管控目标、构建科学合理的自然岸线格局提供了重要依据。紧紧围绕建设海洋强国的总目标，牢固树立创新、协调、绿色、开放、共享五大发展理念，坚持问题导向。在管理体制上强化了海岸线保护与利用的统筹协调，在管理方式上确立了以自然岸线保有率目标为核心的倒逼机制，在管理手段上引入了海洋督察和区域限批措施，提出了海洋管理工作的新举措、新要求。

《海岸线保护与利用管理办法》强化了海岸线保护的硬举措。一是实行分类保护。根据海岸线自然资源条件和开发程度，将海岸线分为严格保护、限制开发和优化利用三类，并提出了分类管控要求。二是制订管控计划。为全面落实大陆自然岸线保有率不低于35%的管控目标，省级海洋主管部门制订本省自然岸线保护与利用的管控年度计划，并将任务分解到市、县。三是严格红线管理，将严格保护岸线纳入生态保护红线管理。

《海岸线保护与利用管理办法》加大了海岸线节约利用的硬约束。一是严格限制建设项目占用自然岸线。确需占用自然岸线的建设项目应严格论证和审批，不能满足自然岸线保有率管控目标和要求的围填海项目用海不予批准。二是加强占用人工岸线项目的集约节约管理。占用人工岸线的项目应按照集约节约用海的原则，严格执行建设项目用海控制标准，提高岸线利用效率。

《海岸线保护与利用管理办法》提出了海岸线整治修复的硬要求。一是制定整治修复规划和计划。编制国家和省级海岸线整治修复五年规划和年度计划，并建立全国海岸线整治修复项目库。二是明确整治修复项目实施要求。以提高自然岸线保有率为主要目标，明确项目的类型、技术标准等内容。三是建立完善整治修复投入机制。

《围填海管控办法》按照保护优先、适度开发、陆海统筹、节约利用的原则，严格控制围填海活动对海洋生态环境的不利影响，实现围填海经济效益、社会效益、生态效益相统一。要严格控制总量，依法科学配置，集约节约利用，严格落实生态保护红线的管控要求。要强化监管，对各类违规违法行为要追究责任。对海洋生态环境脆弱、环境污染严重湾区等生态敏感区域，自净能力差的海湾，严格控制大规模围填海活动。对经济生物的自然产卵场、繁殖场、索饵场、鸟类栖息地、海洋自然保护区和特别保护区的相关区域、重点河口和滨海湿地区域、重要砂质岸线，禁止实施围填海。

近年来中国海洋生态文明建设取得了重大进展和积极成效，但还是要清醒地认识到，海洋生态环境保护工作仍然面临压力，海洋生态文明制度的“四梁八柱”还不健全，亟须在国家层面建立有关海洋资源环境的政府内部层级监督制度，督促地方政府落实海洋生态环境保护的法定责任。随着中国工业化、城镇化不断推进，对海洋资源的需求持续增长，海洋环境局部恶化，海洋资源环境承载力已逼近“天花板”，这些问题逐渐成为中国海洋可持续发展的短板。一些沿海地方政府及海洋主管部门未能有力地贯彻执行相关政策部署和法律法规。此外，海洋的资源和环境在空间上高度重合、不可切割，海洋的流动性和整体性使得海洋污染等环境问题很容易演变为区域问题。因此必须统筹协调开发、环保和产业布局的方方面面，相应地，需要对海洋资源环境进行一体化督察。

2016 年，国务院批准《海洋督查方案》，建立健全国家海洋督察制度，是党中央国务院深化海洋领域管理机制改革、加强海洋资源环境保护的一项重要制度创新。国家海洋督察的对象是沿海省、自治区、直辖市人民政府及其海洋主管部门和海洋执法机构，可下沉至设区的市级人民政府。这是因为过去督察仅对地方海洋主管部门，而用海项目的审批权却在地方政府手里，使督察的影响力有限、震慑力不够，难以对地方政府形成有效约束，无法从根本上解决海洋资源环境监管体制机制问题。国家海洋督察则完善了政府内部的层级监督和专门监督，落实了主体责任。

海洋督察内容包括三个方面。首先是国家海洋资源环境有关决策部署贯彻落实情况，近期重点监督检查地方政府贯彻落实海洋主体功能区规划、海洋生态保护红线、围填海总量控制和自然岸线保有率控制等目标要求的情况。其次是国家海洋资源环境有关法律法规执行情况。此外还有突出问题及处理情况，包括海洋环境持续恶化情况，环境破坏、生态严重退化等区域性突出问题，群众反映强烈、社会影响恶劣的围填海、海岸线破坏等问题，以及突发环境灾害和重大海洋灾害的处理情况。

（二）实施重点生态工程推进海洋生态环境保护

2016 年 3 月，《中华人民共和国国民经济和社会发展第十三个五年规划纲要》明确提出实施蓝色海湾、南红北柳、生态岛礁整治等海洋重大工程。2016 年 5 月，财政部、国家海洋局《关于中央财政支持实施蓝色海湾整治行动的通知》明确开展蓝色海湾整治行动的城市，要促进近海水质稳中趋好，受损岸线、海湾得到修复，滨海湿地面积不断增加，围填海规模得到有效控制；在具有重要生态价值的海岛实施生态修复，促进有居民海岛生态系统保护，逐步实现“水清、岸绿、滩净、湾美、岛丽”的海洋生态文明建设目标。截至 2016 年年底，全国两批共 18 个城市被列入蓝色海湾整治行动中央财政支持序列。

加快开展蓝色海湾整治行动，遏制生态环境恶化的趋势，是改善海洋环境质量，提升海岸、海域和海岛生态环境功能，维护海洋生态安全的需要，对于沿海城市经济社会可持续发展具有非常重要的意义。蓝色海湾生态工程以提升海湾生态环境质量和功能为核心，提高自然岸线恢复率，改善近海海水水质，增加滨海湿地面积，开展综合整治工程，打造“蓝色海湾”，具体包括：海岸整治修复，建设生态廊道等，强化社会监督，保护好自然岸线；“南红北柳”滨海湿地植被种植和恢复，治理污染提升海湾水质；近岸构筑物清理与清淤疏浚整治，海洋生态环境监测能力建设，海洋经济可持续发展监测能力建设等。

汕尾市实施“蓝色海湾”生态工程，品清湾将整治岸线 13 千米，海水水质提升至三类标准，湿地面积增加 2.4 公顷，同时将对品清湾海岸带进行空间管控，并对环湾区进行综合管理。

到2020年，“蓝色行动”将重点治理污染严重的16个海湾，推进50个沿海城市毗邻重点小海湾的整治修复，恢复滨海湿地面积不少于8500公顷，修复近岸受损海域4000平方千米，整治和修复岸线2000千米，大大提升中国海洋环境生态保护与建设能力。

中国海岛保护仍面临诸多问题。部分海岛珍稀濒危和特有物种及其生境受损严重，珊瑚礁、红树林和海草（藻）床等典型海洋生态系统退化趋势尚未得到有效遏制；部分海岛自然和人文历史遗迹遭到破坏；部分领海基点所在海岛受侵蚀严重；有些海岛使用开发方式粗放，资源利用效率不高；海岛生产生活条件普遍落后，污水、固废等处置设施缺乏。

海岛成为海洋经济发展新的增长点和海洋经济结构调整的重要载体。随着海岛开发活动的增加，海岛经济对国民经济的贡献率不断提升，已成为中国海洋经济发展的第二经济带，在推进海洋强国建设中发挥着重要作用。当前，中国正处于全面建成小康社会的决胜阶段，区域协调发展进程加快，海岛产业面临优化升级，海岛生态保护与开发利用的博弈局面长期存在。海洋生态环境尤其海岛生态环境问题，日益成为公众和政府关注的重大问题。海岛地区人民群众对优质生态产品和优良生活环境的需求日趋迫切。中国海岛存在有居民海岛资源过度消费，部分已开发海岛破坏严重，整体开发层次较低、同质化竞争普遍，海岛维权形势依然严峻等主要问题。面临着海岛经济发展必须向可持续化模式转变的形势。

生态岛礁建设以改善海岛生态环境质量和功能为核心，修复受损岛体，促进生态系统的完整性，提升海岛综合价值，具体包括：自然生态系统保育保全，珍稀濒危和特有物种及生境保护，生态旅游和宜居海岛建设，权益岛礁保护，生态景观保护等，并同步开展海岛监视监测站点建设和生态环境本底调查等。将全国海岛分为渤海区、北黄海区、南黄海区、东海大陆架区、台湾海峡西岸区、南海北部大陆架区、海南岛区和三沙区8个分区，确立了生态保育类、权益维护类、生态景观类、宜居宜游类和科技支撑类五类工程，并在组织领导、资金投入、规章制度等方面提出了具体保障措施。实施生态岛礁工程重点是遏制海岛生态系统退化趋势，建立绿色、高效、宜居的海岛保护与开发利用模式，创造优良的海岛生态、生产和生活空间，为海洋权益维护、海洋生态文明和海上丝绸之路建设提供支撑与保障。

实施生态岛礁工程，将使中国海岛生态系统完整健康，生态服务功能彰显；海岛人民生产生活水平和品质大幅提升，建成一批宜居宜游海岛；权益海岛保持稳定并有效管控，海洋权益维护取得新进展；基于生态系统的海岛综合管理格局形成。到2020年，在100个海岛实施生态岛礁工程，将实施25个生态保育类工程；10个权益维护类工程；20 个生态景观类工程；27 个宜居宜游类工程；建设 18 个科技支撑类工程。形成各具特色的生态岛礁建设模式、标准和长效建设管理机制，引领全国生态岛礁建设，使海岛生态保护取得新突破，海岛人居环境呈现新面貌，权益岛礁保护获得新成就，海岛综合管理开创新局面。

（三）建立和完善海洋生态环境保护制度

海洋生态红线区指为维护海洋生态健康与生态安全，以重要生态功能区、生态敏感区和生态脆弱区为保护重点而划定的事实严格管控、强制性保护的区域。国家海洋局颁布的《关于建立渤海海洋生态红线制度的若干意见》，提出要将渤海海洋保护区、重要滨海湿地、重要河口、特殊保护海岛和沙源保护海域、重要砂质岸线、自然景观与文化历史遗迹、重要旅游区和重要渔业海域等区域划定为海洋生态红线区，并进一步细分为禁止开发区和限制开发区，依据生态特点和管理需求，分区分类制定红线管控措施。

2016 年 6 月，国家海洋局印发《关于全面建立实施海洋生态红线制度的意见》，并配套印发《海洋生态红线划定技术指南》，指导全国海洋生态红线划定工作，标志着全国海洋生态红线划定工作全面启动。对开发活动进行分区分类管理是生态红线制度的重点任务。海洋生态红线区分为禁止开发区和限制开发区。禁止开发区是指生态红线区内禁止一切开发活动的区域，包括海洋自然保护区的核心区和缓冲区、海洋特别保护区的重点保护区和预留区。限制开发区是生态红线区内除禁止开发区以外的其他海域，主要包括海洋自然保护区的实验区，海洋特别保护区的适度利用区和生态与资源恢复区及除上述之外的重要海洋生态功能区、生态敏感区和生态脆弱区。在限制开发区依据生态系统类型实施差异化的管控措施。例如：在重要河口区域，禁止开展采挖海砂、围填海等破坏河口生态功能的活动；在重要旅游区，禁止开展污染海洋环境、破坏岸滩整洁、排放海洋垃圾、引发岸滩侵蚀等损害公众健康、妨碍公众亲水活动的开发活动。

《关于全面建立实施海洋生态红线制度的意见》提出，海洋生态红线区面积占沿海各省（区、市）管理海域总面积的比例不低于 30%，全国大陆自然岸线保有率不低于 35%，全国海岛保持现有砂质岸线长度，到 2020 年近岸海域水质优良（一、二类）比例达到 70%左右。同时，明确了沿海各省（区、市）海洋生态红线区面积、大陆自然岸线、海岛自然岸线的具体控制指标。《海洋生态红线划定技术指南》为从技术上保障全国海洋生态红线划定工作的规范性、客观性、科学性，对海洋生态红线的划定原则、控制指标确定、划定技术流程、红线区识别和范围确定等进行了全面详细的规范。

渤海作为黄河、辽河、海河三大水系汇聚的半封闭内海，海水交换和自净能力差，海洋生态系统脆弱。此外，船舶石油产品跑冒滴漏、船舶生活污水、海上石油开采和海水养殖中的添加剂也会对海洋造成严重污染。另外，海岸曲折、水流交换不畅，使得海水的温度、pH 值、含盐量、透明度、生物种类和数量等性状发生改变，对海洋的生态平衡构成危害。2017 年 5 月，国家海洋局颁布《进一步加强渤海生态环境保护工作的意见》。这是继 2009 年由国家发展改革委、环保部、住房和城乡建设部、水利部与国家海洋局五部门共同制定的《渤海环境保护总体规划（2008—2020 年）》出台后，又一专门针对渤海环境保护工作的指导意见。

《进一步加强渤海生态环境保护工作的意见》要求按照以生态系统为基础的海洋综合管理要求，抓紧编制渤海省级海洋主体功能区规划，同步制定海域空间资源利用、生态环境保护等差别化配套政策。加强入海污染物联防联控。全面开展环渤海污染源排查工作，以天津为示范，强化与近岸海域水质考核目标的衔接，逐步在环渤海区域全面落实以保护生态系统、改善环境质量为目标的总量控制制度；强化与“河长制”的衔接联动，率先在秦皇岛开展“湾（滩）长制”试点，并在环渤海区域全面实施。

加强海洋空间资源利用管控。提高生态环境准入门槛，禁止严重过剩产能以及高耗能、高污染、高排放项目用海；暂停受理、审批渤海内区域用海规划；暂停安排渤海内的年度围填海计划指标；暂停选划临时性海洋倾倒区，调整完善海洋倾倒区布局，禁止倾倒除海上疏浚物以外的废弃物。

加强海洋生态保护与环境治理修复和海洋生态环境监测评价。加快海洋保护区建设，建立海洋保护区分类管理制度，全面开展保护区内开发活动的专项检查和清理，推动建立海洋生态保护补偿制度，尽快出台海岛保护名录；强化“一站多能”和县级及以上海洋生态环境监测机构建设，重点建设海洋环境实时在线监控系统；完善海上应急监测及处置预案，开展风险评估和风险区划；加强海洋生态灾害形成机理以及海洋自然灾害对生态环境的影响研究，分区分级建设海洋生态灾害应急监测体系，完善海洋生态灾害应急预案。

加强海洋《督察执法与责任考核》。落实国家海洋督察制度，对围填海管控措施、重点河口海湾治理、自然岸线管控目标、海洋生态红线制度等落实情况进行督察；依法制止和查处各类污染和损害海洋生态环境的违法违规行为；加快推进渤海近岸海域水质考核，建立自然岸线保有率管控目标责任制。

五、小结

2016 年，中国管辖海域海水环境质量总体良好，近岸局部海域海水环境污染依然严重。南海和黄海近岸海域海水污染程度相对较轻，而东海近岸海域的海水污染程度相对较重。陆源入海排污口排放达标率为55%，监测的河口和海湾生态系统76%处于亚健康或不健康状态。国家海洋局新批准建立了16个国家级海洋公园。中国已建立国家级海洋保护区81个，全国各级各类海洋自然/特别保护区（海洋公园）250余处，总面积约为12.4万平方千米，中国近岸海域的海洋保护区网络不断完善。中国推进“蓝色海湾”“南红北柳”和“生态岛礁”工程，浙江建立了自然岸线与生态岸线“占补平衡”机制，福建建立了30个保护砂质岸线的海岸公园，河北唐山积极推广藻礁生态系统建设模式。实施全国海洋生态红线“一张图”管理，确保海洋生态红线区面积不减少、生态不恶化。严格海洋工程建设项目环评审批，建立实施海洋工程区域限批制度。出台加强倾废管理工作的意见。制定海洋生态补偿办法，重点建立海洋工程建设项目和海洋保护区生态补偿制度。

第十一章　中国海洋防灾减灾

在气候变化、人类活动等因素的累积作用下，海洋灾害的复杂性和不可预见性增加，对社会经济发展的影响总体呈增加的趋势。我国沿海地区人口密度大，各类经济活动频繁，局部海岸带生态系统退化，海洋灾害的脆弱性较高，海洋防灾减灾工作任重道远。随着国际和国内政治、经济格局的变化，海洋防灾减灾工作和可持续发展的联系愈加紧密，在建设海洋强国和国际海洋治理中的作用愈加凸显。

一、海洋灾害概述

2016 年，中国各类海洋灾害造成直接经济损失 50.00 亿元，死亡（含失踪）60 人。各类海洋灾害中，风暴潮造成的直接经济损失最为严重，为 45.94 亿元，占总直接经济损失的 92%。死亡（含失踪）人数全部由海浪灾害造成。与近 10 年（2007—2016 年）海洋灾害平均状况相比，2016 年海洋灾害直接经济损失和死亡（含失踪）人数低于平均值，受灾害总体影响较轻。①

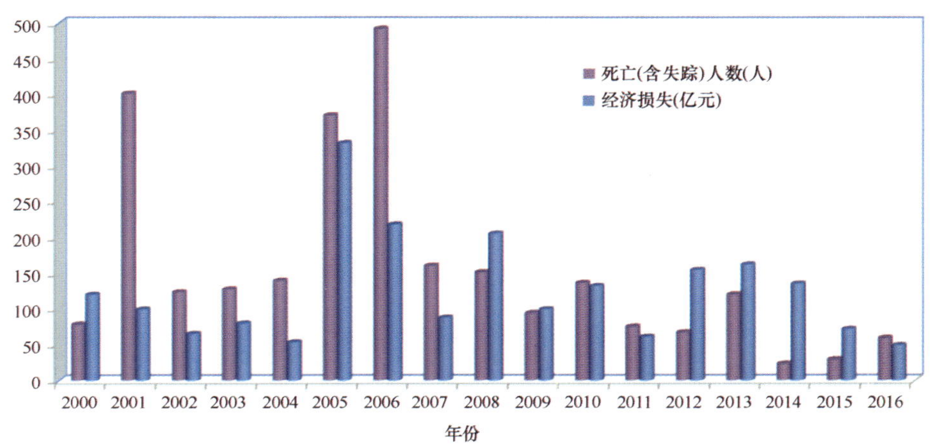

图 11-1　2000—2016 年海洋灾害直接经济损失和死亡（含失踪）人数

资料来源：国家海洋局：2000—2016 年《中国海洋灾害公报》，2005—2017 年。

① 国家海洋局：《2016 年中国海洋灾害公报》，2017 年。

2016年，海洋灾害直接经济损失最严重的是福建省、广东省和河北省，因灾直接经济损失分别为16.21亿元、9.63亿元和9.35亿元（见表11-1）。

表11-1 2016年沿海各省（自治区、直辖市）主要海洋灾害损失统计

省（区、市）	致灾原因	死亡（含失踪）人数（人）	直接经济损失（亿元）
辽宁	风暴潮、海冰、海岸侵蚀	0	0.45
河北	风暴潮	0	9.35
天津	风暴潮	0	0.80
山东	风暴潮、海岸侵蚀	0	2.39
江苏	风暴潮、海浪、海冰	0	0.37
浙江	风暴潮、海浪	17	2.42
福建	风暴潮、海浪	23	16.21
广东	风暴潮、海浪、海岸侵蚀	4	9.63
广西	风暴潮	0	2.69
海南	风暴潮、海浪	16	5.69
合计		60	50.00

资料来源：国家海洋局：《2016年中国海洋灾害报告》，2017年。

（一）赤潮和绿潮

近年来，由于近岸海水的富营养化、全球气候变化而导致的海水温度变化等原因，中国近海的有害藻华发生频率不断提高，分布区域、规模和危害效应也在不断扩大，已成为我国最严重的海洋灾害之一。

1. 赤潮

2016年，中国沿海共发现赤潮68次，累计面积7484平方千米。4—8月为赤潮的高发期，其中5月发现赤潮次数最多，为16次；8月发现赤潮面积最大，为3008平方千米。东海海域发现赤潮的次数最多且累积面积大，分别为37次和5714平方千米。与

2015 年相比，赤潮发生的次数和累积面积均有所增加。①

表 11-2　2006—2016 年赤潮的基本情况

年份	发生次数（次）	累计面积（平方千米）
2006	93	19 840
2007	82	11 610
2008	68	13 738
2009	68	14 102
2010	69	10 892
2011	55	6 076
2012	73	7 971
2013	46	4 070
2014	56	7 290
2015	35	2 809
2016	68	7 487

资料来源：国家海洋局：2006—2016 年《中国海洋灾害报告》，2007—2017 年。

表 11-3　2016 年我国各海域发现赤潮情况统计

海域	发生赤潮次数（次）	累计面积（平方千米）
渤海海域	10	740
黄海海域	4	62
东海海域	37	5714
南海海域	17	968
合计	68	7484

资料来源：国家海洋局：《2016 中国海洋灾害公报》，2017 年。

① 国家海洋局：《2016 年中国海洋灾害公报》，2017 年。

2016年，我国沿岸引发赤潮的优势种共有28种。东海原甲藻引发赤潮累计面积最大，为2966平方千米；夜光藻引发赤潮次数最多，为20次。单次持续时间最长的赤潮过程发生在渤海湾北部海域，持续时间68天，最大面积630平方千米。单次面积最大的赤潮发生在长江口海域，最大面积达到2000平方千米，持续时间为6天。

2. 绿潮①

2016年，引发大面积绿潮的主要藻种为浒苔。5—8月，绿潮影响我国黄海沿岸海域，覆盖面积于6月25日达到最大值，约554万平方千米；分布面积于6月25日达到最大值，约57 500平方千米，为近5年来最大值。

2016年5月初在江苏盐城以东海域发现漂浮绿潮藻；5月中下旬，绿潮持续向偏北方向漂移，分布面积不断扩大；6月间绿潮持续影响山东半岛沿海，分布面积保持在较高水平；7月中下旬，分布面积逐渐减少，进入消亡期；8月上旬，绿潮基本消亡。

2016年，绿潮密集区分布呈现先偏东后偏西且范围广的特点。绿潮密集区主要分布在山东青岛、烟台海阳及威海近岸海域。

表11-4　2008—2016年中国黄海沿岸海域绿潮的基本情况

年份	主要影响区域	最大分布面积（平方千米）	最大覆盖面积（平方千米）	种类
2008	山东青岛	25 000	650	浒苔
2009	山东青岛、烟台、威海、日照	58 000	2 100	浒苔
2010	山东青岛、烟台、威海、日照	29 800	650	浒苔
2011	山东青岛、烟台、威海、日照	26 400	560	浒苔
2012	山东青岛、烟台、威海、日照	19 400	261	浒苔
2013	山东青岛、烟台、威海、日照 江苏连云港、盐城	29 733	790	浒苔
2014	山东青岛、日照以及江苏盐城、连云港	50 000	540	浒苔

① 国家海洋局：《2016年中国海洋灾害公报》，2017年。

续表

年份	主要影响区域	最大分布面积（平方千米）	最大覆盖面积（平方千米）	种类
2015	山东青岛、烟台、威海、日照	52 700	594	浒苔
2016	山东青岛、烟台海阳、威海	57 500	554	浒苔

资料来源：国家海洋局：2008—2016 年《中国海洋灾害公报》，2009—2017 年。

（二）风暴潮与海浪[①]

1. 风暴潮

2014 年，中国沿海共发生风暴潮过程 18 次，造成直接经济损失 45.94 亿元，为近 5 年平均值的43%。其中台风风暴潮过程 10 次，8 次造成灾害，直接经济损失 33.95 亿元；温带风暴过程 8 次，3 次造成灾害，直接经济损失 11.99 亿元。

2016 年，风暴潮灾害较严重的是福建省、河北省和广东省，因灾直接损失分别为 16.06 亿元、9.35 亿元和 9.26 亿元，占总风暴潮直接经济损失的 75%。

2016 年 9 月 13—19 日，强台风“莫兰蒂”和“马勒卡”先后影响我国沿海。其中，“莫兰蒂”在福建省厦门市翔安区沿海登陆；“马勒卡”未在我国沿海登陆，与南下冷空气配合于 16—19 日影响福建省、浙江省、上海市和江苏沿海。受风暴潮和近岸浪的共同影响，江苏、浙江和福建三地因灾直接经济损失合计 9.19 亿元。“莫兰蒂”台风风暴潮影响期间，沿海监测到的最大风暴增水为 288 厘米，发生在福建省石井站。“马勒卡”台风风暴潮影响期间，沿海监测到的最大风暴增水为 112 厘米，发生在江苏省吕四站。

9 月 28 日 04 时 40 分前后，台风“鲇鱼”在福建省泉州市惠安县沿海登陆。受风暴潮和近岸浪的影响，福建和浙江两地因灾直接经济损失合计 8.92 亿元。沿海监测到的最大风暴增水为 222 厘米，发生在福建省琯头站。

---

① 国家海洋局：《2016 年中国海洋灾害公报》，2017 年。

表 11-5 2016 年沿海风暴潮灾害损失的基本情况

省（区、市）	受灾人口		受灾面积		设施损毁			直接经济损失（亿元）
	受灾人口（万人）	死亡（含失踪）人数（人）	农田（$\times10^3$公顷）	水产养殖（$\times10^3$公顷）	海岸工程（千米）	房屋（间）	船只（艘）	
辽宁	–	0	0	0	6	0	1	0.09
河北	–	0	0	0	14.5	5	35	9.35
天津	–	0	0	0.4	17.53	0	2	0.80
山东	–	0	0	0.96	126.32	86	2	1.75
江苏	–	0	0	0	0	6	0	0.00
浙江	116.44	0	0	5.33	4.31	2	69	2.40
福建	3.59	0	0.94	19.54	41.36	571	712	16.06
广东	194.60	0	0.00	23.04	20.27	12	857	9.26
广西	24.76	0	0	0.08	23.87	14	0	2.69
海南	–	0	0	3.19	5.23	0	143	3.54
合计	339.39	0	0.94	52.54	259.39	696	1821	45.94

资料来源：国家海洋局：《2016 年中国海洋灾害公报》，2017 年。

表 11-6 2004—2016 年风暴潮灾害的基本情况

年份	发生次数（次）	致灾次数（次）	受灾人次（万人）	死亡（含失踪）人数（人）	直接经济损失（亿元）
2004	19	9	1614.2	49	52.2
2005	20	10	2316.9	137	329.8
2006	28	5	2688.3	327	217.1
2007	30	9	428.3	18	87.2
2008	25	11	176.2	56	192.2
2009	32	8	872.1	57	85.0
2010	28	8	437.1	5	65.8
2011	22	6	234.68	0	48.8

续表

年份	发生次数（次）	致灾次数（次）	受灾人次（万人）	死亡（含失踪）人数（人）	直接经济损失（亿元）
2012	24	9	752.18	9	126.3
2013	26	14	1380.34	0	152.96
2014	9	7	1095.54	6	135.78
2015	10	8	786.53	7	72.62
2016	18	11	339.39	0	45.94

资料来源：国家海洋局：2004—2016 年《中国海洋灾害公报》，2005—2017 年。

2. 海浪

2016 年，中国近海共出现有效波高 4 米以上的灾害性海浪过程 36 次，其中台风浪 13 次，冷空气浪和气旋浪 23 次，造成直接经济损失 0.37 亿元，死亡（含失踪）60 人。海浪总体灾情偏轻，因灾造成的直接经济损失为前 5 年平均值（2.76 亿元）的 13%，死亡（含失踪）人数为近 5 年平均值（57 人）的 1.05 倍。海浪灾害造成人员和直接经济损失集中在江苏、浙江、福建、广东和海南等省。①

表 11-7 2016 年沿海各省（区、市）海浪灾害损失统计

省（区、市）	死亡（含失踪）人数（人）	水产养殖受灾面积（$\times 10^3$ 公顷）	海岸工程损毁（千米）	船只损毁（艘）	直接经济损失（万元）
江苏	0	0.06	0.81	0	1655.7
浙江	17	0	0	47	191.00
福建	23	0	0	7	1510.00
广东	4	0	0	4	34.00
海南	16	0	0	9	280.00
合计	60	0.06	0	67	3670.70

资料来源：国家海洋局：《2016 年中国海洋灾害公报》，2017 年。

① 国家海洋局：《2016 年中国海洋灾害公报》，2017 年。

表 11-8　2004—2016 年灾害性海浪的基本情况

年份	发生次数（次）	死亡（含失踪）人数（人）	直接经济损失（亿元）
2004	35	91	2. 07
2005	66	234	1. 91
2006	55	165	1. 34
2007	50	143	1. 16
2008	33	96	0. 55
2009	32	38	8. 03
2010	35	132	1. 73
2011	37	68	4. 42
2012	41	59	6. 96
2013	43	121	6. 3
2014	35	18	0. 12
2015	33	23	0. 059
2016	36	60	0. 37

资料来源：国家海洋局：2004—2016 年《中国海洋灾害公报》，2005—2017 年。

（三）海冰

2015/2016 年冬季，渤海和黄海受海冰灾害影响，造成直接经济损失 0. 20 亿元，是前 5 年平均值（1. 05 亿元）的 19%，为 2014/2015 年冬季的 3. 33 倍。

2015/2016 年冬季，渤海及黄海北部冰情为常年冰（3. 0 级），最大浮冰范围出现在 2016 年 2 月 2 日，覆盖面积 39 284 平方千米。辽东湾海域海冰最大覆盖面积为 21 594平方千米，出现在 2 月 1 日；渤海湾海域海冰最大覆盖面积为 9436 平方千米，出现在 2 月 2 日；莱州湾海域海冰最大覆盖面积为 5084 平方千米，出现在 2 月 3 日；黄海北部海域海冰最大覆盖面积为 6216 平方千米，出现在 2 月 1 日。

2016 年 1 月，受寒潮影响，海冰发展的速度非常快。根据卫星监测结果，1 月 24 日，辽东湾海域海冰分布面积为 18 910 平方千米；渤海湾海冰分布面积 8173 平方千米；莱州湾海冰分布面积为 2962 平方千米；黄海北部海域海冰分布面积为 5065 平方千米。大面积的海冰对渔业捕捞、养殖业、航运以及海岛居民的生活带来了不利的影响。

表 11-9　2015/2016 年冬季海冰灾害损失统计

省（区、市）	受灾人口		损毁船只（艘）	水产养殖损失		海岸工程损失（千米）	直接损失（万元）
	受灾人口（万人）	死亡（含失踪）人口（人）		受灾面积（$\times10^3$ 公顷）	数量（万吨）		
辽宁	-	0	2	0	0	0	4.00
江苏	-	0	0	1.67	0.37	0	2000.00
合计	-	0	2	1.67	0.37	0	2004.00

资料来源：国家海洋局：《2016 年中国海洋灾害公报》，2017 年。

（四）海平面上升

气候变暖导致陆源冰融化和海水热膨胀是海平面上升的主要原因。自 19 世纪中叶以来，全球海平面上升速率高于过去 2000 年以来的平均速率。1901—2010 年，全球海平面平均上升了 0.19 米。1901—2010 年全球海平面上升的平均速率约为 1.7 毫米/年，1971—2010 年为 2.0 毫米/年，1993—2010 年为 3.2 毫米/年，海平面上升速率明显加快。①

中国沿海海平面变化总体呈波动上升趋势。1980—2016 年，中国沿海海平面上升速率为 3.2 毫米/年，高于全球平均水平。2016 年，中国沿海海平面较常年（1993—2011 年）高 82 毫米，较 2015 年高 38 毫米，为 1980 年以来的最高位。中国沿海近 5 年来的海平面处于 30 多年来的高位。

2016 年，中国沿海海平面上升明显。与常年相比，渤海、黄海、东海和南海沿海海平面分别升高 74 毫米、66 毫米、115 毫米和 72 毫米。与 2015 年相比，渤海、黄海、东海和南海沿海海平面分别升高 24 毫米、28 毫米、52 毫米和 48 毫米。其中，东海沿海海平面上升幅度最大，升幅高于其他海区。2016 年，中国沿海海平面变化时间特征明显。其中 4 月、9 月、11 月和 12 月海平面达到历史同期最高。②

---

① 联合国政府间气候变化委员会：IPCC 第五次评估报告《气候变化 2013：自然科学基础》，2013 年。

② 国家海洋局：《2016 年中国海洋灾害公报》，2017 年。

（五）海岸侵蚀

2016 年海岸侵蚀监测显示，中国砂质海岸和粉砂淤泥质海岸侵蚀严重。砂质海岸侵蚀严重地区主要分布在辽宁、山东、福建、广东和海南监测岸段；粉砂淤泥质海岸侵蚀严重地区主要分布在江苏岸段。与 2015 年相比，砂质海岸侵蚀长度有所减少，但局部侵蚀加重；粉砂淤泥质海岸侵蚀长度有所增加。2016 年，海岸侵蚀造成了土地流失、房屋损毁等，直接经济损失达到 3. 49 亿元。①

表 11-10　2016 年海岸侵蚀损失统计

省（区、市）	土地流失面积（公顷）	房屋损毁（间）	海堤护岸损毁（米）	道路损毁（米）	直接经济损失（亿元）
辽宁	7. 41	3	229	0	0. 36
山东	3. 03	0	0	95	0. 64
广东	2. 01	7	0	18	0. 37
海南	13. 09	1	20	1000	2. 12
合计	25. 54	11	249	1113	3. 49

资料来源：国家海洋局：《2016 年中国海洋灾害公报》，2017 年。

（六）海水入侵与土壤盐渍化

2016 年，渤海滨海平原地区海水入侵较为严重，主要分布于河北秦皇岛、唐山和沧州地区，以及山东滨州和潍坊地区，海水入侵距离一般距岸 13~25 千米。黄海、东海和南海沿岸海水入侵范围较小。与 2015 年相比，重点监测区海水入侵范围基本保持稳定或有所缩小。

2016 年，土壤盐渍化较严重的区域主要分布于河北沧州、天津，山东滨州和潍坊等滨海平原地区。①

① 国家海洋局：《2016 年中国海洋灾害公报》，2017 年。

表 11-11 2016 年重点监测区海水入侵范围

省（区、市）	监测断面	断面长度（千米）	重度入侵距岸距离（千米）	轻度入侵距岸距离（千米）
辽宁	盘锦清水乡永红村	17.81	–	–
	营口盖州团山乡西河口	3.86	–	>3.86
	锦州小凌河西侧娘娘宫镇	5.36	4.91	>5.36
河北	秦皇岛抚宁	16.20	8.36	13.65
	唐山梨树园村	29.01	–	21.79
	唐山市尖坨子村	29.75	16.48	17.03
	沧州黄骅南排河镇赵家堡	21.31	–	>21.31
	沧州渤海新区冯家堡	18.08	–	>18.08
	沧州黄骅南排河镇西高头	42.52	–	>42.52
山东	滨州沾化县	22.48	>22.48	>22.48
	潍坊寿光市	21.66	21.60	>21.66
	潍坊滨海经济技术开发区	25.76	23.35	24.84
	潍坊寒亭区央子镇	25.43	24.86	25.38
江苏	盐城大丰裕华镇Ⅱ	10.56	–	–
浙江	台州临海杜桥	15.68	–	14.45
福建	福州长乐漳港镇Ⅰ	4.03	1.68	3.45
广东	湛江世乔	3.45	1.00	2.13
广西	北海大王埠	1.44	–	–
海南	三亚Ⅰ	0.66	0.48	0.50

资料来源：国家海洋局：《2016 年中国海洋灾害公报》，2017 年。注：表中符号“–”表示未发生。

二、海洋防灾减灾展望

2016 年是“十三五”开局之年。在过去五年里，海洋防灾减灾工作取得了显著的进展，朝着更加规范、科学和精细的方向发展，综合、全面的海洋防灾减灾体系初步形成。“十三五”期间，海洋防灾减灾工作在国际、国家层面上都面临着新形势。建立全面、综合的海洋防灾减灾体系，以服务建设海洋强国的需要，将是“十三五”期间海洋防灾减灾工作的主要目标。

（一）“十二五”期间海洋防灾减灾工作进展

“十二五”期间，各级政府对于海洋防灾减灾工作高度重视，相关的投入不断增加，从政策、科技、经济、能力建设和公民意识等多个层面推动海洋防灾减灾体系建设。在完善相关政策和体制、加强海洋观测和预报预警能力、建立海洋灾害风险评估与区划技术体系等重点领域取得了显著的进展，具体体现在以下几方面。

第一，海洋防灾减灾相关的政策和规划进一步完善，各项工作的重点更加明确，海洋防灾减灾工作向着制度化、规范化的方向发展。“十二五”期间，国务院相继颁布了《海洋观测预报管理条例》和《全国海洋观测网规划（2014—2020 年）》等，填补了海洋观测预报领域的法律空白，并对今后海洋观测工作作出了战略性的部署。在地方层面上，沿海省市纷纷出台配套政策和规划，如浙江省政府编制了《浙江省海洋灾害防御“十二五”规划》，山东省颁布了《山东省海洋预报减灾体系建设方案（2015—2017 年）》。

第二，海洋观测能力增加，为科学、有效地防御海洋灾害奠定了基础。目前初步形成了涵盖岸基海洋观测系统、离岸海洋观测系统以及天基观测能力的全国海洋观测网。岸基海洋观测系统主要包括岸基海洋观测站（点）、河口水文站、海洋气象站、验潮站、岸基雷达站等。岸基海洋观测站（点）主要开展海洋水文和海洋气象要素的观测，目前已建设国家基本海洋站（点）120 多个，地方基本海洋观测站（点）数十个。离岸海洋观测系统主要由各种浮（潜）标、调查断面、海上平台和志愿船组成。我国已建成业务化观测浮（潜）标 40 余个，主要布设在我国陆架海域；漂流浮标常年保持数十个，主要布放在中远海和大洋；设置海洋标准断面调查站位约 120 个，由国家海洋调查船队常年开展调查；在近海海域建有多座海上观测平台，依托数十个海上生产作业平台以及近百艘近海和远洋船舶组织开展海上志愿观测。天基观测系统由卫星组成。目前已发射 3 颗海洋卫星，搭载海洋红外、可见光和多种微波传感器，可进行海水温度、水色和海洋动力环境要素等的遥感观测。①

第三，海洋灾害预警预报水平提高，在准确、及时地传播灾害信息，降低海洋灾害造成的损失方面，发挥了重要的作用。“十二五”期间，国家海洋环境预报中心研发

① 国家海洋局：《全国海洋观测网规划（2014—2020 年）》，2014 年。

的全球风场、海浪、三维温盐流和两极海冰数值预报系统正式对外发布预报产品。目前的预报产品还包括风暴潮、海啸、海冰、赤潮、海上搜救以及海洋气候预测等。通过“十二五”攻关，我国建成首个全球业务化海洋学预报系统，在国内首次构建了覆盖全球大洋到中国海的综合性业务化海洋学预报系统。海洋环境预报实现了由传统以人工分析为主的经验预报，向以数值预报为核心、人工分析和经验预报等多种方法综合应用的预报变革。①

第四，海洋灾害风险评估和防范能力得到了提升，对沿海地方社会经济布局、海洋资源开发与利用以及沿海大型工程建设等具重要指导意义。“十二五”期间，国家海洋局组织开展了海洋灾害风险评估和区划试点工作，目前已完成国家、省、市、县 4 级尺度评估和区划试点，并印发了风暴潮、海浪、海啸、海冰、海平面上升 5 个灾种区划技术导则。在此基础上，2016 年颁布了《关于开展海洋灾害风险评估和区划工作的指导意见》。该意见公布了国家尺度风暴潮和海啸灾害危险性评价结果，并要求各辖区在“十三五”期间要完成本辖区风暴潮、海啸灾害易发、多发县（市）的风险评估和区划工作，逐步建立涵盖国家、省、市、县的区划业务化应用平台，实现区划成果动态管理，形成一批实用化的区划成果应用和决策服务产品。②

第五，海洋预报减灾领域应对气候变化的工作有效开展。在适应气候变化方面，国家海洋局组织根据相关政策，开展了一系列海洋生态系统保护和修护的工作，建立了生态红线制度，扩大了海洋保护区的覆盖面积，开展了省级海岛保护规划编制工作，组织实施海岛整治修复项目，增加了海洋生态系统抵御和适应气候变化的弹性恢复力。和气候变化相关的海洋监测能力也得到了加强，目前已初步建立了近海海-气界面二氧化碳交换通量监测业务，并着力推进海岸侵蚀、海水入侵和土壤盐渍化监测与评价工作，积累了气候变化与海洋环境灾害相关性分析评价数据，为了解和评估气候变化和海洋灾害的相互联系、适应气候变化奠定了科学基础。③

（二）“十三五”期间海洋防灾减灾的新形势

《中华人民共和国国民经济和社会发展第十三个五年规划纲要》明确提出，要拓展蓝色经济空间，积极应对气候变化，参与全球气候治理，健全生态安全保障机制，并扩大防灾减灾领域的国际合作和援助。未来五年里，海洋防灾减灾工作将面临新的形势。

---

① 陈瑜：《我国建成首个全球业务化海洋学预报系统》，载《中国海洋报》，2015 年 6 月 28 日。

② 李昕：《国家海洋局印发〈海洋灾害风险评估和区划指导意见〉》，载《中国海洋报》，2016 年 7 月 5 日。

③ 国家发展改革委：《中国应对气候变化的政策与行动》，2016 年。

1. 国际层面

随着联合国《变革我们的世界：2030 年可持续发展议程》的通过，防灾减灾在国际治理层面的重要性更为凸显，和可持续发展的关系更为紧密。从国际政策层面，对于防灾减灾工作提出的目标和任务更明确和具体。全面落实和推动海洋防灾减灾工作，是我国必须履行的国际义务，也为我国参与和可持续发展、气候变化领域的全球治理提供了契机。

《变革我们的世界：2030 年可持续发展议程》提出要“建设包容、安全、有抵御灾害能力和可持续的城市和人类住区”，并要求到 2020 年，大幅增加采取和实施综合政策和计划以构建包容、资源使用效率高、减缓和适应气候变化、具有抵御灾害能力的城市和人类居住区数量，并根据《2015—2030 年仙台减少灾害风险框架》在各级建立和实施全面的灾害风险管理；到 2030 年，大幅减少包括水灾在内的各种灾害造成的死亡人数和受灾人数以及直接经济损失，重点保护脆弱群体。[①]

2015 年 3 月，第三届世界减灾大会通过了 2015 年后全球减灾领域新的行动框架——《2015—2030 年仙台减少灾害风险框架》。该框架提出将减灾工作的重点从灾害管理转向灾害风险管理，确立了未来 15 年全球减灾工作的目标，明确了 7 项具体目标、13 项原则和 4 项优先行动事项。[②]

2. 国内层面

在国内层面上，随着“一带一路”倡议和“海洋强国”战略的实施，对海洋防灾减灾工作的要求也越来越高。开发具有针对性的预报产品以保障各海洋产业的迅速发展，开展更为科学、精确和有针对性的灾害风险评估和区划以保障地区和国家战略的实施，是海洋防灾减灾工作的重要任务。中国企业在“一带一路”沿线国家的经济活动日渐增多，拓展海洋预报和防灾减灾工作的覆盖范围，加强与 21 世纪海上丝绸之路沿线国家的多（双）边合作成为必要，以共同提高对 21 世纪海上丝绸之路沿线海域的海洋环境认知水平，为周边国家提供科学的海洋防灾减灾决策服务。

面对新的需求和形式，从观念和体制上，防灾减灾领域的改革也势在必行。2016 年，国务院印发《关于推进防灾减灾救灾体制机制改革的意见》（以下简称《意见》），对防灾减灾救灾体制机制改革作了全面部署。推进防灾减灾救灾体制机制改革，要牢固树立灾害风险管理和综合减灾理念，坚持以防为主、防抗救相结合，坚持

① 联合国：《变革我们的世界：2030 年可持续发展议程》，2015 年。

② 联合国减灾办公室：《2015—2030 年仙台减少灾害风险框架》，2015 年。

常态减灾和非常态救灾相统一，努力实现从注重灾后救助向注重灾前预防转变，从应对单一灾种向综合减灾转变，从减少灾害损失向减轻灾害风险转变。根据《意见》，我国将着力从以下三方面推进防灾减灾救灾体制机制改革。[①]

健全统筹协调体制。总体要求是统筹灾害管理和综合减灾。其中，尤其是要加强各种自然灾害管理全过程的综合协调，强化资源统筹和工作协调。同时，要牢固树立灾害风险管理理念，转变重救灾轻减灾思想，将防灾减灾纳入国民教育计划。

健全属地管理体制。《意见》强调，要强化地方应急救灾主体责任、健全灾后恢复重建工作制度、完善军地协调联动制度。对达到国家启动响应等级的自然灾害，中央发挥统筹指导和支持作用，地方党委和政府在灾害应对中发挥主体作用、承担主体责任。同时，要健全军队和武警部队参与抢险救灾的应急协调机制，提升军地应急救援协助水平。

完善社会力量和市场参与机制。一方面，要研究制定和完善社会力量参与防灾减灾救灾的相关制度，完善政府与社会力量协同救灾联动机制，落实支持措施。另一方面，要鼓励支持社会力量全方位参与，构建多方参与的社会化防灾减灾救灾格局，如加快巨灾保险制度建设、积极推进农业保险和农村住房保险工作等。

（三）“十三五”期间海洋防灾减灾工作重点任务

2016年，国家海洋局印发了《海洋观测预报和防灾减灾“十三五”规划》（以下简称《规划》），明确了海洋综合观测能力明显增强，海洋预警报服务水平稳步提高，海洋防灾减灾工作基础更加完善，海洋公共服务能力有效提升是我国海洋观测预报和防灾减灾工作的总体目标。《规划》要求按照“一站多能”的总体构想，将具备条件的部分海洋站升级为中心站，同时新建、升级和改造一批岸（岛礁）基、离岸海洋观测站（点），使我国沿岸平均每100千米范围内有1个海洋观测站（点），建设海洋立体观测网；实现近海海洋灾害预警报准确率在“十二五”基础上提高3%~5%；强化重点区域的海洋灾害风险管控，加强海洋减灾综合示范区建设和管理工作；完善海洋观测预报和防灾减灾领域的法律法规和标准体系，不断扩大专业人才队伍规模，丰富公共服务产品种类。[②]《规划》明确了“十三五”期间海洋防灾减灾工作五大领域的重点任务。

加强海洋观测能力。建立国家海洋立体观（监）测系统，建设和整合我国管辖海域的海洋观测能力，综合应用各种观测手段，形成立体、实时、“一站多能”的业务化

---

① 国务院：《关于推进防灾减灾救灾体制机制改革的意见》，2016年。

② 《国家海洋局解读〈海洋观测预报和防灾减灾“十三五”规划〉》，http://www.scio.gov.cn/xwfbh/gbwxwfbh/xwfbh/hyj/Document/1536758/1536758.htm，2017年6月5日登录。

海洋综合观测监测能力。在三个海区设立离岸综合保障中心和离岸保障基地，形成“一中心多基地”的离岸观测管理体系。制定一系列管理制度和准入制度，提高观测体系规范化管理水平。

提升海洋预报服务水平。拓展海洋灾害预警技术领域，突破海洋预报关键技术。继续优化目标精细化预报服务，面向沿海环境风险大的关键工程目标提供精细化预报产品，满足社会民生服务需求。创新海洋预报公众服务理念，开发更多贴近公众生产生活的预报产品。

提高海洋防灾减灾能力。完善中央与地方相结合的海洋防灾减灾体系建设，推进海洋减灾立法工作，推动地方政府将海洋防灾减灾工作纳入当地社会经济发展规划。在我国沿海海洋灾害高发、易发区建立完善包括海洋灾害风险评估和区划、重点防御区划定、大型工程海洋灾害风险排查等在内的风险防范体系。

完善海洋灾害调查和灾情统计业务机制，规范灾害现场调查工作程序，形成统一的灾情信息报送、分析、管理和发布机制。建立海洋灾害影响评估和减灾效益评估工作机制，开展重、特大海洋灾害影响预判和评估工作。

开展海洋减灾宣传教育。建立多方参与的海洋防灾减灾宣传教育工作机制，推进海洋减灾宣教基地建设。组织编写制作一批海洋防灾减灾宣教产品，建立海洋减灾宣教资源库。深入开展海洋减灾知识进社区、进校园、进课堂活动，提高社会公众海洋防灾避险意识，建立海洋防灾减灾常态化宣传。

三、小结

经过多年的探索和实践，我国已经向建立综合、全面的海洋防灾减灾体系迈进，在中央和地方各个层面上，海洋防灾减灾的政策体系进一步完善，灾前防御、应急反应、灾中统计、灾后恢复等各项制度已经初步形成。科学技术对海洋防灾减灾的支撑作用加强，海洋观测、灾害评估、预警预报等方面的技术水平得到了显著的提升。面对新的形势和需求，一方面要继续加强政策和科学对于防灾减灾工作的引领和指导作用；另一方面要落实体制改革，推进业务领域和社会各界对于海洋防灾减灾工作的观念和意识上的转变，使海洋防灾减灾体系成为建设海洋强国的坚实保障。

第六部分

维护国家海洋权益

第十二章　中国的海洋法律

一、海洋法律制度概述

中国海洋法律制度是管理海洋事务相关法律规则和原则的总称，涉及海域使用管理、海洋资源开发保护、海洋生态环境保护、海上交通安全、海洋科学研究等各个领域，在维护国家海洋权益、规范海洋活动、保护海洋环境方面发挥着重要作用。随着海洋开发利用活动的不断增加，中国的海洋法律制度不断完善，朝着维护国家海洋安全、实施海洋综合管理、保障海洋生态和谐的方向不断发展。

（一）海洋法律制度的发展历程和主要内容

经过60多年的发展，中国海洋法律体系基本确立，各项法律制度基本健全，为维护国家海洋权益、维持用海秩序、促进海洋可持续发展提供了有力支撑。中国海洋法律制度同时受到国际法和国内社会经济发展两方面影响，立法关注内容有所不同，呈现出不同的阶段特征。大致可以分为三个阶段：一是注重国家主权和沿海防御时期；二是注重规范海洋资源开发和环境保护时期；三是发展综合海洋管理时期。

1. 20世纪50—70年代：注重国家主权和海洋安全

维护国家海洋权益和国防安全是海洋立法的重要内容。中华人民共和国成立之初，中国面临着复杂的海上安全形势，维护国家主权和海洋安全就成了这一时期海洋法律制度的主要任务。中国在舟山群岛、庙岛列岛区域划定了禁航区，阻止国内外船舶进入该水域。1956年《关于商船通过老铁山水道的规定》明确了商船在此海域的航行事项。1964年国务院发布的《外籍非军用船舶通过琼州海峡管理规则》禁止一切外国籍军用船舶通过琼州海峡。这一时期最重要的海洋立法是中国政府于1958年发布的关于领海的声明，明确了领海宽度和中国领土的范围，还规定了一切外国飞机和军用船舶未经中国政府许可不得进入中国的领海和领海上空。这一声明发布正逢“第一次联合国海洋法会议”召开，虽然中国未能参加会议磋商，但是这一声明向国际社会表明了中国对于重要海洋法问题，特别是领海问题的立场。

这一时期政府还颁布了《中华人民共和国海港管理暂行条例》（1954年）、《中华人民共和国关于渤海、黄海及东海机轮拖网渔业禁渔区的命令》（1955 年）、《中华人民共和国防止沿海水域污染暂行规定》（1974 年）等其他涉海立法，但是从数量和内容上看，这些立法尚不成熟，发挥的作用比较有限。

2. 20 世纪 70—90 年代：注重规范海洋资源开发和环境保护

20 世纪 70 年代，中国社会和经济发展进入高速增长时期，对于海洋资源的开发利用需求不断增加。这一阶段也是中国不断提高国际海洋事务参与程度的时期，与国际法接轨的要求也在不断增加。中国的海洋法律制度进入快速发展阶段。中国政府颁布了一系列法律法规，构建起海洋资源开发利用制度和海洋环境保护制度的基本内容，主要包括渔业立法、海洋矿产资源立法和海洋环境保护立法。

（1）渔业立法。中国于 20 世纪 70 年代末开始了渔业管理立法[①]，于 1986 年出台了全面规范渔业资源活动的《中华人民共和国渔业法》，并于 1987 年出台了实施细则，对改善渔业水域的生态环境、合理利用海洋渔业资源起到了重要作用。此外，中国分别与日本、韩国和越南签订的渔业协定也在渔业法律制度演化中发挥了重要作用。

（2）海洋矿产资源立法。中国于 1986 年颁布了《中华人民共和国矿产资源法》[②]，为管理沿海矿产资源的勘探开发提供了依据。此外，中国还颁布了一系列配套法规规范海洋油气、海砂等资源的开采。1982 年国务院颁布了《中华人民共和国对外合作开采海洋石油资源条例》，对中外合作双方的权利和义务、石油开采作业要求等内容作了明确规定。1999 年国土资源部颁布了《关于加强海砂开采管理的通知》，进一步加强对海砂勘查和开采、海洋生态和环境保护的管理。

（3）海洋环境保护立法。中国于 1982 年通过了《中华人民共和国海洋环境保护法》（以下简《海洋环境保护法》），全面规定了海洋环境保护涉及的问题，设立了重点海域污染物总量控制、海洋功能区划、海洋倾废管理、陆源污染防治、海岸和海洋工程污染防治等制度，成为海洋环保立法的基石。此外，中国还颁布了一系列配套立法和标准[③]。

这一时期中国的涉海立法还包括《中华人民共和国海上交通安全法》（1983 年，以下简称《海上交通安全法》）、《国家海域使用管理暂行规定》（1993 年）、《中华人

---

① 1979 年颁布了《渔政管理工作暂行条例》。

② 1996 年、2009 年经过修正。

③ 为实施《海洋环境保护法》，国务院先后颁布、修订了《中华人民共和国海洋石油勘探开发环境保护管理条例》（1983 年，以下简称《海洋石油勘探开发环境保护管理条例》）、《中华人民共和国海洋倾废管理条例》（1985 年）、《防治陆源污染物污染损害海洋环境管理条例》（1990 年）、《自然保护区条例》（1994 年）、《防治海洋工程建设项目污染损害海洋环境管理条例》（2006 年）、《防治海岸工程建设项目污染损害海洋环境管理条例》（2007 年）等多个配套条例。

民共和国水污染防治法》（1984 年，以下简称《水污染防治法》）、《中华人民共和国自然保护区条例》（1994 年，以下简称《自然保护区条例》）等，海洋立法的数量和质量都得到极大提高，对于规范海洋活动秩序、保护海洋资源和环境起到了重要作用。

3. 20 世纪 90 年代至今：加强综合海洋管理

20 世纪 90 年代起，中国海洋法律制度开始向综合管理方向发展。随着《联合国海洋法公约》（以下简称《公约》）的生效以及中国对《公约》的批准，一大批重要的涉海法律法规相继出台，中国的海洋法律制度得到进一步深化发展。

1992 年《中华人民共和国领海及毗连区法》和 1998 年《中华人民共和国专属经济区和大陆架法》，明确了国家在不同海域的权利和对于专属经济区和大陆架划界原则、无害通过等重要问题的立场，构成了综合海洋管理的重要法律基础，为维护中国领土主权和海洋权益提供了有力保障。

（1）海域使用管理。2001 年《中华人民共和国海域使用管理法》正式确立了中国的海域使用管理制度，反映了中国对于全面实施海洋综合管理所做的努力。2007 年《中华人民共和国物权法》确认了海域使用权的物权地位。《海域使用权管理规定》（2006 年）、《海域使用权登记办法》（2006 年）等一系列配套制度的制定，使得海洋功能区划、海域有偿使用等制度得到进一步细化。

（2）海岛使用管理。2009 年颁布的《中华人民共和国海岛保护法》确立了保护与合理开发并重的海岛管理思路，设立了海岛规划、生态保护等基本管理制度和保护措施①，将海岛划分为有居民海岛、无居民海岛和特殊用途海岛三种类型并分别进行管理。

（3）海洋科学研究。1996 年颁布的《涉外海洋科学研究管理规定》与《公约》规定保持一致，对于在领海、专属经济区、大陆架等不同区域进行的海洋科学研究活动适用不同的制度。

（4）海洋公益服务。2012 年颁布的《海洋观测预报管理条例》为海洋观测和预报管理工作提供了重要依据，对海洋观测网的统一规划与建设、海洋观测站（点）和观测环境的保护、海洋观测资料汇交和共享、海洋预报警报信息发布等作了规定。

（5）深海大洋立法。2016 年颁布的《中华人民共和国深海海底区域资源勘探开发法》（以下简称《深海法》）成为第一部规范本国公民、法人或其他组织在国家管辖范围外海域从事资源研究、勘探、开发活动的法律，体现了中国对于开发和保护并重

---

① 海岛使用和保护有关部门规章制度主要包括：《无居民海岛使用权登记办法》（2010 年）、《无居民海岛使用权证书管理办法》（2010 年）、《海岛名称管理办法》（2010 年）、《无居民海岛使用申请审批试行办法》（2011 年）、《领海基点保护范围选划与保护办法》（2012 年）等。

的综合管理思维，对完善中国海洋法律体系具有重要意义。

此外，一大批涉及海洋生态环境保护、海上交通安全、海洋调查、海底电缆管道铺设与保护等领域的法律法规不断出台或经过修改，中国的海洋法律制度建设取得巨大成就，涉海法律体系和框架基本稳定，对于调整和规范各种涉海活动起到了重要的作用。但在现有基础上，中国的海洋法律制度在立法模式、立法内容方面都有进一步完善的空间。

（二）“十三五”期间海洋法律制度的发展方向

党的十八届三中、四中、五中全会作出了全面推进法治中国建设的部署，提出了“创新、协调、绿色、开放、共享”五大发展理念，对海洋立法提出了新要求。2016年《中华人民共和国国民经济和社会发展第十三个五年规划纲要》明确提出了进一步壮大海洋经济、加强海洋资源环境保护、有效维护领土主权和海洋权益等涉及海洋事业发展的重点领域，也指明了未来健全完善海洋法律制度的发展方向。

一是加强海洋生态与环境保护立法。从国内环境来看，中国经济发展进入新常态，对海洋资源的依赖度将不断提高，对碧海蓝天高品质海洋生态环境的需求更加迫切，海洋立法将进一步向保护海洋环境资源和生态空间方向倾斜，以《海洋环境保护法》的大修为标志，将有一批关于海洋环境保护、生态治理的配套法规会被修订或拟定，进一步落实建立海洋生态红线制度和海洋资源环境承载力预警机制。

二是维护海洋权益的立法。从对外发展来看，随着“海洋强国”建设与国家“一带一路”倡议的不断推进，我国海上利益不断拓展，对于国际海洋治理的参与程度不断提升，对于海洋立法巩固海洋权益的要求必然增加。中国在极地和深海海底活动方面的立法尚不完善，有关部门正在加紧制定《深海法》配套制度，为深海大洋活动提供更为充足的管理依据。中国积极履行海洋大国义务，正在参与关于国家管辖外海域海洋生物多样性保护协议的谈判工作①。

三是依法行政海洋法律制度。随着海洋法治建设的不断深入，规范行政行为，强化权力运行监督将成为今后一段时期法治海洋建设的重要任务。实施海洋督察制度，开展常态化海洋督察是“十三五”规划纲要部署的重要任务，加快海洋督察工作流程、督察结果运用等相关配套制度的研究拟定将成为“十三五”期间海洋立法的重点任务。

四是保障海洋公益服务立法。随着海上活动不断丰富，国家对于海洋公共服务能

① 联合国大会在2015年6月19日通过了A/RES/69/292号决议，决定根据《联合国海洋法公约》的规定就国家管辖外海域海洋生物多样性的养护和可持续利用问题拟定一份具有法律约束力的国际文书。

力的提升需求迫切，需要加快构建和完善海洋科研调查保障制度、海洋信息服务分享制度、海洋灾害的预报预警制度。“海洋灾害防御条例”“海水利用条例”和“海洋调查管理条例”等法律法规的研究和制定将是“十三五”期间有关部门重点推进的立法工作。

二、国家海洋立法发展

随着依法治国、依法执政、依法行政的共同推进，我国海洋法治建设不断深入。2016年立法部门在推进立法方式的科学民主化和完善重点领域立法方面都取得了进展，通过立改废释并举的方式，加快了海洋环境保护、海上交通安全、海上司法管辖、海洋督察等方面的法律规范完善和制度建设。

（一）海洋立法计划

2016年4月15日，全国人大常委会通过了《全国人大常委会2016年立法工作计划》①，对本年度立法工作作出规划和安排。2016年是全面建成小康社会决胜阶段的开局之年，在创新、协调、绿色、开放、共享的新发展理念的引领和指导下，国家立法进一步向着科学立法、民主立法，注重法律制度协调发展的方向努力。涉及海洋领域的重点立法包括：《海洋环境保护法》修正案的审议、《水污染防治法》修正案的审议。

2016年4月13日，国务院办公厅印发了《国务院2016年立法工作计划》（国办发〔2016〕16号）②，加强重点领域立法，为“十三五”时期经济社会发展的良好开局提供法制保障。继续减少行政审批数量，推进简政放权，进一步提高政府立法质量，加强民众参与立法。急需完成的项目中涉及海洋领域的有交通运输部负责起草的《海上交通安全法》修订草案，海洋局负责起草的《海洋环境保护法》修订草案和《海洋石油勘探开发环境保护管理条例》修订案。需要进一步研究的项目中涉及海洋领域的有海洋局负责起草的《海洋基本法》、文化部和文物局负责起草的《水下文物保护管理条例》修订案、海洋局和能源局负责起草的《海洋石油天然气管道保护条例》。

① http：//www. npc. gov. cn/npc/xinwen/lfgz/lfdt/2016-04/22/content_1987519. htm.

② http：//www. gov. cn/zhengce/content/2016-04/13/content_5063670. htm.

（二）海洋立法进展情况

1.《海洋环境保护法》的修改

2016 年 11 月 7 日，十二届全国人大常委会第 24 次会议表决通过了关于修改《海洋环境保护法》的决定。本次修改的重点是落实十八大以来党中央、国务院关于生态文明建设的新精神，加强与新修订的《中华人民共和国环境保护法》（以下简称《环境保护法》）的衔接，推进行政审批制度“放管服”改革，加大对违法行为的处罚力度。基于上述理念，本次修订的内容主要有以下几个方面：

一是以法律形式明确了全国主体海洋功能区规划的地位。海洋主体功能区规划是体现源头治理、预防为主原则的重要制度，引导海洋开发活动与资源环境承载能力相适应。明确海洋主体功能区规划制度的地位和作用，为科学谋划海洋环境保护和相关开发活动提供法律依据，理顺了原有全国海洋功能区划和全国海洋主体功能区规划的关系。

二是将海洋生态保护补偿制度和生态保护红线确定为海洋环境保护的基本制度。新修订的《海洋环境保护法》与《环境保护法》相衔接，将新增设的生态保护红线和生态保护补偿制度作为海洋环境保护的重要手段，开发利用海洋资源活动要严格遵守生态保护红线。

三是建立健全污染物排海总量指标，确立区域限批制度。排污单位应遵守分解落实下来的主要污染物排海总量控制指标。对主要污染物排海总量超标的重点海域或者未完成海洋环境保护目标和任务的海域，暂停审批增加相应种类污染物排放总量的项目环境影响报告书。

四是加大了对污染海洋生态环境违法行为的处罚力度，提高对造成海洋环境污染事故行为的处罚力度，取消 30 万元的罚款上限，根据事故等级分别处以事故直接损失 20%和 30%的罚款，增加按日计罚和责令停业、关闭等处罚措施，充分体现了用严格制度保护生态环境的中央精神。

五是推进行政审批“放管服”改革，取消和修改部分行政审批事项。根据国务院取消有关行政审批事项的决定，取消船舶污染港区水域作业审批、海岸工程建设项目环保设施试运行审批，将海岸工程和海洋工程建设项目编报环境影响报告书（表）的时间要求由“可行性研究阶段”改为“建设项目开工前”。

2.《水污染防治法》的修改

随着全面建设小康社会的不断推进，人民群众对饮用水安全和水环境质量的关切日益提升，国家环境保护法律政策和污染防治理念都发生了重大改变，对水污染防治工作提出了新要求。为了顺应这一发展趋势，2017年6月27日，全国人大常委会审议通过了《水污染防治法》的修正。[①]

陆源污染物防治是海洋环境监管的重要环节，水污染防治的源头预防、水环境质量的提升与海洋生态环境的保护密切相关。此次《水污染防治法》的修改集中在全面落实《水污染防治行动计划》确定的主要制度措施、与新的环境保护法相衔接、围绕执法检查发现的重点问题和社会普遍关注的突出问题等方面[②]。新的《水污染防治法》进一步强化了地方政府在环境保护领域的责任，增加设立河长制的规定。在处理未达到水污染防治规划确定的水环境质量改善目标的情况时，有关政府应当制定限期达标规划，提出更严格的水污染物排放标准；进一步加强区域流域水污染联合防治与生态保护，规定有关部门协同建立重要江河、湖泊的流域水环境保护联动协调机制，加强跨流域环境监测合作，明确流域生态环境保护要求；进一步完善水污染防治监督管理制度，做好排污许可与总量控制、达标排放等制度的衔接，完善环境监测制度，建立有毒有害水污染物名录制度。此外，本次立法修改强化了重点领域水污染防治措施，将工业废水、地下水、农业和农村水污染、船舶污染等方面的规定具体化；严格法律责任，根据环境保护法的精神，对无证或者不按证、超标、超总量排放水污染物等违法行为进行了更为严厉的处罚。

3.《海上交通安全法》和《海洋石油勘探开发环境保护管理条例》修订草案公开征求意见

2017年2月14日，国务院法制办通过网站公开《海上交通安全法》修订案的全文，向社会各界征求意见[③]。该修订案征求意见稿共11章134条，较1984年的法律作了大幅调整和修改，增加了船舶和海上设施安全保障、船员权益保障、各类海上交通功能区域的法律效力、海洋权益维护的相关规定，完善了船舶和海上设施从事航行、停泊和作业的基本规范以及海上搜救和事故调查方面的具体制度。征求意见稿根据《公约》以及我国有关领海、毗连区、专属经济区、大陆架等的国内立法，增加了外国籍船舶进出领海管理、无害通过、紧追权、驱逐出境等方面的基本制度[④]，为相关海上

① 《全国人大常委会通过关于修改水污染防治法的决定 将于二〇一八年一月一日施行》，http://www.zhb.gov.cn/xxgk/hjyw/201706/t20170628_416809.shtml，2017年7月27日登录。

② 丁敏：《权威解读：水污染防治法修改背后的民生关切》，http://www.npc.gov.cn/npc/xinwen/lfgz/2016-12/23/content_2004626.htm，2017年3月15日登录。

③ 《法制办就中华人民共和国海上交通安全法公开征求意见》，http://www.gov.cn/xinwen/2017-02/14/content_5167871.htm，2017年3月15日登录。

④ 《关于〈中华人民共和国海上交通安全法（修订草案征求意见稿）〉的说明》，http://zqyj.chinalaw.gov.cn/draftExplain?DraftID=1645，2017年3月15日登录。

执法行动提供了充足的法律依据。具体规定包括：

无害通过：外籍船舶通过中国领海可能损害海上交通安全或者秩序的，海事管理机构有权拒绝其通过。交通主管部门可以在领海内划定并公布特定水域，暂停外国籍船舶的无害通过。

报告义务：外籍潜水器通过中国领海，外籍核动力船舶，载运放射性、有毒有害物质的船舶以及可能危及中国管辖水域航行安全的其他船舶进入领海，都应向海事管理机构报告。

紧追权行使：外籍船舶违法进入中国内水航行或停泊、违法在中国管辖海域作业、严重妨碍或危及海上交通安全或秩序、非法排污造成环境污染、未持有相应证书、海上交通肇事逃逸等 8 种情形下，海事管理机构可以行使紧追权。

此外，对于外籍船舶违法航行、停泊、作业等行为的法律责任，海事管理机构依据不同情况可以分别采取责令停止违法行为、驱逐出境和罚款等行政处罚措施。

2016 年 9 月 5 日，国务院法制办就《中华人民共和国海洋石油勘探开发环境保护管理条例》的修订草案向社会各界公开征求意见[①]。与现行条例相比，征求意见稿增加了实施全国海洋主体功能区、加强公众参与、生态损害赔偿等制度。在强化政府监管责任的同时，进一步明确了勘探开发者的环境保护责任，细化了海洋石油勘探开发的污染防治措施，完善了溢油事故预防、应急和调查方面的规定[②]。

该征求意见稿中重要的规定包括：一是将海洋环境保护作为勘探开发者的法定义务，明确要求勘探开发者在建设项目开工前编制环境影响报告书；二是加大公众参与力度，设置了环境影响报告书向社会公告、召开听证会的环节；三是完善了污染防治的要求，明确勘探开发者应配备的环境保护设施和不同污染物的处置制度，要求勘探开发者定期提交防污记录材料，并向社会公开污染排放情况；四是加强了对于溢油事故的处理，完善了溢油事故预防制度，要求主管部门和勘探开发者相应制订应急预案和应急计划，建立溢油事故应急处置机制，明确了勘探开发者、主管部门和其他部门的相应责任；五是全面修改了有关法律责任条款，提高罚款额度，增加了出发措施。征求意见稿特别强调，海洋石油勘探开发者一旦造成溢油事故，将会受到相应的罚款和处分。出现一般或较大溢油事故，将处以直接损失 20%的罚款；造成重大或特别重大的溢油事故，将处以直接损失 30%的罚款。

---

① 《〈中华人民共和国海洋石油勘探开发环境保护管理条例（修订草案征求意见稿）〉征求意见》，http：//www. gov. cn/xinwen/2016-09/05/content_ 5105574. htm，2017 年 6 月 24 日登录。

② 《关于〈中华人民共和国海洋石油勘探开发环境保护管理条例（修订草案征求意见稿）〉的说明》，http：//zqyj. chinalaw. gov. cn/draftExplain？DraftID = 1267，2017 年 6 月 24 日登录。

4. 涉海司法解释颁布实施

为了满足日益多元的涉海司法需求，积极行使海上司法管辖权，最高人民法院接连发布了多个司法解释，为海上执法部门依法维护海上秩序、海洋安全与权益提供明确法律依据。

2016年3月1日，最高人民法院发布了《关于海事法院受理案件范围的规定》和《关于海事诉讼管辖问题的规定》两个司法解释，扩大了海事法院的受案范围，并对海事行政案件的类型进行了细化①。根据司法解释的规定，海事法院的受案范围由原来的63项增加到108项，新增45项，突出海事法院对海洋资源开发、海洋环境生态保护、海洋科学考察等纠纷的管辖。未来与涉海行政主管部门密切相关的海洋管理过程中引发的各类的海洋行政诉讼案件将从一般法院归口纳入海事法院的专门管辖范围之内。海事法院的管辖水域范围也有所扩大，松花江、图们江等通海可航水域及港口都划入了海事法院的管辖区域。

2016年8月1日，最高人民法院公布了《最高人民法院关于审理发生在我国管辖海域相关案件若干问题的规定（一）》与《最高人民法院关于审理发生在我国管辖海域相关案件若干问题的规定（二）》两个司法解释②，内容涵盖刑事、民事及行政诉讼三大领域。对海洋渔业资源捕捞、出入境管理等有关法律规定在涉海案件中如何具体适用做出了规定。这些司法解释的出台，标志着涉海司法制度的进一步健全和完善，为我国行政管理部门开展海上综合管理活动提供司法保障，满足当前海上执法的实际需要。

5. 海洋督察制度全面实施

2016年12月30日，经国务院同意国家海洋局发布了《海洋督察方案》，明确由国务院授权国家海洋局组织实施国家海洋督察制度。③ 开展海洋督察工作是推动海洋生态文明建设的重要抓手，是推动地方政府依法落实海洋资源管理和海洋生态环境保护主体责任的重要举措，为加强海洋领域法治政府建设、完善政府内部层级监督和专门监

---

① 《最高人民法院关于海事法院受理案件范围的规定》，http：//www. court. gov. cn/zixun－xiangqing－16682. html；《最高人民法院关于海事诉讼管辖问题的规定》，http：//www. court. gov. cn/fabu－xiangqing－16683. html，2017年7月24日登录。

② 《最高人民法院关于审理发生在我国管辖海域相关案件若干问题的规定（一）》，http：//www. court. gov. cn/fabu-xiangqing-24261. html；《最高人民法院关于审理发生在我国管辖海域相关案件若干问题的规定（二）》，http：//www. court. gov. cn/fabu-xiangqing-24271. html，2017年7月24日登录。

③ 《国家海洋局关于印发海洋督察方案的通知》，http：//www. soa. gov. cn/zwgk/zcgh/fzdy/201701/t20170122_54621. html，2017年7月24日登录。

督提供了制度保障。国家海洋督察的重点是地方人民政府对党中央、国务院海洋资源环境重大决策部署、有关法律法规和国家海洋资源环境计划、规划、重要政策措施的落实情况。海洋督察的形式包括例行督察、专项督察和审核督察三种。通过督察准备、督察进驻、督察报告直至整改落实、移交移送等环节具体开展督察工作，实现海洋督察的效果。海洋督察制度的主要内容包括：

一是围绕《中共中央国务院关于加快推进生态文明建设的意见》《生态文明体制改革总体方案》《全国海洋主体功能区规划》《水污染防治行动计划》《全国海洋观测网规划（2014—2020 年）》等文件中海洋资源环境有关要求的贯彻落实和执行情况进行督察。海岸线保护与利用和围填海管控是 2016 年中央深改组确定由国家海洋局承担的改革任务。国家海洋局将就沿海地方人民政府海岸线保护与利用情况和围填海管控情况开展专项督察。

二是重点督察海域和海岛资源开发利用与保护、海洋生态环境保护、海洋防灾减灾等领域法律法规的执行和落实情况，重点督察相关法律法规确定的地方人民政府海域海岛资源监管和海洋生态环境保护等法定责任的落实情况。

三是督察突出问题及处理情况。将海洋环境持续恶化情况，严重污染、环境破坏、生态严重退化等海洋资源环境领域的突出问题和群众反映强烈、社会影响恶劣的围填海、海岸线破坏等问题，以及突发环境灾害和重大海洋灾害处理情况作为督察内容。[①]

三、地方海洋立法发展

地方海洋立法是具有立法权的地方国家机关，依据法律的规定或授权，制定、修改在其行政管理区域内适用的关于海洋管理的地方性法规、规章等规范性法律文件。从已有的地方立法来看，各沿海省、市、自治区海洋立法与国家立法存在对应关系，是在各自管辖区域内对国家立法的具体和细化。但同时地方立法具有较强的灵活性，在国家立法尚不完善的地方结合地方实际进行制度创新，促进国家立法的完善。

（一）强化依法行政制度建设

为了推进依法行政，加强法治海洋建设，沿海地方政府不断推进行政审批改革，进一步规范行政执法行为、强化依法行政监督。辽宁、山东、广西和广东等地的海洋

① 《王宏：实施国家海洋督察制度推进海洋生态文明建设》，http：//epaper. oceanol. com/shtml/zghyb/20170123/64854. shtml，2017 年 7 月 24 日登录。

行政部门相继制定了依法行政工作要点和全面推进依法行政的意见，有力促进地方政府部门强化法制意识，坚持法治理念，落实法治要求，实现依法管海管渔。

辽宁省海洋与渔业厅《2016 年依法行政工作要点》对涉海的 20 项行政工作全面进行规范，明确任务，确定指标，规定时限，落实责任。对印发的规章和规范性文件进行了清理，对于与上位法不符、超出时限文件及时提出保留、废止、修订的意见。深化行政审批改革，将涉海审批事项由过去的 21 项精减至 16 项。①

山东省制定出台了《全面推进依法行政　加快建设法治海洋和法治渔业的意见》，对海洋领域推进依法行政提出了总体要求。② 该文件从目标、重点任务、督察监督机制和组织保障等方面作出安排，提出了推动山东依法管海管渔的 17 项具体举措。山东省海洋主管部门按照文件要求对已颁布的规范性文件进行清理，对新制定的规范性文件加强合法性审查，加快政府简政放权工作，编制并公布《公共服务事项目录》。

广东省海洋主管部门按照《广东省海洋与渔业厅 2016 年依法行政工作要点》规定，深化行政审批制度改革，修改海洋领域行政许可事项通用目录，对权责清单进行修改完善。加强规范性文件监督管理，对 2015 年 12 月 31 日前发布的文件进行了系统清理，发布了废止或失效文件目录的公告，共清理废止文件 132 件。③

2016 年 6 月广西印发了《广西海洋系统依法行政规划（2016—2020 年）》。该规划围绕建成法治海洋的总体目标，提出 8 项主要任务和 25 项具体措施。④ 根据文件安排，广西海洋主管部门进一步深化了行政审批制度改革，取消 5 项、下放 2 项行政审批事项，对部门的 36 项行政权力事项的运行流程进行了优化，全面提升了依法行政水平。

此外，上海、广西、山东等地还在实践中推行和完善法律顾问制度，聘请兼职政府法律顾问，将法律服务延伸到海洋管理的各个方面。

（二）重视海洋生态保护立法

随着生态文明理念的提出和人民群众对于美丽健康海洋生态环境的需求日益急

① 《严格依法行政　建设法治海洋　服务东北老工业基地振兴》，http：//epaper. oceanol. com/shtml/zghyb/20170113/64800. shtml，2017 年 3 月 15 日登录。

② 《山东全面推进依法行政加快法治海洋法治渔业建设》，http：//epaper. oceanol. com/Shtml/zghyb/20170105/64593. shtml，山东省海洋与渔业厅 2016 年度法治政府建设工作情况，http：//www. hssd. gov. cn/xwzx/stdt/201703/t20170307_1056534. html，2017 年 3 月 15 日登录。

③ 《广东省海洋与渔业厅关于 2016 年度推进法治政府建设情况的报告》，http：//www. gdofa. gov. cn/xxgk/jqxxgk/201701/t20170125_819078. htm，2017 年 3 月 15 日登录。

④ 《广西壮族自治区海洋局：为促进广西海洋经济强区建设　提供法治保障》，http：//www. oceanol. com/fazhi/201702/24/c61996. html，2017 年 3 月 15 日登录。

迫，国家层面海洋环境保护制度日趋严格。沿海地方政府对于环境保护的责任不断加重，对于生态保护立法极为重视。除了根据上位法的修改对地方立法进行修改外，还通过对生态红线制度、海岸带开发利用等国家法律缺乏足够规定的问题立法，成为生态文明制度建设的有益尝试和实践。此外，地方海域使用立法、渔业立法等也都体现了严格保护海洋生态环境的理念，海洋生态保护成为立法工作中更为综合全面的要求。

2016 年 5 月，海南省人大常委会通过了对于《海南经济特区海岸带保护与开发管理规定》的修改①。新的规定要求省、市、县各级人民政府将海岸带保护与开发纳入各级政府的总体规划。兼顾海岸带陆地和海域两部分的生态保护红线区的保护，将海岸带陆地 200 米范围和海域部分的重点生态功能区、生态环境敏感区和脆弱区等区域一起纳入了生态保护红线区，对海岸带陆地 200 米范围内的 Ⅰ 类、Ⅱ 类生态保护红线区和非生态保护红线区提出严格的管控要求。

2016 年 7 月，海南省人大常委会又出台了《海南省生态保护红线管理规定》②，将森林公园、湿地公园、海洋保护区、海岸带及自然岸线等陆地和海洋重要的生态功能区、生态环境敏感区和脆弱区划入生态保护红线范围。该规定明确了生态保护红线的划定和管理要求，将生态保护红线区划分为 Ⅰ 类和 Ⅱ 类两种。其中海岸带、海洋生态环境极敏感、脆弱区域、领海基点保护范围都应当划入 Ⅰ 类生态保护红线区。

2016 年 9 月通过的《福建省湿地保护条例》对滨海湿地、湖泊湿地等福建全省的重要湿地资源做出了规定。对湿地实行总量控制、名录管理加红线管控三重保护，把确定省、市、县三级湿地保护面积总量的权限都上收到省政府。划入生态红线的重要湿地及相关一般湿地，应确保面积不减少、性质不改变、功能不退化。③

2016 年 11 月，广西海洋局印发了《自然岸线管控实施办法（试行）》④，通过严格保护岸线、限制开发岸线、优化利用岸线等手段加强海岸线保护与利用管理，落实自然岸线保有率不低于 35%的管控目标。

2016 年 12 月，浙江省人大常委会批准了《舟山市国家级海洋特别保护区管理条例》。这是舟山市获得地方立法权后首次制定的实体法规。该条例共 6 章 48 条，对海

---

① 《〈海南经济特区海岸带保护与开发管理规定〉修改亮点解读》，http://www.hainan.gov.cn/data/hnzb/2016/08/3620/，2017 年 7 月 27 日登录。

② 《海南省生态保护红线管理规定》，http://www.hainan.gov.cn/data/law/2016/08/2433/，2017 年 7 月 27 日登录。

③ 《〈福建省湿地保护条例〉本月起施行》，http://www.shidi.org/sf_F73B6703EFCF4B88825473129 E6692BA_151_cnplph.html，2017 年 7 月 27 日登录。

④ 《〈广西海洋局自然岸线管控实施办法（试行）〉解读》，http://www.gxoa.gov.cn/gxhyj_fgwj_zcfgjd/2016/11/26/1ac8453941884f209a2a725c6bd4564e.html，2017 年 7 月 27 日登录。

洋特别保护区的管理体制、资源与生态保护、保护区内的旅游管理、休闲渔业船舶管理等海洋管理工作中的重点问题做出了细致规定，有利于执法监督的开展和管理责任的落实。①

此外，福建省人大常委会和江苏省人大常委会分别对各自省内的海洋环境保护条例进行了修改，根据上位法的规定对关于海洋工程和海岸工程建设项目环境影响报告书的具体条款进行调整。广东省和福建省的海岸带保护与利用管理相关立法也在制定和审议中。

（三）进一步完善海域使用管理制度

为了优化海域资源配置，统筹海洋空间的开发保护，沿海省市政府进一步强化了对海域使用管理、海岛保护利用立法的完善。

为促进海域使用权市场化管理的规范化和标准化，海南省在万宁、海口、文昌等市县开展海域使用权招拍挂出让试点，在全面推行海域使用权招拍挂出让制度之后，又颁布实施了《海南省海域使用权招拍挂出让规程》，通过规划引导的市场化竞争方式科学调控海域资源出让的格局已基本形成。自实施海域使用权招拍挂出让制度以来，每宗出让海域征收的海域使用金比按照海域使用金标准征收都增加了2~4倍，全省海域使用金的征收额比之前翻了两番以上，不仅有效增加财政收入，也使有限的海域资源趋于对社会经济发展更为有利的使用方向。②

2016年3月，《广西壮族自治区海域使用管理条例》正式施行。该条例改革了海域资源配置模式，经营性用海项目的海域使用权全部实行“招拍挂”管理模式，改变了过去以审批为主的情况，促进了海域合理开发和可持续利用。2016年9月，广西人大常委会通过了《广西壮族自治区无居民海岛保护条例》，通过对无居民海岛使用权申请、使用期限、开发利用行为的管理等问题作出明确规定，解决日益突出的海岛资源供需矛盾。条例规定，通过“招拍挂”方式出让无居民海岛使用权的，政府应当编制出让方案并征求公众意见。无居民海岛使用权人无正当理由连续三年闲置未开发利用的，将被收回使用权。对于违反无居民海岛保护义务的，有可能被处以最高10万元的罚款。③

---

① 《〈舟山市国家级海洋特别保护区管理条例〉获批》，http：//www. zhoushan. cn/newscenter/zsxw/201612/t20161202_815654. shtml，2017年7月27日登录。

② 《我省今年全面实施海域资源配置市场化运作》，http：//www. hainan. gov. cn/hn/yw/zwdt/tj/201703/t20170319_2260103. html，2017年7月24日登录。

③ 《广西出台立法保护无居民海岛，将于明年2月1日起施行》，http：//nn. house. qq. com/a/20161004/006836. htm，2017年7月24日登录。

此外，上海市海洋局印发了《上海市海洋局海域使用审批细则》，进一步规范了海域使用审批工作的程序，提高了海域使用审批的科学性。[①]

（四）积极完善海洋生物资源立法

为了加强海洋捕捞管理，保护海洋幼鱼资源，2016 年 12 月浙江省人大常委会通过了《浙江省人民代表大会常务委员会关于加强海洋幼鱼资源保护促进浙江渔场修复振兴的决定》[②]，以地方人大专项决定形式为海洋渔业资源保护工作提供法制保障。该决定选取了带鱼、大黄鱼、小黄鱼、银鲳、鲐鱼、三疣梭子蟹等 6 种海洋渔业资源作为重点保护品种，授权渔业部门制定一定时期内的最小可捕过渡性规格。捕捞渔船和捕捞辅助渔船带回的保护品种幼鱼总量不得超过本航次装载渔获物重量的 20%。对于违法行为，由渔业、海警、公安边防等部门给予监督和处罚。

2016 年 11 月，海南省人大常委会通过了《海南省珊瑚礁和砗磲保护规定》[③]，将国家重点保护野生动物砗磲作为保护对象。该规定对于建立珊瑚礁自然保护区的权限作了规范，针对利用网络平台等方式违法出售、购买、利用珊瑚礁、砗磲及其制品的行为，增加了禁止性规定并设定相应法律责任，对砗磲及其制品，从海上采挖、捕捞到市场流通环节买卖交易直至物流运输作了全面禁止规定。[④]

四、小结

经过 60 多年的发展，中国的海洋法律制度框架已经初步确立，形成了包含大量法律、法规、规范性法律文件的复杂体系，建立了许多具有创造性的海洋管理制度，切实维护了国家海洋权益、促进了海洋资源利用和海洋环境保护。国家和地方立法机关积极推进建设生态文明、加强依法行政、保障海洋公共服务、维护海上安全等重点领域法律法规的制定和完善，为促进海洋强国建设、实施“一带一路”倡议提供法律基础。目前中国的海洋法律制度仍有进一步发展的空间，未来几年内，维护国家海洋权

---

① 《市海洋局关于印发〈上海市海洋局海域使用审批细则〉的通知》，http：//www. shanghai. gov. cn/nw2/nw2314/nw2319/nw12344/u26aw46308. html，2017 年 7 月 24 日登录。

② 《浙江省人大以专项决定推进幼鱼保护　全国首例》，http：//news. china. com/domestic/945/20170110/30157465. html，2017 年 7 月 24 日登录。

③ 《海南省珊瑚礁和砗磲保护规定》，http：//www. hainanpc. net/hainanrenda/100/74762. html，2017 年 7 月 24 日登录。

④ 《立法保护珊瑚礁砗磲　打击危害海洋生态行为　省人大常委会法工委负责人就〈海南省珊瑚礁和砗磲保护规定〉答记者问》，http：//www. hainan. gov. cn/hn/yw/zwdt/tj/201612/t20161216_ 2186754. html，2017 年 7 月 24 日登录。

益、保护海洋生态环境空间、推进海洋依法行政、加强海洋督察工作仍是涉海立法的重要任务。中国仍需加快配套立法的制定，注重与国际法的紧密衔接，增强海洋立法的可操作性，提高海洋立法的质量和实施效果，切实提高海洋综合执法水平。

第十三章　中国的海洋权益

中国面临的海洋权益问题主要集中在周边海域，涉及岛屿主权、海洋划界、海洋资源开发和海洋安全等，事关中国的核心利益和诸多重大利益。中国积极推动与周边国家的合作与对话，开展海洋领域合作，共同构建海洋合作伙伴关系。

一、中国海洋权益现状

中国的海洋权益可从中国的涉海法律规定及相关政策文件中予以概括总结。中国关于内水、领海及毗连区、专属经济区和大陆架等管辖海域及其相关权利的主张，是符合《联合国海洋法公约》（以下简称《公约》）建立的法律制度的。在国家管辖外海域，比如公海、国际海底区域（以下简称“区域”）和极地，中国积极履行大国责任，参与和促进相关公共事务的发展，注重科学研究、生物养护和环境保护等领域的国际合作。

（一）周边海洋权益问题

黄海形势变量增多，相对平稳的局势小幅震荡。相对东海和南海，黄海形势长期以来保持相对稳定，海洋权益问题并不突出。这些年来，中韩冷静处理渔业纠纷，就海域划界有关问题广泛深入交换意见，并于2015年12月启动了海域划界谈判。随着朝鲜半岛紧张局势的加剧，美国、韩国以应对朝鲜威胁为由进行超大规模军事演习，并在韩国加紧部署“萨德”反导系统。此举严重损害包括中国在内的本地区的国家战略安全利益，对地区的和平稳定造成严重威胁。2016年以来，这一地区的渔业纠纷日渐升级。

妥善管控涉海分歧是缓和东海形势重要途径。2017年是中日邦交正常化45周年，2018年是中日和平友好条约缔结40周年。中日关系正处在重要节点，既面临新的机遇，也存在一些突出挑战。中日在东海存在钓鱼岛领土争议和海洋划界问题。钓鱼岛及其附属岛屿自古以来就是中国领土。中国对钓鱼岛的主权有着充足的历史和法理依据。日本制造的钓鱼岛“国有化”，曾一度导致中日关系降至冰点。直至2014年年底，中日关系才形成改善势头。2015年以来，双方有序恢复政府、议会、政党等不同层级接触，举行四轮高级别政治对话，稳步推进各领域交流合作。中日就东海有关问题保持对话，举行了多轮海洋事务高级别磋商，围绕东海海空危机管控、海上执法、油气、科考、渔业等问题进行沟通，达成多项共识。[①] 但日本安倍政府继续推行右倾化政策，延长自民党党首任期，增长军费迭创新高，加快实施“新安保法”等举措以及无理指责中国的正当油气开发等，为东海形势的和平稳定蒙上了阴影。日本是否能够在中日四个政治文件和四点原则共识基础上，妥善管控涉海分歧，将直接影响中日关系的改善和发展进程。

南海形势化危为机，解决南海有关争议任重道远。南沙群岛是中国的固有领土，中国对南沙群岛及其附近海域拥有无可争辩的主权，这在 1958 年《中华人民共和国政府关于领海声明》和 1992 年《中华人民共和国领海及毗连区法》等一系列的国家法律和声明中不断得以重申。菲律宾南海仲裁案是近年来南海海洋权益热点问题之一。在地区国家的共同努力下，2016 年下半年以来南海形势趋缓降温，呈现积极发展态势。中国先后发布《关于菲律宾所提南海仲裁案管辖权问题的立场文件》以及《中国坚持通过谈判解决中国与菲律宾在南海的有关争议》政府白皮书，中国法学会、中国国际法学会和中国海洋法学会也公开发表声明，以充分的法理和历史依据阐释了中国的立场，揭示了该仲裁在程序和实体上存在的错误和问题。南海仲裁结果出炉后，中国在政治、外交、军事和舆论方面采取有效应对和反制措施，一举打掉了有关国家借南海仲裁裁决造势生非的企图和势头，扭转了中国长期以来在南海的被动局面，也赢得了国际社会对中国南海立场的理解和支持。菲律宾新任总统杜特尔特上台后，主张与中国协商谈判管控分歧，与中国默契开展相关领域的合作。上述利好因素短期内化解了仲裁裁决后南海的紧张局势。但南海仲裁结果对我国在政治外交、海上执法、渔业生产和资源开发等方面的潜在影响仍将存在。美国、日本等域外国家仍然不时地在国际场合发表关于南海的错误言论，捏造所谓“军事化”，曲解“航行自由”，试图再次炒热南海问题、煽动有关问题的复杂化，对地区稳定造成负面影响。中国一贯尊重和维护各国依国际法在南海享有的航行和飞越自由，反对的是个别国家打着航行和飞越自由的旗号在南海地区炫耀武力，挑战和威胁中国的主权和安全的行为。[②]面对南海岛礁主权和海洋权益之争，各方需保持冷静和克制，通过双方友好磋商谈判解决有关争议。

（二）深海大洋

海洋权益所涉及的地理空间不仅包括管辖海域，还涉及国家管辖范围外的海域

① 国务院新闻办公室：《中国的亚太安全合作政策》白皮书（全文），http：//www. scio. gov. cn/zfbps/32832/Document/1539907/1539907. htm，2017 年 3 月 21 日登录。

② 中国南海网：《外交部回应美日防长香格里拉对话会上有关言论》，http：//www. thesouthchinasea. org. cn/2017-06/05/c_78237. htm，2017 年 6 月 7 日登录。

(如公海和国际海底区域)。主权国家在其不同管辖海域享有相应的主权、主权权利和管辖权，在管辖外海域也享有一定的权利。

公海对所有国家开放。在《公约》和其他国际法规则规定的条件下，中国在公海享有“六大自由”，包括航行、飞越、铺设海底电缆和管道、建造国际法所容许的人工岛屿和其他设施、捕鱼和科学研究的自由。[①] 当前联合国大会已启动国家管辖范围以外海域生物多样性保护与可持续利用相关国际协定的制定进程。中国积极参与其中。

国家管辖范围外的“区域”及其资源是人类的“共同继承财产”。[②] 中国是国际海底事务的积极参与者和建设者。2016 年 2 月，中国全国人大常委会通过了《中华人民共和国深海海底区域资源勘探开发法》，全面规范了中国自然人、法人或其他组织在国际海底区域从事勘探和开发活动的权利义务。该法的出台有助于中国更好地履行担保国责任。2016 年 5 月，中国的海洋发展战略研究所在南京举办了第五届大陆架和“区域”问题国际研讨会，系列研讨会为促进各方加深对“区域”相关法律和科学问题的认识发挥了积极作用。作为发展中国家，中国在参与国际海底事务的同时，也积极为其他发展中国家参与国际海底事务提供支持。多年来，中国持续向海管局自愿信托基金捐款。2016 年 5 月，中国再次向该基金捐款两万美元，以资助发展中国家委员出席法技委和财委会议。[③]

(三) 南北两极

中国依据《公约》《南极条约》体系和《斯匹茨卑尔根群岛条约》等在南北极享有相应的权利，并履行相应的责任。中国于 1983 年加入《南极条约》、1985 年成为南极条约协商国。2013 年 5 月成为北极理事会正式观察员国。多年来，中国极地考察事业从无到有、从弱到强，已形成完整的工作体系，建成了中国南极长城站、中山站、昆仑站、泰山站和中国北极黄河站，基础设施不断完善；在地质学、冰川学、空间科学、气候变化科学等领域取得了一批突破性成果，其中多项达到国际先进水平。中国至今已圆满完成 33 次南极考察和 7 次北极考察任务。第 33 次南极科考实现了海陆空立体协同考察，顺利完成中国首个南极冰盖机场选址、勘察工作。在此次考察中，中国首架极地固定翼飞机“雪鹰 601”两次降落南极冰盖之巅昆仑站，实现业务化飞行，期间利用 7 套全球最先进的机载遥感设备，完成了东南极 30 万平方千米的地球物理调查，

---

① 《联合国海洋法公约》第八十七条第 1 款。

② 《联合国海洋法公约》第一三六条。

③ 《中国常驻国际海底管理局代表牛清报大使在海管局第 22 届会议上的发言》，http：//www.comra.org/2016-08/04/content_8940002.htm，2016 年 3 月 6 日登录。

标志着中国在南极航空遥感领域迈进世界先进行列。[①]

二、中国海洋权益面临的主要问题

（一）岛礁主权和海洋划界是海洋争端的核心

中国面临的海洋权益问题可主要从以下三个层面予以概括：一是岛礁主权。岛礁是国家领土的组成部分。南海岛礁和钓鱼岛是中国领土不可分割的组成部分。相关国家不断就南海岛礁和钓鱼岛主权问题对中国进行挑衅，极易引发海上危机。二是海洋划界。随着国际海洋法律制度的发展，中国与周边国家面临专属经济区和大陆架划界问题。三是资源之争。资源之争包括渔业等生物资源和油气等非生物资源之争。资源问题是因岛礁主权和海洋划界争端而衍生出来的问题，资源问题的根本解决需以岛礁主权和海洋划界问题的解决为前提。在海洋划界之前，争端国间可以做出临时安排，中国倡导“搁置争议，共同开发”。

（二）经济利益纠纷激化海上矛盾

2016 年下半年以来，韩国海警对中国渔民过度执法、暴力执法事件频发，渔业纠纷升级。2016 年 9 月 29 日，韩国海警在全罗南道新安郡红岛西南 70 千米处，向中国渔船投掷爆震弹引发火灾，造成 3 名中国渔民死亡。10 月 7 日，一艘韩国海警快艇在执法过程中与中国渔船相撞沉没，韩方将其直接上升为外交事件，召见中国驻韩大使，要求中方调查和惩罚涉事渔船船员，威胁对“抗法”的中国渔船实施舰炮射击和船体挤撞。韩方提供的事件发生地坐标位于维持现有渔业活动水域。根据《中韩渔业协定》（以下简称《协定》），韩国海警在该海域开展执法活动没有法理依据。[②] 10 月 8 日，韩国海洋警备安全本部继而表示，将发布《武器使用指南》，制定“先采取措施，后报告”机制，海警个人可自行决定使用手枪等单兵武器，使用机枪、舰炮等班组武器由现场指挥官决定。后又连续发生韩国海警向中国渔船开火的暴力执法事件。海上执法的武力使用不仅受到国内法的规制，还需受国际法的制约。虽然国际社会尚未就海上

---

① 《“雪龙”归航　中国第 33 次南极科考凯旋》，http：//www. gov. cn/xinwen/2017-04/11/content_5184903. htm，2017 年 3 月 6 日登录。

② 韩方提供的坐标是 37°23′06″N，123°58′56″E。位于中韩于 2000 年签署的《中韩渔业协定》划设的“暂定措施水域”以北，属于维持现有渔业活动水域。根据《协定》，双方在此维持现有渔业活动，不将本国有关渔业的法律法规适用于缔约另一方的国民及渔船，除非缔约双方另有协议。因此，韩方不得在此对中方渔船执法。参见贾宇：《关于韩国海警枪击中国渔船事件的分析》，载《海洋发展战略研究动态》，2016 年第 8 期。

执法的武力使用制定国际公约，但国际实践表明，对海上执法武力使用的基本共识是严格限制和利益衡量成比例。[①] 日本加大了对东海资源开发问题的炒作力度。南海周边国家一直以来“圈海占岛”，单方或联合域外国家在争议海域进行油气勘探开采，经济利益交错加剧了解决南海地区海洋权益争端的难度。

（三）披“法律”外衣鼓吹中国“威胁”

近年来，周边国家采取的海洋权益斗争方式花样百出，披着“法律战”的外衣开展“舆论战”，以期实现政治目的，成为新的海上斗争形式。周边国家的“法律战”趋势主要表现为以下两个方面：一是通过国内立法，宣示主权和海洋权益。菲律宾于2009年修订领海基线法案，将中国黄岩岛和南沙群岛的部分岛礁划为其领土。越南于2012年通过海洋法，将西沙、南沙划为其管辖范围。二是借助国际法律平台热炒南海问题。菲律宾南海仲裁案正是披着法律外衣的政治挑衅。菲律宾和仲裁庭，将领土主权和海洋划界等原本不能启动单方仲裁的问题，通过“切香肠”和“重新摆盘”的方式进行包装，纳入仲裁庭管辖权范围之内，明显存在程序上越权、实体上侵权的问题。美国持续强调南海仲裁结果的法律拘束力，不时鼓噪，试图保持南海问题热度。越南虽未就南海问题提起司法或仲裁程序，但早已“招兵买马”，借国际学术研讨会之名炒作。日本国内早有将东海问题提交国际司法机构解决的呼声。2016年3月16日，自民党通过决议，要求政府考虑通过国际仲裁解决争端。[②]

（四）域外国家在周边海洋的影响持续发酵

美国自“重返亚太”以来，不断将战略力量投射至西太平洋地区，积极介入中国周边海洋事务，强化美韩、美日同盟，加强与菲律宾、越南的横向联合，通过修订“美日防卫合作指针”对日“松绑”；借助朝核危机说服韩部署“萨德”系统；推动日韩签订军事安全情报合作协议。[③] 2017年1月20日，美国新任总统特朗普上任之后，对华态度较其竞选时的言论有所缓和节制。受制于中东和东欧乱局，美国难以全力“东向”，外交政策呈“自顾”和“内向”之势。[①]虽然特朗普的南海政策尚不明朗，但美新任国防部长先后访问日韩重申盟友保障、美日两国首脑白宫会见等一系列的举动表明，美国将继续力保在亚太的主导权。澳大利亚、新加坡、印度等在南海问题上追

---

① 贾宇：《关于韩国海警枪击中国渔船事件的分析》，载《海洋发展战略研究动态》，2016年第8期。

② 《日本自民党鼓吹国际仲裁东海问题》，载《参考消息》2016年3月17日第20851期第1版。转引自疏震娅：《日欲诉诸法律解决东海问题的形势及应对建议》，载《海洋发展战略研究动态》，2016年第4期。

③ 中国现代国际关系研究院：《国际战略与安全形势评估（2016/2017）》，北京，时事出版社，2017年，第8-11，149-151页。

随美国，积极介入、施加影响。日本在南海问题上不断搅局，对南海问题表达“强烈关切”。越南加强与美国、日本的海洋安全合作。印度尼西亚在南海问题的立场趋于强硬，主张基于纳土纳群岛划设专属经济区，企图将部分海域更命为“纳土纳海”，加快该海域的油气开发，加紧纳土纳群岛军事基地建设，并有意与部分域外国家联合巡逻南海。[①]域外国家介入地区海洋事务，增加了海洋争端解决的复杂性。

三、建立和维护公平合理的海洋秩序

中国始终坚持与邻为善、以邻为伴，坚持睦邻、安邻、富邻，推行“亲、诚、惠、容”的外交理念。中韩海上划界谈判继续推进，中日关系呈改善和发展的势头，“南海行为准则”磋商取得重要进展。中国坚持当事国直接谈判解决海上有关争议，与周边国家通过高层互访增信释疑；加强与海洋周边国家的对话与合作，共同维护海上稳定促进地区繁荣；积极开展海洋领域的国际合作，为海洋的和平利用、可持续发展贡献力量。

（一）当事国直接谈判解决有关争端

《公约》为各缔约国开展海洋活动提供了综合法律框架和基本依据，对各国在和平利用和保护海洋方面的权利义务作出了平衡规定。各方应秉持公约的宗旨和原则，善意、准确、完整地理解和使用公约及其争端解决机制，避免滥用公约条款。[①] 无论是《联合国宪章》还是《公约》，均要求缔约国通过和平方法解决争端，包括谈判、调查、调停、和解、公断、司法解决、区域机关或区域办法以及各国自行选择的其他和平方法。《公约》尊重缔约国自行选择和平方法解决争端的权利，明确规定《公约》不损害缔约国于任何时候达成协议，用自行选择的和平方法解决争端。一方面，只有缔约国在已用尽《公约》第十五部分第一节规定的和平解决争端的各种努力后，仍未能解决争端的情况下，才能适用导致有拘束力裁判的解决程序。另一方面，对于领土主权、海洋划界、历史性所有权等涉及国家主权和重要利益的争端，《公约》第二九八条明确赋予了缔约国可作出排除性声明的权利，即：缔约国可以通过提交书面声明的方式，对上述涉及国家主权等重大事项排除适用导致有拘束力裁判的争端解决程序。如果领土主权和海洋划界问题一经包装即可得以单方面提交《公约》附件七仲裁，那么，《公约》第二九八条的排除条款则形同虚设。

---

① 人民网：《中国代表呼吁建立和维护公平合理的海洋秩序》，http：//world. people. com. cn/n1//1208/c1002-28935286. html，2017 年 2 月 12 日登录。

当事国直接谈判解决有关争端还是有关各方在《南海各方行为宣言》（以下简称《宣言》）中达成的共识。《宣言》强调应本着合作与谅解的精神，寻求建立互信的途径，以和平方式解决南海争端、积极开展南海合作。在《宣言》中，有关各方承诺“根据公认的国际法原则，包括 1982 年《公约》，由直接有关的主权国家通过友好磋商和谈判，以和平方式解决它们的领土和管辖权争议”①；各方承诺“保持自我克制，不采取使争议复杂化、扩大化和影响和平与稳定的行动”②；并承诺在和平解决领土和管辖权争议之前，有关各方本着合作与谅解的精神，努力寻求各种途径建立相关信任③。2011 年 7 月，中国和东盟国家就《宣言》后续行动指导方针达成了一致。2017 年 5 月，中国与东盟国家举行了落实《宣言》第 14 次高官会和第 21 次联合工作组会。各方就全面有效落实《宣言》、加强海上务实合作以及“南海行为准则”磋商等议题进行了探讨，取得了积极成果。各方重申了全面、有效落实《宣言》的重要性，表示将坚持通过谈判协商和平解决南海争议，坚持通过地区规则框架管控分歧，深化海上务实合作，推进“准则”磋商，共同维护南海的和平与稳定。会议审议通过了“南海行为准则”框架，为下一步磋商奠定了坚实基础。④

中国主张依据包括《联合国宪章》和 1982 年《公约》在内的公认的国际法原则，不诉诸武力或以武力相威胁，由直接有关的主权国家通过友好磋商和谈判，以和平方式解决领土和管辖权争议。中国用和平和友好的方式通过双边谈判，已成功解决了与 14 个邻国中的 12 个邻国之间历史上遗留的陆地边界问题，共约 20 000 千米的边界线。这为海上划界问题的解决树立了典范。中国与越南、韩国等国之间的海洋划界已经取得一定的进展。继中国和越南成功签署了《中华人民共和国和越南社会主义共和国关于两国在北部湾领海、专属经济区和大陆架的划界协定》后，⑤ 2011 年 10 月，中国和越南签署了《关于指导解决中华人民共和国和越南社会主义共和国海上问题基本原则协议》，其中重申两国“通过谈判和友好协商”解决双方的海上争议。⑥ 中越还就做好北部湾湾口外海域共同考察后续工作达成一致意见，双方同意稳步推进北部湾湾口外

---

① 《南海各方行为宣言》第 4 条。

② 《南海各方行为宣言》第 5 条。

③ 根据《南海各方行为宣言》第 5 条，建立相互信任的途径包括：1. 在各方国防及军队官员之间开展适当的对话和交换意见；2. 保证对处于危险境地的所有公民予以公正和人道的待遇；3. 在自愿基础上向其他有关各方通报即将举行的联合军事演习；4. 在自愿基础上相互通报有关情况。

④ 中国新闻网：《中国与东盟国家宣布达成“南海行为准则”框架》，https://www.chinanews.com/gn-05-18/8227936.shtml，2017 年 6 月 5 日登录。会议于 2017 年 17-18 日在中国贵州省贵阳市举行。

⑤ 《中华人民共和国和越南社会主义共和国关于两国在北部湾领海、专属经济区和大陆架的划界协定》（2000 年 12 月 25 日在北京签署），《联合国条约集》第 2336 集第 179 页。

⑥ 《关于指导解决中华人民共和国和越南社会主义共和国海上问题基本原则协议》（2011 年 10 月 11 日在北京签署）第 3 段，http://www.gov.cn/jrzg/2011-10/12/content_1966682.htm，2017 年 7 月 26 日登录。

海域划界谈判并积极推进该海域的共同开发，继续推进海上共同开发磋商工作组工作，有效落实商定的海上低敏感领域合作项目。中韩之间的海洋划界问题也已从过去的海洋法磋商机制正式转入海洋划界谈判机制，该机制在谈判解决海上边界的同时，还将深入讨论并解决双方共同关心的渔业、科研等问题。相关划界实践为本地区处理类似争端提供了借鉴，不仅显示了中国政府通过双边谈判解决海洋争端的诚意，也反映了在本地区适用这一政策解决海洋问题的合理性和可行性。

（二）高层访问就海上问题交换看法

中国与有关国家通过高层访问，就海上问题交换看法，增进了互信，为地区的和平、稳定与繁荣营造了好的氛围。菲律宾和越南领导人分别于2016年10月和2017年1月访问中国，均强调了和平解决争端的重要性，重申通过友好磋商和谈判解决与中国在南海的有关争议，同意早日达成“南海行为准则”。

2016年10月18日至21日，菲律宾总统罗杜特尔特应邀访问中国，中菲发表联合声明。在联合声明中，双方重申“1975年中菲建交公报及其他文件所包含的原则，其中包括通过和平方式解决争端的原则和菲方恪守一个中国政策”[①]；就涉及南海的问题交换了看法，重申“争议问题不是中菲双边关系的全部”[②]；就以适当方式处理南海争议的重要性交换了意见，“重申维护及促进和平稳定、在南海的航行和飞越自由的重要性，根据包括《宪章》和1982年《公约》在内公认的国际法原则，不诉诸武力或以武力相威胁，由直接有关的主权国家通过友好磋商和谈判，以和平方式解决领土和管辖权争议”。[③] 为落实两国领导人有关友好对话精神，在2017年1月中菲两国外交部举行的外交磋商上，两国就建立双边磋商机制及其《职责范围》初步达成一致，双方同意该机制将作为双方建立信任措施和促进海上合作与海上安全的平台；该机制由来自中菲两国外交部和海上事务负责机构的相同数量官员组成；每6个月在两国交替举行会议。5月19日，双方在中国贵阳举行了中国—菲律宾南海问题双边磋商机制第一次会议，就南海有关问题进行了坦诚、深入和友好的交流，重申将致力于开展合作，并探索加强双方互信和信心的方法。会议取得丰硕成果。[④]

2017年1月12日至15日，越南共产党中央委员会总书记阮富仲应邀访问中国。中越发表联合公报，双方“强调要恪守两党两国领导人达成的重要共识和《关于指导

---

① 2016年10月21日，中华人民共和国与菲律宾共和国联合声明，第6条。

② 2016年10月21日，中华人民共和国与菲律宾共和国联合声明，第40条。

③ 2016年10月21日，中华人民共和国与菲律宾共和国联合声明，第40条。

④ 中国南海网：《中国—菲律宾南海问题双边磋商机制第一次会议联合新闻稿》，http://www.thesouthchinasea.org.cn/2017-05/20/c_77729.htm，2017年6月5日登录。

解决中越海上问题基本原则协议》，用好中越政府边界谈判机制，坚持通过友好协商谈判，寻求双方均能接受的基本和长久解决办法，积极探讨不影响各自立场和主张的过渡性解决办法，包括积极研究和商谈共同开发问题”；双方同意“管控好海上分歧，不采取使局势复杂化、争议扩大化的行动，维护南海和平稳定”。[①]

（三）加强与周边国家的对话与合作

中日海洋问题磋商取得一定进展。中日已于2016年9月举行第五届海洋事务高级别磋商，双方同意就建立海空联络机制、签署海上搜救协定保持沟通。继而于12月在中国海口举行了第六届海洋事务高级别磋商，就东海相关问题交换意见，并探讨了开展海上合作的具体方式。2017年5月，中日举行了第四次高级别政治对话，为中日间开展海洋对话和合作营造了好的氛围。5月29日，国务委员杨洁篪应邀同日本国家安全保障局长谷内正太郎共同主持第四次高级别政治对话。杨洁篪强调，双方应切实遵循四点原则共识有关精神，共同维护东海和平稳定。希望日方在南海问题上谨言慎行，为地区有关国家妥善处理有关问题发挥建设性作用。谷内表示，日中作为亚洲两个大国，保持合作对本地区至关重要。双方要把“互为合作伙伴，互不构成威胁”的共识落到实处。日方在台湾、历史等问题上的立场没有变化，致力于全面改善日中关系，愿同中方共同努力，加强双方各层级往来，增加两国关系积极面，妥善管控分歧。[②] 5月31日，日本首相安倍晋三在东京会见杨洁篪，表示以中日邦交正常化45周年和中日和平友好条约缔结40周年为契机，进一步改善和发展两国关系。[③]

中韩两国政府批准《中韩海洋领域合作规划（2016—2020年）》，确定实施多个新合作项目，并同意积极加强在深海与极地领域、国际组织及国际会议上的合作。2017年5月，韩国文在寅总统派出李海瓒特使来华沟通，体现了韩国新政府对中韩关系的重视以及希望改善中韩关系的愿望。[④]

南海及其周边海洋国际合作取得实质性进展。国家海洋局发布《南海及其周边海洋国际合作框架计划（2016—2020年）》，提出根据平等互利、合作共赢原则，与周边国家通过开展海洋领域合作共同构建海洋合作伙伴关系。在与泰国、印度尼西亚、马来西亚等国成功开展机制化海洋合作后，2016年10月，中国与柬埔寨签订了海洋领

① 2017年1月14日，《中越联合公报》，第6部分。

② 《中日第四次高级别政治对话举行》，http://www.fmprc.gov.cn/web/wjdt_674879/gjldrhd_674881/t1466169.shtml，2017年6月5日登录。

③ 《日本首相安倍晋三会见杨洁篪》，http://www.fmprc.gov.cn/web/wjdt_674879/gjldrhd_674881/t1466614.shtml，2017年6月5日登录。

④ 《杨洁篪会见韩国总统特使李海瓒》，http://www.fmprc.gov.cn/web/wjdt_674879/gjldrhd_674881/t1463403.shtml，2017年6月5日登录。

域合作谅解备忘录，并成功实施了首次中柬联合航次调查。

（四）积极推进海洋领域的国际合作

中美合作取得新进展。在中美第八轮战略与经济对话框架下，国家海洋局局长王宏和美国副国务卿诺维莉共同主持了“保护海洋”对口磋商，就与气候相关的海洋议题、海洋垃圾污染、海洋保护区、海上执法合作和可持续渔业管理五大议题达成多项共识，确定了中美防治海洋垃圾伙伴城市项目和海洋保护区项目，8 项海洋合作成果列入对话成果清单。中美共同举办“蓝色海洋”公共宣传活动，国务委员杨洁篪和美国国务卿克里出席并发言。召开第 19 次中美海洋与渔业科技合作联合工作组会议，签署了《2016—2020 年海洋与渔业科技合作框架计划》，并就海洋酸化、海漂垃圾等开展了系列务实合作。

中欧合作层级得到提升。国家海洋局局长王宏出席 2016 年葡萄牙“蓝色周”主场活动——世界海洋部长会议并发表了主旨演讲，在国际高层平台阐明我国“与海为善、以海为伴”的海洋发展模式，与葡萄牙海洋部签署了《关于海洋领域合作的谅解备忘录》，推动中葡海洋合作进入机制化和长期化发展轨道。国家海洋局组团出席了第四届中国-北欧北极合作研讨会，与芬兰方面就推动签署中芬海洋与极地领域的合作文件达成重要共识。与欧盟方面就“执行《关于在海洋综合管理方面建立高层对话机制谅解备忘录》的行动计划”进行磋商，并就 2017 年“中国-欧盟蓝色年”具体安排进行讨论。召开中德第 19 届海洋科技合作联委会会议和研讨会，对中德海洋与极地重大合作项目第二轮项目进行遴选。

以俄罗斯、丹麦（格陵兰）为支点，北极合作获得重要突破。开展了首轮中俄北极联合调查航次，中俄北极海洋领域合作实现了历史性突破。积极派员参与中俄北极事务磋商及俄罗斯北极高级别会议，促进了双方在北极合作方面的理解和交流。与丹麦（格陵兰）签署了《中华人民共和国国家海洋局与格陵兰教育、文化、研究和宗教部科学合作的谅解备忘录》。

与大洋洲合作得到积极落实，与南美国家合作得以稳步拓宽。举行中澳南极和南大洋合作联委会首届会议和中新南极合作联委会首届会议，双方就南极后勤支持、科学研究以及《南极条约》体系下的合作等议题达成诸多共识；中国-瓦努阿图联合海洋观测站建设稳步推进。2016 年 10 月 18 日，在习近平主席见证下，国家海洋局局长王宏与乌拉圭外长签署《中华人民共和国和乌拉圭东岸共和国关于南极领域合作的谅解备忘录》。

在极地环境保护等领域做出积极贡献。2017 年 5 月 22 日至 6 月 1 日，第 40 届南极条约协商会议和第 20 届南极环境保护委员会会议在北京举行。这是中国自 1983 年加入《南极条约》以来首次承办上述会议。本届南极条约协商会议通过了由中国牵头并与澳大利亚、智利、法国、德国、印度、韩国、新西兰、挪威、英国和美国联合提交的工作文件和决议案，倡导在南极践行“绿色考察”，彰显了中国积极参与南极国际治理、对南极条约体系做出贡献的意愿和能力。[①] 2013 年 12 月，中国极地研究中心、冰岛研究中心等 10 家来自中国和北欧五国（冰岛、丹麦、芬兰、挪威、瑞典）的北极研究机构在上海签署协议，正式成立中国-北欧北极研究中心，为中国-北欧开展北极研究学术交流与合作构建了好的平台。2017 年 5 月 25—26 日，中国成功承办了第五届中国-北欧北极合作研讨会，来自中国、芬兰、冰岛、丹麦、瑞典、挪威、俄罗斯等国的近百名参会代表，共同就北极政策、治理、航运、可持续发展等问题开展了广泛的交流和研讨。[②]

四、小结

当前中国的周边海洋形势正趋向平稳，积极因素多于消极因素，特别是在地区国家的共同努力下，南海有关争议逐渐降温、趋向缓和，南海形势朝积极方向发展。2016 年下半年以来，中国主动释放善意，积极促成中菲关系转圜，缓解了南海的高度紧张局势。中国和菲律宾就妥善处理包括仲裁案在内的南海问题达成共识，并成功举行了南海问题双边磋商机制第一次会议。中国和东盟国家达成“南海行为准则”框架，为准则的最终达成奠定了基础。中国将致力于塑造长期健康稳定的新型大国海洋关系，同时以亚太和周边为重点，构建亚太命运共同体为引领，平等、合作、互利、互助和开放的亚太新秩序，以实现地区的长期稳定和共同繁荣。中国还注重国际海洋领域的合作，在促进国际公共海洋事务的健康有序发展中做出积极的贡献。

① 国家海洋局：《南极条约协商会议通过联合决议案　倡导“绿色考察”保护南极环境》，http://www.soa.gov.cn/xw/hyyw_90/201706/t20170602_56322.html，2017 年 6 月 6 日登录。

② 《中国-北欧北极合作研讨会在大连召开》，http://cnews.chinadaily.com.cn/2017-05/25/content_29499729.htm，2017 年 6 月 6 日登录。

第十四章　中国的海洋安全

海洋安全是中国国家安全的重要组成部分。维护海洋和平与安全是国际社会的共同利益和共识。中国面临的海洋安全形势总体稳定，但影响海洋安全的不稳定因素长期存在并相互交织，周边海洋安全环境更趋复杂。中国政府始终坚定维护国家海洋安全，坚持总体国家安全观，努力维护地区和周边海洋和平稳定，为海洋强国建设营造了较为平稳的安全环境。

一、海洋安全概述

随着海洋安全在国家安全中的地位不断提升，海洋安全的范围和内涵不断发展，维护海洋安全面临的任务渐趋多样化。海洋安全已成为中国实现和平发展的重要条件，是国家安全的重心所在，必须予以高度重视。

（一）海洋安全的范围和内涵

海洋安全是一个相对较新且仍在不断发展的概念，至今尚未形成一个普遍认可的定义。海洋安全具有较强的动态性和差异性，不同国家的海洋安全利益以及所面临的安全问题不尽相同，同一国家在不同的历史时期、处于不同的发展阶段，其海洋安全利益以及海洋安全面临的威胁也是不同的。2015 年 7 月 1 日颁布的《中华人民共和国国家安全法》（以下简称“新《国家安全法》”）首次以法律形式对国家安全作出了界定，对于我们理解和阐释中国的海洋安全的范围和内涵具有重要指导意义。①

中国的海洋安全可以概括为在海洋空间和海洋方向国家政权、主权、统一和领土完整、人民福祉、经济社会可持续发展和国家其他重大海洋利益相对处于没有危险和不受内外威胁的状态，以及保障持续安全状态的能力。21 世纪是海洋的世纪，海洋在国际政治、经济、军事、科技竞争中的战略地位明显上升，是当今世界各国赢得竞争优势的战略制高点。党的十八大强调“高度关注海洋、太空、网络空间安全”。中国是一个拥有 300 万平方千米主张管辖海域、1.8 万千米大陆海岸线的海洋大国，拥有广泛

① 新《国家安全法》第二条规定，“国家安全是指国家政权、主权、统一和领土完整、人民福祉、经济社会可持续发展和国家其他重大利益相对处于没有危险和不受内外威胁的状态，以及保障持续安全状态的能力”。

的海洋战略和安全利益：海洋是中国经济可持续发展的重要空间，影响中国国家安全的核心和重要问题多集中在海洋和海洋方向，海防安全与稳定关系国家安全和发展全局，海洋生态环境问题关系中国长远稳定和可持续发展，中国国家安全利益和战略空间不断向海洋特别是深远海拓展和延伸。当前，维护国家海洋安全面临着复杂多元的任务。

1. 维护岛礁主权和领土完整

钓鱼岛及其附属岛屿是中国领土不可分割的一部分，中国对其拥有无可争辩的主权。中国对南海诸岛，包括东沙群岛、西沙群岛、中沙群岛和南沙群岛拥有主权。岛礁主权问题事关国家核心利益，对中国海洋安全产生重大影响。台湾问题事关中国的主权和领土完整，反对和遏制“台独”分裂势力分裂国家，促进祖国和平统一，维护台湾海峡地区和平稳定，是中国海洋安全面临的重大问题。

2. 保卫领海安全和维护海洋权益

中国对领海享有主权，对专属经济区和大陆架享有主权权利和管辖权，一些国家对中国领海和相关管辖海域的侵权行为严重危害中国的海洋安全。外国军舰未经许可进入中国领海、外国军事测量船、飞机在中国管辖海域或海域上空作业以及向中国管辖海域投放浮标、非法搜集中国海洋资料和数据等，将对中国海洋安全产生严重威胁。中国与周边海上邻国存在复杂的海洋划界问题，由于海洋边界尚未划定，中国与周边国家在油气开发、渔业捕捞等问题上的时有纠纷，也影响海洋安全。

3. 维护海上通道和航线安全

中国国际贸易以海洋运输为主。当前，中国国际海上通道运输已形成了若干比较成熟的固定航线，海上通道涵盖水域广阔、航线漫长，且经过许多重要的海峡。尊重和支持各国依据国际法享有的航行和飞越自由，维护重要海上通道、海峡以及相关海域的安全，保证重要战略资源和货物运输的畅通，对于保障国家经济安全至关重要。

4. 保护海洋生态环境安全

中国是世界上少数几个海洋灾害比较严重的国家之一。海洋环境灾害对中国海洋安全的影响是全方位的和长期的，甚至会对整个国家的经济和社会产生巨大影响，需要国家给予高度重视。

5. 维护极地、深海大洋的安全利益

极地、深海大洋是关系中国国家利益的“战略新疆域”。2015 年出台的新《国家

安全法》规定，国家要坚持和平探索利用国际海底区域，增强安全进出、科学考察、开发利用的能力，维护我国在国际海底区域的活动、资产和其他利益的安全。党中央在对国家“十三五”规划的建议中，历史性地提出要“积极参与网络、深海、极地、空天等新领域的国际规则制定”。中国在极地、深海大洋有重要的安全利益，如何提升维护在极地、深海大洋等“战略新疆域”安全利益的能力，将是今后国家海洋安全面临的重要课题。

6. 维护海外利益安全

随着中国国家利益的拓展以及“一带一路”建设的稳步推进，海外能源资源、海上战略通道以及海外公民、法人的安全问题日益凸显，维护海外利益安全成为中国国家安全和海洋安全需要高度关注的重要问题。李克强总理在十二届全国人大四次会议上作政府工作报告时称，将“加快海外利益保护能力建设，切实保护中国公民和法人的安全”。开展海上护航、撤离海外公民、应急救援等海外行动，是人民解放军维护国家利益和履行国际义务的重要方式。建设与国家安全和发展利益相适应的现代海上军事力量体系，参与海洋国际合作，对于维护国家海外利益安全，具有重要的战略支撑作用。

（二）中国的海洋安全理念

近年来，中国提出了“总体国家安全观”“共同、综合、合作、可持续的安全观”等创新安全理念，对于维护中国国家海洋安全、推进地区海洋安全合作产生了深远的影响，具有重大的理论和实践意义。

1. 总体国家安全观

中国国家主席习近平在2014年4月15日主持召开中央国家安全委员会第一次会议时提出，“要准确把握国家安全形势变化新特点、新趋势，坚持总体国家安全观，走出一条中国特色国家安全道路”。[①] 海洋安全是国家安全的重要组成部分，维护国家海洋安全同样必须要坚持总体国家安全观，以人民安全为宗旨，以政治安全为根本，以经济安全为基础，以军事、文化、社会安全为保障，以促进国际安全为依托，走出中国特色国家安全道路。维护国家海洋安全既要重视外部安全，又要重视内部安全；既要重视国土安全，又要重视国民安全；既要重视传统安全，又要重视非传统安全；既要

① 《习近平：坚持总体国家安全观　走中国特色国家安全道路》，http：//news. xinhuanet. com/politics/2014-04/15/c_1110253910. htm，2016年4月25日登录。

重视发展问题，又要重视安全问题；既要重视自身安全，又要重视共同安全。

2. 共同、综合、合作、可持续的安全观

中国国家主席习近平在2014年5月召开的亚洲相互协作与信任措施会议第四次峰会上表示，中国倡导共同、综合、合作、可持续的安全观，努力走共建、共享、共赢的亚太安全之路。共同、综合、合作、可持续的安全观顺应全球化与和平、发展、合作、共赢的时代潮流，扎根于地区经济一体化进程，汇聚了地区国家的智慧和共识，体现了各方合作应对安全挑战的迫切需求，为亚太安全合作开辟了新的广阔前景[①]。海洋安全是国家安全的重要组成部分，海洋安全合作是亚太安全合作的重要领域，共同、综合、合作、可持续的安全观对推动构建地区海洋安全架构，促进海洋安全合作，具有重要指导意义。

3. 平等、务实、共赢的海洋安全合作

合作安全是中国长期坚持的重要安全理念。中国一贯提倡平等、务实、共赢的海上安全合作，坚持以《联合国宪章》的宗旨和原则，公认的国际法和现代海洋法，包括《公约》所确定的基本原则和法律制度以及和平共处五项原则为处理地区海上问题的基本准则，坚持合作应对海上传统安全威胁和非传统安全威胁。维护海上和平安全是地区国家的共同责任，符合各方的共同利益。中国致力于与各方加强合作，共同应对挑战，维护海上和平稳定。[②]

二、中国海洋安全形势

近年来，受大国安全战略调整、周边邻国力量分化重组、地区和周边海洋安全热点和争议问题升温、海洋非传统安全问题凸显等多方面因素的影响，中国海洋安全面临的挑战和不稳定因素有所增加。2016年，在总体安全观的指导下，中国积极应对海洋传统安全和非传统安全挑战，稳步推进与海洋大国和周边海洋邻国的海洋安全合作，妥善处理和管控海上争议，有效避免了地区和周边海洋安全热点问题升温发酵，确保了海洋安全环境继续保持总体稳定的局面。

（一）国际安全战略环境趋于复杂

2016年，大国在战略军备与军控领域博弈加剧。美国酝酿更新核力量及调整核战

① 国务院新闻办公室：《中国的亚太安全合作政策》白皮书，2017年1月11日发布。

略，加快发展跨域威慑能力谋霸，全球战略稳定备受冲击。[①] 2016年6月，中国国家主席和俄罗斯总统发表《中华人民共和国主席和俄罗斯联邦总统关于加强全球战略稳定的联合声明》，声明中阐述了对美国强化战略优势破坏战略稳定的基本立场。声明指出，“当前，影响全球战略稳定的消极因素正在世界各地增加”，“个别国家和军事—政治同盟谋求在军事和军技领域获得决定性优势，以便在国际事务中毫无阻碍地通过使用或威胁使用武力来实现自身利益”，“这一政策导致军力增长失控，动摇了全球战略稳定体系”。声明还特别强调“域外力量往往以臆想的理由为借口，在欧洲部署岸基宙斯盾系统，在亚太地区部署或计划在东北亚部署‘萨德’系统。这与导弹扩散领域面临的实际挑战和威胁毫不相干，与其宣称的目的也明显不符，并将严重损害包括中、俄在内的域内国家战略安全利益”。[②]

（二）军事安全因素继续凸显

美国继续推进“亚太再平衡”战略，其中军事领域的“亚太再平衡”战略是整个战略的支柱与重心。2016年9月29日，美国国防部长卡特在位于圣迭戈停泊的“卡尔·文森”号航空母舰上对美军官兵发表讲话时表示，美国“亚太再平衡”战略将进入新阶段，美国将加强在亚太地区的军事优势，以便在中国军力日益上升的情况下维持在亚太的主导地位。“亚太再平衡”进入第三阶段，美军的主要任务是将更多最先进的武器装备派往亚太地区。其中包括F-35战斗机、P-8反潜侦察机、升级版弗吉尼亚级核潜艇。同时，还将大力发展新一代战略轰炸机、无人驾驶潜水装置和太空、网络新技术。高新军事技术装备的部署将成为“亚太再平衡”战略新阶段的重要基石和标志。[③]

2016年2月25日，澳大利亚发布《2016年国防白皮书》，对2035年之前澳大利亚面临的国际环境和安全形势进行了展望。白皮书总结了未来20年影响澳大利亚国家安全的六大因素，其中包括中国和美国之间合作与竞争并存的关系、亚洲地区军事现代化进程加快、来自网络空间的安全威胁等。白皮书强调澳大利亚必须要维持一支强有力的国防力量以维护其领土安全和主权独立，并在地区和国际事务中发挥积极作用。[④]

---

① 中国现代国际关系研究院：《国际战略与安全形势评估2016/2017》，北京：时事出版社，2017年，第109页。

② 《中华人民共和国主席和俄罗斯联邦总统关于加强全球战略稳定的联合声明》，http://news.xinhuanet.com/politics/2016-06/26/c_1119111895.htm?from=timeline&isappinstalled=0，2017年5月5日登录。

③ 《美国推动“亚太再平衡”战略进入新阶段》，http://news.ifeng.com/a/20161013/50093353_0.shtml，2017年5月5日登录。

④ 方晓志：《澳大利亚新〈国防白皮书〉折射出了什么》，载《世界知识》，2016年第7期，第32页。

日本继续加强调整军事安全政策和部署。近年来，日本加紧谋求解禁集体自卫权，大幅调整军事安全政策，对亚太地区的海洋安全环境带来不确定性影响。2016 年 3 月 29 日，日本正式实施以解禁集体自卫权为要旨的新安保法，标志着日本战后“专守防卫”的安保政策发生重要转变。① 2016 年 8 月 2 日，日本发布 2016 年版《防卫白皮书》，继续渲染中国“威胁论”，为日本提升军事预算和加强军事力量寻找借口，为其调整军事和安全政策造势。

（三）南海安全形势触底回稳

2016 年，受域内外国家蓄意炒作中国南沙群岛岛礁建设、菲律宾“南海仲裁案”裁决出炉以及美国在南海加强军事部署和炫耀武力等热点事件影响，南海形势一度较为紧张。美国、日本等国多次指责中国正当合法的岛礁建设活动，蓄意制造议题，渲染中国实质推进南海“军事化”。2016 年 7 月，菲律宾南海仲裁案裁决结果公布，试图全面否定和侵蚀中国在南海的有关主权和海洋权益。美国、日本等国借机兴风作浪，大力抬高仲裁地位，意图迫使中国接受仲裁。在美国的带动下，英国、法国、加拿大、新西兰和欧盟等美国盟友涉南海问题的表态也明显增多。

美国还在南海加强军事部署，大肆炫耀武力，派军用舰机到南海有关岛礁海空域进行挑衅，拉拢一些盟国和伙伴国在南海举行针对性很强的“联合军演”和“联合巡航”，严重影响了南海安全形势的稳定。2016 年伊始，美军“柯蒂斯·威尔伯”号导弹驱逐舰进入中国西沙群岛中建岛 12 海里海域。5 月，美军“威廉·劳伦斯”号驱逐舰驶入永暑礁 12 海里内的海域。10 月，美军“迪凯特”号驱逐舰擅自进入中国西沙群岛领海。美国还与日本、澳大利亚等国在南海举行联合演习，开展联合巡航。美国在南海频繁的抵近侦查和挑衅行动增加了中美发生海上意外冲突的风险，恶化了地区安全环境。

面对复杂的安全形势，中国保持战略定力，在坚决维护国家主权和安全的同时，积极采取措施，确保了南海安全局势和双边关系的稳定。菲律宾南海仲裁案后，在中国政府与地区国家的共同努力下，南海安全形势呈现了回稳向好的发展态势。菲律宾总统杜特尔特上台后，中菲适时推动两国关系转圜。杜特尔特访华期间，双方共同发表联合声明，就开展合作达成多项协议。中国积极推动与越南、马来西亚的高层互访，拉近双边关系，缓解了菲律宾南海仲裁案裁决出台后南海的紧张局势。南海的安全稳

---

① 2015 年 9 月 19 日，日本参议院强行表决通过了“新安保法案”。新安保法案包括两项法案，分别是《国际和平支援法案》与《和平安全法制整备法案》。《国际和平支援法案》为日本自卫队支援多国军队提供依据。《和平安全法制整备法案》包括《自卫队法》《联合国维持和平活动合作法》《重要影响事态法》《武力攻击事态法》等 10 部修正法，规定了自卫队行使集体自卫权和发起武力攻击的条件。

定有赖于域内外国家的共同努力，鉴于南海问题的复杂性、长期性，南海安全形势未来的发展仍可能面临一定的风险和挑战。

（四）东海安全局势稳中见忧

东海安全局势一年来继续保持了总体稳定的态势，但受日本继续加强西南诸岛军备、提升对钓鱼岛海域“管控”能力、渲染东海安全形势等影响，东海安全形势稳中见忧，不容乐观。2016 年日本防卫预算首次超过 5 万亿日元。2017 年日本防卫预算再创新高，达到 5. 1251 万亿日元，连续第五年出现增长日本防卫费增加的主要原因是“为了应对朝鲜进行的弹道导弹开发，以及针对中国加强西南诸岛防卫”。① 2016 年日本加快了在西南诸岛的军事部署。年初，日本航空自卫队在冲绳那霸军事基地成立“第 9 航空团”；3 月，日本与那国岛陆上自卫队基地正式成立，约 160 人的沿岸监视部队进驻该基地；4 月，外媒报道，日本陆上自卫队西部方面队的一个步兵团将转成两栖部队，部署于西南岛屿，用于实施反登陆作战。② 5 月，日媒称，日本防卫省将提前两年在冲绳县石垣岛部署陆上自卫队警备队。③ 日本继续加强对钓鱼岛海域的监视和警戒。为应对中国公务船，日本海上保安厅专门组建“尖阁诸岛”（即中国钓鱼岛——作者注）“警备专属部队”，配备相当于 14 艘巡航能力的千吨级大型巡逻船。在 2016 年海上保安厅第二次补充预算中又列入 674 亿日元，再新建 3 艘专门执行“尖阁”（即中国钓鱼岛——作者注）任务的大型巡逻船。为应对中国渔船，日本酝酿到 2018 年完成在宫古部署 9 艘小型巡逻船。④ 日本还以鼓吹中国海洋“威胁”、炒作中国东海海洋活动、制造热点事件等方式，渲染东海安全形势，妄图将美国牢牢拴在东海，并为其大幅调整军事安全政策寻找借口。

（五）渔民安全问题有所升温

个别周边国家粗暴执法、过度使用武力、严重危害中国渔民人身和财产安全的事件时有发生。在南海，渔业执法摩擦频发。3 月，中国一艘渔船在中国南海传统捕鱼海域正常作业时，遭到印度尼西亚武装船只的攻击、骚扰，中国海警前往协助。6 月，中

---

① 《日本通过史上最大防卫预算　直言就是针对中国和朝鲜》，http：//mil. news. sina. com. cn/china/2017-03-29/doc-ifycstxp5441972. shtml，2017 年 4 月 5 日登录。

② 《日本缘何强化西南诸岛军事部署》，http：//news. xinhuanet. com/world/2016-04/19/c_128908587. htm，2016 年 5 月 17 日登录。

③ 《日本提前两年驻军西南诸岛　日媒：为紧盯中国动向》，http：//military. china. com/news2/569/20160602/22793482. html，2016 年 6 月 29 日登录。

④ 中国现代国际关系研究院：《国际战略与安全形势评估 2016/2017》，北京：时事出版社，2017 年，第 153 页。

国渔船在南海中国西南传统渔场正常作业时，遭多艘印度尼西亚海军舰船袭扰和枪击，造成中国渔船受损，1 名船员中弹受伤，另外 1 艘渔船和船上 7 名人员被印尼方扣押。[①] 自 2016 年 9 月起，黄海海域的中韩渔业争端不断升温。9 月，韩国海警在执法过程中使用爆震弹，造成中方 3 名渔民死亡。10 月，伴随着渔业冲突的升级，韩国政府宣布，决定对中国渔民执法时提升武力使用程度，在必要时甚至将动用舰炮轰击涉嫌违规的中国渔船。11 月 1 日，韩国海警先后使用 M60 机关枪向空中和中国渔船周围水域发射 600 多发子弹，造成中国渔船船体受损，并扣押了 2 艘中国渔船。11 月 12 日，韩国海警使用 M60 机关枪向中国渔船射击，发射 95 发子弹。[②] 据不完全统计，从 2004—2016 年，已有 6 名中国渔民在中韩渔业冲突中死亡，另有 15 名中国渔民失踪。[③]

（六）海洋生态环境安全风险依然突出

在海洋生态环境方面，中国面临严峻的安全形势，海洋生态环境状况稳中有忧。《2016 年中国海洋环境状况公报》显示，2016 年全年共发现赤潮 68 次，累计面积约 7484 平方千米，分别较上年增加 33 次和 4675 平方千米；东海依然为赤潮高发海域，赤潮发现次数占总数的 54%，累计面积占总面积的 76%。黄海海域浒苔绿潮分布面积近 5 年最大，约 57 500 平方千米。渤海滨海平原地区海水入侵和土壤盐渍化加重，砂质海岸局部地区海岸侵蚀加重。海洋灾害对我国沿海经济社会发展和海洋生态环境造成诸多不利影响。《2016 年中国海洋灾害公报》显示，2016 年我国各类海洋灾害共造成直接经济损失 50 亿元，死亡（含失踪）60 人。其中，造成直接经济损失最严重的是风暴潮灾害，占总直接经济损失的 92%；人员死亡（含失踪）全部由海浪灾害造成。海平面上升给海洋生态环境安全带来的挑战依然突出。《2016 年中国海平面公报》显示，1980—2016 年中国沿海海平面上升速率为 3.2 毫米/年，高于同期全球平均水平；2016 年中国沿海海平面为 1980 年以来的最高位；高海平面加剧了中国沿海风暴潮、洪涝、海岸侵蚀、咸潮及海水入侵等灾害，给沿海地区人民生产生活和经济社会发展造成了一定影响。

（七）海外利益保护能力建设急需提高

近年来，中国已发展成为一个海外利益大国，特别是随着“一带一路”倡议的落

---

① 《印尼海军枪击并抓扣中国渔船　外交部回应》，http：//news. ifeng. com/a/20160619/49193624_0. shtml，2016 年 6 月 21 日登录。

② 《韩国海警暴力执法凸显其不专业本质》，http：//world. huanqiu. com/hot/2017-02/10156229. html，2017 年 5 月 17 日登录。

③ 《韩国渔业产量 45 年来最低》，http：//www. aquainfo. cn/n-2/7/20172714561317287. shtml，2017 年 3 月 5 日登录。

实和推进，中国海外利益未来将保持高速拓展，中国海外利益面临的各类安全风险需要予以高度关注。2016 年，受他国政治经济动荡、社会治安、非传统安全威胁等因素影响，中国海外利益综合风险进入高发期。[①] 8 月 17 日，中国国家主席习近平在人民大会堂出席推进“一带一路”建设工作座谈会时，就推进“一带一路”建设提出 8 项要求。其中，包括要切实推进安全保障，完善安全风险评估、监测预警、应急处置，建立健全工作机制，细化工作方案，确保有关部署和举措落实到每个部门、每个项目执行单位和企业。维护国家海洋安全，加强在海洋方向维护国家海外利益的能力，以下几个领域的能力建设亟须加强：维护海上战略通道安全，应对海盗、偷渡、海上走私、海上恐怖主义等非传统安全威胁，在海上开展护航、撤离海外公民、应急救援等海外行动，进行海军海外基础设施和保障能力建设，发展海军远程投送能力，加强海洋安全国际合作等。

三、维护海洋安全的政策和举措

在总体安全观的指导下，中国政府积极应对海洋安全面临的传统和非传统安全威胁，坚决维护国家主权和海洋安全利益，坚持通过双边谈判来解决争议，有效管控分歧和矛盾，高度重视海洋生态安全，积极开展海洋安全领域的对话与合作，努力维护地区的和平与稳定。

（一）推进岛礁建设和常态化维权巡航执法

为了满足南海海洋环境保护、海洋防灾减灾、科研以及海上航行安全等日益增长的保障需求，国家海洋局在南沙永暑礁、渚碧礁、美济礁三大岛礁开展了海洋观测中心、海洋科研设施等五大项目的建设。2016 年，南沙岛礁民事项目建设取得关键性进展，观测监测等项目主体工程如期竣工。中国在华阳礁、赤瓜礁、渚碧礁、永暑礁先后建成了 4 座大型多功能灯塔并投入使用，按照国家二级医院标准建造的永暑礁医院也于 6 月底正式启用，美济礁灯塔主体工程也基本建成。南海岛礁建设的 5 座大型灯塔，是中国在南海海域建设的重要公益性服务设施，承担着服务航海保障、海上搜寻救助、航行安全、渔业生产、海洋防灾减灾等功能，是中国履行相关国际责任和义务的体现。7 月，中国两架民航客机在美济礁新建机场和渚碧礁新建机场平稳着陆，试飞成功。至此，中国已在永暑礁、美济礁、渚碧礁各建设了 1 座机场并投入使用。2016

---

① 中国现代国际关系研究院：《国际战略与安全形势评估 2016/2017》，北京：时事出版社，2017 年，第 466-467 页。

年，中国继续积极稳妥地开展维权巡航执法活动。根据中国海警局网站公布的信息统计，中国海警舰船编队全年在钓鱼岛领海巡航共计34次。

（二）妥善应对岛礁主权争议

针对菲律宾“南海仲裁案”，中国进行了坚决的斗争。中国政府先后发布了《中华人民共和国外交部关于坚持通过双边谈判解决中国和菲律宾在南海有关争议的声明》《中华人民共和国外交部关于应菲律宾共和国请求建立的南海仲裁案仲裁庭所作裁决的声明》《中华人民共和国政府关于在南海的领土主权和海洋权益的声明》等文件，系统阐释了中国在相关问题上的政策立场。中国在各种双（多）边场合清晰表明严正态度。中国的正当立场得到了来自近120个国家和240多个不同国家政党的理解和支持。在杜特尔特就任菲律宾总统后，中国积极推动中菲关系转圜，两国发表的联合声明聚焦对话和合作，重申由直接有关的主权国家通过友好磋商和谈判，以和平方式解决领土和管辖权争议。经过中国与东盟国家的共同努力，南海问题逐渐降温，重新回到对话协商轨道。

（三）高度重视海洋生态安全

中国一贯高度重视海洋生态安全。2015年发布的《中共中央国务院关于加快推进生态文明建设的意见》提出“严守资源环境生态红线，科学划定森林、草原、湿地、海洋等领域生态红线”。2016年11月1日，国家主席习近平主持召开中央全面深化改革领导小组第二十九次会议，会议审议通过了《海岸线保护与利用管理办法》，会议强调“建立湿地保护修复制度，加强海岸线保护与利用，事关国家生态安全”。《海岸线保护与利用管理办法》是全面深化海洋领域改革、加强海洋生态文明建设、维护国家海洋生态安全的重大举措。为了实现“水清、岸绿、滩净、湾美、岛丽”的海洋生态文明建设目标，2016年，国家海洋局积极推进海洋生态建设和整治修复，组织制定“蓝色海湾”“南红北柳”“生态岛礁”整治行动规划，构建三大工程的统筹协调机制。财政部和国家海洋局批复18个城市实施“蓝色海湾”“南红北柳”和“生态岛礁”工程18项，规划整治修复岸线270余千米；修复沙滩约130公顷，恢复滨海湿地5000余公顷。2016年，国家海洋局新批准建立了16个国家级海洋公园。目前，我国已建立国家级海洋保护区81个。①

① 《生态环境保护司司长柯昶解读〈2016年中国海洋环境状况公报〉》，http：//www. soa. gov. cnzwgkzcjd/201703/t20170328_55394. html，2017年5月18日登录。

（四）加强海洋安全对话合作

开展海洋安全对话合作，增进互信，建立海上信任措施，有助于改善海洋安全环境、推进地区海洋安全架构建设。2016年，中国继续加强与有关国家在海洋安全领域的对话合作，积极参与海洋安全多边对话平台和机制，取得了丰硕成果。

1. 中美海洋安全对话稳步推进

第八轮中美战略与经济对话于2016年6月在北京举行，在海洋安全领域，双方深入交换意见，取得广泛成果。两国海军决定致力于就结合海军军舰互访开展实质性演习达成一致，提升双方在应对自然灾害或反海盗行动中的合作。深化两军在人道主义救援减灾、反海盗等领域的合作。双方重申积极落实两国国防部签署的“重大军事行动相互通报机制”和“海空相遇安全行为准则”两个互信机制备忘录。双方将继续完善两军互信机制建设，结合两国海军军舰互访举行熟练运用《海空相遇安全行为准则》联合演练。中美将继续制定两国海警的海上相遇行为准则，并将原则上支持制定中国海警局与美国海岸警卫队之间的合作文件。中美再次承诺共同打击非法、不报告和无管制捕捞，支持推进两国相关海事安全机构的双边交流。9月3日，二十国集团领导人杭州峰会期间，中美元首举行会晤，双方达成35项主要共识和成果。在两军关系方面，双方重申共同致力于落实两国两军领导人共识，加强战略对话，深化务实合作，强化风险管控，避免意外事件，推动中美军事关系持续顺利发展。在海警合作方面，双方强调加强中美海警部门在人员往来、舰船互访、情报信息交换及共同打击海上违法犯罪等方面开展合作的重要性，同意共同努力，以便早日签署《中美海警海上执法合作备忘录》。双方积极评价《中美海警海上相遇安全行为准则》第二轮专家磋商取得的进展，确认在改善舰舰相遇安全、有效履行海上执法职责、维护海洋秩序等方面拥有共同利益和目标，同意继续推进有关磋商，争取尽早达成《中美海警海上相遇安全行为准则》。

2. 中俄海洋安全合作进入新阶段

2016年6月，普京总统访华期间，两国元首共同签署并发表《中华人民共和国和俄罗斯联邦联合声明》《中华人民共和国主席和俄罗斯总统关于加强全球战略稳定的联合声明》《中华人民共和国主席和俄罗斯总统关于协作推进信息网络空间发展的联合声明》。两国元首在9月二十国集团领导人杭州峰会期间举行年内第三次会晤，商定加大在涉及彼此核心利益问题上的相互坚定支持。9月，中俄在华举行执法安全合作机制第三次会议和第十二轮战略安全磋商。双方于9月举行中俄“海上联合——2016”军事演习，这是中俄两国海军五年来进行的第六次海上联合军事演习。

3. 中日海洋安全合作逐步恢复和发展

在2016年亚欧首脑会议期间，李克强总理应约同安倍晋三首相举行会晤。在9月二十国集团领导人杭州峰会期间，习近平主席与安倍晋三首相举行会晤。双方有序恢复政府、议会、政党等不同层级接触，举行高级别政治对话，稳步推进各领域交流合作。11月，第十四次中日安全对话在北京举行，两国外交、防务部门人员参加，双方就国际地区安全形势、各自安全政策和中日防卫交流合作等交换了意见。第五轮、第六轮中日海洋事务高级别磋商先后在9月和12月召开，双方举行了磋商机制全体会议和机制下设的政治和法律、海上防务、海上执法与安全、海洋经济四个工作组会议，就东海相关问题交换意见，并探讨了开展海上合作的具体方式。

4. 中国与东盟海洋安全合作深入开展

2016年是中国和东盟建立对话关系25周年，一年来，中国与东盟在海洋安全方面的合作有所加强。5月，东盟防长扩大会议海上安全与反恐联合演习在文莱、新加坡海域举行，中国高级参访团、海军兰州舰参加演练。9月，第二次东盟防长扩大会议人道主义援助救灾与军事医学联合演练在曼谷、春武里府及其附近海域举行，中方派遣工兵分队、医疗分队、指挥参谋人员、特战队员共100余人及2架米-171直升机、“长白山”号登陆舰全程参演。9月7日，中国东盟领导人会议签署《中国与东盟国家应对海上紧急事态外交高官热线平台指导方针》《中国与东盟国家关于在南海适用〈海上意外相遇规则〉的联合声明》，双方海上安全合作取得重大进展。

5. 中国与南海周边国家海洋安全合作成果丰硕

中越双边合作指导委员会第九次会议签署《中国海警局和越南海警司令部合作备忘录》。中越海警第一次工作会议顺利召开，双方签署了《中越海警第一次工作会晤会议纪要》，将北部湾共同渔区联合检查行动增加为每年两次。双方决定2017年在越南举行第二次海警工作会议。菲律宾总统杜特尔特访华期间，双方海警部门签署合作备忘录。马来西亚总理纳吉布访华期间，双方共签署了14项双边合作文件，其中包括《中马双边防务合作谅解备忘录》在内的9个政府间协议，5个商务合作协议。中马两国将进一步加强在执法安全和防务领域的合作。马方宣布皇家海军将向中方采购4艘滨海任务舰，其中2艘在中国建造，另2艘在马来西亚建造。

6. 多边安全对话平台和机制影响日益扩大

中国致力于推进地区安全机制建设，搭建香山论坛平台，建立中国-东盟执法安全合作部长级对话机制，积极支持亚洲相互协作与信任措施会议加强能力和机制建设，参与东盟主导的多边安全对话合作机制。上述多边对话平台和机制对于推动和促进地区国家在海洋安全领域的合作具有重要意义和作用。香山论坛创办于2006年，原为每两年举办一次。自2014年第五届香山论坛开始，论坛由“二轨”升级为“一轨半”，并改为一年举办一次。第七届香山论坛于2016年10月在北京召开，59个国家的官方代表团、6个国际组织代表团以及中外知名政要、专家学者400余人参加了论坛。此次论坛设4个大会议题和4个分会议题，其中包括“海上安全合作”和“海上危机管理与地区稳定”。香山论坛有利于凝聚合作共赢的共识，在促进亚太海洋安全方面作用日益重要。

四、小结

维护岛礁主权和领土完整，保卫领海安全和维护管辖海域海洋权益，维护海上通道和航线安全，保护海洋生态环境安全，维护极地、深海大洋的安全利益，维护海外利益安全，是当前维护国家海洋安全面临的主要任务。2016年，中国海洋安全形势保持总体稳定的同时，面临的挑战有所增加，海洋安全面临的国际与地区安全环境趋紧，周边海洋安全形势复杂多变，渔民安全问题有所升温，海洋生态环境安全风险依然突出，海外利益保护能力建设亟须提高。在总体安全观的指导下，中国积极应对海洋传统安全和非传统安全挑战，坚决维护国家主权、海洋安全和权益，高度重视海洋生态安全，妥善处理和管控海上争议，积极开展海洋安全对话合作，为中国的和平发展和海洋强国建设营造了相对和平稳定的安全环境。

第十五章　菲律宾南海仲裁案

菲律宾南海仲裁案是在复杂的国际背景下酝酿和发酵的政治闹剧，其目的不是为了解决争议，也不是为了维护南海的和平与稳定，而是为了否定中国在南海的领土主权和海洋权益。本案在程序和实体问题上都存在严重错误，是国际法历史上最具争议的涉海案件之一。中国政府充分阐述了南海仲裁案的立场和主张，显示了坚定捍卫领土主权和海洋权益的意志和决心，为推动争端和平解决做出了持续不懈的努力。①

一、菲律宾南海仲裁案的基本情况

从2013年1月22日菲律宾对中国提起《联合国海洋法公约》（以下简称《公约》）附件七下的仲裁，到2016年7月12日仲裁庭在中方缺席的情况下强行做出实体裁决，这场披着法律外衣的政治闹剧在历经三年半的精心设计和自导自演之后终于落下了帷幕。

（一）案件的台前幕后

菲律宾南海仲裁案的提出有深层次的背景原因。2011年11月，时任美国总统的奥巴马在APEC非正式首脑会议上正式提出“亚太再平衡”战略，开始将战略重心从中东地区转至亚太地区。2012年1月，美国发布《维持美国的全球领导地位：21世纪国防的优先任务》报告，着重强调亚太地区成为美国政策的优先选项。② 南海争端成为美国拉拢盟友、离间东盟国家与中国的关系、实施战略围堵的重要抓手。反华亲美的菲律宾阿基诺三世政府，甘愿充当马前卒，配合美国上演了这出南海仲裁案的闹剧。

菲律宾南海仲裁案的导火索是2012年以来的黄岩岛事件。2012年4月10日，12艘中国海南籍渔船在黄岩岛潟湖内正常作业时，被菲律宾海军“德尔皮拉尔号”巡逻

---

① 本部分的主要依据是《中华人民共和国政府关于菲律宾共和国所提南海仲裁案管辖权问题的立场文件》（2014年12月7日）、《中华人民共和国政府关于在南海的领土主权和海洋权益的声明》（2016年7月12日）、《中华人民共和国外交部关于应菲律宾共和国请求建立的南海仲裁案仲裁庭所作裁决的声明》（2016年7月12日）等政府文件。主要参考文献有：马新民：《“南海仲裁案”裁决缘何非法无效》，载《中国法学》，2016年第5期；吴世存：《中菲南海争议10问》，北京：时事出版社，2014年。

② 参见《美国公布新军事战略：将安全重心转向亚太地区》，搜狐网：http：//news. sohu. com/20120106/n331388166. shtml，2017年6月16日登录。

舰强行堵截和干扰。菲方武装人员登上其中四艘渔船强行搜查，中国渔民被菲律宾军人扒去上衣在甲板上暴晒。中国海监船只立即赶赴事发海域，保护中国渔船渔民有序撤离。中菲双方的对峙一直持续到6月18日菲方船只全部撤离。为防止菲律宾新的挑衅行为，中国船只留守黄岩岛附近海域，开始实施实际管控。[①] 半年之后，菲律宾单方面提起了仲裁案，将黄岩岛问题作为重要的仲裁事项之一，对中国的管控行为横加指控。

仁爱礁事件使进行中的南海仲裁案更加复杂。1999年，菲律宾以军舰搁浅为由在仁爱礁非法坐滩。中方向菲方多次严正交涉，并派海军及海上执法部门定期巡视仁爱礁。在强大的压力下，菲律宾曾允诺撤离仁爱礁，但并未信守承诺，反而变本加厉。在仲裁案进行期间，菲律宾两次在仁爱礁挑起事端。2013年5月9日，菲律宾三艘军舰以为“坐滩”船只“补给”为由，驶向仁爱礁，意欲打桩加固“坐滩”船只，并伺机扩大在仁爱礁的军事存在。2014年3月29日，菲律宾又以“补给”为名，强行闯入仁爱礁，并特意邀请多国媒体随行并炒作。中国海警执法船在现场保持了高度克制。[②] 然而，菲律宾仍不断扩大事态，向仲裁庭申请增加关于仁爱礁事件的仲裁事项，颠倒是非黑白，误导国内和国际公众。

（二）案件的程序进展

2013年1月22日，菲律宾就南海争端对中国提起《公约》附件七下的仲裁。2月19日，中国正式拒绝并退回菲方“通知和权利主张声明”，坚持南海争议应由当事方通过协商谈判来解决。菲方不顾中方反对，继续单方面强行推进仲裁程序。菲律宾在其仲裁通知中，指派国际海洋法法庭德国籍法官鲁迪格·沃夫朗（Rudiger Wolfrum）为代表菲方的仲裁员。在中国不参加仲裁的情况下，菲律宾又请求国际海洋法法庭庭长柳井俊二指派了其余四位仲裁员。2013年4月24日，仲裁庭正式组成，五名仲裁员分别是：加纳籍法官汤姆斯·曼萨（Thomas A. Mensah），法国籍法官皮尔斯·考特（Jean-Pierre Cot），波兰籍法官帕拉克（Stanislaw Pawlak），荷兰籍教授艾尔弗雷德·宋斯（Alfred Soons）和德国籍法官鲁迪格·沃夫朗，其中加纳籍法官担任首席仲裁员。常设仲裁法院担任该案的书记官处。

仲裁庭于2013年7月11日在海牙和平宫召开第一次会议之后，于8月27日发布了第一号程序令。仲裁庭正式通过了《程序规则》，并确定2014年3月30日为菲律宾提交书面陈述的日期。菲律宾于2014年3月30日提交诉状，提出15项仲裁请求，内

① 参见吴世存：《中菲南海争议10问》，北京：时事出版社，2014年，第19-20页。

② 参见吴世存：《中菲南海争议10问》，北京：时事出版社，2014年，第20页。

容涉及南海断续线和历史性权利、黄岩岛和部分南沙岛礁的法律地位和海洋权利、中国在黄岩岛和南沙部分岛礁附近海域海上执法的合法性等问题。

2014 年 5 月 14 日至 15 日，仲裁庭在海牙和平宫召开第二次会议，并随后在 2014 年 6 月 3 日发布了第二号程序令，确定 2014 年 12 月 15 日为中国提交辩诉状的日期。在第二号程序令发布之前，针对第二号程序令的草案，菲律宾在 2014 年 5 月 29 日提交了意见，中国在 2014 年 5 月 21 日向常设仲裁法院发出照会，重申不接受和不参与该仲裁案的立场，并强调该照会不应被视为中国接受或参与了仲裁程序。

2014 年 12 月 7 日，中国发布了《中华人民共和国政府关于菲律宾共和国所提南海仲裁案管辖权问题的立场文件》（以下简称《立场文件》），声明仲裁庭对菲律宾的诉求不享有管辖权，并表明“上述立场不得被解释为中国接受或参与仲裁”。[①] 仲裁庭随后发布第三号程序令，要求菲律宾在 2015 年 3 月 15 日之前就管辖权和某些实体问题提交进一步书面陈述；要求中国在 2015 年 6 月 16 日之前向仲裁庭提交其对菲律宾补充书面陈述的评论。

2014 年 12 月 5 日，越南外交部向书记官处提交了“越南外交部提请菲律宾诉中国仲裁案仲裁庭注意的声明”政府声明，申明越南的立场，并请求仲裁庭适当留意越南的合法权利和利益。

2015 年 4 月 20 日至 21 日，仲裁庭在位于海牙和平宫的常设仲裁法院召开第三次会议后，于 2015 年 4 月 22 日发布了第四号程序令，决定将中国的立场文件和照会视为《程序规则》第 20 条中规定的关于仲裁庭管辖权的抗辩，并决定于 2015 年 7 月就仲裁庭管辖权问题进行开庭审理。

2015 年 7 月 7 日至 13 日，仲裁庭就管辖权和可受理性问题在荷兰海牙和平宫进行开庭审理。菲律宾代表团约由 60 名代表组成，包括担任菲方代理人的菲律宾总检察长、外交部部长、司法部部长、国防部部长、菲最高法院与下议院的成员以及大使、政府律师、官员、法律顾问、技术专家和助理等。菲律宾代理人、总检察长希尔贝（Florin T. Hilbay）和外交部部长罗萨里欧（Albert Ferreros del Rosario）发表了开场白。随后菲方律师瑞克勒（Paul S. Reichler）、塞兹（Philippe Sands）、马丁（Lawrence H. Martin）、奥克斯曼（Bernard H. Oxman）、保勒（Alan Boyle）进行了论证。虽然仲裁庭此前决定庭审不对公众开放，但在收到有关国家的书面请求后，仲裁庭最终允许马来西亚、印度尼西亚、越南、泰国及日本政府派小型代表团作为观察员参加。

2015 年 10 月 29 日，仲裁庭作出了关于管辖权和可受理性问题的裁决，裁定对菲

① 《中华人民共和国关于菲律宾共和国所提南海仲裁案管辖权问题的立场文件》，外交部网站：http://www.mfa.gov.cn/web/wjb_673085/zzjg_673183/tyfls_674667/xwlb_674669/t1217143.shtml，2017 年 6 月 16 日登录。

律宾的七项诉求下的事项具有管辖权；其他七项诉求的管辖权需要与实体问题一并审议。另外，仲裁庭还要求菲律宾就第十五项诉求进行澄清并限缩其范围。

2015 年 11 月 24 日至 30 日，关于实体问题和剩余管辖权以及可受理性问题的审理在荷兰海牙和平宫举行。菲律宾派 50 余人的代表团参加，人员组成与管辖权听证会大致相同。在听取了菲总检察长和菲方律师的发言和论证之后，仲裁庭还听取了来自斯高福尔德（Clive Schofield）教授和卡普特（Kent Carpenter）教授关于南海岛礁地位以及中国在南海的行为对环境的影响的专家证言。在庭审过程中，仲裁员向菲律宾及其专家证人提出了一份书面问题清单。菲律宾在庭审最后一天即 2015 年 11 月 30 日对这些问题作出了答复，并可于 2015 年 12 月 18 日之前针对仲裁庭所提问题提交进一步书面回复及相关材料。庭审未对公众开放，但在收到有关国家的书面请求并征求当事方意见后，仲裁庭允许了澳大利亚、印度尼西亚、日本、马来西亚、新加坡、泰国和越南派遣小型代表团作为观察员参加。另外，英国虽然事先得到了批准，但最终决定不派观察团。由于美国并非《公约》缔约国，其派遣观察员的请求被拒绝。

2016 年 7 月 12 日，仲裁庭就剩余管辖权问题和实体问题公布其最终裁决。最终裁决不仅确立了对剩余事项的管辖权，还“一边倒”地支持了菲方几乎所有的实体诉求，全面否定了中国的合法海洋权利主张和实践，损害了《公约》的完整性和权威性。

二、中国的基本立场

菲律宾在 2013 年 1 月 22 日单方面对我国提起仲裁后，中国政府发表了一系列文件和声明，郑重阐明我国对南海仲裁案“不接受、不参与、不承认”的基本立场。

2013 年 2 月 19 日，中国政府郑重宣布不接受、不参与菲律宾提起的仲裁，此后多次重申此立场。2014 年 12 月 7 日，中国政府发表《立场文件》，指出菲律宾提起仲裁违背中菲协议，违背《公约》，违背国际仲裁一般实践，仲裁庭不具有管辖权。① 2015 年 10 月 29 日，仲裁庭作出管辖权和可受理性问题的裁决后，中国政府当即声明该裁决是无效的，没有拘束力。② 2016 年 7 月 12 日，在仲裁庭作出最终裁决后立即发表《中华人民共和国外交部关于应菲律宾共和国请求建立的南海仲裁案仲裁庭所作裁决的声明》，再次强调不接受、不承认的基本立场，并重申：“中国在南海的领土主权和海洋权益在任何情况下不受仲裁裁决的影响，中国反对且不接受任何基于该仲裁裁决的主

---

① 《中华人民共和国政府关于菲律宾共和国所提南海仲裁案管辖权问题的立场文件》，外交部网站：http：//www. fmprc. gov. cn/web/wjb_673085/zzjg_673183/tyfls_674667/xwlb_674669/t1217144. shtml，2017 年 6 月 14 日登录。

② 《中华人民共和国外交部关于应菲律宾共和国请求建立的南海仲裁庭关于管辖权和可受理性问题裁决的声明》，新华网：http：//news. xinhuanet. com/politics/2015-10/30/c_1116991261. htm，2017 年 6 月 14 日登录。

张和行动”；“在领土问题和海洋划界争议上，中国不接受任何第三方争端解决方式，不接受任何强加于中国的争端解决方案。中国政府将继续遵循《联合国宪章》（以下简称《宪章》）确认的国际法和国际关系基本准则，包括尊重国家主权和领土完整以及和平解决争端原则，坚持与直接有关当事国在尊重历史事实的基础上，根据国际法，通过谈判协商解决南海有关争议，维护南海和平稳定”。[①]

中国的“不接受、不参与、不承认”的基本立场有充足的国际法依据。菲律宾单方面提起仲裁，其目的是恶意的，不是为了解决与中国的争议，也不是为了维护南海的和平与稳定，而是为了否定中国在南海的领土主权和海洋权益。仲裁庭无视菲律宾提起仲裁事项的实质是领土主权和海洋划界问题，错误解读中菲对争端解决方式的共同选择，恶意规避中国对强制管辖的排除性声明，在认定事实和适用法律上存在明显错误。仲裁庭的行为及其裁决严重背离国际仲裁一般实践，完全背离《公约》促进和平解决争端的目的及宗旨，损害了《公约》的完整性和权威性，侵犯了中国作为主权国家和《公约》缔约国的合法权利，是不公正和不合法的。

（一）仲裁庭不具有管辖权

《公约》第十五部分规定的争端解决机制具有“自主性”和“强制性”双重特点。“自主性”体现在缔约国选择的和平解决争端的方法应得到尊重。《公约》的任何规定均不损害缔约国于任何时候协议用自行选择的和平方法解决海上争端的权利；[②] 这些方法包括谈判、调查、调停、和解、公断、司法解决、区域机关或区域办法之利用，或各国自行选择的其他和平方法。[③] “强制性”体现在《公约》第十五部分第二节规定的“导致有拘束力裁判的强制程序”，尤其是附件七仲裁程序。根据《公约》第二八七条，缔约国有权选择国际海洋法法庭、国际法院、附件七仲裁、附件八特别仲裁法庭中的一个或一个以上方法，以解决有关《公约》解释或适用的争端。若争端双方未做出上述选择，或未选择同一程序，应视为已接受附件七所规定的仲裁。[④] 因此，与通常意义上以“合意”为基础的仲裁不同，《公约》附件七仲裁带有较大的强制性，存在单方面强行启动附件七仲裁的可能。

然而，《公约》为强制争端解决程序的适用设置了多项前提和条件。首先，所诉事

---

① 《中华人民共和国外交部关于应菲律宾共和国请求建立的南海仲裁案仲裁庭所作裁决的声明》，新华网：《中华人民共和国外交部关于南海仲裁案的声明》，2017 年 6 月 14 日登录。

② 《联合国海洋法公约》，第二八〇条。

③ 《联合国宪章》第 33 条，联合国网站，http：//www. un. org/zh/documents/charter/chapter6. shtml，2017 年 6 月 14 日登录。

④ 《联合国海洋法公约》，第二八七条。

由应构成法律上的“争端”，并且是有关《公约》的解释或适用的争端。其次，如果争端双方已协议通过谈判等其他方法解决争端，《公约》附件七强制仲裁程序则不应适用。再次，领土主权争端不属于《公约》调整的范围，不能作为诉讼或仲裁事项。再者，《公约》允许缔约国以书面声明的方式，将第二九八条中的一类或一类以上事项排除出《公约》争端解决强制程序之外。这些可排除的事项包括海洋划界、历史性海湾或所有权、军事活动以及相关主权权利和管辖权的法律执行活动等争端。此外，《公约》还规定了“迅速着手交换意见”的义务①，即缔约国之间对《公约》的解释或适用发生争端，争端各方应迅速就以谈判或其他和平方法解决争端一事交换意见，如果双方并未就仲裁涉及的争端交换意见，或交换意见的争端并非仲裁中提到的主体事项，则也不应适用《公约》附件七的仲裁程序。

菲律宾提出的十五项诉求可以归纳为三类：第一，中国的南海断续线和历史性权利的合法性问题（第1~2项诉求）；第二，某些岛礁地物的法律地位和海洋权利问题（第3~7项）；第三，中国海上活动的合法性问题（第8~15项）。菲律宾所提的三类事项都不符合上述强制争端解决程序的前提和条件。

菲律宾所提事项的实质是南海部分岛礁的领土主权问题，超出《公约》的调整范围，不涉及《公约》的解释或适用，不属于仲裁庭管辖事项。如果不确定中国对南海岛礁的领土主权，就无法确定中国在南海享有何种海洋权利，无从判断中国所主张的海洋权利是否超出《公约》规定。如果脱离了国家领土主权，岛礁的地位及其海洋权利就是纯粹的技术问题，不具有任何法律意义，有关诉求不构成中菲两国之间“真实”的争端。类似的，要确定中国相关活动是否合法，必须首先判定相关活动所在海域的归属，而海域的归属主要基于陆地领土主权来确定。在中菲之间岛礁主权问题未获解决的情况下，仲裁庭径行处理菲律宾上述诉求是一种本末倒置的行为。②

菲律宾提出的各项仲裁事项，属于海域划界不可分割的组成部分，属于中国明确声明排除强制性管辖的事项。中菲之间相向海岸不足400海里，存在专属经济区和大陆架的重叠，需要进行海洋划界。中国已于2006年根据《公约》第二九八条作出声明，明确将“关于划定海洋边界的争端”排除适用包括仲裁在内的强制程序。菲律宾提出的关于岛礁法律地位和海洋权利的事项是海洋划界不可分割的内在组成部分，不应脱离海洋划界而单独处置。仲裁庭无视中国的排除性声明，执意在中菲开展划界谈判之前，处理中菲海洋划界中相关岛礁地物的法律地位问题，直接干预中菲海洋划界

---

① 《联合国海洋法公约》，第二八三条第1款。

② 参见《菲律宾所提南海仲裁案仲裁庭的裁决没有法律效力》，中国国际法学会，2016年6月10日，外交部网站：http://www.fmprc.gov.cn/web/ziliao_674904/zt_674979/dnzt_674981/qtzt/nhwt_685150/zxxx_685152/t1371204.shtml，2017年6月14日登录。

争端的解决，事实上剥夺了当事国谈判和达成协议的权利。[①]

中菲两国已通过双边、多边协议选择通过谈判方式解决有关争端，且排除任何其他程序的适用。按照《公约》第二八一条的规定，如果争端各方“已协议用自行选择的和平方法来谋求解决争端，则只有在诉诸这种方法而仍未得到解决以及争端各方间的协议并不排除任何其他程序的情形下”，才适用《公约》第十五部分规定的争端解决程序。[②]中菲之间存在《公约》第二八一条所称的“协议”。一系列中菲双边文件和中菲均参加的《南海各方行为宣言》（以下简称《宣言》），确认了双方通过谈判和磋商解决有关南海争端的共识，表明存在此种“协议”。[③] 因此，中菲之间的有关争端显然应当通过谈判方式来解决，而不得诉诸仲裁等强制争端解决程序。仲裁庭以中菲之间的双边文件和《宣言》不具有法律拘束力为由，认定中菲之间没有关于争端解决方式的“协议”，这是对“协议”含义的曲解，有悖《公约》相关条款的通常含义和立法精神。[④]

综上，仲裁庭对菲律宾所提诉求确立管辖权是完全错误的。仲裁庭所作管辖权裁决完全是一项政治性裁决。非法行为不产生权利。无论仲裁庭最终就案件实体问题作出何种裁决，当然也不具有任何法律效力。

（二）实体裁决具有重大失误

仲裁庭不仅肆意扩权和滥权，对不属于其职权范围之内的事项行使管辖权，还在实体问题的审查中犯有严重错误，违反了条约解释、职权法定、证据采信等原则，对我国海洋权益问题作出了不公正、不合法的裁决。

裁决错误界定了《公约》的优先地位，得出了《公约》优于习惯法等其他国际法规则的荒谬结论。基于这一错误论断，仲裁庭认定基于习惯法的历史性权利因与《公约》产生冲突而归于消灭，中国主张的历史性权利已为《公约》规定的专属经济区、大陆架制度所取代或吸收。这一结论既没有法律和事实依据，也不符合国际实践。首先，《公约》并不具有优于一般国际法的地位。并非所有海洋法问题都由《公约》规定，包括习惯法在内的一般国际法也是国家主张海洋权利不可或缺的权利依据。《公

---

① 《中国海洋法学会关于菲律宾共和国单方面提起的南海仲裁案的声明》，2016 年 5 月 30 日，新华网：http：//news. xinhuanet. com/world/2016-05/30/c_1118957545. htm，2017 年 6 月 14 日登录。

② 《联合国海洋法公约》，第二八一条第 1 款。

③ 《菲律宾所提南海仲裁案仲裁庭的裁决没有法律效力》，中国国际法学会，2016 年 6 月 10 日，外交部网站：http：//www. fmprc. gov. cn/web/ziliao_674904/zt_674979/dnzt_674981/qtzt/nhwt_685150/zxxx_685152/t1371204. shtml，2017 年 6 月 14 日登录。

④ 《菲律宾所提南海仲裁案仲裁庭的裁决没有法律效力》，中国国际法学会，2016 年 6 月 10 日，外交部网站：http：//www. fmprc. gov. cn/web/ziliao_674904/zt_674979/dnzt_674981/qtzt/nhwt_685150/zxxx_685152/t1371204. shtml，2017 年 6 月 14 日登录。

约》序言也确认："本公约未予规定的事项，应继续以一般国际法规则和原则为准据。"条约法和习惯法这两套规则之间是平行共存关系，而并非是相互取代关系。[①] 仲裁庭错误地解释《公约》有关规定，否定习惯法在海洋法领域的重要地位和作用，扭曲了《公约》本义，是条约解释和适用的重大失误。其次，历史性权利是一个内涵丰富的概念，国际实践中的"历史性权利"涵盖了"历史性所有权""历史性海湾""历史性水域"和"传统捕鱼权"等多个方面。《公约》生效后，如"历史性所有权"和"历史性海湾"等主权性质的历史性权利被纳入《公约》体系，但另外一些历史性权利，如"历史性水域"等，仍由习惯法规范。我国在南海的活动已有2000多年历史，我国在南海的历史性权利在1982年《公约》出台前就已经客观存在，根据"时际法"原则，我国主张在南海享有历史性权利是完全符合国际法的。[①]

仲裁庭非法篡改了《公约》关于认定"岛屿"的标准，武断地否定了太平岛等南沙岛礁的岛屿地位，公然违背《维也纳条约法公约》有关条约解释的规则。仲裁庭肆意造法，擅自设立了史无前例的"岛屿"标准，将《公约》第一二一条第3款中的"人类居住"错误解释为"稳定人类社群的永久或惯常居住"，将"其本身的经济生活"错误解释为"自给自足"。这种解释严重违背《公约》第一二一条第3款的目的和宗旨，实质上是对《公约》岛屿制度的内容进行了重大修改，严重超越了仲裁庭的权限，侵犯了缔约国的缔约权。如果按照仲裁庭这一认定标准，美国的约翰斯顿岛（Johnston Island）也可能被认定为岩礁。显然，仲裁庭的解释是荒谬的。仲裁庭以此为依据企图否定作为南沙群岛一部分的太平岛等岛屿拥有专属经济区和大陆架，完全是枉法裁判，是绝对不能接受的。[②]

仲裁庭错误否定了中国南沙群岛作为群岛的法律地位，严重侵犯中国的合法海洋权利。仲裁庭的错误裁判在于未尽职查明南沙群岛作为"群岛"的事实，片面采信菲律宾对中国立场的恶意误读。菲律宾在援引中国2011年有关照会时故意篡改了其中的用词，将中国照会中有关"南沙群岛"作为整体概念之后的动词由单数"is"变成了复数"are"，意在误导中国是以各个单个岛礁主张海洋权利的。[①] 仲裁庭未尽职查明中国的真实海洋权利主张，接受了菲律宾的片面解读，得出中菲双方就南沙群岛中的单个岛礁的地位存在争端的错误结论。仲裁庭的错误裁判还在于对南沙群岛整体地位的否定。仲裁庭在实体问题裁决中认定南沙群岛本身不能作为整体主张专属经济区和大陆架，不能适用群岛制度，也不能适用群岛基线或直线基线。这一认定不符合国际法和国际实践。我国将南沙群岛作为远海"群岛"主张领土主权和海洋权利是历史形成

① 马新民：《"南海仲裁案"裁决缘何非法无效》，载《中国法学》，2016年第5期，第34-35页。

② 马新民：《"南海仲裁案"裁决缘何非法无效》，载《中国法学》，2016年第5期，第35-36页。

的，得到国际社会的承认，并为包括“旧金山和约”在内的国际文件认可，有充分的事实和法律依据。《公约》没有对大陆国家远海群岛作出规定，也没有规定远海群岛是适用群岛基线还是直线基线的问题。远海群岛及其基线问题属于“公约未予规定的事项”，继续由习惯法规范。目前，法国、英国等10多个国家将其远海群岛作为一个整体划设直线基线，这是远海群岛习惯国际法规则存在的重要证据。[①]

综上，仲裁庭实体裁决在认定事实和适用法律上存在明显错误。仲裁庭的行为及其裁决严重背离国际仲裁一般实践，完全背离《公约》促进和平解决争端的目的及宗旨，严重损害《公约》的完整性和权威性，严重侵犯中国作为主权国家和《公约》缔约国的合法权利，是不公正和不合法的。

三、中国关于和平解决争端的努力和成效

中国始终致力于与包括菲律宾在内的直接有关的当事国在尊重历史事实的基础上，根据国际法，通过谈判解决有关争议。在海洋争议最终解决前，当事国应保持克制，尽一切努力作出实际性的临时安排，开展各领域合作，积极维护南海地区的和平稳定。

（一）坚持谈判解决争端

中国一贯奉行独立自主的和平外交政策，主张遵循《宪章》的宗旨和原则，坚持和平解决国际争端，尊重各国自主选择和平解决争端方式的合法权利。中国始终坚信，要解决任何国家间争议，无论选择哪种机制和方式，都不能违背主权国家的意志，应以国家同意为基础。[①] 国际法确立的和平解决国际争端方法，既有政治方法，也有法律方法。《宪章》第33条列举了争端解决的多种方法，包括“谈判、调查、调停、和解、公断、司法解决及区域机关或区域办法”等，司法解决只是多种争端解决方法中的一种，且并非是优先选项。1970年联合国大会通过的《关于各国依联合国宪章建立友好关系及合作之国际法原则之宣言》亦明确指出，“国际争端应根据国家主权平等之基础并依照自由选择方法之原则解决之”。[②] 因此，国际争端解决方法的选择和适用应充分尊重当事国的意愿，不得强加于任何国家。在领土和海洋划界问题上，中国不接受任何强加于中国的争端解决方案，不接受任何诉诸第三方的争端解决方式。2006年8月25日，中国根据《公约》第二九八条的规定向联合国秘书长提交声明，称“关于《公

---

① 《中国坚持通过谈判解决中国与菲律宾在南海的有关争议》，外交部网站：http：//www.fmprc.gov.cn/web/zyxw/t1380600.shtml，2017年6月14日登录。

② 《关于各国依联合国宪章建立友好关系及合作之国际法原则之宣言》，外交部网站：http：//www.fmprc.gov.cn/web/ziliao_674904/tytj_674911/tyfg_674913/t82923.shtml，2017年6月14日登录。

约》第二九八条第 1 款（a）、（b）、（c）项所述的任何争端，中华人民共和国政府不接受《公约》第十五部分第二节规定的任何程序”,[①] 明确将涉及海洋划界、历史性海湾或所有权、军事和执法活动，以及联合国安全理事会执行《宪章》所赋予的职务等争端排除在《公约》强制争端解决程序之外。

中国和平解决争端的实践取得了丰硕的成果。20 世纪 50 年代，中国与周边邻国共同提出了“和平共处五项原则”，倡导和平解决国际争端，为各国普遍接受。20 世纪 80 年代，中国通过和平谈判方式解决了香港和澳门问题，成为和平解决重大历史遗留问题的成功范例。[②] 截至目前，中国已与 14 个陆地邻国中的 12 个国家，本着平等协商、相互谅解的精神，通过双边谈判，签订了边界条约，划定和勘定的边界约占中国陆地边界长度的 90%。中国与越南已通过谈判划定了两国在北部湾的领海、专属经济区和大陆架界限。[③] 菲律宾南海仲裁案后，中国与东盟各国外长发表关于全面有效落实《宣言》的联合声明。声明指出，围绕南沙岛礁的具体争议，应回到由直接当事方通过对话协商解决的轨道上来。[④] 随着菲律宾新任总统上任，中国与菲律宾关系全面转圜，菲律宾同意与中方重建南海问题的双边磋商机制。我国丰富的实践经验证明，双边谈判是解决国家间领土和海洋权益纠纷的有效途径。

（二）坚持妥善管控分歧

中国一贯主张，各方应通过制定规则、完善机制、务实合作、共同开发等方式管控争议，为南海有关争议的最终解决创造良好氛围。根据国际法和国际实践，在海洋争议最终解决前，当事国应保持克制，尽一切努力作出实际性的临时安排，包括建立和完善争议管控规则和机制，开展各领域合作，推动“搁置争议，共同开发”，维护南海地区的和平稳定，为最终解决争议创造条件。有关合作和共同开发不妨害最后界限的划定。[②]

中国始终致力于与东盟国家一道全面有效落实《宣言》，积极推动海上务实合作。《南海及其周边海洋国际合作框架计划（2011—2015）》（下文简称《框架计划》）第一期五年计划目前已执行完毕。《框架计划》实施五年来，我国与南海及其周边国家低

---

① 《中国根据〈联合国海洋法公约〉第二九八条提交排除性声明》，外交部网站：http：//wcm. fmprc. gov. cn/pub/chn/gxh/zlb/tyfg/t270754. htm，2017 年 6 月 15 日登录。

② 《中国真诚希望谈判解决海洋争端但坚定捍卫主权》，中国新闻网，http：//military. china. com/news/568/20131011/18084351. html，2017 年 6 月 15 日登录。

③ 《中国坚持通过谈判解决中国与菲律宾在南海的有关争议》，外交部网站：http：//www. fmprc. gov. cn/web/zyxw/t1380600. shtml，2017 年 6 月 14 日登录。

④ 参见《中国东盟联合声明：通过友好磋商和谈判解决争议》，新华网：http：//www. chinanews. com/gn/2016/07-26/7951656. shtml，2014 年 6 月 14 日登录。

敏感海洋领域国际合作取得了诸多务实成果：我国与南海、印度洋和南太平洋周边15国签署了19份政府间海洋领域合作文件和17份所际间海洋合作文件，建成3个海外合作平台，发起并实施了30多个合作项目，资助了27个发展中国家（地区）的71名学生在华攻读涉海专业的硕士或博士学位。[①] 这些合作建立了广泛的海洋合作伙伴关系，得到了周边国家的积极响应，有利于增强政治互信，维护周边稳定。

我国始终坚持倡导各方在全面有效落实《宣言》框架下，积极推进“南海行为准则”（以下简称“准则”）磋商，争取在协商一致基础上早日达成“准则”。中菲关系全面转圜，以及中国与东盟各国外长关于对话协商解决南海争端的联合声明，使得南海局势趋于稳定，这些都为“准则”磋商提供了必要条件。[②] 近期召开的落实《宣言》第14次高官会通过了“准则”框架，得到了各方的高度评价，这一重要阶段性成果为下一步“准则”磋商奠定坚实基础。[③]

四、小结

菲律宾南海仲裁案是在美国推行“亚太再平衡”战略的背景下提起的。菲律宾的十五项诉求反映的问题是中菲南海领土主权和海洋划界争端的组成部分，或者以领土主权及海洋划界争端的解决为前提。菲律宾通过刻意拆分和包装争端，滥用《公约》争端解决机制。仲裁庭在本案中未能正确识别和定性争端，对菲方所提要求未能查明“在事实和法律上均确有根据”，全盘接受和支持菲方的主张，错误地决定对菲方要求有管辖权。在实体问题的审查中，仲裁庭也存在严重错误，违反了条约解释规则、证据采信规则、“不诉不理”等原则，曲解中国相关主张，对中国的领土主权及海洋权益问题作出了不公正、不合法的裁决。中国政府始终坚持“不接受、不参与、不承认”的基本立场，坚定地主张这一违背国际仲裁一般实践的裁决是无效的，没有拘束力。中国在南海的领土主权和海洋权益在任何情况下都不受仲裁裁决的影响。中国政府将继续坚持与直接有关当事国在尊重历史事实的基础上，根据国际法，通过谈判协商解决南海有关争议。中国政府正与周边国家制定相关规则，推动务实合作，有效管控争议，一如既往地努力推动和维护南海地区的稳定及发展。

---

① 《在低敏感海洋领域我国与南海周边国家合作成果丰硕》，人民网：http：//society. people. com. cn/n1/2016/0429/c1008-28313093. html，2017年6月15日登录。

② 《王毅谈有关“南海行为准则”谈判情况》，参考消息：http：//www. cankaoxiaoxi. com/world/20170612/2111961. shtml，2017年6月15日登录。

③ 《菲律宾欢迎通过“南海行为准则”框架》，人民网：http：//world. people. com. cn/n1/2017/0519/c1002-29288030. html，2017年6月15日登录。

第七部分
建设海上丝绸之路

第十六章　推进 21 世纪海上丝绸之路建设

2015 年是“一带一路”建设开局之年，随着《推动共建丝绸之路经济带和 21 世纪海上丝绸之路的愿景与行动》的发布，“一带一路”建设已从倡议构想进入到实施阶段，部分项目已实现了早期收获。2016 年“一带一路”建设进入了关键阶段，从中央到地方高度重视，各项建设正在稳步推进，在 21 世纪海上丝绸之路沿线的部分示范项目已取得了重要进展。

一、中央高度重视 21 世纪海上丝绸之路建设

党中央和国务院高度重视“一带一路”建设，2016 年 1 月 15 日和 8 月 17 日召开了两次推进“一带一路”建设工作会议和座谈会，4 月 30 日还专门就“历史上的丝绸之路和海上丝绸之路”进行了集体学习。

（一）召开推进“一带一路”建设工作会议

2016 年 1 月 15 日，推进“一带一路”建设工作会议在北京召开。会议强调，2016 年是“十三五”开局之年，也是“一带一路”建设全面推进之年。要牢固树立和贯彻落实创新、协调、绿色、开放、共享的发展理念，瞄准重点方向、重点国家、重点项目，推动“一带一路”建设取得新的更大成效。

会议要求 2016 年重点要加强以下几个方面的工作。

一是要加强战略对接，通过商签合作协议等合作方式，与沿线国家形成利益“最大公约数”。

二是要以基础设施互联互通为先导，陆上依托国际大通道，共同打造国际经济合作走廊，海上以重点港口为节点，共同建设运输大通道。

三是要深化经贸务实合作，与有关国家签署投资保护协定，提高投资、贸易、人员往来便利化水平。

四是要推动人文交流，保护生态环境，共同建设绿色、和谐、共赢的“一带一路”。

五是要健全保障体系，完善财税、金融、海关、质检等方面政策，强化对“一带一路”建设的支撑。

六是要完善和用好各类交流合作平台，为“一带一路”建设营造良好的政治、舆论、商业、民意氛围。①

（二）就“历史上的丝绸之路和海上丝绸之路”进行集体学习

2016年4月29日，中共中央政治局就“历史上的丝绸之路和海上丝绸之路”进行第31次集体学习，意在通过了解丝绸之路和海上丝绸之路的历史文化，总结历史经验，为新形势下推进“一带一路”建设提供借鉴。

中共中央总书记习近平在主持学习时强调，倡议顺应了时代要求和各国加快发展的愿望，具有深厚历史渊源和人文基础，既符合我国经济发展内生性要求，也有助于带动我国边疆民族地区发展。推进“一带一路”建设，要着力做好以下几个方面的工作。

一是要处理好我国利益和沿线国家利益的关系，政府、市场、社会的关系，经贸合作和人文交流的关系，对外开放和维护国家安全的关系，务实推进和舆论引导的关系，国家总体目标和地方具体目标的关系。

二是要以我国发展为契机，让更多国家搭上我国发展快车，帮助它们实现发展目标。要统筹我国同沿线国家的共同利益和具有差异性的利益关切，寻找更多利益交汇点，调动沿线国家积极性。我国企业走出去既要重视投资利益，更要赢得好名声、好口碑，遵守驻在国法律，承担更多社会责任。

三是既要发挥政府把握方向、统筹协调作用，又要发挥市场作用。政府要在宣传推介、加强协调、建立机制等方面发挥主导性作用，同时要注意构建以市场为基础、企业为主体的区域经济合作机制，广泛调动各类企业参与，引导更多社会力量投入“一带一路”建设，努力形成政府、市场、社会有机结合的合作模式，形成政府主导、企业参与、民间促进的立体格局。

四是要坚持经济合作和人文交流共同推进，注重在人文领域精耕细作，尊重各国人民文化历史、风俗习惯，加强同沿线国家人民的友好往来，为“一带一路”建设打下广泛社会基础。

五是要加强同沿线国家在安全领域的合作，努力打造利益共同体、责任共同体、命运共同体，共同营造良好环境。要重视和做好舆论引导工作，通过各种方式，讲好“一带一路”故事，传播好“一带一路”声音，为“一带一路”建设营造良好舆论环境。②

---

① 根据 http：//www.gov.cn/guowuyuan/2017-02/10/content_5167132.htm 整理。

② 根据 http：//news.china.com.cn/world/2017-04/19/content_40649154.htm 整理。

（三）召开推进“一带一路”建设工作座谈会

2016 年 8 月 17 日，推进“一带一路”建设工作座谈会在北京召开。会议聚焦政策沟通、设施联通、贸易畅通、资金融通、民心相通，聚焦构建互利合作网络、新型合作模式、多元合作平台，聚焦携手打造绿色丝绸之路、健康丝绸之路、智力丝绸之路、和平丝绸之路，就如何持续推进“一带一路”建设提出八项要求。

一是要切实推进思想统一，坚持各国共商、共建、共享，遵循平等、追求互利，牢牢把握重点方向，聚焦重点地区、重点国家、重点项目，抓住发展这个最大公约数，不仅造福中国人民，更造福沿线各国人民。

二是要切实推进规划落实，周密组织，精准发力，进一步研究出台推进“一带一路”建设的具体政策措施，创新运用方式，完善配套服务，重点支持基础设施互联互通、能源资源开发利用、经贸产业合作区建设、产业核心技术研发支撑等战略性优先项目。

三是要切实推进统筹协调，坚持陆海统筹，坚持内外统筹，加强政企统筹，鼓励国内企业到沿线国家投资经营，也欢迎沿线国家企业到我国投资兴业，加强“一带一路”建设同京津冀协同发展、长江经济带发展等国家战略的对接，同西部开发、东北振兴、中部崛起、东部率先发展、沿边开发开放的结合，带动形成全方位开放、东中西部联动发展的局面。

四是要切实推进关键项目落地，以基础设施互联互通、产能合作、经贸产业合作区为抓手，实施好一批示范性项目，多搞一点早期收获，让有关国家不断有实实在在的获得感。

五是要切实推进金融创新，创新国际化的融资模式，深化金融领域合作，打造多层次金融平台，建立服务“一带一路”建设长期、稳定、可持续、风险可控的金融保障体系。

六是要切实推进民心相通，弘扬丝路精神，推进文明交流互鉴，重视人文合作。

七是要切实推进舆论宣传，积极宣传“一带一路”建设的实实在在成果，加强“一带一路”建设学术研究、理论支撑、话语体系建设。

八是要切实推进安全保障，完善安全风险评估、监测预警、应急处置，建立健全工作机制，细化工作方案，确保有关部署和举措落实到每个部门、每个项目执行单位和企业。[①]

① 根据 http：//news. xinhuanet. com/politics/2016-08/17/c1119408654. htm 报道整理。

表 16-1　2016 年中央有关“一带一路”的工作会议

时间	主题	内容
1 月 15 日	推进“一带一路”建设工作会议	以基础设施互联互通为先导，陆上依托国际大通道，共同打造国际经济合作走廊，海上以重点港口为节点，共同建设运输大通道 深化经贸务实合作，提高投资、贸易、人员往来便利化水平 要推动人文交流，保护生态环境，共同建设绿色、和谐、共赢的“一带一路” 完善和用好各类交流合作平台，为“一带一路”建设营造良好的政治、舆论、商业、民意氛围
4 月 29 日	中央第 31 次集体学习——主题“历史上的丝绸之路和海上丝绸之路”	通过了解丝绸之路和海上丝绸之路的历史文化，总结历史经验，为新形势下推进“一带一路”建设提供借鉴
8 月 17 日	推进“一带一路”建设工作座谈会	把握重点方向，聚焦重点地区、重点国家、重点项目 重点支持基础设施互联互通、能源资源开发利用、经贸产业合作区建设、产业核心技术研发支撑等战略性优先项目 加强“一带一路”建设同国内战略的对接，带动形成全方位开放、东中西部联动发展的局面 以基础设施互联互通、产能合作、经贸产业合作区为抓手，实施好一批示范性项目 推进金融创新，创新国际化的融资模式，深化金融领域合作，打造多层次金融平台，建立服务“一带一路”建设长期、稳定、可持续、风险可控的金融保障体系 推进民心相通，弘扬丝路精神，推进文明交流互鉴，重视人文合作 加强舆论宣传、学术研究、理论支撑、话语体系建设 推进安全保障，完善安全风险评估、监测预警、应急处置

资料来源：根据公开资料整理。

二、沿海省（区、市）出台推进 21 世纪海上丝绸之路建设的实施方案

中国沿海省（区、市）在 2016 年纷纷出台了本地区的“一带一路”建设实施方案，各地区结合本地的特点和优势，强化现有的合作机制和合作项目，规划和拓展新的合作领域和合作项目。

（一）福建

福建地处中国东南沿海，是海上丝绸之路的重要起点，是连接台湾海峡东西岸的重要通道，是太平洋西岸航线南北通衢的必经之地，也是海外侨胞和台港澳同胞的主要祖籍地，历史辉煌，区位独特，且具有民营经济发达、海洋经济基础良好等明显优势，在建设 21 世纪海上丝绸之路中具有十分重要的地位和作用。在国家“一带一路”规划中，福建被确定为 21 世纪海上丝绸之路的核心区。

根据历史基础、经贸合作以及人文交流现状等情况，福建省 21 世纪海上丝绸之路核心区建设重点合作方向是：打造从福建沿海港口南下，过南海，经马六甲海峡向西至印度洋，延伸至欧洲的西线合作走廊；打造从福建沿海港口南下，过南海，经印度尼西亚抵达南太平洋的南线合作走廊；同时，结合福建与东北亚传统合作伙伴的合作基础，积极打造从福建沿海港口北上，经韩国、日本，延伸至俄罗斯远东和北美地区的北线合作走廊。

一是积极发展远洋渔业。积极开发太平洋和印度洋公海渔业资源，建立与东南亚、南亚、西亚及非洲有关国家长期稳定的渔业捕捞合作关系。引导、支持企业在沿线国家和地区加快境外远洋渔业生产基地、水产养殖基地、冷藏加工基地和服务保障平台建设，探索在沿线国家和地区提供远洋渔船检测服务，开展远洋渔船境外年审、检测、职务船员考试发证，以及远洋渔民教育、培训等工作。

二是加强海洋科技和生态环境保护合作。依托优势资源，加强与东盟等国家在海洋生态环境保护与修复、海洋濒危动物保护、海洋生物多样性、海洋生态系统服务等领域的交流合作。积极携手海上丝绸之路沿线国家和地区，争取在海洋监测、海洋环境保护、生物多样性和海洋资源利用等领域制订共同行动计划。支持在闽科研机构、高等院校与沿线国家科研机构开展海洋生态联合观测及风险预警、海岸带变化与修复、海洋碳汇等领域研究和海洋科学考察合作。依托厦门国际海洋周，举办好“中国-东盟海洋经济合作论坛”，共同探讨和开展在海洋综合管理、减灾防灾、科技交流、资源环境保护、海洋文化等方面的交流与合作。

三是强化海上安全合作。推动与东盟等国家在海洋观测和预报领域的合作，推进海洋搜救、海上减灾防灾、海洋灾害预警等领域的合作，建设联合海啸预警和减灾合作与服务平台。参与国家统一部署的海上联合执法、联合防恐合作，加强与东盟国家海上安全执法机构的交流与合作，增进了解与互信，共同维护地区和平稳定与航行安全。

（二）广东

作为海上丝绸之路最早的发祥地之一，广东是中国两千多年来唯一从未中断海上贸易的省份，并始终与海上丝绸之路沿线诸国保持着频繁密切的经贸联系，为中华文明与世界文明的交流发挥着重要的窗口作用。改革开放以来，广东对东盟、南亚、南太平洋国家等海上丝绸之路沿线国家和地区贸易实现跨越式发展，并逐步发展成为国内与东盟、南亚、南太平洋国家经贸合作总量最大的省份之一。

一是推动与香港和澳门地区的深度合作，结合21世纪海上丝绸之路沿线国家经贸和港口合作需求，重点推进中国—南海—印度洋沿线和中国—南太平洋沿线国家的海上战略支点建设。

二是积极推进与沿线国家在海洋渔业、防灾减灾、生态保护等方面的合作，开展渔业技术交流与培训，建立海洋污染防治协作机制。促进广东省企业到沿线国家开展海上网箱养殖、岸上设施养殖、良种繁育等方面合作。共同开展近海海洋生态系统保护研究。

（三）海南

海南具有毗邻南海、邻近东南亚的地缘优势，围绕环南海海域、辐射东盟和东南亚、扩展与21世纪海上丝绸之路沿线国家的布局，形成以服务21世纪海上丝绸之路国际大通道为依托，以重点产业园区建设为先导点支撑、多极驱动的21世纪海上丝绸之路战略布局。

一是打造对外交流合作平台。把博鳌亚洲论坛品牌做优用足，推进博鳌公共外交基地建设、三亚首脑外交和休闲外交基地、万宁中非合作交流促进基地和海口国家侨务交流示范区等“三基地一区”建设，推进木兰湾国际交流平台建设，打造以博鳌亚洲论坛为主，省内其他对外交流平台为辅的对外交流合作平台。

二是海洋旅游合作。以海洋国际旅游岛开发开放为依托，以南海周边和海上丝绸之路沿线国家为目标，推进与沿线国家的邮轮旅游、海洋旅游合作。

三是海洋及高新技术产业合作。推进与沿线国家的海洋资源开发、海洋生物制品、海洋新材料、海水淡化等海洋新兴产业合作。

四是海上互联互通。推进与周边国家的港口发展合作，融入南海周边各国海上交通体系。

（四）广西

广西位于华南经济圈、西南经济圈和东盟经济圈的结合部，是中国东、中、西三大地带交汇点，东临粤港澳，背靠大西南，面向东南亚。经济区沿海、沿边、沿江，是中国西部最便捷的西南出海大通道，是中国对外开放、走向东盟、走向世界的重要门户和前沿。

广西参与 21 世纪海上丝绸之路建设，应充分发挥广西面向东盟国家的地缘优势，以东盟国家为战略重点，拓展至海上丝绸之路沿线国家。重点以打造北部湾区域性国际航运中心、中国–东盟海上合作试验区、中国–东盟港口城市合作网络为重点，深化拓展与沿线港口城市在互联互通、海洋经济、农业渔业、先进制造、海洋科技、海洋环保、海上安全与执法等领域合作，在 21 世纪海上丝绸之路建设中发挥主力和先导作用。

（五）浙江

浙江位于我国东部沿海，拥有众多的海岛和深水岸线，具备发展海洋装备制造、海洋交通运输和远洋渔业的优势条件。浙江民营经济发达、开放合作水平高、境外投资合作全国领先，借助现代经贸合作网络，有助于推进浙江优势产品、产能、服务和技术走向 21 世纪海上丝绸之路沿线国家。

浙江在 21 世纪海上丝绸之路建设中，以东亚、南亚和非洲等沿线国家为重点，推动海洋工程装备和船舶制造业、远洋渔业、海洋科技等合作。

一是推动在沿线国家设立国际产能合作示范区。发挥浙江民营经济发达、开放合作的优势，推动海洋工程和船舶制造业转型发展，大力支持有条件的企业加强国际合作，加快引进一批重大项目、先进技术。

二是加强国际远洋渔业合作。重点推进与东亚、南亚、非洲等发展中国家的远洋渔业合作，开展过洋性和大洋性远洋捕捞、加工和贸易业务，发展远洋渔业母港和专业交易市场及冷链物流产业，加快推进舟山国家远洋渔业综合基地建设项目和印度尼西亚、马来西亚等远洋渔业综合配套基地等项目的建设。

三是推动海洋科研合作。以海洋科技实验室建设为依托，开展海洋生物资源、海洋环境与生态等科技合作。

（六）上海

上海位于中国经济最发达的长三角经济区中心位置，是中国东部沿海的经济、文化、金融、航运中心，同时也是创新型的科技、人才和技术中心。应充分发挥上海航运中心、金融中心、科技中心、人才中心的优势，以海上互联互通、港口与基础设施建设、海洋大数据、涉海金融投资等推进 21 世纪海上丝绸之路的建设。

（七）江苏

江苏处于“一带一路”的交汇点，是我国较早对外开放的省份，与海上丝绸之路沿线国家有着深厚的历史渊源与广阔的经贸合作空间。江苏的海洋工程装备、远洋渔业等产业在21世纪海上丝绸之路沿线布局已有一定的基础，又具备海洋科技和涉海人才的条件，具备与海上丝绸之路沿线国家合作的先天优势。

一是加强与沿线国家的远洋渔业合作。优化远洋渔业产业布局，与东盟、南亚、西亚、非洲等渔业资源丰富、发展潜力大的国家积极开展远洋渔业合作，建设具有完整产业配套功能的远洋渔业中心和远洋渔业基地；积极开展养殖技术指导、人才培训和品种输出，共同建设高效生态海外养殖基地；发展海外渔业产品精深加工，建成远洋捕捞、海外养殖、加工物流并举，布局合理、配套完善、管理规范的现代海外渔业产业体系。

二是做大做强船舶与海工装备制造业。支持同境外企业联合开展船舶与海洋工程装备的研发和创新，扶持海水淡化产业发展，多种方式介入或承揽海水淡化建设工程。

三是协力推进海洋领域科技合作。充分发挥科教人才优势，与海上丝绸之路沿线国家联合建设海洋高新技术产业园、海洋科技合作区和海洋人才培训基地，大幅提升海洋科技对海洋经济的贡献率。引导知名海洋经济龙头企业在沿线国家建设地区研究中心或先进技术示范与推广基地，支持有实力的海洋经济企业与沿线国家共建科技园区。

四是积极开展海洋综合管理交流合作。与海上丝绸之路沿线国家共同开展海洋发展规划拟订、海洋功能区划编制、海域使用管理等方面的培训。开展海洋生物多样性保护、海洋环境监测及污染防治等合作，构筑海上丝绸之路的生态屏障。加强在风暴潮、赤潮、浒苔、海岸地质灾害等领域合作，提升海洋防灾减灾能力。

（八）山东

山东处于我国由南向北扩大开放、由东向西梯度发展的战略节点，更拥有与东北亚地区的日本、韩国和俄罗斯邻近的区位优势，是我国东部沿海拓展21世纪海上丝绸之路建设的重要省份。

山东省以陆海统筹、内外联动为原则，积极与邻近的东北亚、海上丝绸之路沿线的东盟和东南亚国家进行战略对接，把海洋科技、产业优势和陆域经济优势紧密结合，以走出去和请进来为手段，与沿线国家进行海洋产业、科技和人文交流。

一是加快建设东亚海洋合作平台，深化经济、文化、科技领域交流，把山东半岛蓝色经济区打造成为东亚海洋经济合作的核心区域。二是加强海洋产业合作。扩大与沿线国家对接，扩大海洋产业合作领域，吸引优势创新资料和海洋新兴产业向山东半岛集聚，鼓励省内企业在境外建设一批海洋特色产业园区，重点建设综合性远洋渔业基地，带动水产品深加工、海洋生物医药、海洋化工等企业走出去。三是加强海洋科技合作。南向东盟、东南亚地区，在海洋资源开发、船舶和海洋工程装备制造、海洋科技园区建设等方面加大合作力度。

（九）天津

天津是环渤海地区最重要的港口城市，辐射整个京津冀以及山西、河南、内蒙古等内陆省份。天津海洋产业门类齐全、海洋科技创新能力突出，是国家海洋经济科学发展示范区。天津在 21 世纪海上丝绸之路建设中，将在海洋经济、海洋科技、生态保护等方面加强与沿线国家的合作。

一是拓展海洋经济合作。依托国家海洋局天津海水淡化与综合利用研究所，以自主海水淡化技术和装备输出为核心，进一步扩大与东盟、中亚、西亚地区的海水淡化与综合利用合作。完善邮轮母港配套设施，吸引大型邮轮公司设立区域总部，拓展邮轮增值服务，打造邮轮经济聚集区。加强与日本、韩国、新加坡等邮轮产业合作，完善邮轮国际航线布局，丰富邮轮旅游产品，拓展 21 世纪海上丝绸之路沿线市场。依托天津水产集团远洋渔业产业园建设，培育一批具有国际竞争力的远洋渔业企业和现代化远洋渔业船队，推动建设海外渔业保障基地和加工基地。

二是加强海洋科技合作。加快与东盟、南亚地区共建海洋技术创新园区，推动建立海洋科技协同创新中心和技术转化中心；加强与东盟、南亚地区海洋科技中介机构合作，建设国家海洋科技成果产业化基地、海洋科技成果交易中心，促进海洋科技成果转化、推广、交易和应用。突出生态文明和“绿色丝绸之路”理念，加强与周边省市、日本、韩国海洋生态治理与修复技术合作，建立陆海统筹的海洋污染防治联动机制，促进海洋湿地与生物海岸生态系统保护与修复，共同改善渤海海洋环境。

三是建设海上交流平台。发挥亚太经合组织（APEC）蓝色经济论坛、国际脱盐大会等国际平台作用，推动与 21 世纪海上丝绸之路沿线港口城市建立地方政府合作交流机制，开展务实交流合作；与 21 世纪海上丝绸之路沿线国家开展船舶航海文化、海洋贸易文化、海洋文化遗产等交流合作，建设国家海洋文化展示聚集区和海洋文化创意产业示范区。依托国家海洋信息中心，加强与 21 世纪海上丝绸之路沿线国家信息交换和共享。

（十）河北

河北省是中国北方的钢铁、化工和能源基地，在中央供给侧结构改革和京津冀一体化的背景下，面临着调整产业结构的巨大压力，借助与“一带一路”沿线国家的产能合作，有利于河北省的钢铁、化工、煤炭等传统高耗能、高污染产业的转型升级，同时，引进高端装备、节能环保、生物医药、新能源、新材料等发展壮大新兴战略性产业。

（十一）辽宁

辽宁是中国老工业基地，工业基础好，产业配套齐全，对21世纪海上丝绸之路沿线国家在海洋工程装备、海洋产业合作方面具有一定的优势。

一是促进陆海交通体系建设。发挥辽宁省环渤海港口群的优势，加强与俄罗斯、蒙古等国家的对接，促进跨欧亚发展带、西伯利亚大陆桥、中蒙俄经济走廊的建设。形成以下三条海上通道：① 以大连港、营口港、盘锦港经满洲里至俄罗斯至欧洲；② 以锦州港、盘锦港、丹东港经内蒙古至蒙古乔巴山，再经俄罗斯至欧洲；③ 以大连、营口、盘锦和葫芦岛过南海经印度尼西亚，辐射南太平洋及经白令海峡至欧洲的北极东北航道。

二是加强产业合作。以非洲为拓展区域，以产能合作为方向，以电力、装备制造、建材和矿产资源开发、远洋渔业等领域为抓手，促进在沿线国家建设产业合作园区。

三是加大海洋油气开发合作。支持有条件的企业为我国南海建造油气钻探工程提供装备和技术服务，鼓励有条件的企业参与中国与南海周边国家油气资源的共同开发项目。

表16-2　中国沿海省（区、市）推进21世纪海上丝绸之路建设主要内容

序号	沿海省（区、市）	主要合作地区	合作内容
1	福建	东盟地区	海洋经济、海洋生态、海洋科技、海洋防灾减灾、远洋渔业、人文合作
2	广东	南太平洋/东盟/非洲	境外园区、推进农业、制造业和服务业
3	海南	南海周边/海上丝绸之路沿线	旅游、渔业、热带农业、蓝色经济示范区
4	广西	东盟	产业园区、物流
5	浙江	海上丝绸之路沿线	产业园区、旅游、油气、远洋渔业、航运、电商
6	上海	海上丝绸之路沿线	航运、科技、贸易、投资、旅游
7	江苏	海上丝绸之路沿线	远洋渔业、海工装备、海洋科技、海洋综合管理
8	山东	海上丝绸之路沿线	产业园区、航运、远洋渔业
9	天津	东南亚、南亚、北非	海工装备、高端制造业、油气、化工、远洋渔业、航运
10	河北	东南亚、南亚	能源、新兴产业、产业园区
11	辽宁	东北亚	产业园区、产能合作

资料来源：根据公开资料整理。

三、重点领域的主要进展

2016 年是 21 世纪海上丝绸之路建设重要推进年，中巴经济走廊、中缅油气管道建设取得了重要进展，对于未来推进“一带一路”相关领域及重点规划项目起到了良好的示范作用。在海洋领域合作方面，以务实的海洋领域合作和区域的海洋安全合作推进 21 世纪海上丝绸之路的建设。

（一）中巴经济走廊建设取得重要突破

中国与巴基斯坦是山水相依的友好邻邦，两国人民有着悠久的传统友谊。巴基斯坦支持中国“一带一路”倡议，双方可以实现良好的发展战略和规划的对接。

巴基斯坦经济发展水平总体偏低，国民经济主要依靠农业，主要农产品有小麦、大米、棉花等。工业发展门类不全，以原材料和初级产品生产为主，工业基础发展非常薄弱，制造业欠发达，包括纺织业、电器制造、汽车、电子、建材等，近年来工业在国民经济中的比重逐渐增加。① 巴基斯坦涉海产业基础发展非常滞后：一是资源开发能力不足。巴基斯坦矿产资源储量较为丰富，但由于受到各种因素的制约，这些相对丰富的资源优势并未转化为产业优势。二是开发能力弱。海岸线虽然不长，但渔业和油气资源储量较为丰富。由于科技水平落后，海洋资源的开发能力和开发水平较弱，海洋资源和海洋产业没有得到进一步的发展。三是沿海的基础设施和产业园区建设落后。瓜达尔港从 2002 年开工建设以来，几经曲折，直到 2013 年中国提出“一带一路”倡议之后，才有了实质性的突破。

巴基斯坦地理位置十分特殊，通过中巴经济走廊建设，陆上丝绸之路经济带与 21 世纪海上丝绸之路构成完整的回路。因此，自 2013 年中国提出“一带一路”建设的构想以来，巴基斯坦成为推进“一带一路”建设的重点国家。中巴经济走廊是“一带一路”建设的重点项目，瓜达尔港是中巴经济走廊重要的出海口，中巴双方正在共同推动“走廊”和港口及产业园区建设，力争将其建设成为“一带一路”的示范工程。

规划中的中巴经济走廊起点在喀什，终点在巴基斯坦瓜达尔港，全长 3000 千米，北接“丝绸之路经济带”、南连“21 世纪海上丝绸之路”，是贯通南北“丝路”关键枢纽，是一条包括公路、铁路、油气和光缆通道在内的贸易走廊，也是“一带一路”的重要组成部分。2013 年 5 月，李克强总理访问巴基斯坦期间，提出要打造一条北起喀

---

① 商务部国际经济贸易合作研究院等：《对外投资合作国别（地区）指南——巴基斯坦》，2015 年，第 12 页。

什、南至巴基斯坦瓜达尔港的经济大动脉，推进互联互通。双方表示要加强战略和长远规划，开拓互联互通、海洋等新领域合作。要着手制定中巴经济走廊远景规划，稳步推进中巴经济走廊建设。这条经济走廊的建设旨在进一步加强中巴互联互通，促进两国共同发展。2015 年 3 月发布的《推动共建丝绸之路经济带和 21 世纪海上丝绸之路的愿景与行动》则明确提出，“中巴、中印孟缅两个经济走廊与推进‘一带一路’建设关联紧密，要进一步推动合作，取得更大进展”。2016 年 10 月 29 日，约 50 辆卡车组成的中巴经济走廊联合贸易车队从新疆喀什的红其拉甫口岸出发，沿着中巴经济走廊抵达瓜达尔港。11 月 13 日，在瓜达尔港举行了“中巴经济走廊贸易车队试联通活动”启动仪式，巴基斯坦总理谢里夫亲自出席。此次联合贸易车队是自中巴经济走廊提出 3 年多以来，中巴双方首次真正实现贸易车队贯通走廊，并将对走廊建设产生积极的推动作用。①

（二）中缅石油管道正式开通

中缅石油管道起于缅甸孟加拉湾沿岸的皎漂港东南的马德岛，从云南瑞丽进入中国，原油管道中国段全长 1631 千米；天然气管道中国段全长 1727 千米；缅甸段油气管道并行敷设，全长 771 千米。正式投运后，该油气管道每年将向中国输送 2200 万吨原油和 120 亿立方米天然气。中缅油气管道缅甸和中国段分别于 2010 年 6 月 3 日和 9 月 10 日开工建设，2015 年竣工。

2016 年 10 月，中缅原油管道（缅甸段）水联运及设备调试工作正式启动，11 月 30 日水联运工作圆满完成。这条原油管道在工程建设中实现了零事故、零伤亡、零污染的良好业绩，同时工程质量保持较高水平，优于同类管道项目。②

中缅原油管道项目是中缅油气管道合作项目的一部分。作为多方参与的国际化合作项目，中缅油气管道项目启动以来，积极秉承“善意诚信、互利双赢、共同发展”的合作理念，严格遵循注册地及缅甸当地的法律法规，严格按照国际管道项目规范和模式进行运作。在管道工程建设过程中，这个项目认真做好环境保护和地貌恢复工作，着力改善民生，促进当地经济发展，积极履行国际公司社会责任，努力造福当地民众。中国石油天然气集团公司和两个合资公司在管道沿线开展社会经济援助百余项，包括学校、医院、道路、桥梁、供水、供电、通信等工程，开展水灾、旱灾、冰雹、地震等自然灾害救助捐赠 50 多项，大力培养本土化人才，缅籍员工超过员工数的 70%。③

2017 年 4 月 10 日，在中国国家主席习近平和缅甸总统廷觉的共同见证下，中国石

---

① 根据 http：//news. xinhuanet. com/2016-11/15/c_1119918817. htm 整理。

② http：//www. sohu. com/a/133564712_573982.

③ http：//news. cnpc. com. cn/system/2017/04/11/001642512. shtml.

油天然气集团公司董事长王宜林与缅甸驻华大使帝林翁代表双方在北京签署《中缅原油管道运输协议》。同日晚间，中缅原油管道工程在缅甸马德岛正式投运。

《中缅原油管道运输协议》正式签署后，历经数年建设和筹备的中缅原油管道工程拉开投运大幕，不仅将为中缅两国经济发展提供更多能源新动力，同时也标志着近年来两国在 21 世纪海上丝绸之路框架下的“中印孟缅经济走廊”规划取得了重要突破。

（三）希腊比雷埃夫斯港由中方全面运营

希腊是陆上丝绸之路经济带和海上丝绸之路进入欧洲的重要桥头堡。2014 年 6 月，李克强总理访问希腊时，希方表示将支持并积极参与中方提出的 21 世纪海上丝绸之路建设，与中方合作建设好比雷埃夫斯（Piraeus）港，搭建东西方交流合作的桥梁。2014 年 12 月，李克强总理出席第三次中国-中东欧国家领导人会议，达成了建设从希腊比雷埃夫斯港至匈牙利布达佩斯的中欧陆海快线铁路协议。2015 年 3 月 27 日，中希海洋合作年正式启动，两国在海洋基础设施建设、海洋科技、海洋运输、修造船、海洋旅游、海洋文化等诸多领域开展了务实交流与对话，取得近 30 项合作成果，为中国与南欧及其他欧洲国家扩大海洋合作起到了示范和引领作用。

海运是中希经济技术合作的最早领域，两国在运输、造船、修船、船员劳务、船舶注册领域展开全面合作。比雷埃夫斯港包括邮轮码头、渡轮码头、汽车码头、集装箱码头、修造船厂、油气码头六大板块，是希腊乃至中南欧地区重要的港口。原中国远洋运输集团 2008 年与希腊签署为期 35 年的特许经营权协议，于 2010 年 10 月 1 日正式接管比雷埃夫斯港二号、三号集装箱码头。中国远洋运输集团加入比雷埃夫斯港运营后，尽管有国际金融危机和希腊债务危机的不利影响，2015 年，比雷埃夫斯港集装箱吞吐量从 2010 年的 88 万标准箱增至 336 万标准箱，全球排名从第 93 位大幅提升至第 39 位。2016 年 2 月 17 日，新组建的中国远洋海运集团根据投标程序，获得了比雷埃夫斯港务局 67%的股份，希腊议会于 6 月 30 日以超过三分之二的多数，批准了中国远洋海运集团收购希腊最大港口比雷埃夫斯港口管理局多数股权的协议。①

中希这一合作项目符合双方的共同利益，有助于把比雷埃夫斯港打造成亚洲产品和服务输往欧洲的重要中转港，这也是两国政府和各界人士 10 年来共同努力的结果，有利于希腊经济复苏，也为推进 21 世纪海上丝绸之路建设提供了良好的范例。

（四）与沿线国家双边海洋合作稳步推进

围绕 21 世纪海上丝绸之路建设推动海洋务实合作，中国与柬埔寨签署了海洋领域

---

① 根据 http：//news. sina. com. cn/w/2016-02-19/doc-ifxprupc9444977. shtml 整理。

合作谅解备忘录，成功实施了首次中柬联合航次调查；与莫桑比克实施了中莫国际合作航次，取得了良好的成果。与印度、斯里兰卡、泰国和马来西亚等国开展海上事务高级别对话，确定20余个具体合作项目；与葡萄牙、丹麦、格陵兰、德国、美国、澳大利亚、新西兰和乌拉圭等国签署了多项合作协议或举行了双边海洋合作联委会。

一是推出与南海周边国家新的合作计划。国家海洋局在2016厦门国际海洋周期间发布《南海及其周边海洋国际合作框架计划（2016—2020）》，以平等互利、合作共赢的原则，与周边国家构建海洋合作伙伴关系，推动实施合作项目，提升对海洋变化规律的科学认知，增强共同应对气候变化、降低海洋灾害危害、合理开发海洋资源、保护海洋环境、维护海洋生态系统健康、加强海洋管理等领域的能力，促进人类与海洋的和谐共生与可持续发展。

二是加强与沿线国家的海洋安全合作。2016年5月3日，由东盟10国和中国、俄罗斯、美国、日本、韩国、澳大利亚、新西兰、印度8国参加的东盟“10+8”海上安全与反恐联合演习在文莱举行。主要进行编队航渡、海上搜救、临检拿捕、扫海警戒、跟踪监视目标船只、直升机互降等非战争军事行动科目，参演国共出动18艘舰艇、17架直升机，约3000人参加。

四、小结

自2013年中国提出“一带一路”倡议以来，在共商、共建、共享原则的指导下，“一带一路”建设正在平稳推进。作为“一带一路”重要组成部分的21世纪海上丝绸之路建设，在海上互联互通、海洋经济与产业合作、海上运输通道的安全保障以及海洋防灾减灾合作等方面都取得了一定的进展，中国与沿线国家的合作正在向更广泛、更深入、更全面的方向发展，为“一带一路”建设的顺利推进打下了重要和坚实的基础。

附 件

附件 1

中国领海基线示意图（部分）

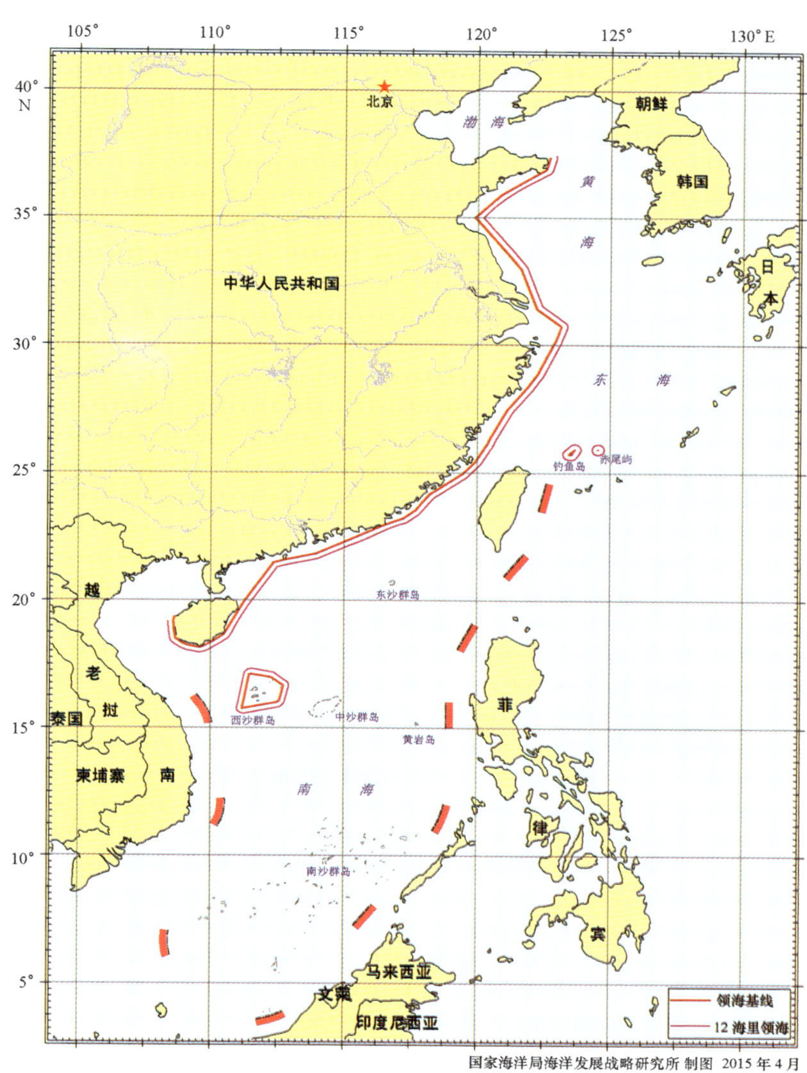

国家海洋局海洋发展战略研究所 制图 2015 年 4 月

附件 2

中华人民共和国国民经济和社会发展第十三个五年规划纲要（摘录）

中华人民共和国国民经济和社会发展第十三个五年（2016—2020 年）规划纲要，根据《中共中央关于制定国民经济和社会发展第十三个五年规划的建议》编制，主要阐明国家战略意图，明确经济社会发展宏伟目标、主要任务和重大举措。拓展蓝色经济空间、推进海洋生态文明建设等，成为“十三五”时期海洋事业发展的亮点。

……

第九篇　推动区域协调发展

以区域发展总体战略为基础，以“一带一路”建设、京津冀协同发展、长江经济带发展为引领，形成沿海沿江沿线经济带为主的纵向横向经济轴带，塑造要素有序自由流动、主体功能约束有效、基本公共服务均等、资源环境可承载的区域协调发展新格局。

……

第四十一章　拓展蓝色经济空间

坚持陆海统筹，发展海洋经济，科学开发海洋资源，保护海洋生态环境，维护海洋权益，建设海洋强国。

第一节　壮大海洋经济

优化海洋产业结构，发展远洋渔业，推动海水淡化规模化应用，扶持海洋生物医药、海洋装备制造等产业发展，加快发展海洋服务业。发展海洋科学技术，重点在深水、绿色、安全的海洋高技术领域取得突破。推进智慧海洋工程建设。创新海域海岛资源市场化配置方式。深入推进山东、浙江、广东、福建、天津等全国海洋经济发展试点区建设，支持海南利用南海资源优势发展特色海洋经济，建设青岛蓝谷等海洋经济发展示范区。

第二节　加强海洋资源环境保护

深入实施以海洋生态系统为基础的综合管理，推进海洋主体功能区建设，优化近岸海域空间布局，科学控制开发强度。严格控制围填海规模，加强海岸带保护与修复，自然岸线保有率不低于35%。严格控制捕捞强度，实施休渔制度。加强海洋资源勘探与开发，深入开展极地大洋科学考察。实施陆源污染物达标排海和排污总量控制制度，建立海洋资源环境承载力预警机制。建立海洋生态红线制度，实施“南红北柳”湿地修复工程和“生态岛礁”工程，加强海洋珍稀物种保护。加强海洋气候变化研究，提高海洋灾害监测、风险评估和防灾减灾能力，加强海上救灾战略预置，提升海上突发环境事故应急能力。实施海洋督察制度，开展常态化海洋督察。

第三节　维护海洋权益

有效维护领土主权和海洋权益。加强海上执法机构能力建设，深化涉海问题历史和法理研究，统筹运用各种手段维护和拓展国家海洋权益，妥善应对海上侵权行为，维护好我管辖海域的海上航行自由和海洋通道安全。积极参与国际和地区海洋秩序的建立和维护，完善与周边国家涉海对话合作机制，推进海上务实合作。进一步完善涉海事务协调机制，加强海洋战略顶层设计，制定海洋基本法。

……

第十篇　加快改善生态环境

以提高环境质量为核心，以解决生态环境领域突出问题为重点，加大生态环境保护力度，提高资源利用效率，为人民提供更多优质生态产品，协同推进人民富裕、国家富强、中国美丽。

第四十二章　加快建设主体功能区

强化主体功能区作为国土空间开发保护基础制度的作用，加快完善主体功能区政策体系，推动各地区依据主体功能定位发展。

第一节　推动主体功能区布局基本形成

有度有序利用自然，调整优化空间结构，推动形成以“两横三纵”为主体的城市化战略格局、以“七区二十三带”为主体的农业战略格局、以“两屏三带”为主体的生态安全战略格局，以及可持续的海洋空间开发格局。合理控制国土空间开发强度，增加生态空间……

第十一篇　构建全方位开放新格局

以“一带一路”建设为统领，丰富对外开放内涵，提高对外开放水平，协同推进战略互信、投资经贸合作、人文交流，努力形成深度融合的互利合作格局，开创对外开放新局面。

……

第五十一章　推进“一带一路”建设

秉持亲诚惠容，坚持共商共建共享原则，开展与有关国家和地区多领域互利共赢的务实合作，打造陆海内外联动、东西双向开放的全面开放新格局。

第一节　健全“一带一路”合作机制

围绕政策沟通、设施联通、贸易畅通、资金融通、民心相通，健全“一带一路”双边和多边合作机制。推动与沿线国家发展规划、技术标准体系对接，推进沿线国家间的运输便利化安排，开展沿线大通关合作。建立以企业为主体、以项目为基础、各类基金引导、企业和机构参与的多元化融资模式。加强同国际组织和金融组织机构合作，积极推进亚洲基础设施投资银行、金砖国家新开发银行建设，发挥丝路基金作用，吸引国际资金共建开放多元共赢的金融合作平台。充分发挥广大海外侨胞和归侨侨眷的桥梁纽带作用。

第二节　畅通“一带一路”经济走廊

推动中蒙俄、中国–中亚–西亚、中国–中南半岛、新亚欧大陆桥、中巴、孟中印缅等国际经济合作走廊建设，推进与周边国家基础设施互联互通，共同构建连接亚洲各次区域以及亚欧非之间的基础设施网络。加强能源资源和产业链合作，提高就地加工转化率。支持中欧等国际集装箱运输和邮政班列发展。建设上合组织国际物流园和中哈物流合作基地。积极推进“21 世纪海上丝绸之路”战略支点建设，参与沿线重要港口建设与经营，推动共建临港产业集聚区，畅通海上贸易通道。推进公铁水及航空多式联运，构建国际物流大通道，加强重要通道、口岸基础设施建设。建设新疆丝绸之路经济带核心区、福建“21 世纪海上丝绸之路”核心区。打造具有国际航运影响力的海上丝绸之路指数。

第三节　共创开放包容的人文交流新局面

办好“一带一路”国际高峰论坛，发挥丝绸之路（敦煌）国际文化博览会等作用。广泛开展教育、科技、文化、体育、旅游、环保、卫生及中医药等领域合作。构建官民并举、多方参与的人文交流机制，互办文化年、艺术节、电影节、博览会等活动，鼓励丰富多样的民间文化交流，发挥妈祖文化等民间文化的积极作用。联合开发特色旅游产品，提高旅游便利化。加强卫生防疫领域交流合作，提高合作处理突发公共卫生事件能力。推动建立智库联盟。

第五十二章 积极参与全球经济治理

……

第三节 推动完善国际经济治理体系

积极参与全球经济治理机制合作，支持主要全球治理平台和区域合作平台更好发挥作用，推动全球治理体制更加公平合理。支持发展中国家平等参与全球经济治理，促进国际货币体系和国际金融监管改革。加强宏观经济政策国际协调，促进全球经济平衡、金融安全、稳定增长。积极参与网络、深海、极地、空天等领域国际规则制定。积极参与国际标准制定。办好二十国集团杭州峰会。

……

第十七篇 加强和创新社会治理

加强社会治理基础制度建设，构建全民共建共享的社会治理格局，提高社会治理能力和水平，实现社会充满活力、安定和谐。

……

第七十二章 健全公共安全体系

牢固树立安全发展观念，坚持人民利益至上，加强全民安全意识教育，健全公共安全体系，为人民安居乐业、社会安定有序、国家长治久安编织全方位、立体化的公共安全网，建设平安中国。

……

第二节 提升防灾减灾救灾能力

坚持以防为主、防抗救相结合，全面提高抵御气象、水旱、地震、地质、海洋等自然灾害综合防范能力。健全防灾减灾救灾体制，完善灾害调查评价、监测预警、防治应急体系……

附件 3

构建蓝色伙伴关系　促进全球海洋治理

2017 年 6 月 5 日，联合国海洋可持续发展大会在纽约联合国总部召开。会议开幕当天，国家海洋局海洋发展战略研究所召开了由国家海洋局、葡萄牙海洋部、泰国自然资源与环境部、联合国教科文组织政府间海洋学委员会（IOC）、保护国际基金会（CI）等共同举办的主题为“构建蓝色伙伴关系，促进全球海洋治理”的边会。来自世界各国、各国际组织和相关机构的 80 多位大会代表参加了会议。

联合国副秘书长吴红波充分肯定了构建蓝色伙伴关系对于实现海洋可持续发展的重要意义。他强调没有国与国之间、组织与组织之间的顺畅、协调、高效的伙伴关系，就无法实现海洋资源的可持续利用与养护。要通过深入交流海洋养护经验、加强机构机制作用、分析海洋养护差距、加强能力建设等途径不断促进蓝色伙伴关系的构建。国家海洋局林山青副局长发言中提出各国、各国际组织应共同合作建立开放包容、具体务实、互利共赢的蓝色伙伴关系，有效调动和整合相关方面的知识、技术和资金资源，为海洋可持续发展各领域行动注入持久的活力。

葡萄牙支持并热切盼望参与蓝色伙伴关系，开展以建立海洋科研合作网络、加强海洋技术交流为重点的国际合作。葡萄牙将于年内召开主题为“海洋与人的健康”的海洋部长级会议，欢迎各方代表参会。泰国表示海洋治理成功的关键是加强政治意愿与承诺、搭建科学与政策之间的桥梁、推广最佳实践并加强合作伙伴关系。中泰之间的海洋科学研究合作是推动科学与政策融合，深化双边海洋合作的成功范例。她表示泰国愿在区域和国际合作中发挥平台作用，促进实现全球海洋治理目标。联合国教科文组织政府间海洋学委员会代表认为，海洋科学对全球海洋治理至关重要，IOC 将进一步推动区域海洋科学研究合作、海洋空间规划体系构建，并介绍了计划开展的海洋生命普查、海洋科学十年路线图编写、多方参与共建新的海洋合作研究中心等设想。保护国际基金会认为，蓝色伙伴关系是建立在相互尊重、相互负责基础上的交流协作机制，对于实现海洋可持续发展目标至关重要。

执笔人：朱璇

附件 4

中华人民共和国政府关于在南海的领土主权和海洋权益的声明

（2016 年 7 月 12 日）

为重申中国在南海的领土主权和海洋权益，加强与各国在南海的合作，维护南海和平稳定，中华人民共和国政府声明：

一、中国南海诸岛包括东沙群岛、西沙群岛、中沙群岛和南沙群岛。中国人民在南海的活动已有 2000 多年历史。中国最早发现、命名和开发利用南海诸岛及相关海域，最早并持续、和平、有效地对南海诸岛及相关海域行使主权和管辖，确立了在南海的领土主权和相关权益。

第二次世界大战结束后，中国收复日本在侵华战争期间曾非法侵占的中国南海诸岛，并恢复行使主权。中国政府为加强对南海诸岛的管理，于 1947 年审核修订了南海诸岛地理名称，编写了《南海诸岛地理志略》和绘制了标绘有南海断续线的《南海诸岛位置图》，并于 1948 年 2 月正式公布，昭告世界。

二、中华人民共和国 1949 年 10 月 1 日成立以来，坚定维护中国在南海的领土主权和海洋权益。1958 年《中华人民共和国政府关于领海的声明》、1992 年《中华人民共和国领海及毗连区法》、1998 年《中华人民共和国专属经济区和大陆架法》以及 1996 年《中华人民共和国全国人民代表大会常务委员会关于批准〈联合国海洋法公约〉的决定》等系列法律文件，进一步确认了中国在南海的领土主权和海洋权益。

三、基于中国人民和中国政府的长期历史实践及历届中国政府的一贯立场，根据中国国内法以及包括《联合国海洋法公约》在内的国际法，中国在南海的领土主权和海洋权益包括：

（一）中国对南海诸岛，包括东沙群岛、西沙群岛、中沙群岛和南沙群岛拥有主权；

（二）中国南海诸岛拥有内水、领海和毗连区；

（三）中国南海诸岛拥有专属经济区和大陆架；

（四）中国在南海拥有历史性权利。

中国上述立场符合有关国际法和国际实践。

四、中国一向坚决反对一些国家对中国南沙群岛部分岛礁的非法侵占及在中国相关管辖海域的侵权行为。中国愿继续与直接有关当事国在尊重历史事实的基础上，根据国际法，通过谈判协商和平解决南海有关争议。中国愿同有关直接当事国尽一切努力作出实际性的临时安排，包括在相关海域进行共同开发，实现互利共赢，共同维护南海和平稳定。

五、中国尊重和支持各国依据国际法在南海享有的航行和飞越自由，愿与其他沿岸国和国际社会合作，维护南海国际航运通道的安全和畅通。

附件 5

中国坚持通过谈判解决中国与菲律宾在南海的有关争议

（2016 年 7 月）

中华人民共和国国务院新闻办公室

目 录

(二)关于南海海洋划界问题

(三)关于争端解决方式

(四)关于在南海管控分歧和开展海上务实合作

(五)关于南海航行自由和安全

(六)关于共同维护南海和平稳定

引 言

1. 南海位于中国大陆的南面，通过狭窄的海峡或水道，东与太平洋相连，西与印度洋相通，是一个东北—西南走向的半闭海。南海北靠中国大陆和台湾岛，南接加里曼丹岛和苏门答腊岛，东临菲律宾群岛，西接中南半岛和马来半岛。

2. 中国南海诸岛包括东沙群岛、西沙群岛、中沙群岛和南沙群岛。这些群岛分别由数量不等、大小不一的岛、礁、滩、沙等组成。其中，南沙群岛的岛礁最多，范围最广。

3. 中国人民在南海的活动已有2000多年历史。中国最早发现、命名和开发利用南海诸岛及相关海域，最早并持续、和平、有效地对南海诸岛及相关海域行使主权和管辖。中国对南海诸岛的主权和在南海的相关权益，是在漫长的历史过程中确立的，具有充分的历史和法理依据。

4. 中国和菲律宾隔海相望，交往密切，人民世代友好，原本不存在领土和海洋划界争议。然而，自20世纪70年代起，菲律宾开始非法侵占南沙群岛部分岛礁，由此制造了中菲南沙群岛部分岛礁领土问题。此外，随着国际海洋法的发展，两国在南海部分海域还出现了海洋划界争议。

5. 中菲两国尚未举行旨在解决南海有关争议的任何谈判，但确曾就妥善处理海上争议进行多次磋商，就通过谈判协商解决有关争议达成共识，并在双边文件中多次予以确认。双方还在中国和东盟国家2002年共同签署的《南海各方行为宣言》(以下简称《宣言》)中就通过谈判协商解决有关争议作出郑重承诺。

6. 2013年1月，菲律宾共和国时任政府违背上述共识和承诺，单方面提起南海仲裁案。菲律宾把原本不属于《联合国海洋法公约》(以下简称《公约》)调整的领土问题，以及被中国2006年依据《公约》第298条作出的排除性声明排除的海洋划界等争议加以曲解和包装，构成对《公约》争端解决机制的滥用。菲律宾妄图借此否定中国在南海的领土主权和海洋权益。

7. 本文件旨在还原中菲南海有关争议的事实真相，重申中国在南海问题上的一贯立场和政策，溯本清源，以正视听。

一、南海诸岛是中国固有领土

（一）中国对南海诸岛的主权是历史上确立的

8. 中国人民自古以来在南海诸岛和相关海域生活和从事生产活动。中国最早发现、命名和开发利用南海诸岛及相关海域，最早并持续、和平、有效地对南海诸岛及相关海域行使主权和管辖，确立了对南海诸岛的主权和在南海的相关权益。

9. 早在公元前2世纪的西汉时期，中国人民就在南海航行，并在长期实践中发现了南海诸岛。

10. 中国历史古籍，例如东汉的《异物志》、三国时期的《扶南传》、宋代的《梦粱录》和《岭外代答》、元代的《岛夷志略》、明代的《东西洋考》和《顺风相送》、清代的《指南正法》和《海国闻见录》等，不仅记载了中国人民在南海的活动情况，而且记录了南海诸岛的地理位置和地貌特征、南海的水文和气象特点，以很多生动形象的名称为南海诸岛命名，如"涨海崎头"、"珊瑚洲"、"九乳螺洲"、"石塘"、"千里石塘"、"万里石塘"、"长沙"、"千里长沙"、"万里长沙"等。

11. 中国渔民在开发利用南海的历史过程中还形成一套相对固定的南海诸岛命名体系：如将岛和沙洲称为"峙"，将礁称为"铲""线""沙"，将环礁称为"匡""圈""塘"，将暗沙称为"沙排"等。明清时期形成的《更路簿》是中国渔民往来于中国大陆沿海地区和南海诸岛之间的航海指南，以多种版本的手抄本流传并沿用至今；记录了中国人民在南海诸岛的生活和生产开发活动，记载了中国渔民对南海诸岛的命名。其中对南沙群岛岛、礁、滩、沙的命名至少有70余处，有的用罗盘方位命名，如丑未（渚碧礁）、东头乙辛（蓬勃暗沙）；有的用特产命名，如赤瓜线（赤瓜礁）、墨瓜线（南屏礁）；有的用岛礁形状命名，如鸟串（仙娥礁）、双担（信义礁）；有的用某种实物命名，如锅盖峙（安波沙洲）、秤钩峙（景宏岛）；有的以水道命名，如六门沙（六门礁）。

12. 中国人民对南海诸岛的命名，部分被西方航海家引用并标注在一些19至20世纪权威的航海指南和海图中。如Namyit（鸿庥岛）、Sin Cowe（景宏岛）、Subi（渚碧礁）来源于海南方言发音"南乙"、"秤钩"、"丑未"。

13. 大量历史文献和文物资料证明，中国人民对南海诸岛及相关海域进行了持续不断的开发和利用。明清以来，中国渔民每年乘东北信风南下至南沙群岛海域从事渔业生产活动，直至次年乘西南信风返回大陆。还有部分中国渔民常年留居岛上，站峙捕捞、挖井汲水、垦荒种植、盖房建庙、饲养禽畜等。根据中外史料记载和考古发现，南沙群岛部分岛礁上曾有中国渔民留下的作物、水井、房屋、庙宇、墓塚和碑刻等。

14. 许多外国文献记录了很长一段时间内只有中国人在南沙群岛生产生活的事实。

15. 1868 年出版的英国海军部《中国海指南》提到南沙群岛郑和群礁时指出："海南渔民，以捕取海参、介壳为活，各岛都有其足迹，也有久居岛礁上的"，"在太平岛上的渔民要比其他岛上的渔民生活得更加舒适，与其他岛相比，太平岛上的井水要好得多"。1906 年的《中国海指南》以及 1912 年、1923 年、1937 年等各版《中国航海志》多处载明中国渔民在南沙群岛上生产生活。

16. 1933 年 9 月在法国出版的《彩绘殖民地世界》杂志记载：南沙群岛 9 岛之中，惟有华人（海南人）居住，华人之外并无他国人。当时西南岛（南子岛）上计有居民 7 人，中有孩童 2 人；帝都岛（中业岛）上计有居民 5 人；斯帕拉岛（南威岛）计有居民 4 人，较 1930 年且增加 1 人；罗湾岛（南钥岛）上，有华人所留之神座、茅屋、水井；伊都阿巴岛（太平岛），虽不见人迹，而发现中国字碑，大意谓运粮至此，觅不见人，因留藏于铁皮（法文原文为石头）之下；其他各岛，亦到处可见渔人居住之踪迹。该杂志还记载，太平岛、中业岛、南威岛等岛屿上植被茂盛，有水井可饮用，种有椰子树、香蕉树、木瓜树、菠萝、青菜、土豆等，蓄养有家禽，适合人类居住。

17. 1940 年出版的日本文献《暴风之岛》和 1925 年美国海军航道测量署发行的《亚洲领航》（第四卷）等也记载了中国渔民在南沙群岛生产生活的情况。

18. 中国是最早开始并持续对南海诸岛及相关海上活动进行管理的国家。历史上，中国通过行政设治、水师巡视、资源开发、天文测量、地理调查等手段，对南海诸岛和相关海域进行了持续、和平、有效的管辖。

19. 例如，宋代，中国在两广地区设有经略安抚使，总绥南疆。宋代曾公亮在《武经总要》中提到中国为加强南海海防，设立巡海水师，巡视南海。清代明谊编著的《琼州府志》、钟元棣编著的《崖州志》等著作都把"石塘"、"长沙"列入"海防"条目。

20. 中国很多官修地方志，如《广东通志》、《琼州府志》、《万州志》等，在"疆域"或"舆地山川"条目中有"万州有千里长沙、万里石塘"或类似记载。

21. 中国历代政府还在官方地图上将南海诸岛标绘为中国领土。1755 年《皇清各直省分图》之《天下总舆图》、1767 年《大清万年一统天下图》、1810 年《大清万年一统地理全图》、1817 年《大清一统天下全图》等地图均将南海诸岛绘入中国版图。

22. 历史事实表明，中国人民一直将南海诸岛和相关海域作为生产和生活的场所，从事各种开发利用活动。中国历代政府也持续、和平、有效地对南海诸岛实施管辖。在长期历史过程中，中国确立了对南海诸岛的主权和在南海的相关权益，中国人民早已成为南海诸岛的主人。

（二）中国始终坚定维护在南海的领土主权和海洋权益

23. 中国对南海诸岛的主权在20世纪前未遭遇任何挑战。20世纪30年代至40年代，法国和日本先后以武力非法侵占中国南沙群岛部分岛礁。对此，中国人民奋起抵抗，当时中国政府采取一系列措施，捍卫对南沙群岛的主权。

24. 1933年，法国曾经一度侵入南沙群岛部分岛礁，发布政府公报宣告“占领”，制造了“九小岛事件”。中国各地各界反应强烈、群起抗议，纷纷谴责法国的侵略行径。居住在南沙群岛的中国渔民也在实地进行抵抗，符洪光、柯家裕、郑兰锭等人砍倒法国在太平岛、北子岛、南威岛、中业岛等岛上悬挂法国国旗的旗杆。

25. “九小岛事件”发生后，中国外交部发言人表示，南沙群岛有关岛屿“仅有我渔人居留岛上，在国际上确认为中国领土”，中国政府就法方侵入九小岛提出严正交涉。同时，广东省政府针对法国诱骗中国渔民悬挂法国国旗，命令各县长布告，禁止在南沙群岛及海域作业的中国渔船悬挂外国旗帜，并给渔民发放中国国旗，要求悬挂。

26. 由外交部、内政部、海军部等部门组成的水陆地图审查委员会，专门审定中国南海诸岛各岛、礁、滩、沙名称，并于1935年编印并公布了《中国南海各岛屿图》。

27. 日本在侵华战争期间曾非法侵占中国南海诸岛。中国人民对日本的侵略进行了英勇抵抗。随着世界反法西斯战争和中国人民抗日战争的推进，中、美、英三国于1943年12月发表《开罗宣言》郑重宣布，日本必须将所窃取的中国领土归还中国。1945年7月，中、美、英三国发表《波茨坦公告》，其中第8条明确规定，“开罗宣言之条件必将实施”。

28. 1945年8月，日本宣布接受《波茨坦公告》无条件投降。1946年11月至12月，中国政府指派林遵上校等高级军政官员，乘坐“永兴”、“中建”、“太平”、“中业”4艘军舰，分赴西沙群岛和南沙群岛，举行仪式，重立主权碑，派兵驻守。随后，中国政府用上述4艘军舰名对西沙群岛和南沙群岛的4个岛屿进行重新命名。

29. 1947年3月，中国政府在太平岛设立南沙群岛管理处，隶属广东省。中国还在太平岛设立气象台和电台，自6月起对外广播气象信息。

30. 在对南海诸岛重新进行地理测绘的基础上，中国政府于1947年组织编写了《南海诸岛地理志略》，审定《南海诸岛新旧名称对照表》，绘制标有南海断续线的《南海诸岛位置图》。1948年2月，中国政府公布《中华民国行政区域图》，包括《南海诸岛位置图》。

31. 1949年6月，中国政府颁布《海南特区行政长官公署组织条例》，把“海南岛、东沙群岛、西沙群岛、中沙群岛、南沙群岛及其他附属岛屿”划入海南特区。

32. 中华人民共和国1949年10月1日成立后，多次重申并采取立法、行政设治、外交交涉等措施进一步维护对南海诸岛的主权和在南海的相关权益。中国对南海诸岛及相关海域的巡逻执法、资源开发和科学考察等活动从未中断过。

33. 1951 年 8 月，中国外交部长周恩来发表《关于美英对日和约草案及旧金山会议的声明》指出，“西沙群岛和南威岛正如整个南沙群岛及中沙群岛、东沙群岛一样，向为中国领土，在日本帝国主义发动侵略战争时虽曾一度沦陷，但日本投降后已为当时中国政府全部接收”，“中华人民共和国在南威岛和西沙群岛之不可侵犯的主权，不论美英对日和约草案有无规定及如何规定，均不受任何影响”。

34. 1958 年 9 月，中国发布《中华人民共和国政府关于领海的声明》，明确规定中国领海宽度为 12 海里，采用直线基线方法划定领海基线，上述规定适用于中华人民共和国的一切领土，包括“东沙群岛、西沙群岛、中沙群岛、南沙群岛以及其他属于中国的岛屿”。

35. 1959 年 3 月，中国政府在西沙群岛的永兴岛设立“西沙群岛、南沙群岛、中沙群岛办事处”；1969 年 3 月，该“办事处”改称“广东省西沙群岛、中沙群岛、南沙群岛革命委员会”；1981 年 10 月，恢复“西沙群岛、南沙群岛、中沙群岛办事处”的称谓。

36. 1983 年 4 月，中国地名委员会受权公布南海诸岛部分标准地名，总计 287 个。

37. 1984 年 5 月，第六届全国人民代表大会第二次会议决定设立海南行政区，管辖范围包括西沙群岛、南沙群岛、中沙群岛的岛礁及其海域。

38. 1988 年 4 月，第七届全国人民代表大会第一次会议决定设立海南省，管辖范围包括西沙群岛、南沙群岛、中沙群岛的岛礁及其海域。

39. 1992 年 2 月，中国颁布《中华人民共和国领海及毗连区法》，确立了中国领海和毗连区的基本法律制度，并明确规定：“中华人民共和国的陆地领土包括……东沙群岛、西沙群岛、中沙群岛、南沙群岛以及其他一切属于中华人民共和国的岛屿”。1996 年 5 月，第八届全国人民代表大会常务委员会第十九次会议决定，批准《联合国海洋法公约》，同时声明“中华人民共和国重申对 1992 年 2 月 25 日颁布的《中华人民共和国领海及毗连区法》第 2 条所列各群岛及岛屿的主权。”

40. 1996 年 5 月，中国政府宣布中国大陆沿海由山东高角至海南岛峻壁角 49 个领海基点和由直线相连的领海基线，以及西沙群岛 28 个领海基点和由直线相连的基线，并宣布将另行公布其余领海基线。

41. 1998 年 6 月，中国颁布《中华人民共和国专属经济区和大陆架法》，确立了中国专属经济区和大陆架的基本法律制度，并明确规定：“本法的规定不影响中华人民共和国享有的历史性权利”。

42. 2012 年 6 月，国务院批准撤销海南省西沙群岛、南沙群岛、中沙群岛办事处，设立地级三沙市，管辖西沙群岛、中沙群岛、南沙群岛的岛礁及其海域。

43. 中国高度重视南海生态和渔业资源保护。自 1999 年起，中国实施南海伏季休渔制度。截至 2015 年底，中国在南海共建成国家级水生生物自然保护区 6 处，省级水生生物自然保护区 6 处，总面积达 269 万公顷；国家级水产种质资源保护区 7 处，总面积达 128 万公顷。

44. 自 20 世纪 50 年代以来，中国台湾当局一直驻守在南沙群岛太平岛，设有民事服务管理机构，并对岛上自然资源进行开发利用。

（三）中国对南海诸岛的主权得到国际社会广泛承认

45. 第二次世界大战结束后，中国收复南海诸岛并恢复行使主权，世界上许多国家都承认南海诸岛是中国领土。

46. 1951 年，旧金山对日和约会议规定日本放弃对南沙群岛和西沙群岛的一切权利、权利名义与要求。1952 年，日本政府正式表示放弃对台湾、澎湖列岛以及南沙群岛、西沙群岛之一切权利、权利名义与要求。同年，由时任日本外务大臣冈崎胜男亲笔签字推荐的《标准世界地图集》第十五图《东南亚图》，把和约规定日本必须放弃的西沙、南沙群岛及东沙、中沙群岛全部标绘属于中国。

47. 1955 年 10 月，国际民航组织在马尼拉召开会议，美国、英国、法国、日本、加拿大、澳大利亚、新西兰、泰国、菲律宾、南越和中国台湾当局派代表出席，菲律宾代表为会议主席，法国代表为副主席。会议通过的第 24 号决议要求中国台湾当局在南沙群岛加强气象观测，而会上没有任何一个代表对此提出异议或保留。

48. 1958 年 9 月 4 日，中国政府发布《中华人民共和国政府关于领海的声明》，宣布中国的领海宽度为 12 海里，明确指出："这项规定适用于中华人民共和国的一切领土，包括……东沙群岛、西沙群岛、中沙群岛、南沙群岛以及其他属于中国的岛屿。"9 月 14 日，越南政府总理范文同照会中国国务院总理周恩来郑重表示，"越南民主共和国政府承认和赞同中华人民共和国政府 1958 年 9 月 4 日关于领海决定的声明"，"越南民主共和国政府尊重这项决定"。

49. 1956 年 8 月，美国驻台机构一等秘书韦士德向中国台湾当局口头申请，美军人员拟前往黄岩岛、双子群礁、景宏岛、鸿庥岛、南威岛等中沙和南沙群岛岛礁进行地形测量。中国台湾当局随后同意了美方的申请。

50. 1960 年 12 月，美国政府致函中国台湾当局，"请求准许"美军事人员赴南沙群岛双子群礁、景宏岛、南威岛进行实地测量。中国台湾当局批准了上述申请。

51. 1972 年，在《中华人民共和国政府与日本国政府联合声明》中，日本重申坚持遵循《波茨坦公告》第 8 条规定。

52. 据法新社报道，1974 年 2 月 4 日，时任印度尼西亚外长马利克表示，“如果我们看一看现在发行的地图，就可以从图上看到帕拉塞尔群岛（西沙群岛）和斯普拉特利群岛（南沙群岛）都是属于中国的”；由于我们承认只存在一个中国，“这意味着，对我们来讲，这些群岛属于中华人民共和国”。

53. 1987 年 3 月 17 日至 4 月 1 日，联合国教科文组织政府间海洋学委员会第 14 次会议讨论了该委员会秘书处提交的《全球海平面观测系统实施计划 1985-1990》（IOC/INF-663 REV）。该文件建议将西沙群岛和南沙群岛纳入全球海平面观测系统，并将这两个群岛明文列属“中华人民共和国”。为执行该计划，中国政府被委任建设 5 个海洋观测站，包括南沙群岛和西沙群岛上各 1 个。

54. 南海诸岛属于中国早已成为国际社会的普遍认识。在许多国家出版的百科全书、年鉴和地图都将南沙群岛标属中国。例如，1960 年美国威尔德麦克出版社出版的《威尔德麦克各国百科全书》；1966 年日本极东书店出版的《新中国年鉴》；1957、1958 和 1961 年在联邦德国出版的《世界大地图集》；1958 年在民主德国出版的《地球与地理地图集》；1968 年在民主德国出版的《哈克世界大地图集》；1954 至 1959 年在苏联出版的《世界地图集》；1957 年在苏联出版的《外国行政区域划分》附图；1959 年在匈牙利出版的《世界地图集》；1974 年在匈牙利出版的《插图本世界政治经济地图集》；1959 年在捷克斯洛伐克出版的《袖珍世界地图集》；1977 年在罗马尼亚出版的《世界地理图集》；1965 年法国拉鲁斯出版社出版的《国际政治与经济地图集》；1969 年法国拉鲁斯出版社出版的《拉鲁斯现代地图集》；1972 年和 1983 年日本平凡社出版的《世界大百科事典》中所附地图和 1985 年出版的《世界大地图集》；以及 1980 年日本国土地理协会出版的《世界与各国》附图等。

二、中菲南海有关争议的由来

55. 中菲南海有关争议的核心是菲律宾非法侵占中国南沙群岛部分岛礁而产生的领土问题。此外，随着国际海洋法制度的发展，中菲在南海部分海域还出现了海洋划界争议。

（一）菲律宾非法侵占行为制造了中菲南沙岛礁争议

56. 菲律宾的领土范围是由包括 1898 年《美西和平条约》（《巴黎条约》）、1900 年《美西关于菲律宾外围岛屿割让的条约》（《华盛顿条约》）、1930 年《关于划定英属北婆罗洲与美属菲律宾之间的边界条约》在内的一系列国际条约确定的。

57. 中国南海诸岛在菲律宾领土范围之外。

58. 20 世纪 50 年代，菲律宾曾企图染指中国南沙群岛。但在中国坚决反对下，菲律宾收手了。1956 年 5 月，菲律宾人克洛马组织私人探险队到南沙群岛活动，擅自将中国南沙群岛部分岛礁称为“自由地”。随后，菲律宾副总统兼外长加西亚对克洛马的活动表示支持。对此，中国外交部发言人于 5 月 29 日发表声明，严正指出：南沙群岛“向来是中国领土的一部分。中华人民共和国对这些岛屿具有无可争辩的合法主权……绝不容许任何国家以任何借口和采取任何方式加以侵犯”。同时，中国台湾当局派军舰赴南沙群岛巡弋，恢复在南沙群岛太平岛上驻守。此后，菲律宾外交部表示，克洛马此举菲律宾政府事前并不知情，亦未加以同意。

59. 自 20 世纪 70 年代起，菲律宾先后以武力侵占中国南沙群岛部分岛礁，并提出非法领土要求。1970 年 8 月和 9 月，菲律宾非法侵占马欢岛和费信岛；1971 年 4 月，菲律宾非法侵占南钥岛和中业岛；1971 年 7 月，菲律宾非法侵占西月岛和北子岛；1978 年 3 月和 1980 年 7 月，菲律宾非法侵占双黄沙洲和司令礁。1978 年 6 月，菲律宾总统马科斯签署第 1596 号总统令，将中国南沙群岛部分岛礁并连同周边大范围海域称为“卡拉延岛群”（“卡拉延”在他加禄语中意为“自由”），划设“卡拉延镇区”，非法列入菲律宾领土范围。

60. 菲律宾还通过一系列国内立法，提出了自己的领海、专属经济区和大陆架等主张。其中部分与中国在南海的海洋权益产生冲突。

61. 菲律宾为掩盖其非法侵占中国南沙群岛部分岛礁的事实，实现其领土扩张的野心，炮制了一系列借口，包括：“卡拉延岛群”不属于南沙群岛，是“无主地”；南沙群岛在二战后是“托管地”；菲律宾占领南沙群岛是依据“地理邻近”和出于“国家安全”需要；“南沙群岛部分岛礁位于菲律宾专属经济区和大陆架上”；菲律宾“有效控制”有关岛礁已成为不能改变的“现状”等。

（二）菲律宾的非法主张毫无历史和法理依据

62. 从历史和国际法看，菲律宾对南沙群岛部分岛礁的领土主张毫无根据。

63. 第一，南沙群岛从来不是菲律宾领土的组成部分。菲律宾的领土范围已由一系列国际条约所确定。对此，菲律宾当时的统治者美国是非常清楚的。1933 年 8 月 12 日，美属菲律宾前参议员陆雷彝致信美国驻菲律宾总督墨菲，试图以地理邻近为由主张一些南沙岛屿构成菲律宾群岛一部分。有关信件被转交美国陆军部和国务院处理。1933 年 10 月 9 日，美国国务卿复信称，“这些岛屿……远在 1898 年从西班牙获得的菲律宾群岛的界限之外”。1935 年 5 月，美国陆军部长邓恩致函国务卿赫尔，请求国务院就菲律宾对南沙群岛部分岛屿提出领土要求的“合法性和适当性”发表意见。美国国务院历史顾问办公室一份由博格斯等签署的备忘录指出，“显然，美国毫无根据主张有关岛屿构成菲律宾群岛的一部分。”8 月 20 日，美国国务卿赫尔复函美国陆军部长邓恩称，“美国依据 1898 年条约从西班牙获得的菲律宾群岛的岛屿仅限于第三条规定的界限以内”，同时关于南沙群岛有关岛屿，“需要指出的是，没有任何迹象显示西班牙曾对这些岛屿中的任何一个行使主权或提出主张”。这些文件证明，菲律宾领土从来不包括南海诸岛，这一事实为包括美国在内的国际社会所承认。

64. 第二，“卡拉延岛群”是菲律宾发现的“无主地”，这一说法根本不成立。菲律宾以其国民于 1956 年所谓“发现”为基础，将中国南沙群岛部分岛礁称为“卡拉延岛群”，企图制造地理名称和概念上的混乱，并割裂南沙群岛。事实上，南沙群岛的地理范围是清楚和明确的，菲律宾所谓“卡拉延岛群”就是中国南沙群岛的一部分。南沙群岛早已成为中国领土不可分割的组成部分，绝非“无主地”。

65. 第三，南沙群岛也不是所谓的“托管地”。菲律宾称，二战后南沙群岛是“托管地”，主权未定。菲律宾的说法从法律和事实看，都没有根据。二战后的“托管地”，均在有关国际条约或联合国托管理事会相关文件中明确开列，南沙群岛从未出现在上述名单上，根本就不是“托管地”。

66. 第四，“地理邻近”和“国家安全”都不是领土取得的国际法依据。世界上许多国家的部分领土远离其本土，有的甚至位于他国近岸。美国殖民统治菲律宾期间，就菲律宾群岛附近一座岛屿的主权与荷兰产生争端，美国以“地理邻近”为由提出的领土主张被判定为没有国际法依据。以所谓“国家安全”为由侵占他国领土更是荒谬的。

67. 第五，菲律宾称，中国南沙群岛部分岛礁位于其专属经济区和大陆架范围内，因此有关岛礁属于菲律宾或构成菲律宾大陆架组成部分。这一主张企图以《公约》所赋予的海洋管辖权否定中国领土主权，与“陆地统治海洋”的国际法原则背道而驰，完全不符合《公约》的宗旨和目的。《公约》序言规定：“在妥为顾及所有国家主权的情形下，为海洋建立一种法律秩序……”因此，沿海国必须在尊重他国领土主权的前提下主张海洋管辖权，不能将自己的海洋管辖权扩展到他国领土上，更不能以此否定他国主权，侵犯他国领土。

68. 第六，菲律宾所谓的“有效控制”是建立在非法侵占基础上的，是非法无效的。国际社会不承认武力侵占形成的所谓“有效控制”。菲律宾所谓“有效控制”是对中国南沙群岛部分岛礁赤裸裸的武力侵占，违背了《联合国宪章》（以下简称《宪章》）和国际关系基本准则，为国际法所明确禁止。菲律宾建立在非法侵占基础上的所谓“有效控制”，不能改变南沙群岛是中国领土的基本事实。中国坚决反对任何人试图把南沙群岛部分岛礁被侵占的状态视为所谓“既成事实”或“现状”，中国对此绝不承认。

（三）国际海洋法制度的发展导致中菲出现海洋划界争议

69. 随着《公约》的制订和生效，中国和菲律宾之间的南海有关争议逐步激化。

70. 基于中国人民和中国政府的长期历史实践及历届中国政府的一贯立场，根据国内法以及国际法，包括1958年《中华人民共和国政府关于领海的声明》、1992年《中华人民共和国领海及毗连区法》、1996年《中华人民共和国全国人民代表大会常务委员会关于批准〈联合国海洋法公约〉的决定》、1998年《中华人民共和国专属经济区和大陆架法》和1982年《联合国海洋法公约》，中国南海诸岛拥有内水、领海、毗连区、专属经济区和大陆架。此外，中国在南海拥有历史性权利。

71. 根据菲律宾1949年第387号共和国法案、1961年第3046号共和国法案、1968年第5446号共和国法案、1968年第370号总统公告、1978年第1599号总统令、2009年第9522号共和国法案等法律，菲律宾公布了内水、群岛水域、领海，专属经济区和大陆架。

72. 在南海，中国的陆地领土海岸和菲律宾的陆地领土海岸相向，相距不足400海里。两国主张的海洋权益区域重叠，由此产生海洋划界争议。

三、中菲已就解决南海有关争议达成共识

73. 中国坚决捍卫对南海诸岛的主权，坚决反对菲律宾非法侵占中国岛礁，坚决反对菲律宾依据单方面主张在中国管辖海域采取侵权行为。同时，从维护南海和平稳定出发，中国保持高度克制，坚持和平解决中菲南海有关争议，并为此作出不懈努力。中国就管控海上分歧以及推动海上务实合作等与菲律宾进行多次磋商，双方就通过谈判解决南海有关争议，妥善管控有关分歧达成重要共识。

（一）通过谈判解决南海有关争议是中菲共识和承诺

74. 中国一贯致力于在相互尊重主权和领土完整、互不侵犯、互不干涉内政、平等互利、和平共处五项原则基础上与各国发展友好关系。

75. 1975年6月，中菲关系实现正常化，两国在有关公报中明确指出，两国政府同意不诉诸武力，不以武力相威胁，和平解决所有争端。

76. 实际上，中国在解决南海问题上的“搁置争议，共同开发”倡议，首先是对菲律宾提出的。1986年6月，中国领导人邓小平在会见菲律宾副总统萨尔瓦多·劳雷尔时，指出南沙群岛属于中国，同时针对有关分歧表示，“这个问题可以先搁置一下，先放一放。过几年后，我们坐下来，平心静气地商讨一个可为各方接受的方式。我们

不会让这个问题妨碍与菲律宾和其他国家的友好关系"。1988 年 4 月，邓小平在会见菲律宾总统科拉松·阿基诺时重申"对南沙群岛问题，中国最有发言权。南沙历史上就是中国领土，很长时间，国际上对此无异议"；"从两国友好关系出发，这个问题可先搁置一下，采取共同开发的办法"。此后，中国在处理南海有关争议及同南海周边国家发展双边关系问题上，一直贯彻了邓小平关于"主权属我，搁置争议，共同开发"的思想。

77. 20 世纪 80 年代以来，中国就通过谈判管控和解决中菲南海有关争议提出一系列主张和倡议，多次重申对南沙群岛的主权、和平解决南海有关争议的立场和"搁置争议，共同开发"的倡议，明确表示反对外部势力介入，反对南海问题国际化，强调不应使争议影响两国关系的发展。

78. 1992 年 7 月，在马尼拉举行的第 25 届东盟外长会议发表《东盟关于南海问题的宣言》。中国表示，赞赏这一宣言所阐述的相关原则。中国一贯主张通过谈判和平解决南沙群岛部分岛礁有关领土问题，反对诉诸武力，愿在条件成熟时同有关国家谈判"搁置争议，共同开发"。

79. 1995 年 8 月，中菲共同发表的《中华人民共和国和菲律宾共和国关于南海问题和其他领域合作的磋商联合声明》表示，"争议应由直接有关国家解决"；"双方承诺循序渐进地进行合作，最终谈判解决双方争议"。此后，中国和菲律宾通过一系列双边文件确认通过双边谈判协商解决南海问题的有关共识，例如：1999 年 3 月《中菲建立信任措施工作小组会议联合公报》、2000 年 5 月《中华人民共和国政府和菲律宾共和国政府关于 21 世纪双边合作框架的联合声明》等。

80. 2002 年 11 月，中国同东盟 10 国共同签署《宣言》。各方在《宣言》中郑重承诺："根据公认的国际法原则，包括 1982 年《联合国海洋法公约》，由直接有关的主权国家通过友好磋商和谈判，以和平方式解决它们的领土和管辖权争议，而不诉诸武力或以武力相威胁。"

81. 此后，中菲通过一系列双边文件确认各自在《宣言》中作出的郑重承诺，例如：2004 年 9 月《中华人民共和国政府和菲律宾共和国政府联合新闻公报》、2011 年 9 月《中华人民共和国和菲律宾共和国联合声明》等。

82. 上述中菲两国各项双边文件以及《宣言》的相关规定，体现了中菲就解决南海有关争议达成的以下共识和承诺：一是有关争议应在直接有关的主权国家之间解决；二是有关争议应在平等和相互尊重基础上，通过谈判协商和平解决；三是直接有关的主权国家根据公认的国际法原则，包括 1982 年《联合国海洋法公约》，"最终谈判解决双方争议"。

83. 中菲双方多次重申通过谈判解决有关争议，并多次强调有关谈判应由直接有关的主权国家开展，上述规定显然已产生排除任何第三方争端解决方式的效果。特别是 1995 年的联合声明规定“最终谈判解决双方争议”，这里的“最终”一词明显是为了强调“谈判”是双方已选择的唯一争端解决方式，并排除包括第三方争端解决程序在内的任何其他方式。上述共识和承诺构成两国间排除通过第三方争端解决方式解决中菲南海有关争议的协议。这一协议必须遵守。

（二）妥善管控南海有关争议是中菲之间的共识

84. 中国一贯主张，各方应通过制定规则、完善机制、务实合作、共同开发等方式管控争议，为南海有关争议的最终解决创造良好氛围。

85. 自 20 世纪 90 年代以来，中菲就管控争议达成一系列共识：一是在有关争议问题上保持克制，不采取可能导致事态扩大化的行动；二是坚持通过双边磋商机制管控争议；三是坚持推动海上务实合作和共同开发；四是不使有关争议影响双边关系的健康发展和南海地区的和平与稳定。

86. 中菲还在《宣言》中达成如下共识：保持自我克制，不采取使争议复杂化、扩大化和影响和平与稳定的行动；在和平解决领土和管辖权争议前，本着合作与谅解的精神，努力寻求各种途径建立互信；探讨或开展在海洋环保、海洋科学研究、海上航行和交通安全、搜寻与救助、打击跨国犯罪等方面的合作。

87. 中菲曾就管控分歧、开展海上务实合作取得积极进展。

88. 1999 年 3 月，中国和菲律宾举行关于在南海建立信任措施工作小组首次会议，双方发表的《中菲建立信任措施工作小组会议联合公报》指出，“双方承诺根据广泛接受的国际法原则包括联合国海洋法公约，通过协商和平解决争议，……双方同意保持克制，不采取可能导致事态扩大化的行动。”

89. 2001 年 4 月，中菲发表的《第三次建立信任措施专家组会议联合新闻声明》指出，“双方认识到两国就探讨南海合作方式所建立的双边磋商机制是富有成效的，双方所达成的一系列谅解与共识对维护中菲关系的健康发展和南海地区的和平与稳定发挥了建设性作用。”

90. 2004 年 9 月，在中国和菲律宾领导人的共同见证下，中国海洋石油总公司和菲律宾国家石油公司签署《南中国海部分海域联合海洋地震工作协议》。经中菲双方同意，2005 年 3 月，中国、菲律宾、越南三国国家石油公司签署《南中国海协议区三方联合海洋地震工作协议》，商定三国的石油公司在三年协议期内，在约 14.3 万平方千米海域的协议区内完成一定数量的二维和/或三维地震测线的采集和处理工作，对一定数量现有的二维地震测线进行再处理，研究评估协议区的石油资源状况。2007 年《中华人民共和国和菲律宾共和国联合声明》表示，“双方认为，南海三方联合海洋地震工作可以成为本地区合作的一个示范。双方同意，可以探讨将下一阶段的三方合作提升到更高水平，以加强本地区建立互信的良好势头。”

91. 令人遗憾的是，由于菲律宾方面缺乏合作意愿，中菲信任措施工作小组会议陷于停滞，中菲越三方联合海洋地震考察工作也未能继续。

四、菲律宾一再采取导致争议复杂化的行动

92. 自 20 世纪 80 年代以来，菲律宾一再采取导致争议复杂化的行动。

（一）菲律宾企图扩大对中国南沙群岛部分岛礁的侵占

93. 自 20 世纪 80 年代起，菲律宾就在非法侵占的中国南沙群岛有关岛礁上建设军事设施。90 年代，菲律宾继续在非法侵占的中国南沙群岛有关岛礁修建机场和海空军基地，以非法侵占的中国南沙群岛中业岛为重点，持续在相关岛礁建设和修整机场、兵营、码头等设施，以方便起降重型运输机、战斗机及容纳更多更大的舰船。菲律宾还蓄意挑衅，频繁派出军舰、飞机侵入中国南沙群岛五方礁、仙娥礁、信义礁、半月礁和仁爱礁，肆意破坏中国设置的测量标志。

94. 更有甚者，1999 年 5 月 9 日，菲律宾派出 57 号坦克登陆舰入侵中国仁爱礁，并以“技术故障搁浅”为借口，在该礁非法“坐滩”。中国当即对菲律宾提出严正交涉，要求立即拖走该舰。而菲律宾却称该舰“缺少零部件”无法拖走。

95. 就此，中国持续对菲律宾进行交涉，再三要求菲方拖走该舰。例如，1999 年 11 月，中国驻菲律宾大使约见菲律宾外长西亚松和总统办公室主任来妮海索斯，再次就该舰非法“坐滩”仁爱礁事进行交涉。菲律宾虽然再三承诺将把该舰从仁爱礁撤走，但一直拖延不动。

96. 2003 年 9 月，得知菲律宾准备在仁爱礁非法“坐滩”的军舰周围修建设施后，中国当即提出严正交涉。菲律宾代理外长埃卜达林表示，菲律宾无意在仁爱礁上修建设施，菲律宾是《宣言》的签署者，不会也不愿成为第一个违反者。

97. 但是菲律宾拒不履行拖走该舰的承诺，反而变本加厉，采取进一步挑衅行为。菲律宾于 2013 年 2 月在非法“坐滩”的该舰四周拉起固定缆绳，舰上人员频繁活动，准备建设固定设施。在中国多次交涉下，菲律宾国防部长加斯明声称，菲律宾只是在对该舰进行补给和修补，承诺不会在仁爱礁上修建设施。

98. 2014 年 3 月 14 日，菲律宾外交部发表声明，公然宣称菲律宾当年用 57 号坦克登陆舰在仁爱礁“坐滩”，就是为了“将该军舰作为菲律宾政府的永久设施部署在仁爱礁”，企图以此为借口，继续拒不履行拖走该舰的承诺，进而达到侵占仁爱礁的目的。

中国当即对此表示震惊，并重申绝不允许菲方以任何形式侵占仁爱礁。

99. 2015 年 7 月，菲律宾公开声明，菲方正对在仁爱礁“坐滩”的军舰进行内部整固。

100. 菲律宾用军舰“坐滩”仁爱礁，承诺拖走却始终食言，直至采取加固措施，以自己的实际行动证明菲律宾就是第一个公然违反《宣言》的国家。

101. 长期以来，菲律宾非法侵占中国南沙群岛有关岛礁，并在岛礁上修筑各种军事设施，企图制造既成事实，长期霸占。菲律宾的所作所为，严重侵犯中国对南沙群岛有关岛礁的主权，严重违反《宪章》和国际法基本准则。

（二）菲律宾一再扩大海上侵权

102. 自 20 世纪 70 年代起，菲律宾依据其单方面主张，先后侵入中国南沙群岛礼乐滩、忠孝滩等地进行非法油气钻探，包括就有关区块进行对外招标。

103. 进入 21 世纪以来，菲律宾扩大对外招标范围，大面积侵入中国南沙群岛有关海域。2003 年，菲律宾将大片中国南沙群岛相关海域划为对外招标区块。2014 年 5 月，菲律宾进行了第 5 轮油气招标，其中 4 个招标区块侵入中国南沙群岛相关海域。

104. 菲律宾还不断侵入中国南沙群岛有关海域，袭扰中国渔民和渔船正常生产作业。据不完全统计，1989 年至 2015 年，在上述海域共发生菲律宾非法侵犯中国渔民生命和财产安全事件 97 件，其中枪击 8 件，抢劫 34 件，抓扣 40 件，追赶 15 件；共涉及中国渔船近 200 艘，渔民上千人。菲律宾还野蛮、粗暴对待中国渔民，施以非人道待遇。

105. 菲律宾武装人员经常无视中国渔民的生命安全，滥用武力。例如，2006 年 4 月 27 日，菲律宾武装渔船侵入中国南沙群岛南方浅滩海域，袭击中国“琼琼海 03012”号渔船，菲方一艘武装小艇及 4 名持枪人员向中国渔船靠近，并直接向渔船驾驶台连续开枪射击，造成陈奕超等 4 名渔民当场死亡、2 人重伤、1 人轻伤。随后，13 名持枪人员强行登上渔船进行抢劫，劫走船上卫星导航、通讯设备、生产工具、渔获等。

106. 菲律宾一再采取各种海上侵权行动，企图扩大其在南海的非法主张，严重侵犯中国在南海的主权及相关权益。菲律宾的侵权行为严重违背了其在《宣言》中关于保持自我克制，不采取使争议复杂化、扩大化行动的承诺。菲律宾枪击、抢劫中国渔船和渔民，非法抓扣中国渔民并施以非人道待遇，严重侵犯中国渔民的人身和财产安全以及人格尊严，公然践踏基本人权。

（三）菲律宾企图染指中国黄岩岛

107. 菲律宾还对中国黄岩岛提出领土要求并企图非法侵占。

108. 黄岩岛是中国固有领土，中国持续、和平、有效地对黄岩岛行使着主权和管辖。

109. 1997 年之前，菲律宾从未对黄岩岛属于中国提出异议，从未对黄岩岛提出领土要求。1990 年 2 月 5 日，菲律宾驻德国大使比安弗尼多致函德国无线电爱好者迪特表示："根据菲律宾国家地图和资源信息局，斯卡伯勒礁或黄岩岛不在菲律宾领土主权范围以内。"

110. 菲律宾国家地图和资源信息局 1994 年 10 月 28 日签发的《菲律宾共和国领土边界证明书》表示，"菲律宾共和国的领土边界和主权由 1898 年 12 月 10 日签署的《巴黎条约》第 3 条确定"，并确认"菲律宾环境和自然资源部通过国家地图和资源信息局发布的第 25 号官方地图中显示的领土界限完全正确并体现了真实状态"。如前所述，《巴黎条约》和另外两个条约确定了菲律宾的领土界限，中国黄岩岛明显位于这一界限以外。第 25 号官方地图反映了这一事实。在 1994 年 11 月 18 日致美国无线电协会的信中，菲律宾无线电爱好者协会写道，"一个非常重要的事实是，（菲律宾）有关政府机构申明，基于 1898 年 12 月 10 日签署的《巴黎条约》第 3 条，斯卡伯勒礁就是位于菲律宾领土边界之外。"

111. 1997 年 4 月，菲律宾一改其领土范围不包括黄岩岛的立场，对中国无线电运动协会组织的国际联合业余无线电探险队在黄岩岛的探险活动进行跟踪、监视和干扰，甚至不顾历史事实，声称黄岩岛在菲律宾主张的 200 海里专属经济区内，因此是菲律宾领土。对此，中国曾多次向菲律宾提出交涉，明确指出，黄岩岛是中国固有领土，菲律宾的主张是无理、非法和无效的。

112. 2009 年 2 月 17 日，菲律宾国会通过 9522 号共和国法案，非法将中国黄岩岛和南沙群岛部分岛礁划为菲律宾领土。就此，中国即向菲律宾进行交涉并发表声明，重申中国对黄岩岛和南沙群岛及其附近海域的主权，任何其他国家对黄岩岛和南沙群岛的岛屿提出领土主权要求，都是非法的、无效的。

113. 2012 年 4 月 10 日，菲律宾出动"德尔·皮拉尔"号军舰，闯入中国黄岩岛附近海域，对在该海域作业的中国渔民、渔船实施非法抓扣并施以严重非人道待遇，蓄意挑起黄岩岛事件。中国即在北京和马尼拉多次对菲律宾提出严正交涉，对菲律宾侵犯中国领土主权和伤害中国渔民的行径表示强烈抗议，要求菲律宾立即撤出一切船只和人员。与此同时，中国政府迅速派出海监和渔政执法船只前往黄岩岛，维护主权并对中国渔民进行救助。2012 年 6 月，经中国多次严正交涉，菲律宾从黄岩岛撤出相关船只和人员。

114. 菲律宾对中国黄岩岛提出的非法领土要求没有任何国际法依据。所谓黄岩岛在菲律宾 200 海里专属经济区内因而是菲律宾领土的主张，显然是对国际法蓄意和荒唐的歪曲。菲律宾派军舰武装闯入黄岩岛附近海域，严重侵犯中国领土主权，严重违背《宪章》和国际法基本原则。菲律宾鼓动并怂恿菲方船只和人员大规模侵入中国黄岩岛海域，严重侵犯中国在黄岩岛海域的主权和主权权利。菲律宾非法抓扣在黄岩岛海域正常作业的中国渔民并施以严重的非人道待遇，严重侵犯中国渔民的人格尊严，践踏人权。

（四）菲律宾单方面提起仲裁是恶意行为

115. 2013 年 1 月 22 日，菲律宾共和国时任政府违背中菲之间达成并多次确认的通过谈判解决南海有关争议的共识，违反其在《宣言》中作出的庄严承诺，在明知领土争议不属于《公约》调整范围，海洋划界争议已被中国 2006 年有关声明排除的情况下，蓄意将有关争议包装成单纯的《公约》解释或适用问题，滥用《公约》争端解决机制，单方面提起南海仲裁案。菲律宾此举不是为了解决与中国的争议，而是企图借此否定中国在南海的领土主权和海洋权益。菲律宾的行为是恶意的。

116. 第一，菲律宾单方面提起仲裁，违反中菲通过双边谈判解决争议的协议。中菲在有关双边文件中已就通过谈判解决南海有关争议达成协议并多次予以确认。中国和菲律宾在《宣言》中就通过谈判解决南海有关争议作出郑重承诺，并一再在双边文件中予以确认。上述中菲两国各项双边文件以及《宣言》的相关规定相辅相成，构成中菲两国之间的协议。两国据此选择了以谈判方式解决有关争端，并排除了包括仲裁在内的第三方方式。“约定必须遵守”。这项国际法基础规范必须得到执行。菲律宾违背自己的庄严承诺，是严重的背信弃义行为，不为菲律宾创设任何权利，也不为中国创设任何义务。

117. 第二，菲律宾单方面提起仲裁，侵犯中国作为《公约》缔约国自主选择争端解决方式的权利。《公约》第十五部分第 280 条规定，“本公约的任何规定均不损害任何缔约国于任何时候协议用自行选择的任何和平方法解决它们之间有关本公约的解释或适用的争端的权利”；第 281 条规定，“作为有关本公约的解释或适用的争端各方的缔约各国，如已协议用自行选择的和平方法来谋求解决争端，则只有在诉诸这种方法仍未得到解决以及争端各方间的协议并不排除任何其他程序的情形下，才适用本部分所规定的程序”。由于中菲之间已就通过谈判解决争议作出明确选择，《公约》规定的第三方强制争端解决程序不适用。

118. 第三，菲律宾单方面提起仲裁，滥用《公约》争端解决程序。菲律宾提起仲裁事项的实质是南沙群岛部分岛礁的领土主权问题，有关事项也构成中菲海洋划界不可分割的组成部分。陆地领土问题不属于《公约》的调整范围。2006 年，中国根据《公约》第 298 条作出排除性声明，将涉及海洋划界、历史性海湾或所有权、军事和执法行动等方面的争端排除在《公约》争端解决程序之外。包括中国在内的约 30 个国家作出的排除性声明，构成《公约》争端解决机制的组成部分。菲律宾通过包装诉求，恶意规避中方有关排除性声明和陆地领土争议不属《公约》调整事项的限制，单方面提起仲裁，构成对《公约》争端解决程序的滥用。

119. 第四，菲律宾为推动仲裁捏造事实，曲解法律，编造了一系列谎言：

——菲律宾明知其仲裁诉求涉及中国在南海的领土主权，领土问题不属于《公约》调整的事项，却故意将其曲解和包装成《公约》解释或适用问题；

——菲律宾明知其仲裁诉求涉及海洋划界问题，且中国已根据《公约》第 298 条作出声明，将包括海洋划界在内的争端排除出《公约》规定的第三方争端解决程序，却故意将海洋划界过程中需要考虑的各项因素抽离出来，孤立看待，企图规避中国有关排除性声明；

——菲律宾无视中菲从未就其仲裁事项进行任何谈判的事实，故意将其与中国就一般性海洋事务与合作进行的一些磋商曲解为就仲裁事项进行的谈判，并以此为借口声称已穷尽双边谈判手段；

——菲律宾声称其不寻求判定任何领土归属，或划定任何海洋边界，然而在仲裁进程中，特别是庭审中，却屡屡否定中国在南海的领土主权和海洋权益；

——菲律宾无视中国在南海问题上的一贯立场和实践，子虚乌有地声称中国对整个南海主张排他性的海洋权益；

——菲律宾刻意夸大西方殖民者历史上在南海的作用，否定中国长期开发、经营和管辖南海相关水域的史实及相应的法律效力；

——菲律宾牵强附会，拼凑关联性和证明力不强的证据，强撑其诉讼请求；

——菲律宾随意解释国际法规则，大量援引极具争议的司法案例和不具权威性的个人意见支撑其诉求。

120. 简言之，菲律宾单方面提起仲裁违反包括《公约》争端解决机制在内的国际法。应菲律宾单方面请求建立的南海仲裁案仲裁庭自始无管辖权，所作出的裁决是无效的，没有拘束力。中国在南海的领土主权和海洋权益在任何情况下不受仲裁裁决的影响。中国不接受、不承认该裁决，反对且不接受任何以仲裁裁决为基础的主张和行动。

五、中国处理南海问题的政策

121. 中国是维护南海和平稳定的重要力量。中国一贯遵守《宪章》的宗旨和原则，坚定维护和促进国际法治，尊重和践行国际法，在坚定维护中国在南海的领土主权和海洋权益的同时，坚持通过谈判协商解决争议，坚持通过规则机制管控分歧，坚持通过互利合作实现共赢，致力于把南海建设成和平之海、友谊之海和合作之海。

122. 中国坚持与地区国家共同维护南海和平稳定，坚定维护各国依据国际法在南海享有的航行和飞越自由，积极倡导域外国家尊重地区国家的努力，在维护南海和平稳定问题上发挥建设性作用。

（一）关于南沙群岛领土问题

123. 中国坚定地维护对南海诸岛及其附近海域的主权。部分国家对南沙群岛部分岛礁提出非法领土主张并实施武力侵占，严重违反《宪章》和国际关系基本准则，是非法的、无效的。对此，中国坚决反对，并要求有关国家停止对中国领土的侵犯。

124. 中国始终致力于与包括菲律宾在内的直接有关的当事国在尊重历史事实的基础上，根据国际法，通过谈判解决有关争议。

125. 众所周知，陆地领土问题不属于《公约》调整的事项。因此，南沙群岛领土问题不适用《公约》。

（二）关于南海海洋划界问题

126. 中国主张，同直接有关的当事国依据包括《公约》在内的国际法，通过谈判公平解决南海海洋划界问题。在划界问题最终解决前，各方应保持自我克制，不采取使争议复杂化、扩大化和影响和平与稳定的行动。

127. 1996 年，中国在批准《公约》时声明：“中华人民共和国将与海岸相向或相邻的国家，通过协商，在国际法基础上，按照公平原则划定各自海洋管辖权界限。”1998 年，《中华人民共和国专属经济区和大陆架法》进一步明确中国同海洋邻国之间解决海洋划界问题的原则立场，即“中华人民共和国与海岸相邻或者相向国家关于专属经济区和大陆架的主张重叠的，在国际法的基础上按照公平原则以协议划定界限”，“本法的规定不影响中华人民共和国享有的历史性权利”。

128. 中国不接受任何企图通过单方面行动把海洋管辖权强加于中国的做法，也不认可任何有损于中国在南海海洋权益的行动。

（三）关于争端解决方式

129. 基于对国际实践的深刻认识和中国自身丰富的国家实践，中国坚信，要解决任何国家间争议，无论选择哪种机制和方式，都不能违背主权国家的意志，应以国家同意为基础。

130. 在领土和海洋划界问题上，中国不接受任何强加于中国的争端解决方案，不接受任何诉诸第三方的争端解决方式。2006年8月25日，中国根据《公约》第298条的规定向联合国秘书长提交声明，称“关于《公约》第二百九十八条第1款（a）、（b）、（c）项所述的任何争端，中华人民共和国政府不接受《公约》第十五部分第二节规定的任何程序”，明确将涉及海洋划界、历史性海湾或所有权、军事和执法活动，以及联合国安全理事会执行《宪章》所赋予的职务等争端排除在《公约》强制争端解决程序之外。

131. 中华人民共和国成立以来，已与14个陆地邻国中的12个国家，本着平等协商、相互谅解的精神，通过双边谈判，签订了边界条约，划定和勘定的边界约占中国陆地边界长度的90%。中国与越南已通过谈判划定了两国在北部湾的领海、专属经济区和大陆架界限。中国对通过谈判解决争议的诚意和不懈努力是有目共睹的。不言而喻，谈判是国家意志的直接体现。谈判当事方直接参与形成最终结果。实践表明，谈判取得的成果更容易获得当事国人民的理解和支持，能够得到有效实施，并具有持久生命力。只有当事方通过平等谈判达成协议，有关争议才能获得根本长久解决，有关协议才能得到全面有效贯彻实施。

（四）关于在南海管控分歧和开展海上务实合作

132. 根据国际法和国际实践，在海洋争议最终解决前，当事国应保持克制，尽一切努力作出实际性的临时安排，包括建立和完善争议管控规则和机制，开展各领域合作，推动“搁置争议，共同开发”，维护南海地区的和平稳定，为最终解决争议创造条件。有关合作和共同开发不妨害最后界限的划定。

133. 中国积极推动与有关国家建立双边海上磋商机制，探讨在渔业、油气等领域的共同开发，倡议有关各国积极探讨根据《公约》有关规定，建立南海沿岸国合作机制。

134. 中国始终致力于与东盟国家一道全面有效落实《宣言》，积极推动海上务实合作，已取得了包括建立“中国-东盟国家海上联合搜救热线平台”、“中国-东盟国家应对海上紧急事态外交高官热线平台”以及“中国-东盟国家海上联合搜救沙盘推演”等“早期收获”成果。

135. 中国始终坚持倡导各方在全面有效落实《宣言》框架下，积极推进“南海行为准则”磋商，争取在协商一致基础上早日达成“准则”。为在“准则”最终达成前妥善管控海上风险，中国提议探讨制定“海上风险管控预防性措施”，并获得东盟国家一致认同。

（五）关于南海航行自由和安全

136. 中国一贯致力于维护各国根据国际法所享有的航行和飞越自由，维护海上通道的安全。

137. 南海拥有众多重要的航行通道，有关航道也是中国对外贸易和能源进口的主要通道之一，保障南海航行和飞越自由，维护南海海上通道的安全对中国十分重要。长期以来，中国致力于和东盟国家共同保障南海航道的畅通和安全，并作出重大贡献。各国在南海依据国际法享有的航行和飞越自由不存在任何问题。

138. 中国积极提供国际公共产品，通过各项能力建设，努力向国际社会提供包括导航助航、搜寻救助、海况和气象预报等方面的服务，以保障和促进南海海上航行通道的安全。

139. 中国主张，有关各方在南海行使航行和飞越自由时，应充分尊重沿岸国的主权和安全利益，并遵守沿岸国按照《公约》规定和其他国际法规则制定的法律和规章。

（六）关于共同维护南海和平稳定

140. 中国主张，南海和平稳定应由中国和东盟国家共同维护。

141. 中国坚持走和平发展道路，坚持防御性的国防政策，坚持互信、互利、平等、协作的新安全观，坚持与邻为善、以邻为伴的周边外交方针和睦邻、安邻、富邻的周边外交政策，践行亲、诚、惠、容周边外交理念。中国是维护南海和平稳定、推动南海合作和发展的坚定力量。中国致力于深化周边睦邻友好，积极推动与周边国家以及东盟等地区组织的务实合作，实现互利共赢。

142. 南海既是沟通中国与周边国家的桥梁，也是中国与周边国家和平、友好、合作和发展的纽带。南海和平稳定与地区国家的安全、发展和繁荣息息相关，与地区各国人民的福祉息息相关。实现南海地区的和平稳定和繁荣发展是中国和东盟国家的共同愿望和共同责任，符合各国的共同利益。

143. 中国愿继续为此作出不懈努力。

附件 6

中国主要海洋法律文件列表

内容分类	序号	名称	发布机关	发布日期	施行日期	备注
基本海洋法律制度	1	中华人民共和国领海及毗连区法	全国人大常委会	1992年2月25日	1992年2月25日	
	2	中华人民共和国专属经济区和大陆架法	全国人大常委会	1998年6月26日	1998年6月26日	
	3	全国人大常委会关于批准《联合国海洋法公约》的决定	全国人大常委会	1996年5月15日	1996年5月15日	1996年7月7日对中国生效
	4	中华人民共和国政府关于领海的声明	中华人民共和国政府	1958年9月4日	1958年9月4日	
	5	中华人民共和国政府关于领海基线的声明	中华人民共和国政府	1996年5月15日	1996年5月15日	
	6	中华人民共和国政府关于钓鱼岛及其附属岛屿领海基线的声明	中华人民共和国政府	2012年9月10日	2012年9月10日	
	7	中华人民共和国国家安全法	全国人大常委会	2015年7月1日	2015年7月1日	
海域使用管理	8	中华人民共和国海域使用管理法	全国人大常委会	2001年10月27日	2002年1月1日	
	9	国务院关于国土资源部《报国务院批准的项目用海审批办法》的批复（国函〔2003〕44号）	国务院	2003年4月19日	2003年4月19日	
	10	关于印发《临时海域使用管理暂行办法》的通知（国海发〔2003〕18号）	国家海洋局	2003年8月20日	2003年8月20日	

续表

内容分类	序号	名称	发布机关	发布日期	施行日期	备注
海域使用管理	11	关于印发《海域使用论证资质管理规定》的通知（国海发〔2004〕21号）	国家海洋局	2004年6月29日	2004年6月29日	
	12	关于印发《海域使用权管理规定》的通知（国海发〔2006〕27号）	国家海洋局	2006年10月13日	2007年1月1日	
	13	国家海洋局关于印发《海域使用权登记办法》的通知（国海发〔2006〕28号）	国家海洋局	2006年10月13日	2007年1月1日	
	14	关于印发《海洋功能区划管理规定》的通知（国海发〔2007〕18号）	国家海洋局	2007年7月12日	2007年8月1日	
	15	关于印发《海域使用论证管理规定》的通知（国海发〔2008〕4号）	国家海洋局	2008年1月23日	2008年3月1日	
	16	关于印发《海域使用权证书管理办法》的通知（国海发〔2008〕24号）	国家海洋局	2008年9月18日	2009年1月1日	
	17	国家发展改革委、国家海洋局关于印发《围填海计划管理办法》的通知（发改地区〔2011〕2929号）	国家发改委、国家海洋局	2011年12月5日	2011年12月5日	
海洋环境保护	18	中华人民共和国海洋环境保护法	全国人大常委会	1982年8月23日	1983年3月1日	1999年12月25日修订、2013年12月28日修正、2016年11月7日修改
	19	中华人民共和国环境影响评价法	全国人大常委会	2002年10月28日	2003年9月1日	2016年7月2日修正

续表

内容分类	序号	名称	发布机关	发布日期	施行日期	备注
海洋环境保护	20	中华人民共和国海洋石油勘探开发环境保护管理条例	国务院	1983 年 12 月 29 日	1983 年 12 月 29 日	
	21	中华人民共和国海洋倾废管理条例	国务院	1985 年 3 月 6 日	1985 年 4 月 1 日	2011 年 1 月 8 日修正
	22	防止拆船污染环境管理条例	国务院	1988 年 5 月 18 日	1988 年 6 月 1 日	
	23	中华人民共和国防治陆源污染物污染损害海洋环境管理条例	国务院	1990 年 6 月 22 日	1990 年 8 月 1 日	
	24	中华人民共和国防治海岸工程建设项目污染损害海洋环境管理条例	国务院	1990 年 6 月 25 日	1990 年 8 月 1 日	2007 年 9 月 25 日修订
	25	中华人民共和国自然保护区条例	国务院	1994 年 10 月 9 日	1994 年 12 月 1 日	2011 年 1 月 8 日修正
	26	防治海洋工程建设项目污染损害海洋环境管理条例	国务院	2006 年 9 月 19 日	2006 年 11 月 1 日	
	27	防治船舶污染海洋环境管理条例	国务院	2009 年 9 月 9 日	2010 年 3 月 1 日	2013 年 7 月 18 日、2013 年 12 月 7 日、2014 年 7 月 29 日部分修改
	28	中华人民共和国船舶及其有关作业活动污染海洋环境防治管理规定	交通运输部	2010 年 11 月 16 日	2011 年 2 月 1 日	2013 年 8 月 31 日、2013 年 12 月 24 日、2016 年 12 月 13 日三次修正
	29	中华人民共和国船舶污染海洋环境应急防备和应急处置管理规定	交通运输部	2011 年 1 月 27 日	2011 年 6 月 1 日	2013 年 12 月 24 日、2014 年 9 月 5 日、2016 年 12 月 13 日三次修正
	30	关于发布《海洋自然保护区管理办法》的通知（国海法发〔1995〕251 号）	国家海洋局	1995 年 5 月 29 日	1995 年 5 月 29 日	

续表

内容分类	序号	名称	发布机关	发布日期	施行日期	备注
海洋环境保护	31	关于印发《海洋石油平台弃置管理暂行办法》的通知（国海发〔2002〕21号）	国家海洋局	2002年6月24日	2002年6月24日	
	32	关于印发《倾倒区管理暂行规定》的通知（国海发〔2003〕23号）	国家海洋局	2003年11月14日	2004年1月1日	
	33	关于印发《海洋工程环境影响评价管理规定》的通知（国海环字〔2008〕367号）	国家海洋局	2008年7月1日	2008年7月1日	
	34	海洋特别保护区管理办法（国海发〔2010〕21号）	国家海洋局	2010年8月31日	2010年8月31日	
	35	海洋生态损害国家损失索赔办法	国家海洋局	2014年10月21日	2014年10月21日	
海岛保护	36	中华人民共和国海岛保护法	全国人大常委会	2009年12月26日	2010年3月1日	
	37	关于全国海岛保护规划的批复（国函〔2012〕11号）	国务院	2012年2月29日	2012年2月29日	
	38	关于印发《无居民海岛使用金征收使用管理办法》的通知（财综〔2010〕44号）	财政部、国家海洋局	2010年6月13日	2010年6月13日	
	39	关于印发《海岛名称管理办法》的通知（国海发〔2010〕16号）	国家海洋局	2010年6月28日	2010年6月28日	
	40	关于印发《无居民海岛使用权登记办法》的通知（国海岛字〔2010〕775号）	国家海洋局	2010年12月7日	2010年12月7日	
	41	关于印发《无居民海岛使用权证书管理办法》的通知（国海岛字〔2010〕776号）	国家海洋局	2010年12月7日	2010年12月7日	

续表

内容分类	序号	名称	发布机关	发布日期	施行日期	备注
海岛保护	42	关于印发《无居民海岛开发利用审批办法》的通知（国海发〔2016〕25号）	国家海洋局	2016年12月26日	2016年12月26日	
	43	关于印发《无居民海岛开发利用测量规范》的通知（国海岛字〔2017〕3号）	国家海洋局	2017年1月10日	2017年1月10日	
	44	关于印发《钓鱼岛及其部分附属岛屿标准名称》的通知（国海发〔2012〕13号）	国家海洋局	2012年3月2日	2012年3月2日	
	45	关于印发全国海岛保护规划的通知（国海发〔2012〕22号）	国家海洋局	2012年4月18日	2012年4月18日	
	46	关于印发《领海基点保护范围选划与保护办法》的通知（国海发〔2012〕42号）	国家海洋局	2012年9月11日	2012年9月11日	
海洋资源开发与保护	47	中华人民共和国渔业法	全国人大常委会	1986年1月20日	1986年7月1日	2000年10月31日、2004年8月28日、2009年8月27日、2013年12月28日四次修正
	48	中华人民共和国矿产资源法	全国人大常委会	1986年3月19日	1986年10月1日	1996年8月29日修订、2009年8月27日修正
	49	中华人民共和国野生动物保护法	全国人大常委会	1988年11月8日	1989年3月1日	2004年8月28日修订、2016年7月2日修订
	50	中华人民共和国可再生能源法	全国人大常委会	2005年2月28日	2006年1月1日	2009年12月26日修订

续表

内容分类	序号	名称	发布机关	发布日期	施行日期	备注
海洋资源开发与保护	51	中华人民共和国对外合作开采海洋石油资源条例	国务院	1982年1月30日	1982年1月30日	2001年9月23日修订、2011年1月8日、2011年9月30日、2013年7月18日修正
	52	中华人民共和国渔业法实施细则	国务院批准，农牧渔业部发布	1987年10月20日	1987年10月20日	
	53	中华人民共和国水生野生动物保护实施条例	国务院批准，农业部发布	1993年10月5日	1993年10月5日	2013年12月7日修改
	54	中华人民共和国矿产资源法实施细则	国务院	1994年3月26日	1994年3月26日	
	55	中华人民共和国深海海底区域资源勘探开发法	全国人大常委会	2016年2月26日	2016年5月1日	
	56	深海海底区域资源勘探开发许可管理办法	国家海洋局	2017年4月27日	2017年4月27日	
海洋科学研究	57	中华人民共和国测绘法	全国人大常委会	1992年12月28日	1993年7月1日	2002年8月29日修订
	58	中华人民共和国涉外海洋科学研究管理规定	国务院	1996年6月18日	1996年10月1日	
	59	地质资料管理条例	国务院	2002年3月19日	2002年7月1日	
	60	基础测绘条例	国务院	2009年5月12日	2009年8月1日	
	61	地质资料管理条例实施办法	国土资源部	2003年1月3日	2003年3月1日	
	62	外国的组织或者个人来华测绘管理暂行办法	国土资源部	2007年1月19日	2007年3月1日	2011年4月27日修正
水上交通安全	63	中华人民共和国海上交通安全法	全国人大常委会	1983年9月2日	1984年1月1日	
	64	中华人民共和国港口法	全国人大常委会	2003年6月28日	2004年1月1日	
	65	中华人民共和国航道法	全国人大常委会	2014年12月28日	2015年3月1日	

续表

内容分类	序号	名称	发布机关	发布日期	施行日期	备注
水上交通安全	66	中华人民共和国打捞沉船管理办法	国务院批准，交通部发布	1957年10月11日	1957年10月11日	
	67	外国籍非军用船舶通过琼州海峡管理规则	国务院	1964年6月8日	1964年6月8日	
	68	中华人民共和国对外国籍船舶管理规则	国务院批准，交通部公布	1979年9月18日	1979年9月18日	
	69	中华人民共和国航道管理条例	国务院	1987年8月22日	1987年10月1日	2008年12月27日修正
	70	中华人民共和国渔港水域交通安全管理条例	国务院	1989年7月3日	1989年8月1日	2011年1月8日修正
	71	中华人民共和国海上交通事故调查处理条例	国务院批准，交通部公布	1990年3月3日	1990年3月3日	
	72	中华人民共和国海上航行警告和航行通告管理规定	国务院批准，交通部发布	1993年1月11日	1993年2月1日	
	73	中华人民共和国船舶和海上设施检验条例	国务院	1993年2月14日	1993年2月14日	
	74	中华人民共和国船舶登记条例	国务院	1994年6月2日	1995年1月1日	2014年7月29日部分修改
	75	国际航行船舶进出中华人民共和国口岸检查办法	国务院	1995年3月21日	1995年3月21日	
	76	中华人民共和国航标条例	国务院	1995年12月3日	1995年12月3日	2011年1月8日修正
	77	中华人民共和国国际海运条例	国务院	2001年12月11日	2002年1月1日	2013年7月18日修正
	78	中华人民共和国渔业船舶检验条例	国务院	2003年6月27日	2003年8月1日	
	79	中华人民共和国船员条例	国务院	2007年4月14日	2007年9月1日	2013年7月18日、2013年12月7日、2014年7月29日部分修改

续表

内容分类	序号	名称	发布机关	发布日期	施行日期	备注
海底电缆保护	80	铺设海底电缆管道管理规定	国务院	1989年2月11日	1989年3月1日	
	81	海底电缆管道保护规定	国土资源部	2004年1月9日	2004年3月1日	
	82	铺设海底电缆管道管理规定实施办法	国家海洋局	1992年8月26日	1992年8月26日	
其他	83	海洋观测预报管理条例	国务院	2012年3月1日	2012年6月1日	
	84	关于印发《海洋督察工作管理规定》的通知（国海发〔2011〕27号）	国家海洋局	2011年7月5日	2011年7月5日	
	85	关于印发《海洋督察员管理办法》的通知（国海发〔2011〕51号）	国家海洋局	2011年10月31日	2011年12月1日	
	86	关于印发《海洋督察工作规范》的通知（国海发〔2011〕52号）	国家海洋局	2011年10月31日	2011年12月1日	
	87	关于印发《海上船舶和平台志愿观测管理规定》的通知（国海预字〔2014〕38号）	国家海洋局	2014年1月10日	2014年1月10日	
	88	南极考察活动行政许可管理规定	国家海洋局	2014年5月30日	2014年5月30日	
	89	关于印发《国家海洋局海洋石油勘探开发溢油应急预案》的通知	国家海洋局	2015年4月3日	2015年4月3日	
	90	全国海洋主体功能区规划（国发〔2015〕42号）	国务院	2015年8月1日	2015年8月1日	

资料来源：根据中国法律法规检索系统、北大法宝法律信息网、国家海洋局网站资料编辑而成。

附件 7

深海海底区域资源勘探开发许可管理办法

第一章 总则

第一条 为了加强对深海海底区域资源勘探、开发活动的管理，规范深海海底区域资源勘探、开发活动的申请、受理、审查、批准和监督管理，促进深海海底区域资源可持续利用，保护海洋环境，根据《中华人民共和国深海海底区域资源勘探开发法》、《中华人民共和国行政许可法》和有关法律，制定本办法。

第二条 依据《中华人民共和国深海海底区域资源勘探开发法》，国家实行深海海底区域资源勘探、开发许可制度。中华人民共和国公民、法人或者其他组织从事深海海底区域资源勘探、开发活动，应当依法取得许可。

国家海洋局负责对深海海底区域资源勘探、开发活动的审批和监督管理。

本办法所指深海海底区域，是指中华人民共和国和其他国家管辖范围以外的海床、洋底及其底土。

第三条 依法获得的深海海底区域资源勘探、开发许可受法律保护。

依照本办法获得深海海底区域资源勘探、开发许可的公民、法人或者其他组织（统称被许可人）应当依法开展深海海底区域资源勘探、开发许可证上规定的业务，接受国家海洋局的监督管理。

深海海底区域资源勘探、开发活动的审批，应当符合国家利益以及国家有关深海海底区域资源勘探、开发规划。

第四条 国家采取经济、技术政策和措施，鼓励规范从事深海科学技术研究及资源调查、勘探和开发活动，鼓励开展国际合作。

第二章 申请与受理

第五条 公民、法人或者其他组织在向国际海底管理局申请从事深海海底区域资源勘探、开发活动前，应当向国家海洋局提出申请。

第六条 公民、法人或者其他组织提出深海海底区域资源勘探、开发申请，应当提交以下材料：

（一）申请者的名称、国籍、住所、营业执照等基本信息；

（二）拟勘探、开发区域位置、面积、矿产种类等说明；

（三）申请者具备国际海底管理局规定的财务和投资能力的证明。应提供资金证明、经审计的财务报表副本、项目投资报告、融资方案或相关财政资源和资金保证的证明文件；

（四）与勘探、开发工作相关的经验、技术装备、知识、技术资格等说明；

（五）勘探、开发工作计划；

（六）深海海底区域资源勘探开发环境影响报告；

（七）海洋环境损害等应急预案；

（八）国家海洋局规定的其他材料。

第七条 国家海洋局对申请者提出的许可申请，应当根据下列不同情形分别作出处理：

（一）申请事项不属于国家海洋局职权范围的，应当及时作出不予受理的决定，向申请者发出《不予受理通知书》，并告知申请者向有受理权限的行政机关申请；

（二）申请材料错误可以当场更正的，应当允许申请者当场更正；

（三）申请材料不齐全或者不符合法定形式的，应当当场或者在5个工作日内一次性告知申请者需要补正的全部内容；逾期不告知的，自收到申请材料之日起即为受理；

（四）申请事项属于本管理办法适用范围，申请材料齐全、符合法定形式，或者申请者按照国家海洋局的要求提交全部补正申请材料的，国家海洋局应当受理，向申请者发出《受理通知书》。

第三章 审查与决定

第八条 国家海洋局应当对申请者提交的材料进行审查，决定是否批准。审查内容包括：

（一）勘探、开发申请是否符合国家利益；

（二）申请者的诚信状况；

（三）申请者的资金状况、技术条件、装备条件等；

（四）勘探、开发工作计划；

（五）深海海底区域资源勘探开发环境影响报告、海洋环境损害等应急预案；

（六）是否符合国际海底管理局规定的各类资源勘探、开发应具备的条件；

（七）国家海洋局认为需要审查的其他事项。

第九条 国家海洋局应当自受理许可申请之日起 60 个工作日内决定批准或者不批准。

准予许可决定的，向申请者颁发、送达许可证和相关文件；不予许可决定的，以书面形式通知申请者，说明不予许可的理由，并告知申请者享有依法申请行政复议或者提起行政诉讼的权利。

第十条 深海海底区域资源勘探、开发许可证由正文和附页组成。

许可证应载明许可证编号、登记名称、许可类别、发证机关、发证日期、许可证使用规定等内容。

第十一条 深海海底区域资源勘探、开发许可的有效期为许可证颁发之日至勘探、开发合同终止之日。

深海海底区域资源勘探、开发许可获得批准 3 年内，被许可人未与国际海底管理局签订勘探、开发合同，许可证、相关文件自行失效。

第十二条 签订勘探、开发合同后，方可从事深海海底区域资源勘探、开发活动。

第十三条 被许可人应当自与国际海底管理局签订勘探、开发合同之日起 30 日内，将合同副本报国家海洋局备案。

第十四条 国家海洋局应当将被许可人及其勘探、开发的区域位置、面积等信息通报有关机关，被许可人与国际海底管理局签订勘探、开发合同后，由国家海洋局将相关信息向社会公布。

第四章 延续与变更

第十五条 被许可人在向国际海底管理局提出深海海底区域资源勘探、开发合同延期申请前，应当向国家海洋局申请许可延续，并提交下列材料：

（一）深海海底区域资源勘探、开发许可证；

（二）许可延续申请书；

（三）与许可延续事项有关的其他材料。

国家海洋局应当自受理许可延续申请之日起 60 个工作日内决定批准或者不批准。经国家海洋局批准后，被许可人方可向国际海底管理局提出合同延期申请。许可延续可以多次进行申请，每次许可延续有效期最长为 5 年，自原勘探、开发许可终止日期起算。

国家海洋局作出不予许可延续决定的，应当书面说明理由，并告知被许可人享有申请行政复议或者提起行政诉讼的权利；逾期未作决定的，被许可人可以依法申请行政复议或者提起行政诉讼。

第十六条 被许可人请求变更深海海底区域资源勘探、开发许可证记载事项的，应当向国家海洋局提出申请，符合法定条件、标准的，应当依法办理变更手续。

有下列情形之一的，被许可人应当报经国家海洋局同意，并报请国家海洋局重新核发勘探、开发许可，出具相关文件。

（一）对勘探、开发工作计划作出重大变更；

（二）对勘探、开发合同作出重大变更、修正或改动；

（三）全部或部分转让勘探、开发合同的权利、义务；

（四）国家海洋局规定的其他情形。

被许可人应当自勘探、开发合同转让、变更或者终止之日起30日内，报国家海洋局备案。

国家海洋局应当及时将勘探、开发合同转让、变更或者终止的信息通报有关机关。

第五章 监督检查

第十七条 国家海洋局应当建立健全深海海底区域资源勘探、开发许可监督检查制度，对深海海底区域资源勘探、开发活动实施监督检查。

第十八条 被许可人应当定期向国家海洋局报告履行勘探、开发合同的下列事项：

（一）勘探、开发活动情况；

（二）环境监测情况；

（三）年度投资情况；

（四）国家海洋局要求的其他事项。

被许可人向国际海底管理局提交年度报告时，应同时将年度报告报国家海洋局备案。

第十九条 国家海洋局可以检查被许可人用于勘探、开发活动的船舶、设施、设备以及航海日志、记录、数据等。被许可人应当向国家海洋局提供有关勘探、开发的账簿、凭单、文件和记录等。

被许可人应当对国家海洋局的监督检查予以协助、配合。

第二十条 国家海洋局实施监督检查，不得妨碍被许可人正常的生产经营活动，不得索取或者收受被许可人的财物，不得谋取其他利益。

第二十一条 任何单位和个人发现违法从事深海海底区域资源勘探、开发许可事项的活动，有权向国家海洋局举报，国家海洋局应当及时调查、核实、处理。

第二十二条 任何单位和个人不得伪造、变造深海海底区域资源勘探、开发许可证。

被许可人不得涂改、倒卖、出租、出借深海海底区域资源勘探、开发许可证，或者以其他形式非法转让深海海底区域资源勘探、开发许可证。

第二十三条 被许可人有下列行为之一的，国家海洋局可以依法撤销其深海海底区域资源勘探、开发许可并撤回相关文件：

（一）提交虚假材料取得许可的；

（二）不履行勘探、开发合同义务或者履行合同义务不符合约定的；

（三）未经同意，转让勘探、开发合同的权利、义务或者对勘探、开发合同作出重大变更的。

被许可人有前款第二项行为的，还应当承担相应的赔偿责任。

第二十四条 有下列情形之一的，国家海洋局应当按照规定办理深海海底区域资源勘探、开发许可证的注销手续：

（一）许可证有效期届满未延续的；

（二）被许可人不再具有勘探、开发深海海底区域资源能力的；

（三）被许可人申请停业、歇业被批准的；

（四）被许可人因解散、破产、倒闭等原因而依法终止的；

（五）深海海底区域资源勘探、开发许可证依法被撤销的；

（六）法律、法规规定应当注销的其他情形。

被许可人须对许可证注销以前产生的所有义务以及按照国际海底管理局规定须在勘探、开发合同终止后履行的义务承担责任。

第二十五条 国家海洋局及其工作人员违反有关规定的，按照《中华人民共和国行政许可法》、《中华人民共和国深海海底区域资源勘探开发法》及有关法律、行政法规规定处理。

第二十六条 被许可人违反《中华人民共和国行政许可法》、《中华人民共和国深海海底区域资源勘探开发法》及其他法律、行政法规有关规定的，国家海洋局依照有关法律、行政法规规定给予行政处罚；构成犯罪的，依法追究刑事责任。

第六章 附则

第二十七条 深海海底区域资源勘探、开发许可证的证件、相关文件式样，由国家海洋局统一规定。

第二十八条 本办法由国家海洋局负责解释。

第二十九条 本办法自颁布之日起施行。

附件 8

中国历次南北极科学考察任务及成果

南极科学考察

次	日期	任务及成果
第 1 次	1984 年 11 月 20 日至 1985 年 4 月 10 日	建立南极长城站
第 2 次	1986 年 3 月 30 日至 1987 年 1 月 2 日	对长城站上设施进行了维护和装修，并开展了陆上科学考察活动；建成了长城站通信房并安装了卫星通信设备
第 3 次	1986 年 10 月 31 日至 1987 年 5 月 17 日	完成了长城站的扩建、陆上科学考察，开展了中国首次环球航行及海上科学考察
第 4 次	1987 年 11 月 8 日至 1988 年 3 月 19 日	对长城站上设施进行了维护和装修。冰川学、地貌学和生物学是这次考察的重点学科
第 5 次	1988 年 11 月 20 日至 1989 年 4 月 10 日	首次东南极考察，建成中国第二个南极考察基地——中国南极中山站，实现了中国人在东南极建站的夙愿
第 6 次	1989 年 10 月 30 日至 1990 年 1 月	首次实施了“一船两站”的方案，开辟了联结长城站和中山站的新航线，完成了中山站二期工程和长城站改造工程，同时开展了陆上和海上科学考察活动
第 7 次	1990 年 10 月 25 日至 1991 年 4 月	以科学考察和环境调查为主，进行“两船两站”的科学考察，首次开展了南极南大洋地质地球物理综合考察
第 8 次	1991 年 11 月至 1992 年 4 月	长城站完成柯林斯冰盖的钻取冰芯和考察任务；对菲尔德斯海峡断层运动形变进行监测。中山站进行了气象、地磁、高空物理、电离层等常规观测，开展了地质地貌、测绘、地理环境、固体潮及淡水生物生态的研究。南大洋科学考察以磷虾资源调查为中心

续表

次	日期	任务及成果
第9次	1992年	长城站的科学考察包括岩石圈采样项目、土壤微生物采样项目、海上采样项目等。中山站的科学考察包括固体地球物理、空间物理、极隙区动力学、气象等6个课题的常规观测分析研究。开展东南极克拉通资源潜力分析和地壳演化两个课题的现场考察。重点踏勘了拉斯曼丘陵的12个岛屿或半岛。总计采集岩矿标本400余块，进行了中、俄、澳三国大地原点的GPS联测。对站区水准原点、基准点和大地原点进行了水准测量。建设安装了臭氧总量探测系统，并开展正常观测工作。成功地安装了高分辨率极轨气象卫星资料接收和处理系统，开展正常工作。南大洋考察队以走航观测和测区定点观测两种方式较圆满地完成了“八五”“磷虾项目”观测，并完成了“气候项目”和“晚更新项目”中与大洋有关的课题观测与采样
第10次	1993年	长城站的科学考察包括4项常规观测，4项“南极菲尔德斯半岛及其附近地区生态系统研究”项目的现场考察，3项“南极大陆、陆架盆地岩石团结构、形成、演化和地球动力学以及重要矿产资源潜力的研究”项目的现场考察，2项“南极环境对人体生理、心理健康及劳动能力的影响和医学保障”项目的现场考察。中山站的科学考察包括6项常规观测
第11次	1994年10月28日至1995年3月5日	长城站的科学考察包括4项常规观测，5项“南极菲尔德斯半岛及其附近地区生态系统研究”项目的现场考察，1项“南极大陆、陆架盆地岩石圈结构、形成、演化和地球动力学以及重要矿产资源潜力的研究”项目的现场考察，1项“晚更新晚期以来南极气候与环境演变及现代环境背景研究”项目，1项“南极环境对人体生理、心理健康及劳动能力的影响和医学保障”项目的现场考察。中山站科学考察包括5项常规观测，2项“南极大陆、陆架盆地岩石圈结构、形成、演化和地球动力学以及重要矿产资源潜力的研究”项目的现场考察，1项“南极与全球气候环境的相互作用和影响”项目的现场考察，4项“南极地区日地系统整体行为研究”项目的现场观测（其中包括1项中日合作观测）。南大洋考察包括“南大洋磷虾资源开发与综合利用预研究”项目的现场调查和“晚更新晚期以来南极气候与环境演变及现代环境背景研究”项目中的海底沉积物取样工作
第12次	1995年11月20日至1996年4月	在长城站进行常规地面气象观测、电离层常规观测、地震常规观测；在中山站进行常规地面气象观测、天气预报、臭氧观测、高空大气物理观测、地磁观测

续表

次	日期	任务及成果
第13次	1996年11月18日至1997年4月20日	进行中国首次内陆冰盖考察
第14次	1997年11月15日至1998年4月	国际GPS联测；NOAA气象卫星接收系统改进和更新；国际98GPS会战观测；南极内陆冰盖考察；拉斯曼丘陵地质构造事件关系考察；南大洋科学考察；船载气象卫星云图接收系统航行实验及使用；长城站和中山站附近海域锚地水深测量；97/98赴西班牙南极考察站地质考察
第15次	1998年11月5日至1999年4月	长城站地区环境考察和国际GPS联测及气象、高分辨卫星云图接收和地震常规观测等科学考察工作。中山站自然环境过程与环境指示研究，中山站水体、冰藻类的UVB生态效应现场考察、中山站区环境专题研究及气象、极光、臭氧等科学考察项目。成功抵达Dome-A（冰穹A）地区。南大洋考察共完成29个综合站和两个48小时生物、化学、海洋水文要素的连续站的调查任务
第16次	1999年11月1日至2000年4月5日	进行国际GPS联测、地质与生态环境考察以及长城站环境影响评价，进行了气象及高分辨率卫星云图接收等观测项目
第17次	分别于2000年12月初和2001年1月在长城站和中山站执行度夏和越冬的科学考察任务	在长城站进行国际GPS联测、人类活动对南极乔治王岛海岛生态的影响、气象常规观测；在中山站进行气象常规和臭氧观测、中日合作高空大气物理观察、国际GPS联测与海平面监测
第18次	2001年11月15日至2002年4月	此次南极考察的主要任务包括长城站和中山站的度夏考察、越冬考察，南大洋考察和南极内陆考察等6个方面的专项科研课题，涉及的具体科研项目有长城站GPS观测、生态环境观测、湖泊环境研究、气象观测、卫星云图接收；中山站臭氧观测、GPS观测、地磁观测、验潮观测、自动气象站和冰盖研究、拉斯曼热变质事件研究、拉斯曼冰盖变迁、湖泊沉积事件、重力考察、气象观测、卫星云图接收以及南大洋重点海域综合调查、国际合作研究项目中的长城站中德合作海鸟观测、中山站中日合作空间物理激光观测等

续表

次	日期	任务及成果
第 19 次	2002 年 11 月 20 日至 2003 年 3 月 20 日	首次对南极三大冰架之一——埃默里冰架进行了深入考察，在国际上率先成功钻取了一支 301.8 米连续完整的冰芯样品，取得钻孔测温资料，顺利完成了对埃默里冰架冰川学综合断面的调查工作和冰架前缘断面海水温度、盐度、深度和流场观测任务。这一成果具有重大的社会和科学意义，使我国在国际极地科学研究领域中的地位显著上升。利用自行设计的海冰观测仪器，中国考察队员在世界上首次对南极海冰的厚度变化进行了跟踪监测，获得了海冰变化的第一手资料，在海冰生长消融整体过程的研究方面填补了国际空白。在南极格罗夫山地区，收集到 2000 多块陨石，从而使中国的陨石拥有量跃升至世界第三位。对南极 3200 平方千米的格罗夫山进行了1：10万全面遥感测图，这是人类在南极格罗夫山首次进行的大范围全面遥感测图，为科学界今后进行多学科考察提供了准确的地理区域信息。大洋考察获得各类采样 700 多个，投放抛弃式测温探头 120 个，是历次南极航线上投放探头最多的一次，为多学科研究提供了大量的观测资料和样品
第 20 次	2004 年 12 月 4 日至 2005 年 1 月 16 日	开展了极地环境生态研究；普里兹湾水团和环流特征与冰架相互作用过程研究
第 21 次	2004 年 10 月 25 日至 2005 年 2 月 18 日	对南极冰盖的最高点、海拔 4039 米的（冰穹 A）进行考察
第 22 次	2006 年 1 月 18 日至 2006 年 3 月 28 日	共收集陨石 5354 块，其中包括中国科学家发现的第一块月球陨石，并绘出了格罗夫山地区的准确地图
第 23 次	2006 年 12 月 3 日至 2007 年 4 月	主要任务包括国际 GPS 联测、法尔兹半岛生物群落时空分异现场信息采集、工程地形图绘制等。利用我国自主创新的地理信息系统（GIS）平台软件 SuperMapGIS，在南极长城站绘制 1：1000 数字化大比例尺地形图，并将这些成果建成空间数据库
第 24 次	2007 年 11 月 12 日至 2008 年 4 月	登上南极最高点冰穹 A，开展冰川、天文、地质地球物理学考察和第三个南极考察站建设的选址工作
第 25 次	2008 年 10 月 20 日至 2009 年 4 月 10 日	成功建立南极内陆考察站——中国南极昆仑站；完成“长城”“中山”两站改造；顺利实施国际极地年中国 PANDA 计划（该计划包括普里兹湾海洋综合考察、埃默里冰架综合考察、站基协同观测、格罗夫山综合考察以及中山站-冰穹 A 断面综合考察等五部分）

续表

次	日期	任务及成果
第 26 次	2009 年 10 月 11 日至 2010 年 4 月 10 日	在南极“冰盖之巅”——海拔 4093 米的冰穹 A 地区钻取了一支超过 130 米长的冰芯，创造了冰穹 A 地区浅冰芯钻探的新纪录。在昆仑站的天文观测站成功安装了一台频谱范围更宽的太赫兹傅里叶频谱仪，为我国在冰穹 A 地区开展天文观测开辟了新窗口。共采集陨石 1618 块，总重量约为 17 千克，首次探测出格罗夫山局部地区的冰下地形，测得格罗夫山地区冰雪最厚处超过 1200 米。在中国南极中山站附近海域建立了一座数据实时传输永久性验潮站，这是我国首次独立建成的南极永久性验潮站。首次应用无人机开展大范围南极海冰观测。中山站极区空间环境实验室基本建成。首次开展大范围南极地物光谱采集。首次在南大洋自主成功布放和回收潜标系统
第 27 次	2010 年 11 月 11 日至 2011 年 4 月 1 日	在长城站主要开展了地震观测与研究、法尔兹半岛生态环境监测与研究等 9 个项目的考察，采集了大批富有科研价值的样品和数据。在中山站主要开展了鱼类多样性调查和样品采集、验潮站基准标定及维护升级、南极拉斯曼丘陵及邻区地壳演化研究、大气臭氧观测等研究项目。在南极冰穹 A 地区，完成了天文台址测量和天文考察、近现代冰雪化学与生态指示计研究和冰川学考察；在-58℃的极端低温下，完成了冰芯钻探场地的地板铺设和冰芯钻探槽的开挖任务，搭建了具有国际领先水平的天文科考自动支撑平台系统
第 28 次	2011 年 11 月 3 日至 2012 年 4 月 8 日	完成 47 项科学考察、工程建设和后勤保障任务，开展了长城站、中山站、昆仑站、南大洋科学考察、极地环境综合考察专项调查，在冰川、天文、大洋等科学领域取得了多项突破性进展。其中，在昆仑站，深冰芯项目取得了重要进展，完成了昆仑站深冰芯钻探孔 100 米导向管的安装，并钻取了顶部 120 米的冰芯，这标志着昆仑站深冰芯钻探前期准备工作中，最为关键的环节已经完成。顺利安装并成功调试了中国自主研发的南极巡天望远镜，这是南极内陆首台可远程遥控、具备指向跟踪和自动调焦功能的天文望远镜。在南极半岛海域，首次进行了中国“南北极环境综合考察专项”试点，进行了物理海洋学、海洋地质、海洋地球物理、海洋化学、海洋生物生态等多学科大洋综合考察
第 29 次	2012 年 11 月 5 日至 2013 年 4 月 9 日	在长城站、中山站及附近地区，完成生物、生态、地质、地球物理、空间物理、海洋、大气和环境、冰川、冰架等现场科学考察。在南极冰盖最高点冰穹 A 地区，多个科考领域取得突破性的成果。其中包括：成功试钻深冰芯，在世界上率先获得第一批南极地区最大口径天文学光学望远镜观测数据；深冰探测取得重要发现，寻找到冰盖由底部快速“生长”的三维雷达图像证据；在冰盖测绘、冰-气现代过程和生态地质学考察方面取得重要成果

续表

次	日期	任务及成果
第30次	2013年11月7日至2014年4月15日	建立了中国第四个科学考察站——泰山站，进一步拓展了中国南极考察的广度和深度。成功实现了中国极地科考的首次环南极大陆航行。成功救援俄罗斯“绍卡利斯基院士”号船，并自行脱困，赢得了广泛的国际赞誉，极大地提升了中国作为负责任的极地考察大国的形象。格罗夫山考察队共发现陨石样品583块，获得陨石富集规律信息；初步摸清格罗夫山中心地带哈丁山地区的冰下地形；安装了10台地震仪，并对格罗夫山地质与矿产资源进行了调查。填补南大洋断面大纵深综合观测空白。南大洋考察队以南极半岛海域、普里兹湾海域为重点，完成了南极半岛调查的6个断面33个站点和普里兹湾调查2个断面14个站点及罗斯海总长度为300千米的地球物理测线调查任务，为全面认识南极周边海洋环境、地球物理场与地质构造、气候特征及其演变规律，收集了大量一手资料。初步开展了南极磷虾、油气等重要资源潜力考察与评估，填补了南大洋断面大纵深综合观测的空白。考察站里科考成果丰硕。第30次南极考察队在长城站开展了植被观测、南极鸟类保护与管理问题研究、海洋和陆地生物生态资源的本底调查等16项科考任务和4个调研项目，获取大量的研究数据和样品。考察队在中山站开展了有机物污染分布状况、中山站站基冰冻圈综合考察、GPS常年跟踪站观测和验潮等7项科考项目
第31次	2014年11月30日至2015年3月5日	筹备建立我国在南极地区的第5个考察站。新站址选在维多利亚地特拉诺湾的难言岛上。考察队员获取了该区域平均海平面观测数据，确定维多利亚地高程基准；获取了GNSS参考站观测数据，精确维多利亚地平面基准；获取了像片控制点观测数据，为后期完成维多利亚地站多种测绘产品提供定位基础数据；获取了建站重点区域1：100比例尺地形图，满足施工设计要求；制作了码头建设区域海岸线及礁石分布图、近岸水深分布图、海底底质勘察报告等；还在罗斯海海域开展了海洋地球物理考察和海洋地质考察，并与新西兰、韩国南极考察队开展了国际合作项目。考察队在南纬74°54.7′、东经163°46.0′的罗斯海首次发现新锚地，海水深度在40~50米之间，距离难言岛最近处不足1千米；制作了难言岛附近12平方千米的1：5000大比例尺海图，修复了2座自动气象站，完成了码头选址施工，布设了8个永久锚点；同时对码头建设区域海岸线及礁石分布、近岸水深分布进行了勘查，并采集水样、测定噪声、收集土壤和植物等。此外，考察队还实现了在南极腹地开展科学工作的梦想，在昆仑站成功安装了一台南极巡天望远镜AST3-2，并修复了此前在昆仑站运行的一台南极巡天望远镜AST3-1，这让我国在南极拥有两台正常工作的巡天望远镜，为研究超新星、宇宙暗能量、搜寻系外行星和变星提供了观测设备。内陆队还安装了最新可精确指向跟踪CSTAR望远镜，实现天文精确测光和系外行星搜寻；维护了望远镜能源支撑和通信平台PLATO-A；安装了15米高的自动气象站，提供昆仑站地区温度、风速、风向和湿度实时数据，为准确掌握昆仑站地区气候环境，提供了第一手资料。中国第31次南极科考队还在南极内陆最高点——海拔4093米的冰穹A地区成功钻取了172米的深冰芯，这标志着中国从2009年开始筹备的极地深冰芯项目已进入正式钻取阶段

续表

次	日期	任务及成果
第32次	2015年11月7日起航	我国首架极地专用固定翼飞机亮相此次科考，成功飞越南极冰盖最高点。在固定翼飞机的辅助下，南极科考队获多项重大科学发现：一是首次实地探明地球表面最大的峡谷，其规模大大超过美国科罗拉多大峡谷；二是发现南极冰盖底部最大的融水流域和“湿地”发育在东南极伊丽莎白公主地；三是发现东南极冰盖伊丽莎白公主地深部冰层呈现大范围暖冰现象，表明冰下基岩地热通量显著异常。这三项重大发现对深刻理解冰盖稳定性及其对全球海平面的影响、揭示冰下地质构造和热状态及演化、寻找南大洋超冷水和底层水生成源区等都具有非常重要的意义
第33次	2016年11月2日至2017年4月11日	此次考察取得5项重大成果：一是罗斯海新建南极考察站选址顺利完成；二是圆满完成中国首个南极冰盖机场选址、勘察；三是“雪鹰601”固定翼飞机首次降落南极冰盖最高点，这是南极航空史上该类机型首次在该区域起降，拓展了我国在南极大陆的数据获取范围，标志着中国在南极航空遥感领域迈进世界先进行列；四是“海洋六号”船首次参加南极科考；五是“雪龙”船到达南纬78°41′罗斯海水域，刷新了全球科考船到达南极海域最南端的纪录

北极科学考察

次	日期	任务及成果
第1次	1999年7月1日至1999年9月9日	获得大批珍贵样品和数据资料，其中包括北冰洋3000米深海底的沉积物和3100米高空大气探测资源数据及样品；最大水深达3950米的水文综合数据；5.19米长的沉积物岩芯以及大量的冰芯、表层雪样、浮游生物、海水样品等。我国科学家通过此次考察，首次确认了“气候北极”的地理范围，科学家们还发现北极地区的对流层偏高。此次北极科考的研究任务包括北极在全球变化中的作用和对我国气候的影响；北冰洋与北太平洋水团交换对北太平洋环流的变异影响；北冰洋邻近海域生态系统与生物资源对我国渔业发展影响等
第2次	2003年7月15日至2003年9月26日	此次科学考察任务主要分两大部分：了解北极对全球变化的响应和反馈；了解北极变化对我国气候环境的影响。围绕这两大科学目标，中国第2次北极科学考察初步建立北冰洋海洋和气象观测系统。结合历史资料，分析研究北极海洋-大气-海冰系统变异与北极气候变化的关系以及对我国气候系统的影响
第3次	2008年7月11日至2008年9月24日	对北极地区进行的一次更加深入、更为全面的综合性科学考察，考察以进一步研究北极快速变化过程中海洋、海冰和大气系统发生的耦合变化以及对中国产生的影响等问题为主要科学目标，对白令海、楚科奇海、加拿大海盆的大面积海域和冰区，进行了涉及海洋、海冰、生物、大气、地质等多学科的综合观测

续表

次	日期	任务及成果
第4次	2010年7月1日至2010年9月20日	首次实现了中国考察队依靠自己力量达到北极点开展科学考察的愿望，实现了历史性突破；首次在北极点冰面上布放了冰浮标，发射了抛弃式温盐深剖面探测仪，进行了生态学观测，采集了大量海冰和海水样品；首次获得2.5米长的北极点冰芯；首次在白令海海盆3742米水深处完成24小时连续站位海洋学观测；首次将中国海洋考察站延伸到北冰洋高纬度的深海平原，并获得全航程大气物理、大气化学观测的宝贵资料。在世界范围内，考察队首次利用浮游生物多通道采集器在北纬88°26′的近极点区进行了3000米的深水精确分层采样；共完成了135个站位的海洋学调查、1个长期冰站的海冰气综合观测和8个短期冰站的观测、1个北极点站位观测，进行研究工作的考察站位数量及范围均超过了原计划；顺利回收了中国第3次北极科学考察队布放的综合观测潜标系统，这是中国在极地布放的第1套线长超过1300米的深水潜标，同时也是中国第1套观测周期超过1年以上的极地长期潜标
第5次	2012年7月2日至2012年9月27日	首次实现北极和亚北极五大区域准同步考察，为深入了解北极快速变化积累了较全面的现场观测数据；首次实施了系统的地球物理学观测；首次在极地海域布放大型海-气耦合观测浮标，在北极高纬地区布放极地长期现场自动气象观测站；新增了海洋湍流、甲烷含量等调查内容，为深入了解北冰洋地球物理特征和环境变化积累了重要资料
第6次	2014年7月11日至2014年9月22日	在白令海、楚科奇海、楚可奇海台、加拿大海盆等重点海域，开展了北极海洋水文与气象、海冰、海洋地质、地球物理、海洋生物与生态、海洋化学等多学科海洋综合考察和冰站多要素立体协同观测。共完成12条断面累计90个站位的多学科综合观测、监测和采样作业，以及1个为期10天的长期冰站和7个短期冰站的冰基气-冰-海界面多要素立体协同观测。考察队首次在北纬55°以北太平洋海域布放一套海气界面锚碇浮标；首次在极地海域开展了近海底磁力测量，获得了两条测线592千米的高精度、高分辨率的地磁探测数据；通过中美国际合作，首次在北纬80°左右及以北的加拿大海盆波弗特环流区布放了3套深水冰基拖曳浮标；完成国内首次海冰浮标阵列布放

续表

次	日期	任务及成果
第7次	2016年7月11日至2016年9月26日	此次北极科学考察取得多项重要进展：一是首次在北冰洋门捷列夫海岭进行考察，完成1条综合考察断面，实施了我国首次在东西伯利亚海、楚科奇海西侧和门捷列夫海岭等海域的海洋观测；二是首次使用空气枪震源激发人工地震波在北冰洋进行地球物理考察，极大地增强了多道地震系统的地层探测深度；三是加强了定点锚碇长期观测，成功完成了5套锚碇长期观测潜、浮标的收放工作，其中白令海锚碇潜标锚系长度3800米，是中国首次在白令海成功布放深水锚碇潜标。同时，利用直升机围绕长期冰站在加拿大海盆布放了由13个浮标组成的浮标阵列，为中国历次北极考察构建最为规则的浮标阵列，包括利用“雪龙”船首次在北极成功布放中国自主研发的冰基上层海洋剖面浮标

资料来源：根据中国极地考察网（http：//www. chinare. gov. cn/caa/）资料整理。

附件 9

2008—2016 年国家社会科学基金涉海项目简表

年度	项目名称	负责人	承担单位	项目类别
2008	我国沿海地区海洋循环经济发展模式与布局研究	韩增林	辽宁师范大学	一般项目
	沿海地区海洋强省（市）综合实力测评研究	殷克东	中国海洋大学	一般项目
	海岛旅游可持续发展模式研究	刘康	山东社会科学院	一般项目
	我国滨海湿地旅游和谐发展的机制研究	吴江	南京师范大学	青年项目
	我国海洋渔业保险制度与渔民社会保障问题研究	王艳玲	大连海事大学	一般项目
	海洋法视角下的北极法律问题研究	刘惠荣	中国海洋大学	一般项目
	北极航线问题的国际协调机制研究	李振福	大连海事大学	一般项目
	地缘政治与南海争端	郭渊	黑龙江大学	青年项目
2009	资源环境约束下中国海洋产业发展对策研究	姜旭朝	中国海洋大学	一般项目
	我国港口防治海洋外来生物入侵的法律对策研究	李志文	大连海事大学	一般项目
	海上恐怖主义犯罪及海盗犯罪的刑事规制对策研究	童伟华	海南大学	青年项目
	南海问题国际化走向与中国的对策	凌云志	广西社会科学院	一般项目
	中国远洋航线安全保障能力研究	史春林	大连海事大学	一般项目
	全球化时代的新型海权与当代中国海权	毕玉蓉	92857 部队	青年项目
2010	我国南海主权战略的海洋行政管理对策研究	安应民	海南大学	一般项目
	主要国家海洋战略调整对我国影响研究	李双建	国家海洋信息中心	青年项目
	两岸四地海岛旅游资源开发利用与安全管理研究	陈金华	华侨大学	一般项目
	我国海洋渔业转型的运行机制研究	同春芬	中国海洋大学	一般项目
	钓鱼岛问题与中日争端对策研究	谢必震	福建师范大学	重大项目
	南海地区国家核心利益的维护策略研究	傅崐成	上海交通大学	重大项目
2011	中国海洋战略性新兴产业发展问题研究	韩立民	中国海洋大学	重点项目
	中国海洋经济周期波动监测预警研究	殷克东	中国海洋大学	重点项目
	海洋经济战略下我国沿海地区产业转型升级问题研究	晏维龙	淮海工学院	重点项目
	我国海洋战略性新兴产业选择、培育的理论与实证研究	宁凌	广东海洋大学	一般项目

续表

年度	项目名称	负责人	承担单位	项目类别
2011	我国海洋渔业经济低碳化实现机制研究	邵桂兰	中国海洋大学	一般项目
	我国海洋渔业的生态转型模式及对策研究	许罕多	中国海洋大学	青年项目
	和平崛起视阈下的中国海洋软实力研究	王琪	中国海洋大学	一般项目
	中国在南海U形线内的历史性权利研究	黄伟	武汉大学	青年项目
	海洋社会学的基本概念与体系框架研究	崔凤	中国海洋大学	一般项目
	我国海洋意识及其建构研究	赵宗金	中国海洋大学	青年项目
	新世纪以来周边国家“经略”海洋的重大战略举措及我应对之策研究	冯梁	海军指挥学院	一般项目
	冷战时期南海地缘形势与中国海疆政策研究	郭渊	黑龙江大学	一般项目
	东南亚国家处理海域争端的方式研究	邵建平	云南大学	青年项目
	中国海外利益问题研究案例库建设研究	汪段泳	上海外国语大学	青年项目
	我国南海开发对策研究	周伟	海南大学	青年项目
	辽代海事与辽海地区社会经济、文化的海陆互动研究	田广林	辽宁师范大学	一般项目
	基于中国石油安全视角的海外油气资源接替战略研究	罗东坤	中国石油大学	重大项目
2012	围填海造地资源环境价值损失评估及补偿研究	李京梅	中国海洋大学	一般项目
	海洋文化旅游本土模式的动力机制研究	张璟	上海海事大学	一般项目
	基于区域一体化背景下的长三角海洋经济整合及路径研究	李娜	上海社会科学院	青年项目
	我国政府海洋管理体制创新研究	崔旺来	浙江海洋学院	一般项目
	我国海洋环境管理运行机制构建研究	吕建华	中国海洋大学	一般项目
	海上钻井平台油污损害赔偿责任机制研究	何丽新	厦门大学	一般项目
	南海油气资源开发的法律困境及对策研究	张丽娜	海南大学	一般项目
	南沙群岛领海基线划定问题研究	周江	西南政法大学	一般项目
	无居民海岛使用权研究	马得懿	东北财经大学	一般项目
	我国权益视角下的北极航行法律问题研究	白佳玉	中国海洋大学	青年项目
	海域使用权流转法律制度研究	林全玲	上海海洋大学	青年项目
	中日东海大陆架划界国际法问题研究	孙传香	邵阳学院	青年项目
	国际海底区域矿产资源开发法律问题研究	张辉	武汉大学	青年项目
	海洋发展战略中填海造地的法律规制研究	杨华	上海政法学院	青年项目
	海洋油气开发污染损害赔偿原理与机制研究	李天生	大连海事大学	青年项目

续表

年度	项目名称	负责人	承担单位	项目类别
2012	环渤海城市群海洋文化软实力研究	谭业庭	青岛理工大学	一般项目
	北部湾地区中越京族海洋民俗研究	黄安辉	海南省委党校	青年项目
	俄罗斯与邻国的海洋划界争端解决及其对中国的启示研究	匡增军	武汉大学	一般项目
	历史主权与南海传统文化资源保护与开发研究	赵康太	海南师范大学	一般项目
	我国开发南沙的最佳方式及风险防控研究	谭健苗	南华大学	一般项目
	南海诸岛渔业史研究	赵全鹏	海南大学	一般项目
	和平发展进程中的边海防战略问题研究	常伟	军事科学院	重点项目
	海域资源市场化配置中的政府规制研究	陈书全	中国海洋大学	一般项目
	周边敏感海区涉外纠纷应对策略研究	潘长鹏	海军航空工程学院	一般项目
	海洋装备制造企业战略转型路径和机制研究	贾晓霞	上海海事大学	青年项目
	海上通道安全与国家利益拓展研究	冯梁	海军指挥学院	重大项目
	中国海洋文化理论体系研究	曲金良	中国海洋大学	重大项目
	深海采矿规章制定与海洋强国研究	刘少军	中南大学	重大项目
2013	中国现代海洋经济史问题研究	姜旭朝	中国海洋大学	重点项目
	和平发展大战略下中国的海洋强国建设与海洋权益维护问题研究	曹文振	中国海洋大学	重点项目
	建设海洋强国的地缘政治效应与对策研究	庄从勇	海军指挥学院	重点项目
	秦汉时期的海洋探索与早期海洋学研究	王子今	中国人民大学	重点项目
	冷战以来南海地缘形势与中国维护海洋权益研究	孙晓光	曲阜师范大学	重点项目
	新中国成立以来党维护国家领海主权和海洋权益的历史进程和经验研究	刘杰	海军大连舰艇学院	一般项目
	基于南海战略资源安全的中国与东盟海洋国经贸合作的模式与政策研究	陈秀莲	广西财经学院	一般项目
	基于碳足迹理论的我国滨海旅游业低碳化发展途径与政策研究	刘明	国家海洋局海洋发展战略研究所	一般项目
	我国渔民南海生产的激励与保障政策研究	王国红	钦州学院	一般项目
	维护国家海洋权益的政府管理体制研究	于耀东	上海海事大学	一般项目
	海洋行政体制改革的法律保障研究	阎铁毅	大连海事大学	一般项目
	海上非传统安全犯罪的刑事规制对策研究	阎二鹏	海南大学	一般项目
	海外利益法律保护的中国模式研究	刘敬东	中国社会科学院	一般项目

续表

年度	项目名称	负责人	承担单位	项目类别
2013	国际海洋法在南海争端中的适用及其局限问题研究	吴继陆	国家海洋局海洋发展战略研究所	一般项目
	南海岛礁在海域争端中的划界作用研究	王萍	海南大学	一般项目
	国际法视野下二氧化碳海洋封存问题及规则研究	吴益民	上海政法学院	一般项目
	我国南海权益维护及其两岸合作机制的法律研究	江河	中南财经政法大学	一般项目
	我国国际水上运输通道安全保障关键问题研究	王军	大连海事大学	一般项目
	《海洋法公约》与中国海洋争端解决政策的选择研究	孙立文	天津师范大学	一般项目
	我国深海采矿环境保护对策研究	颜敏	中南大学	一般项目
	明代广东海防体制转变研究	陈贤波	广东省社会科学院	一般项目
	渤黄海区域无居民海岛的史地研究	赵成国	中国海洋大学	一般项目
	南海海洋文明发展史研究	阎根齐	海南大学	一般项目
	基于地图文献与GIS技术的南海地名汇释与考证	许盘清	三江学院	一般项目
	海洋强国科研实力的情报学分析及海洋学领域学科导航的构建	华薇娜	南京大学	一般项目
	维护我国海洋权益背景下的中国所涉自贸区原产地规则与企业对策研究	徐进亮	对外经济贸易大学	一般项目
	维护国家海洋权益与建设海洋强国战略研究	高之国	国家海洋局海洋发展战略研究所	重大项目
2014	南海通道对中国经济安全的影响与对策研究	蔡幸	广西财经学院	重点项目
	系统论视野下的中国南海管辖海域权益维护研究	巩建华	广东海洋大学	重点项目
	建设海洋强国的法制保障研究	金永明	上海社会科学院	重点项目
	台美日法东海、南海外交档案及其海洋维权与国际法应用研究	鞠海龙	暨南大学	重点项目
	东海、南海等涉及我国领土主权和海洋权益争端相关问题研究	肖天亮	国防大学	重点项目
	21世纪海上丝绸之路战略研究	贾宇	国家海洋局	重点项目
	美日返还琉球群岛和大东群岛施政权谈判与钓鱼岛归属问题研究	崔丕	华东师范大学	重点项目
	中国海洋古文献总目提要	程继红	浙江海洋学院	重点项目
	南海通道对中国经济安全的影响与对策研究	蔡幸	广西财经学院	重点项目

续表

年度	项目名称	负责人	承担单位	项目类别
2014	马克思恩格斯的海权理论与海洋强国建设研究	张峰	上海海事大学	重点项目
	我国沿海五大港口群港口产业联动研究	蹇令香	大连海事大学	一般项目
	滨海湿地保护和开发的生态补偿模式及政策制度研究	马涛	复旦大学	一般项目
	基于“脆弱性—能力”视角的海上运输通道安全动态评价研究	马晓雪	大连海事大学	一般项目
	海上交通事故刑法规制研究	赵微	大连海事大学	一般项目
	填海造地中的物权法律制度研究	唐俐	海南大学	一般项目
	基于生态系统的海洋陆源污染防治立法研究	戈华清	南京信息工程大学	一般项目
	北极航线与中国国家利益的法学研究	韩立新	大连海事大学	一般项目
	海上防空识别区理论与实践的法律研究	陈敬根	上海大学	一般项目
	面向国际争端管控的南海资源共同开发的国际法问题研究	孔庆江	中国政法大学	一般项目
	南海无居民海岛开发与保护法律问题研究	刘登山	海南社科院	一般项目
	中越南海主权争议的法理研究	吴远负	广西民族大学	一般项目
	我国海洋渔村生态环境变迁的环境社会学研究	唐国建	哈尔滨工程大学	一般项目
	新中国成立以来中国共产党的南海战略研究	杨娜	海南大学	青年项目
	非传统安全视阈下我国海上警察权实施研究	王倩	公安海警学院	青年项目
	海洋强国战略与中日东海争端冲突中的法律问题研究	刘涛	海军军事学术研究所	青年项目
	印度海洋安全战略及其对华影响与对策研究	曾祥裕	四川大学	青年项目
	北极地区国际组织建章立制及中国参与路径研究	肖洋	北京第二外国语学院	青年项目
	东盟国家对南海问题的主体间认知差异及政策反应研究	顾强	广西大学	青年项目
	南海方向战备物资储备优化研究	王帅	后勤工程学院	青年项目
	蒙元时期的“海上丝绸之路”研究	李鸣飞	中国社会科学院	青年项目
	明清华南沿海盐场社会变迁研究	李晓龙	中国社会科学院	青年项目
	清代广东海岛管理研究	王潞	广东省社会科学院	青年项目
2015	海平面上升对我国重点沿海区域发展影响研究	于宜法	中国海洋大学	重大项目
	突发性海洋灾害恢复力评估及市场化提升路径研究	赵昕	中国海洋大学	重大项目
	完善我国海洋法律体系研究	赵劲松	华东政法大学	重大项目
	20世纪上半叶南海地缘形势与国民政府维护海洋权益研究	郭渊	黑龙江大学	重点项目

续表

年度	项目名称	负责人	承担单位	项目类别
2015	7至14世纪东南沿海多元宗教、信仰教化与海疆经略研究	王元林	暨南大学	重点项目
	新中国成立以来中国共产党建设海洋周边关系的历史经验研究	王建	合肥工业大学	一般项目
	“海上丝绸之路”战略下东南沿海湾区经济发展研究	申勇	中共深圳市委党校	一般项目
	中国海洋经济结构转型中的创新驱动效应研究	徐胜	中国海洋大学	一般项目
	基于市场配置资源的我国沿海港口群转型升级研究	李电生	中国海洋大学	一般项目
	基于第三次工业革命的中国海运发展战略选择研究	真虹	上海海事大学	一般项目
	依法治国背景下我国海洋渔业管理制度改革研究	同春芬	中国海洋大学	一般项目
	维护海洋安全后备力量应急动员体制机制研究	黄相亮	南京陆军指挥学院	一般项目
	中韩海域划界中的国际法问题研究	曲波	大连海事大学	一般项目
	我国海上维权执法权限和程序研究	邹立刚	海南大学	一般项目
	中国南海岛屿主权的关键证据研究	王子昌	暨南大学	一般项目
	社会转型期南海区域渔民社会的比较研究	李晶	广东海洋大学	一般项目
	闽南文化与海上丝绸之路关系研究	徐文彬	中共福建省委党校	一般项目
	南海周边五国海洋政策研究	曾勇	西南大学	一般项目
	构建印度洋出海大通道战略支点视角下中缅中巴能源通道研究	戴永红	四川大学	一般项目
	极地海洋生物资源的养护与可持续利用博弈及我国参与研究	唐建业	上海海洋大学	一般项目
	鸦片战争前后中西战船技术及与国家海防安全之间的关系研究	刘鸿亮	河南科技大学	一般项目
	晚明以来的海图与疆域策略考述	郭亮	上海大学	一般项目
	美国与世界海洋自由历史进程研究	曲升	渤海大学	一般项目
	美英海洋霸权的历史转换与中国海权发展的道路选择研究	张烨	海军军事学术研究所	一般项目
	吴越地区海神信仰的传播研究及其图谱化展示研究	毕旭玲	上海社会科学院	一般项目
	21世纪海上丝绸之路建设背景下南沙旅游发展动力机制与对策研究	陈扬乐	海南大学	一般项目
	南海危机管控中的不确定性研究	葛武滇	中国人民解放军理工大学	一般项目
	国家由大向强的海上安全困境及军事能力发展研究	杨祖快	海军军事学术研究所	一般项目

续表

年度	项目名称	负责人	承担单位	项目类别
2016	我国南海岛礁所涉重大现实问题及其对策研究	邹立刚	海南大学	重大项目
	东南亚安全格局对我实施“21世纪海上丝绸之路”战略的影响研究	曹云华	暨南大学	重大项目
	“海上丝绸之路”古代中东商旅群体研究	马建春	暨南大学	重大项目
	西沙群岛出水陶瓷器与海上丝绸之路研究	宋建忠	国家文物局水下文化遗产保护中心	重大项目
	海洋生态损害补偿标准与制度设计	李京梅	中国海洋大学	重大项目
	海洋生态损害补偿制度及公共治理机制研究——以中国东海为例	沈满洪	宁波大学	重大项目
	习近平总书记海防思想研究	高新生	沈阳炮兵学院	重点项目
	中国南海不可再生资源跨期开发利用机制研究	刘静暖	海南热带海洋学院	重点项目
	中国-美国-东盟三边关系互动视阈下南海问题的疏解路径与管控方略研究	王传剑	山东建筑大学	重点项目
	清代近海管辖权研究与资料整理	王宏斌	河北师范大学	重点项目
	地方史志编纂与中国涉海主权诸问题研究	徐斌	福建师范大学	一般项目
	新中国成立以来党维护国家海洋权益的历史经验研究	王巧荣	中国社会科学院	一般项目
	构建南海海洋共同体研究	张尔升	海南大学	一般项目
	海洋经济供给侧结构性改革的实现路径研究	向晓梅	广东省社会科学院	一般项目
	日本安倍政权介入南海争端态势与我战略应对研究	张光新	解放军外国语学院	一般项目
	“一带一路”战略背景下我国海上执法力量建设研究	王金堂	公安海警学院	一般项目
	海峡两岸海上行政执法合作问题研究	熊勇先	海南大学	一般项目
	我国南海权益主张的民间证据发掘与研究	叶英萍	海南大学	一般项目
	国际法视角下中国与东盟国家磋商制定“南海行为准则”问题研究	王勇	华东政法大学	一般项目
	海上威慑理论若干问题研究	左立平	海军军事学术研究所	一般项目
	“印度洋-太平洋”战略弧与中国海外战略支撑点研究	胡欣	解放军国际关系学院	一般项目
	基于国际比较的中国海洋公共外交构建研究	卢暄	海南大学	一般项目
	中日钓鱼岛海上危机监测预警研究	郭新昌	中国海洋大学	一般项目

续表

年度	项目名称	负责人	承担单位	项目类别
2016	“21 世纪海上丝绸之路”航道安全保障国际合作机制研究	史春林	大连海事大学	一般项目
	中美关系视阈下的美国南海政策研究	王光厚	东北师范大学	一般项目
	南海问题视阈下越南、菲律宾的对华思维研究	阳阳	解放军外国语学院	一般项目
	东盟非南海主权声索国对南海争端的态度、反应及我国的对策研究	邵建平	红河学院	一般项目
	东南亚华商助推“21 世纪海上丝绸之路”建设的作用与路径研究	黄伟锋	浙江工业大学	一般项目
	区域外大国对南海问题的介入及其影响研究	张学昆	上海交通大学	一般项目
	明代东南盐业与海防关系研究	李义琼	浙江师范大学	一般项目
	近代日本对南海诸岛的非法侵占及战后中国的接收研究	李理	中国社科院	一般项目
	清代浙江海防研究	祝太文	公安海警学院	一般项目
	外国文献有关南海历史与主权记载研究	辉明	深圳大学	一般项目
	南海冲突背景下菲律宾外交行为背后的民族心理和外交思维历史溯源研究	范丽萍	广西师范大学	一般项目
	宋元时期海上丝路起始港及相关遗存的考古学研究	吴敬	吉林大学	一般项目
	“海上丝绸之路”与岭南佛教的传播发展研究	何方耀	华南农业大学	一般项目
	晚清民国时期广东地方关于南海诸岛问题的史料整理及研究	邢照华	广州市社会科学院	一般项目
	海南国际旅游岛建设纵深推进的品牌化模式研究	曲颖	海南大学	一般项目
	非互信性合作与南海危机管控研究	李功淼	解放军理工大学	一般项目
	新中国成立以来中国共产党维护南海权益的历史经验与启示研究	栗广	中共福建省委党校	青年项目
	程序法视角下南海仲裁的困境和出路研究	张小奕	国家海洋局	青年项目
	海洋划界法则缺失背景下南海历史性权利实证研究	邱文弦	浙江大学	青年项目
	南海渔民的跨海流动与互动研究	王利兵	中山大学	青年项目
	海南疍民与南海主权问题研究	周俊	三亚学院	青年项目
	陆海复合型中国发展海权的战略困境与应对策略研究	郑义炜	同济大学	青年项目
	南海安全合作机制研究	李忠林	北京大学	青年项目

续表

年度	项目名称	负责人	承担单位	项目类别
2016	中印关系中的海权问题研究	胡娟	云南省社会科学院	青年项目
	从保钓运动透视民间参与海洋维权的功能定位与制度化建设研究	张帅	上海对外经贸大学	青年项目
	明代海防文献研究	童杰	宁波大学	青年项目
	18—19 世纪太平洋航海日志中的亚洲形象研究	杜辉	西南民族大学	青年项目
	我国参与国家管辖范围以外区域海洋遗传资源国际规则制定研究	郑苗壮	国家海洋局	青年项目
	新形势下军民融合式推进南海岛礁建设研究	陈通剑	海军指挥学院	青年项目